軍 상담의 이론과 실제

한국 軍 상담학회

MILITARY COUNSELING

koamc
The Korea Military Counseling Association

§ 머 리 말 §

군 상담은 여러 가지 면에서 독특성과 특수성을 지니고 있습니다. 상담에서 바라보는 인간관이나 대인관계, 상담의 과정 및 기술 측면에서 독특성을 지니고 있습니다. 자아실현을 중심으로 혹은 성선설이나 성악설을 배경으로 하는 일반적 상담과는 달리, 군 상담은 사생관을 바탕으로 한 군인정신의 구현이라고 하는 독특한 심리적 서비스를 제공하게 됩니다. 상담관계에 있어서는 수평적 관계를 전제로 하는 민간 상담과는 달리, 복합적 관계를 전제로 하게 됩니다.

군 상담은 상담윤리와 상담문화라고 하는 측면에서 특수성을 가지고 있습니다. 상담장면에서 상담자는 군인의 길과 상담자의 길 가운데 어느 쪽을 먼저 택할 것인가? 부하는 상관을 상담할 수 있는가? 군 문화는 합리적 문화인가 아니면 초합리적 문화인가? 이러한 문제들은 일반 상담장면에선 경험할 수 없는, 군에만 있는 독특한 문화입니다.

이러한 독특성과 특수성의 요구를 충족하면서, 대한민국 청년 장병에게 도움이 되는 군 상담 지식의 첫 걸음을 내딛었습니다.

우리는 희망합니다. 우리들의 노력을 통하여 오늘도 불철주야 국방의무를 수행하는 장병들과 그 가족들이 더욱 성숙한 삶을 누리기를 희망합니다.

우리는 희망합니다. 군에서 배운 것을 사회에서 활용하여 각 분야에서 성공할 수 있도록 조력할 수 있는 지혜의 원천을 군 상담에서 발굴할 수 있기를 희망합니다.

우리는 희망합니다. 올곧은 군인정신이 곧 대한민국의 힘이며, 그 힘으로 대한민국이 세계의 평화와 인류의 복된 삶에 기여할 수 있게 되기를 희망합니다.

본 서는 한국 軍 상담학회의 운영위원회에서 그간의 군 상담 경험을 바탕으로 제작하게 되었습니다. 아직은 미약하지만, 노력을 통하여 진정 군 상담의 발전에 기여하는 책이 되도록 노력하겠습니다.

책 발간을 위하여 불철주야 노력해주신 은혜출판사의 장사경 사장님과 직원들, 軍 상담학회의 모든 회원들께 진심으로 감사드립니다. 그리고 이러한 경험을 허락해주신 모든 군 관계자들에게 깊이 감사드립니다.

2009. 3 평택 용이동에서….

한국 軍 상담학회장 **차 명 호**

§ 목 차 §

제 3 장 인지행동적 상담

제 4 장 현실 치료

제 5 장 인간중심적 상담

제 6 장 실존주의적 상담

제 7 장 게슈탈트 상담이론

제 8 장 교류분석(TA) 이론

제 9 장 정신분석이론

제 10 장 미술 치료를 활용한 접근법

제 11 장 군 KHTP 검사

제 12 장 군 진로상담

제 13 장 군 MBTI 활용

부록

제 1 장
군 상담의 이해

1. 군 상담의 필요성

군이 움직이는 것은 크게 두 가지 축에 의해서이다. 하나는 commandership, 즉 계급과 지휘계통에 의한 지휘통솔에 의해 움직이게 된다. 지휘관에 의한 명령은 군에서 반드시 수행해야 하는 일(Should be)이며, 이견을 제시할 수 없다. "돌격 앞으로"라는 명령이 상관에 의해 떨어지면 돌격을 해야 하는 것이다.

군을 움직이는 또 다른 축은 leadership이다. 이는 해야만 하는 일을 하고 싶은 일(Want to be)로 전환시켜 주는 능력이다. 리더십의 일반적 정의는 조직원들을 동기화하고 움직여서 원하는 성과를 달성해 내는 능력이다. leadership은 commandership과는 다르다. 계급이 높다고 해서 리더십이 생겨나는 것은 아니라는 것이다.

계급에 의한 지휘통솔과 적절한 리더십을 발휘하여 전시 및 평시에 최강의 군인을 육성하는 일은 군에서 요청되는 가장 중요한 일 가운데 하나이다. 즉, 평시에는 전시를 가정한 다양한 훈련을 수행하고 여하한 상황에서도 일사불란하게 지휘와 명령을 따르며, 과업을 수행하는 일이 요청되고, 전시에는 평시의 훈련을 바탕으로 전쟁의 승리를 확보하는 일이다.

이를 위해 군은 다양하고 효과적인 교육 및 프로그램을 개발하여 보급하고 있다. 각종 학교나 군별 훈련을 통하여 그 수준을 높이고자 노력해 왔다. 그 결과 현재 한국군은 최강의 전투력을 확보하고 국가와 민족 수호의 최전선에서 성공적으로 임무를 수행하고 있다.

문제는 "Commandership과 Leadership으로도 이끌 수 없는 장병이나 상황이 발생하는 경우, 어떻게 해야 하는가?" 하는 것이다. 특정 장병이 군의 특수한 상황에 부정적이고 부적응적인 행동을 보일 때, 일반적인 대화나 지시로 통제할 수 없을 때는 어떻게 해야 하는가? 심각한 심리적 장애나 정신적 질환 증상을 나타낼 때 어떻게 해야 하는가? 정상과 비정상의 경계선상에서 통제할 수 없는 행동 (자살충동에 대한 언급, 갑작스러운 가정 상황의 변화, 우울증 등)과 같은 문제에 대해 어떻게 대응해야 하는가?

군 생활 자체가 아니라 다른 영역의 문제 (전역하고 난 후의 진로, 대학 복학과 학업계획, 이성문제 등)에 대해 질문을 받았을 때 전문적인 지식이 없는 경우, 어떻게 응답해 줄 것인가? 외부와의 개방성이 확보되어 있는 민간인의 경우, 적절한 곳에 가서 정보를 찾아보라고 하면 된다. 그러나 시간적 및 공간적으로 제약이 있는 군내에서 이런 상황에 적절하게 대응할 수 없는 경우가 많다.

집단 지향적이고, 적을 대상으로 모든 인적 자원과 물적 자원 및 전략과 전술이 집중되어 있는 환경 속에서, 특정 장병을 돌보기 위해 상당수의 인력과 시간, 부대의 물적 자원을 투자해야 하는 경우에는 어떻게 할 것인가? 개인적 요구와 단체의 요구가 상이할 때 어떻게 이것을 정렬화 시켜 줄 수 있을까? 새로운 성장 가능성을 찾고 있는 장병을 도와줄 수 있는 길을 어떻게 찾을 수 있을까?

이때 필요한 것이 전문적인 상담이다. 계급에 의한 지휘통솔과 리더십이 지원할 수 없는 특정 분야에 대한 전문적인 심리적 조력분야가 상담이다. 즉, 지휘관이 안정적인 부대관리에 투자할 시간을 균등하게 배분하고, 다양한 자원을 전투 목적에 부합하게끔 운용하는데 전력을 기울일 수 있도록 조력할 수 있는 전문적 분야가 상담인 것이다. 따라서 상담은 부대의 지휘권을 강화하고, 정신전력을 육성하며, 부대 안정화와 효율적 관리에 기여할 수 있는 심리적 접근법이라고 할 수 있다. 이는 지휘권과 상충이 되는 것이 아니며, 부대 팀워크와 사기 향상에 기여할 수 있다.

그러나 상담에 대한 군 내부의 인식은 아직도 다소 부정적인 면이 남아 있는 듯하다. 미 육군 리더십 센터에 따르면, "상담은 부정적이며, 평가를 동반하고, 문제나 수행 실적이 저조할 때 요구되는 것으로 판단" 하고 있으며, "상담을 받았다는 기록이 남는 것은 손해를 보는 것" 이고, "일방적이며 지시적이고, 과거수행에 초점을 맞추는 경향" 이 있다고 지적하고 있다. 상담을 받는 것은 개인적 약점이 있거나, 무엇인가 모자라는 사람이 받는 것이라는 일반적 인식과 맥을 같이하고 있다.

상담에 대한 부정적 인식에도 불구하고, 상담의 필요성은 매우 긍정적으로 평가되고 있다. 미 육군 리더십 센터는 상담과 군의 가치를 병렬적으로 연계하여 상담의 필요성을 역설하고 있다. 즉, "군의 핵심가치인 충성심과 임무수행 그리고 무조건적 봉사심을 고취시키기 위해서 상담이 필요하고, 명예와 성실 그리고 용기를 지켜 나가기 위해서는 솔직한 피드백이 필요하며, 존중하는 자세를 유지하기 위해서는 이를 가장 효과적인 방식으로 전달해야 한다는 것" 을 동 센터는 지적하고 있다.

주한미군의 경우, 한미연합사령관은 지휘관 지휘서신을 통하여 상담의 필요성에 대해 강조하고 있다. 최근에 한미연합사는 상담의 중요성에 대하여 다음과 같이 제시하고 있다(한미연합사 지휘서신, 2008). '부하들에 대해 적기에 효과적인 상담을 제공하는 것은 군 과업에 기본적인 것이며, 리더로서 책임감의 본질을 다 하는 것이다. 군 혹은 민간 간부들이 상기에 제시한 기준에 따라 면-대면의 수행 상담을 수행할 것을 기대한다. 여기에는 수행 기대치를 명확히 정의하고… 수행 상담은 계획된 대로 초기 분기, 반기 혹은 연간 상담에만 국한 할 것이 아니다. 한 해 전체에 걸쳐 수행해야 할 과업이다. 부하들을 육성하기 위해 매일같이 노력하는 것은 전 군에 결정적인 과업이다.'

한국의 경우, 상담에 대한 필요성은 사건이나 사고예방 혹은 효율적 부대관리 등에 초점을 맞추어 도입되어 온 것 같다. 결과적으로 군 내의 상담은 신세대 장병이 효율적으로 군에 적응할 수 있도록 돕는 과정들이나, 사고 예방을 중심으로 다양한 프로그램이 개발되어 왔다. 특히 자살 등과 관련된 사고들이 국내에서 일방적으로 군의 책임으로 귀인 되는 상황에서, 한국군은 오히려 선진국들보다 더 많은 사건 및 사고 예방 강화 활동을 전개해 왔으며, 병사의 인성지도에 대한 책임감과 인식을 증진시켜 왔다고 할 수 있다.

그러나, 실질적인 군 상담의 발전을 위해서는 현황 분석이나 특정 영역적 관점에서의 상담에서 벗어나 실질적으로 군 상담을 어떻게 이해하며, 어떤 철학적 배경을 바탕으로, 어떤 인간관을 중심으로, 무슨 활동을 통하여 효과적으로 정착될 수 있는가에 대한 고민이 필요한 것으로 판단된다.

2. 군 상담의 역사와 배경적 특수성

군에서 다양한 심리학적 혹은 행동과학적 원리를 사용한 것은 이미 오래 전이다. 군의 사기 진작과 단결, 사고예방 활동 등은 다양한 형태의 심리적 원칙을 바탕으로 이루어지기 때문이다.

공식적으로 심리 서비스가 군에 도입된 것은 1917년 미국이 제1차 세계대전에 개입할 때부터라고 할 수 있다(Mangelsdorff & Gal, 1991). 수많은 청년들이 미군에 유입됨으로 해서, 다양한 배경을 가진 인적자원을 어떻게 적재적소에 배치할 것인가 하는 문제가 제기되었다. Binet의 연구결과에 기초하여 군 심리학자들은 미 육군 알파와 베타 심리검사를 개발했다. 이는 지적 능력에 대한 검사이며, 그 결과를 바탕으로 임무배치와 학교 및 장교훈련 입학 결정을 위해 사용되었다.

1919년, 군 심리학자들은 선별기술을 개발시키고, 피훈련자들의 학습을 최대화하는 훈련절차 방법 고안, 정신과적 환자를 다루는 법 그리고 전투 효율성과 부대사기를 높이는 방법 등을 연구하게 되었다. 이것이 군 정신건강 서비스 출현의 토대가 되었다. 제1차 세계대전에 활용된 심리학적 연구에 의해, 인간 행동평가와 처치는 군 지원기능의 중요한 요소가 되었고, 군 서비스의 한 축으로 자리매김하게 되었다(Steege

& Fritscher, 1991).

2차 세계대전에는 고위간부들이 '리더는 태어나는 것이 아니라 만들어지는 것' 이라는 믿음 하에 행동과학적 원리를 더욱 광범위하게 적용하게 시작했다. 이를 통하여 통칭 행동과학은 군의 성공에 기여하는 핵심 요소로 자리를 잡게 된다(Fenell & Fenell, 2003).

이후, 다양한 심리적 서비스가 제공되어 각종 문제에 대응하는 방법, 스트레스 예방법, 가족 및 재정문제에 대한 상담 그리고 군내 커뮤니티 상담센터의 설립 등이 이어지게 되었다.

심리적 서비스가 전문화되고, 다양화될수록 군의 독특한 상황 혹은 특성에 적합한 심리적 서비스에 대한 요청은 증대되어 왔다. 군 상담도 마찬가지여서, 군 상담은 군의 다양한 특성을 배제하고서는 적절하게 정의할 수 없다. 일반적인 관점에서 군 상담은 조직 지향적이고 일반상담은 개인 지향적이라는 구분을 사용하고 있으나, 이것은 지나치게 표피적인 분석이다. 진정한 군 상담의 정의는 군의 다양한 특성을 살펴보고나서야 가능하다.

이에 군 상담이 실시되는 다양한 배경적 특성을 논의해 보면 다음과 같다.

첫째, 군의 환경적 특성이다. 군은 전쟁을 위해 존재하는 집단이기 때문에 군의 환경은 초(超) 합리적 환경이다. 명령을 따르는 것과 적과 싸우는 것 등은 합리적 혹은 비합리적 상황에 놓여 있는 것이 아니다. 개인의 요구와 조직의 요구가 불합치할 때, 합리적인 방안을 찾는 것이 아니다. 합리와 비합리를 초월하여 초 합리적인 상황 특성을 가진다.

군의 환경적 특성이 초 합리적이라는 것은 어떤 시사점을 가지는가? 이는 여하한 상황에서도 (자신에게 유리하거나 불리하거나, 명령이 자신에게 합당하거나 그렇지 않거나) 자신과 조직에 대한 긍정적 의미를 찾아, 스스로를 동기화시키고, 행동 가능한 상태로 조직을 유지하여, 개인의 삶과 조직의 성장에 기여할 수 있어야 한다는 것을 의미한다. 따라서 합리적인 조건만을 기대하는 것은 매우 비현실적인 기대가 된다. 전입 신병이 어려움을 겪는 것은 군의 초합리성 혹은 반합리성(non-rational)을 이해하지 못하기 때문일 가능성이 높다. 군 상담은 이런 부적응을 효과적으로 도울 수 있다.

> **군 상담사는 상담사로서 먼저 생각해야할까요? 군인으로 먼저 생각해야할까요?**
> 상담사로서의 기능과 군인으로서 기능을 생각할 때, 먼저 군인이고 상담사는 나중이라는 것이 더욱 적합한 것으로 보인다. 상담이 전개되고 있는 장소가 군이라고 하는 특수적 상황을 먼저 고려해야 한다. 군의 상담적 환경 특성이 일반 상담과는 다르기 때문이다.

둘째, 군의 심리적 특성을 들 수 있다. 군은 전시의 엄격한 수직관계와 평시의 신뢰를 바탕으로 한 수평관계를 동시에 요구한다. 수직관계만 있는 경우, 이는 외줄타기와 같아서 지휘관이 혼자서 모든 일을 결정하고 집행해야만 하는 상황에 처하게 만들어, 엄청난 부담을 줄 수 있다. 반면 수평적 관계만 유지되는 경우, 효율적 명령과 지시, 부대 운용이 어려울 수 있으며, 극한적인 상황에서의 전략 실행이 불가능할 수 있다.

군은 전시와 평시가 상호 분리된 생활이 아니라, 상호의존적이며 공유적 생활 태도로 나타나는 복합적 의사소통 능력이 요청된다. 전시와 평시가 통합된 그물망형 관계를 요청한다는 것이다. 이를 통하여 언제, 어디서라도 함께 움직일 수 있는 심리적 상태를 창출하는 것이 절대적으로 필요하다.

> 상담 중에, 훈련에 참가하기 싫어서 꾀병을 부렸다고 속내를 털어놓는 병사가 있다. 훈련장에서 또 배가 아프다고 엄살을 피우는 것을 보았다. 어떻게 할까?

셋째, 군의 인적 구성 특성이다. 한국의 경우 군인은 다양한 인성검사와 신체적 검사를 통과한 지적 재원으로 구성되어 있다. 기본적으로는 정상적인 판단과 보다 나은 삶을 위해 노력하려는 인적 자원들로 구성되었다고 가정해 볼 수 있다. 이들의 특성

변화를 어떻게 구성하느냐에 따라 상담의 방법론이 다양할 것이다.

군의 인적자원 구성에 대해 부정적인 견해를 가지는 경우, 장병들의 역량을 최대한 발휘할 수 있도록 조력할 수 없다. 이 경우, 장병들이 가지고 있는 부정적 문제를 제거하는 데 모든 자원을 소비해야 하기 때문이다. 또한 믿을 수 없는 장병들과 함께 전투준비를 한다는 것은 매우 어려운 일일 것이다.

문 : 요즘 아이들은 전부 이기적이고 즉흥적입니다. 이들을 어떻게 다루지요?
답 : X세대를 포함한 신세대 장병의 특성은 장점은 그냥 지나치고, 문제가 생기면 단점이 부각된다. 군 상담자는 그들을 교정대상으로 보아야 할까? 아니면 유능한 인적자원으로 보는 것이어야 할까?

넷째, 군의 목적과 관련된 것으로 군 생활은 군인의 미래역량 강화에 기여할 수 있어야 할 것이다. 군은 사회, 경제적 변화, 인적자원 구성 및 사회의 가치와 유관성을 지녀야 한다. 군 본연의 임무에 충실하되, 사회와 연계되거나, 사회를 선도할 수 있는 역량으로 전환시킬 수 있도록 조력하는 기능을 제공해야 한다는 것이다.

군 경험이 군에서만 통용되는 경우에는, 군 생활 자체에서 의미를 발견하기 어려울 때도 있다. 그러나 다양한 조직생활의 경험, 가장 활동적인 세대에서 핵심 결정권자가 동시에 존재하는 사회에서의 개인의 발견 등과 같은 경험은 인간적 성장에 필수불가결한 요소가 될 수 있다.

군대경험은 전역하면 써 먹을 곳이 없다?
구보할 때 군가를 부르게 한다. 그렇지 않아도 힘이 드는데, 군가까지 부르니 더욱 힘이 든다. 왜 이러지? 행군이나 구보시에 군가를 부르는 것은 자기 동기화를 가능하게 한다. 자기 스스로를 동기화하여 목적지에 도달하는 능력을 배우는 것은 긴 인생의 중요한 자원이 된다. 돈을 주고도 살 수 없는….

다섯째, 군 조직의 기밀성에 따른 다양한 유형의 상담자에 대한 이해가 필요하다.

군은 특성상, 집단적으로 생활하고, 필요시 즉각 움직일 수 있는 형태로 유지되어야 하며, 그 능력과 임무에 대한 비밀유지가 필요하다. 따라서 외부와의 개방성 혹은 유관성이 약하고, 개별 장병의 욕구에 신속하게 반응하지 못할 때도 있다.

이런 상황에서는 상급자가 심리적 조력기술을 바탕으로 부하 장병들을 심리적으로 조력해야 할 필요가 있다. 기본적 조치를 통하여 안정적 상태를 창출하고, 추후에 가능한 환경이 만들어질 때, 전문적인 조력을 받는 방법이 필요하다는 것이다. 또한, 간부와의 관계에서는 사적인 이야기를 털어놓지 못할 때, 동료 전우를 통한 또래 상담이 효과적인 접근방법이 될 수 있다.

> 일반적 상담윤리 규정에 의하면 자신이 전문적으로 학습하지 않은 영역에 대해서는 상담을 하지 말라고 제시하고 있다. 동계훈련에 참가했을 때, 한 병사가 매우 높은 수준의 불안증상을 보이고 있다. 한 번도 배우지 않은 영역인데, 상담을 해도 되는가?

마지막으로, 군 상담의 이론적 일관성 혹은 통합성이 필요하다는 점이다. 상관과 부하의 이론적 접근이 다른 경우, 이는 상담의 방법과 지향점 등에 심각한 괴리를 야기할 수 있다. 물론, 다양한 이론을 통하여 각자에게 적합한 방법을 사용하는 것이 가장 이상적이다. 그러나 이론의 차이는 상담 대상자를 보는 인식을 다르게 하며, 이는 곧 심리적 불편함으로 이어지게 될 수 있다. 따라서 군 상담의 이론은 일관성이나 이론들 간의 통합성이 필요하다.

> **군 상담사는 자신이 선호하는 이론으로만 상담을 해도 될까요?**
> 조직의 특수성이 개인의 상담철학과 위배될 때, 상담자는 조직의 특성을 따르거나, 이를 수용할 수 없는 경우, 상담을 지속해서는 안 된다. 심각한 문제는 상관과 부하의 상담이론이 서로 다를 때이다. 예를 들어, 상급자는 행동주의적 상담이론을 배웠으나, 부하는 인간주의적 상담을 도입하자고 주장한다. 어떻게 해야 할까?
>
> 어떤 간부가 최면상담을 배웠다고 하면서, 부대에서 최면상담을 하자고 주장한다. 어떻게 할 것인가?

3. 군 상담의 정의

앞서 지적한 대로, 군 상담은 군의 독특한 문화와 운영 시스템, 국가관과 사생관에 따른 행동 원칙, 인적 구성의 독특성, 군인정신 등에 의해 영향받을 수 밖에 없다. 그렇다면 군 상담을 어떻게 정의할 수 있는가? 군 상담은 병사들만을 대상으로 하는가? 간부도 포함되는가? 군인의 가족들은 상담의 대상이 아닌가? 군 상담을 어떻게 정의하느냐에 따라서 상담의 목표와 기술 및 대상이 달라지기에 상담의 정의는 매우 민감한 사항이다.

먼저 군의 정의에 의해 군 상담을 살펴보자. 일반적으로 군은 "전쟁의 억지력을 확보하고, 전쟁 발발 시 승리를 목적으로 하는 특수한 계급 집단"이라고 한다. 이 정의의 첫 번째 특수성은 전쟁을 전제로 한다는 것이다. 즉, 전시에 반드시 해야만 하는 일과 평시의 하고 싶은 일들이 이중 나선구조로 얽혀 있음을 제시한다. 따라서 군에서는 양자를 동시에 충족할 수 있는 역량을 요구한다는 점이다. 둘째, "특수하다"라는 것은 군이 다양한 인적 자원을 보유하고 있고, 또한 여러 가지 환경에 둘러싸인 물리적 환경으로 구성되었음에도, 국가 보위를 최고의 가치로 여기는 단일가치 지향성을 요구하고 있다는 것이다. 셋째, 계급집단으로서 군은 위계성이 강조되며, 일사불란한 운영체계가 요청된다는 점이다. 결과적으로 복합적 관계망 구조가 형성되는 곳이라고 하겠다.

이런 군 조직의 특성과 원칙을 고려할 때, 군 상담의 특수성을 살펴보면 다음과 같다.

첫째, 군 상담 목적의 특수성이다. 일반 상담 장면과는 달리, 군 상담은 개인을 조력하여 조직의 목적 달성 능력을 향상시키는 것에 초점을 두어야 할 것이다. 최종 지향점이 개인이기보다는 조직과 국가라고 하는 점이다. 물론 일반 상담에서도 개인이 속한 조직의 성장과 발전에 기여하는 것이 상담 목적의 일부분이라고 할 수 있지만, 그것이 전부는 아니다. 반면에 군 상담은 개개인의 자아성장과 발달이 중요한 부분이기는 하지만, 최종적으로 도달하려는 목적은 국가보위와 성장이라는 점에서 차이가

난다. 이것은 추후 개인의 권리와 국가의 권리, 상담의 윤리성과 정체성을 결정하는 가장 중심적인 가치가 될 것이다.

둘째, 군 상담 방법의 특수성을 들 수 있다. 물론 군 상담이 전문상담가에 의해 특별한 장소에서 제공되는 경우는 예외로 하겠지만, 지휘관의 역량으로서 상담을 고찰할 때는 군이 처한 환경적 특수성을 고려해야 한다. 즉, 군 생활의 특성상, 제한된 회기와 자원 및 환경 조건에서 수행해야 할 때가 많으며, 수시로 그리고 지속적인 상담 활동이 요청될 가능성이 높다. 군에서의 상담은 병영생활의 일부분이 되기 때문에, 인격적 성숙과 기술과의 차이를 보이는 경우, 상담에 대한 불신을 가중시키는 위험요인이 될 것이다.

셋째, 비밀보장의 특수성이다. 상담에서 비밀보장이 매우 중요한 요소이기는 하지만, 지휘권을 침해할 수 있는 비밀 보장이나, 상담의 기본적 속성을 도외시한 지휘권의 문제는 상담의 필요성과 윤리에 심각한 상황을 야기할 수 있다. 이를 해결하기 위한 방법으로는 이미 군에서 활용하고 있는 직무 기밀에 대한 윤리-군에서 획득한 정보를 누설할 수 없다-를 원용하는 방안을 고려해 볼 수 있다. 군에 있을 때, 자기가 상담한 내용을 전역 후에 외부에 공개한다거나 하는 등의 행위는 개인의 프라이버시에 대한 중대한 침해가 될 수 있기 때문이다.

넷째, 이중관계에 대한 특성에 관한 것이다. 지휘관이면서 상담자의 역할을 하는 경우, 상담관계에서 만난 내담자를 지휘관의 입장에서는 또 다른 잣대로 평가할 수밖에 없는 상황이 야기된다. 예를 들어, 우울증이 있어서 지휘관에게 상담을 한 경우, 그 지휘관은 그 내담자의 승진 시에 불안감을 느껴 적극 추천을 꺼려할 수 있다. 또 병사가 꾀병을 앓는 경우, 상담자로서는 그 심리적 상태에 대해 같이 탐색해 볼 여유가 있지만, 지휘관으로서는 그 행동이 타 부대원에게 미치는 영향을 고려하지 않을 수 없을 것이다.

군 생활자체의 특성상, 지휘관이 실시하는 상담은 대부분 이중관계에 속할 수밖에 없다. 비밀관계와 이중관계의 문제를 해결하는 윤리적 방안은 '내담자수혜최대의 법칙' 이다. 특정 상황에 대한 상황을 차상급자가 인지하는 것이 내담자의 수혜 혜택을 더욱 폭넓게 할 가능성이 높은 경우, 이는 비밀보장의 원칙에 우선하는 것이 더욱 효과적 판단이 될 수 있을 것이다.

군 상담은 이 외에도 의무제의 특성을 지닌 우리나라에서는 해야만 하는 일을 하고 싶은 일로 전환할 수 있는 전문적 개인 역량을 요청하는 등의 과제를 안고 있다. 따라서 군 상담은 군 장병과 군인가족들을 대상으로 (1) 군의 환경, 인적자원 및 문화의 독특성을 바탕 위에 (2) 개인의 핵심역량을 강화하고, (3) 위기관리 및 문제예방 능력을 확산하여 (4) 군을 21세기 인재육성의 핵심기관으로 정착시켜 군이 지향하는 바를 달성하는 것에 기여할 수 있는 전문적 심리적 조력으로 규정할 수 있다.

4. 군 상담의 목적

이제까지 살펴본 군 상담환경의 특성, 군 상담의 특수성 그리고 군 상담의 정의는 일반적인 상담 원리를 군에 여과 없이 적용한다는 것이 비효과적이며, 비효율적이고, 비윤리적임을 보여준다. 군 상담의 이론이나 상담기술 및 과정은 이러한 특성을 반영하여 구성되고 실시되며, 검증되어야 한다. 이에 군 상담 실시 시에 고려해야 할 사항들을 살펴보면 다음과 같다.

첫째, 군 상담 및 의식교육은 군의 핵심가치와 목적에 일치하도록 구성되어야 한다. 예를 들어, 왜 특정 부대가 원하는 목표나 안정적 부대관리를 달성하지 못하고 있으며, 그 가운데 어떤 심리적 환경적 요인이 문제가 되는가를 규명하고 조력을 제공할 수 있어야 한다.

둘째, 군 상담은 군 전체의 역량을 강화하고, 전투력을 향상시키는 데 기여할 수 있어야 한다. 이를 위해 직·간접적으로 영향을 미치는 가족에 대한 문제와 경제에 관한 문제들을 해결할 수 있는 가족상담, 경제교육 등과 같은 군인가족과 복지 수준을 향상시킬 수 있는 교육을 제공해야 한다.

셋째, 직급별 상담교육은 각 직급이 해야 할 임무영역과 연계하여 실시되어야 한다. 군이 각 계급을 설정하고 임무를 부여할 때는 각 직급이 해야 할 영역이 있기 때문이다. 직급이 올라간다고 해서 더 깊거나 더 높은 범주의 상담지식을 갖추어야 한다는 것은 적합하지 않은 패러다임이다. 그러므로 개인이 직급에 맞게 가지고 있는 역량이 제대로 발휘될 수 있고, 직무를 수행하는 데 도움이 되도록 구성하여야 한다.

넷째, 군은 상담 자체를 위해 존재하는 조직이 아니다. 따라서 전문적 상담지식을 모두 가르치는 것이 아니라, 군이 취해서 유익할 요소들을 분석하고, 이를 교육해야 한다. 상담 능력이 지휘능력에 포함되도록 구성하여 추후에 사회와 호흡할 수 있도록 구성해야 한다.

다섯째, 문제 중심이나 원인 중심적 접근이 아니라 성장 지향적, 예방적 접근이어야 한다. 군 간부로서 부대 내에 일어나는 일들을 문제 중심이나 원인중심으로 해결하기에는 너무 방대하고 복잡하다. 물론 시급하고 표면적인 일들에 대해서는 그 문제를 해결하고 원인을 파악하는 단편적이고 시급한 대응이 필요하지만 평상시 부대관리를 부대원들의 성장과 예방적 차원에서 관리를 해 나간다면 문제를 미연에 방지할 뿐만 아니라 문제가 발생한다 하여도 보다 효과적으로 해결할 수 있다. 그러므로 문제 중심이나 원인 중심적 접근뿐만 아니라 성장 지향적, 예방적 접근으로 구성해야 한다.

종합하면, 군 상담의 목표는 조직의 목표를 우선시하고, 이를 달성하는 것이 개인의 목표를 달성하는 것으로 구성하여야 한다는 것이다. 따라서 모든 상담활동을 부대가 달성하고자 하는 목표를 성공적으로 수행할 수 있도록 조력하는 일이 필요하다. 이 과정에서 부대의 목표달성을 통하여 개인의 문제해결 및 심리적 성장이 가능하도록 돕는 전문적인 심리조력기술로 구성되어야 한다. 이에 군 상담의 목표는 다층적이며, 복합적 성격을 가지고 있다.

<표1> 군 상담의 목표

구분	부대 목표	개인 목표	상담 목표
최종 목표	• 군 지향가치 실현 • 전쟁의 승리를 담보하는 정신전력강화	• 자아실현 • 성숙한 사회인 역량 구현	• 병영문화 개선에 기여 • 군 – 사회 연계역량 강화
중기 목표	• 지휘방침 구현 • 부대목표 달성	• 개인성장목표달성 • 개인의 역량강화	• 신세대 장병의 성장과 발달을 돕는 부대분위기 조성
단기 목표	• 군인정신 함양 • 부대적응성 강화 (사고예방)	• 부대적응 • 문제해결	• 최강의 전투임무수행능력 발휘의 토대 구축

5. 군 상담의 인간관

군에서 요구되는 심리상담의 핵심적 특징은 무엇인가? 군에서 활용되고 행동 및 삶의 기준으로 적용될 수 있는 심리적 이치는 무엇인가? 그러한 심리적 이치대로 살지 못하는 혹은 기준을 따라오지 못하는 인력을 대상으로 어떤 전문기술을 제공해야 하는가? 군 심리상담은 이 질문들에 대한 대답을 제공하는 것이다. 즉, 군에서 요구되는 심리적 특성을 갖출 수 있도록 개인 및 조직과 지원망 및 인적, 물적 자원을 최대한 활용하는 전문적 조력을 통하여 조직의 목적 달성이 가능하도록 지원하는 일이다.

그렇다면 군의 심리적 특성 혹은 심리적 이치로 가장 적합한 것은 무엇인가에 대한 질문이 제기된다. 군인들을 어떤 기준으로 살펴보고 이들을 도와야 하는가? 이는 군인정신과 무관할 수 없다. 군인의 삶의 자세를 설정하는 최종 기준은 어떤 군인으로 살아가도록 도울 것이며, 그것이 국가관 및 조직 발전에 기여하는 바와 일치하지 않을 수 없기 때문이다.

그렇다면 가장 성공적인 군인정신의 표상은 무엇인가? 다음은 군인정신에 관하여 국방일보에 기고한 글이다.

> 군부대 교육을 할 때 "군인정신은 어떤 정신인가?"라고 물어본다. 장난삼아 돌아오는 대답은 "제정신이 아니다."라는 것이다. 그러면 나는 "맞다."라고 맞장구를 친다. "맞다. 군인정신은 제정신이 아니다. 제정신이면 13척의 배를 가지고 133척의 적선을 이겨볼 계획을 세우겠는가? 제정신이면 소수의 군사를 가지고 30만의 대군을 상대로 이겨볼 생각을 하겠는가? 제정신이라면 도망갈 계획을 세우는 것이 맞을 것이다."

이 글이 가지는 진정한 의미는 군인은 극한적인 상황에서조차도 무엇이 가능한가를 찾아내는 사람들이라는 것이다. 상황이 불리할 때도 무엇을 통해 자신과 부대원의 목숨을 살리며, 국가를 수호해 나갈 것인가를 찾아내는 사람들이다. 그래서 진정한 군인정신은 "언제, 어디서나 여하한 상황에서도 불가능을 넘어 무엇이 가능한가를 찾아내는 정신, 조건의 유 · 불리를 떠나서 원하는 일을 달성하는 능력"을 말한다.

조건이 좋은 사람만이 사회에서 성공을 하고, 유리한 전력을 가진 군대가 항상 이긴다면 세상의 모든 일은 노력할 필요가 없다. 조건만 유리하면 되기 때문이다. 그러나 현실은 그렇지 않다. 악조건하에서도 성취를 이루는 사람이 있으며, 불리한 전력을 가진 부대가 더 큰 적을 이기는 경우가 허다하다.

여하한 조건에서도 승리할 수 있는 정신을 갖춘 군인이 강한 군인이며, 이런 군인이 지닌 정신을 탁월한 긍정적 사고 혹은 Super Mind라고 부를 수 있다. 특정 조건하에서 무엇이 불가능한가를 살피는 것이 아니라 무엇이 가능한가를 살펴보는 자세, 무엇이 안 되는지 이유를 찾기보다는 어떻게 노력하면 되는지를 찾아보는 태도, 그것이 바로 Super Mind인 것이다. 따라서 군인정신은 탁월한 긍정적 사고를 지칭한다.

군인정신을 이렇게 정의하고 나면, 여기에는 네 가지 요소가 포함된다.

① 긍정성(positivism) : 언제, 어디서라도 무엇이 가능한가를 찾는 태도이다.

② 초월성(transcendental attitude) : 자신에게 주어진 상황을 초월하고, 한계적 상황을 돌파하려는 심리적 자세를 말한다.

③ 탁월성(excellence) : 상황을 초월하되 가장 수승(殊勝)한 방식으로 목표를 달성하고자 노력하는 탁월성(excellence)이다.

④ 가치지향성(value - oriented attitude) : 국가와 조국 그리고 부대와 전우들을 향하는 진정한 충성심을 포함한다.

이처럼 군인정신을 역량으로 표시하는 것은 국방부의 군인정신에 대한 관점과 일치하고 있다. 국방부(2008)의 "정신교육 기본교재"에 따르면 군인정신을 다음과 같이 정의하고 있다1):

> "군인정신은 전쟁의 승패를 좌우하는 필수적인 요소이다. 그러므로 군인은 명예를 존중하고, 투철한 충성심, 진정한 용기, 필승의 신념, 임전무퇴의 기상과 죽음을 무릅쓰고 책임을 완수하는 숭고한 애국애족의 정신을 굳게 지녀야 한다."

이 정의는 군인정신의 6대 덕목으로 명예, 충성, 용기, 필승의 신념, 임전무퇴의 기상, 애국애족의 정신을 포함하고 있다. 이는 다시 세부적인 내용으로 나누고 있다. 명예의 경우, 사회적인 존경도와 자신의 직무에 대한 긍지를 가지는 것, 충성의 경우 자기 자신에 대한 충성, 상관에 대한 충성, 국가에 대한 충성으로 구성되어 있다. 용기는 두려움 없이 정의로운 행동을 하는 마음과 대의를 위한 분별력 있는 정신적 인내력을 지칭하고 있다. 필승의 신념은 반드시 이긴다는 결의와 이길 수 있음을 굳게 믿는 것으로 규정하였으며, 임전무퇴의 기상은 최악의 상황에서도 불굴의 투지로 승리를 만들어 내는 것을 지칭하고 있다. 애국애족 정신은 군인의 최고 덕목으로 규정하고, 조국과 민족을 위해서 살아갈 것을 요청하고 있다.

이러한 군인정신은 결국 위에서 살펴본 긍정성-어떤 조건에서도 가능한 것을 찾아내는 태도, 초월성-현재의 한계와 장애를 뛰어넘는 것, 탁월성-가장 높은 수준의 신체적 및 정신적 상태를 창출하고 유지하는 능력, 가치지향성-조국과 민족을 위하여 자신을 헌신할 수 있는 정신과 일맥상통한다고 볼 수 있다.

따라서 군 상담에서 바라보는 군인에 대한 인간관은 군인정신을 바탕으로 하는 바, 긍정성, 초월성, 탁월성, 가치지향성을 추구하는 존재라고 규정할 수 있다. 군 상담은 군인정신을 신체적 · 심리적으로, 훈련과 교육으로, 전술 및 전략측면에서 각각 육성할 수 있도록 돕는 심리적 원칙과 방법 및 기술로 구성되어야 한다.

군인은 군인정신을 바탕으로 군인화를 이루어 간다. 그렇다면, 군 심리상담은 군인정신의 창출 및 성장을 바탕으로 군과 사회에서 성공적으로 적응하며 더욱 생산적인 삶을 살아가도록 심리적으로 조력할 수 있어야 한다.

6. 군 상담사의 자질과 역할

군 상담의 특수성과 정의를 이해하면, 그 다음 과제는 군 상담자는 어떤 자질을 갖추고 있어야 하고, 또한 어떤 역할을 수행하느냐에 대한 것이다. 이는 상담의 유형과도 관계가 있으며, 군 내부에서 누가 상담자의 역할을 하느냐에 따라 다양한 분류가 가능하다.

먼저 군 상담자의 기본적 자질과 역할에 있어서, 군 상담사는 일반적인 상담 능력과 더불어, 군부대의 특성을 파악하고, 지휘관을 보좌하며, 선진병영문화 창출에 기여할 수 있어야 한다. 이에 군 상담사는 다양한 분야의 능력을 확보하도록 노력해야 하는 바, 표로 나타내면 다음의 〈표2〉와 같다.

<표2> 군 상담자의 자질과 역할

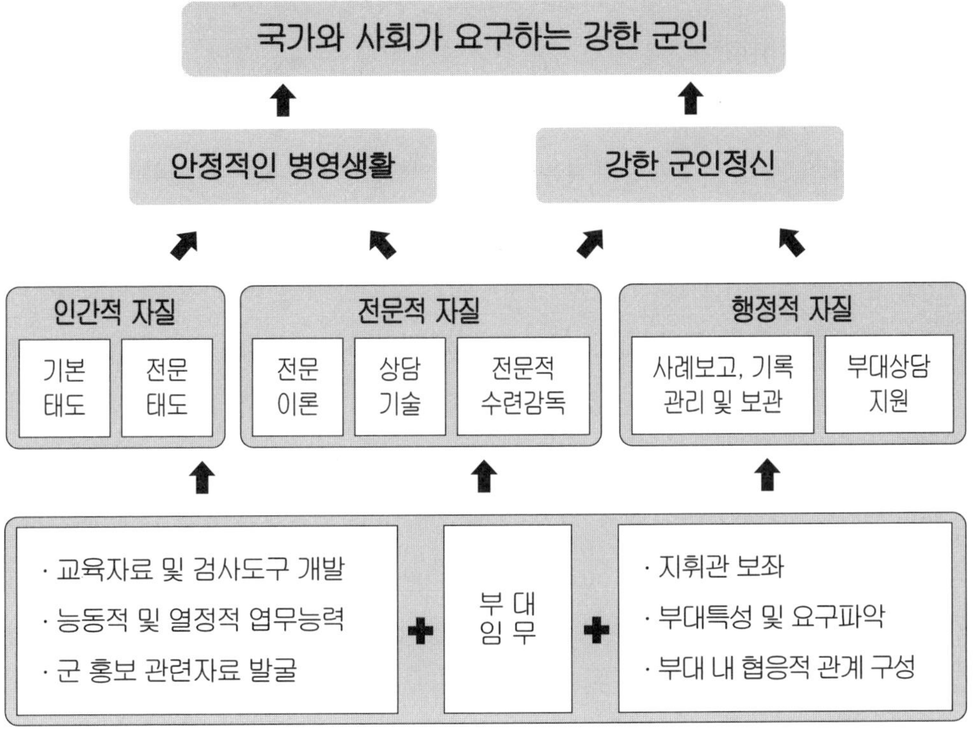

군 상담자는 인간적 자질과 전문적 자질 그리고 행정적 자질로 구성되며, 이를 바탕으로 한 부대임무가 부여된다. 여기에는 부대특성을 파악하며, 지휘관을 보좌하고, 부대 특성에 맞는 교육자료 및 인성검사 개발과 실시 같은 업무를 포함하게 된다.

많은 상담자가 군 부대 상담 시에는 상담만 잘하면 되는 것이라고 생각하기 쉽지만, 그것은 너무 안이한 생각이다. 군 상담자의 임무는 심리 상담에만 그치는 것이 아니라, 상담사의 존재로 야기될 수 있는 다양한 주제들에 대해 능동적으로 움직이고, 다양한 역할을 수행할 수 있어야 한다.

일반적으로 '상담을 할 수 있는 사람은 누구인가?'라는 질문을 받게 되면 물론 '상담자'라고 대답할 수 있다. 그러나 누가 어떤 전문적 자격을 갖추고 상담을 해야 하는가 하는 질문을 받고 나면 쉽사리 한두 마디로 대답할 수가 없다. 그것은 상담이라고 하는 조력 전문직의 역사가 짧기 때문이기도 하지만, 누구라도 상담을 할 수 있다고 생각하면서도 아무나 상담을 효과적으로 진행하지는 못하기 때문이다.

따라서 누가, 어떤 자격을 갖추어야 상담자라고 할 수 있는가 하는 문제는 상담의 전문성을 갖추는 데 대단히 중요한 쟁점 사항이다. 상담자의 자질은 크게 전문적 자질과 인간적 자질, 행정적 자질로 나누어 볼 수 있다. 전자의 경우, 상담자는 조력전문가로서 자신의 이론적 틀을 개발하는 것과 관련된다. 상담자는 자신이 보는 인간관을 기초로 상담의 목적과 과정, 기술 등을 갖추어야 할 요구를 받게 된다. 나아가 연구와 실습을 통하여 이론을 실제화하는 부단한 노력을 경주해야 한다. 상담은 이론만으로 진행될 수 없으며, 결국 훈련을 통한 실제 상담 능력의 터득이 상담자의 전문적인 자질에 필수적인 요건이 된다.

개인적 자질과 관련하여 상담자는 (1) 인간에 대한 선의와 관심, (2) 자신에 대한 각성, (3) 용기, (4) 창조적 태도, (5) 끈기, (6) 유머 감각 등을 갖추어야 한다. 상담이란 단순히 기술을 적용하는 과정이 아니라 상담자라고 하는 한 인격체가 투입되는 역동적 과정이다. 따라서 상담자는 자신의 전문적 자질뿐만 아니라 한 인간으로서의 성숙한 면모를 갖추도록 노력해야 한다.

행정적 자질은 군 상담사들이 간과하기 쉬운 영역이다. 군 상담사들은 장병들의 심리적 상태와 요구사항, 호소문제, 지지요인과 장애요인 등을 기록하고, 이를 대외비로 취급하는 일을 요청받는다. 나아가 병사관리 및 사례관리를 통하여 유사한 문제에 대해 추후 효과적으로 조력을 제공하는 일과 안정적인 부대를 유지하는 일에 대한 자료 준비, 격오지 부대 등에 우울증과 같은 문제에 대해 상담 관련 자료 배포 등을 통하여 부대 상담을 지원하는 업무를 수행해야 한다.

상담자의 자질과 역할을 이해하고 나면, 그 다음 과제는 군에서 누가 상담을 할 수 있으며, 해야 되는가 하는 문제가 제기된다. 앞에서 밝혔듯이, 군에서는 다양한 유형의 상담자를 요구하고 있으며, 이를 각 상황별로 살펴보면 다음과 같다.

6 - 1. 상관이 업무를 중심으로 상담을 하는 경우

군의 특성상 일차적인 상담은 상관이 실시하는 경우가 많다. 심리 전문가나 상담관에게 항상 접근할 수 있는 것은 아니기 때문이다. 이럴 때, 지휘관은 상담자의 임무를 수행할 수 있다. 지휘관으로서의 상담자는 부하의 장점과 단점을 이해하고, 더 나은 업무수행이 가능하도록 능력을 향상시키며, 배려와 돌봄을 통하여 더욱 나은 미래를 준비할 수 있도록 조력해야 한다. 이를 위해서는 지휘관이 자기에 대한 각성과 다양한 장면에서의 부하들이 적응할 수 있도록 조력하는 일이 필요하다. 이때, 효과적 상담은 공동노력으로 이루어진다는 점을 인식하고, 상담을 진행해야 한다.

부대원들을 배려하고 존중할 줄 아는 상관은 보다 나은 부대원을 만들고, 수행능력을 유지하거나, 증진시키도록 동기화할 수 있다. 성공적인 상담을 위해 상관이 가져야 할 특성을 살펴보면 다음과 같다: 분명한 목적성-상담의 목적을 분명히 인식할 것, 유연성-상황에 맞는 상담 유형 활용, 존중-부하 장병을 독특하고 복잡한 가치와 믿음 및 태도를 지닌 부하로 인식할 것, 의사소통-개방적이고 양방향적인 의사소통 수행 능력을 갖출 것, 지지-부하가 문제를 해결할 수 있도록 지지할 것 상관에 의한 상담은 일반적으로 4단계를 거쳐서 진행된다. armycounselingonline.com에 탑재된 자료에서는 ① 상담 필요성을 확인 ② 상담 준비 ③ 상담 실행 ④ 추수지도로 구분하고 있다.

첫 번째 단계인 상담 필요성 확인단계에서는 일반적으로 조직의 정책에 따라 상담이 되지만, 부하와 더불어 발달적 상담을 실시할 때도 있다. 여기에는 부하들의 수행능력 관찰, 기준치와의 비교, 그리고 상담형태로 부하에게 피드백을 제공하는 것 등이 포함된다.

두 번째 단계는 상담을 준비하는 단계로서, 비밀보장이 되고 방해를 받지 않는 장소를 선정하고, 시간을 약속하며, 사전에 상담 관련 사항을 공지하는 등의 준비를 포함한다. 적절한 양식이 있다면, 양식에 맞추어 상담 회기에 대한 호소문제, 목표와 전략 등에 대해 준비하는 일도 필요하다.

세 번째 단계는 실제 상담을 수행하는 단계로서, 상담관계를 형성하고 주제에 대해 다루며, 행동계획을 개발하고, 회기를 기록하고 마치는 모든 상담과정을 포함하게 된다.

마지막은 추수단계로서 상담이 초기상담으로 종결되는 것이 아니기 때문에, 수립된 행동계획의 수행, 관찰된 결과의 일치성, 및 초기상담 목표의 재설정 등과 같은 일이 필요한 단계이다. 또한 추수단계에서는 상관이 부하와 함께 목표의 달성 정도, 추후 계획 등을 논의하는 일이 포함된다.

이때 상관이 상담하는 것에 대해 Armycounselingonline.com에서는 다음과 같은 사항을 권고하고 있다(B - 7, B - 22, B - 24).

특정 수행능력에 대해 부하를 상담할 때는 다음과 같은 조치를 하라.

· 상담의 목적을 설명하라. 무엇을 기대했고, 부하가 기준을 충족하지 못한 경과를 설명하라.
· 수용할 수 없는 구체적 행동이나 조치를 다루어라. 개인의 성격을 공격하지 말라.
· 그 행동이나 조치, 수행능력이 전체 조직에 미치는 영향을 설명하라.
· 부하의 반응을 적극적으로 경청하라.
· 중립을 유지하라.
· 부하에게 기준을 충족하는 방법을 가르쳐라.
· 개인적 상담을 하도록 준비하라. 왜냐하면 때로는 미해결된 개인적 문제 때문에 업무수행 능력이 떨어질 수도 있기 때문이다.
· 부하에게 개인적 발달 계획이 업무수행능력을 향상시키고, 그 계획을 수행하는데 필요한 구체적 책임을 확인한다는 것을 설명하라. 부하의 수행능력을 지속적으로 평가하고 추수지도를 하라. 필요하면 계획을 조정하라.

6 - 2. 외부 상담전문가가 상담을 하는 경우

지휘관이 상담자의 역할을 수행할 때도 있다. 그러나 지속적인 상담자의 역할 수행은 상당히 어렵다. 왜냐하면 사회적 문화적 속성이 바뀌고, 장병들의 특성이 지속적으로 변화되는데, 군 내부에서 이러한 교육을 모두 전문적으로 받기는 어렵기 때문이다.

예를 들어, 신세대 장병들은 "등가교환의 법칙"에 익숙하게 자란 세대라고 한다. 즉, "내가 이것을 해 주면, 나에게 무엇을 해 줄 것인가?"를 묻는 것이 하등 이상이 없는 세대이다. 이들을 대상으로 국가를 위해 헌신할 것을 요구한다면, 그래서 국가는 무엇을 해 줄 것인가에 대한 대답이 분명해야 한다. 그런데 군 특성상, 이런 요구에 부합하지 못하는 경우도 있다.

이와 같은 다양한 상황 속에서 외부 전문가는 효과적 조력을 제공할 수 있다. 특히, 대학이나 대학원에서 상담을 전공한 전문상담자는 내담자의 문제나 요구에 따라 최적의 상담 서비스를 제공할 수 있을 것이다.

그러나 외부 전문상담가가 효과적인 조력을 하려면, 군 특수성을 인식하고 부대의 목표와 일치하는 상담 기법을 선택해야 한다. 예를 들면, 특정 부대의 역사와 기본적인 임무, 지휘관의 지휘 방침, 생활관의 특성 등을 고려하여 상담 접근법을 결정해야 한다는 것이다.

6 - 3. 또래 상담자 (PEER COUNSELOR)

군에서 보다 효과적으로 상담 서비스를 제공할 수 있는 방법은 또래 상담자를 활용하는 방안이다. 또래 상담은 같은 직군이나 직급의 동료가 상담을 제공하는 방법이다. 이는 유사한 경험 배경과 문제에 대한 신속한 이해, 적절한 어휘 및 상담 전략 선택 등을 통하여 전문적인 상담자만큼 상담 효과를 발휘하는 경우가 있다.

대학에서는 상담을 원하는 학생들에게 충분한 도움을 줄 수 없을 때, 또래 대학생들에게 기초적 상담기술을 가르치고, 이들이 일차적 상담서비스를 제공하고 있다. 또래이기에 자신의 내적 문제를 털어놓는 데 훨씬 용이한 점이 있으며, 문제를 이해하는 속도도 상당히 빠르다. 일상적인 생활에서 나타나는 문제는 전문상담사들보다 빨리 이해하고 도와주는 경우도 많다.

군에서도 생활관 내에서 병장들 가운데 특정 인원을 선정하고, 구조화된 집단상담 프로그램 및 개인상담 기술을 가르치고, 이들이 일주일에 한 번 정도 상담집단을 이끄는 방안을 검토해 볼 만하다. 이 경우, 생활관에서나 혹은 간부들의 눈이 미치지 못하는 곳, 혹은 깊은 개인 내적인 이야기들을 체계적으로 들을 수 있는 소통의 장이 마련될 수 있다. 또한, 안정적인 부대관리에 투입되는 상당한 양의 시간과 에너지를 줄여 나갈 수도 있다. 물론, 상담의 비밀보장에 대한 윤리사항은 병 최대 수혜 원칙을 따르면 된다.

병장이 또래 상담자의 역할을 수행하다가, 전역하기 전에는 조수를 두게 한다. 일정 기간의 훈련을 거친 후, 그 다음부터는 조수가 사수가 되어 생활관을 이끄는 식으로 진행되면, 군내 상담역량이 현격하게 높아질 것이다. 부대관리를 모두 간부나 지휘관이 하려고 하면 어려움이 따른다. 부대 내의 다양한 인적 자원을 믿고 활용하는 경우, 놀라운 시너지를 창출할 수도 있다.

6-4. 병영생활 상담관

최근 군에서는 장병들의 기본권을 보장하면서, 상담을 통하여 선진 병영문화 달성을 위하여 노력하고 있다. 병영생활 상담관은 영내를 순회하면서 다양한 상담 서비스를 제공할 수 있다. 또한 사고예방을 위한 교육 및 다양한 훈련 프로그램을 개발하여 시행하는 경우, 안정적 부대관리에 긍정적인 영향을 미칠 수 있다.

그러나 병영생활 상담관은 다양한 배경을 가진 사람을 선발함으로써, 기본권상담관의 독특한 아이덴티티나 공통의 상담 모형이 없다는 점에서는 한계를 가질 수도 있다. 특히, 부대지휘권과 장병기본권과의 관계성, 상담의 비밀보장과 부대 지휘방침의 일치성 확보, 군내 적합한 언어사용 등에 대한 적절한 정책적 결정이 없이는 상담 도움을 제공하는데 어려움을 겪을 수 있다. 또한, 군 경험이 전혀 없는 여성 상담자의 경우, 용어에 대한 이해 미비, 조직에 대한 관심 결여 등을 야기할 수도 있다.

따라서 군에 대한 교육 및 상담 실무경험을 갖추어서 효과적인 지원 기능을 수행하기 위해서는 군 조직에 대한 이해, 군 상담의 특수성, 군 상담 윤리의 실제, 병영문화의 이해, 시기별 상담 방법론(입대 장병 상담, 전입 장병에 대한 상담, 진급과 관련된 심리상담, 위기관리, 직급별 역량 강화 방안), 자살 및 특수상담 등에 대한 전문적 교육과 수련감독이 필요할 것으로 판단된다.

결과적으로 군 상담에 대한 관심이나 준비도에 대한 점검 없이 인력을 선발하는 경우, 조기탈락이나 사명감의 부재 등을 야기하고, 나아가 일반 상담을 이해하지 못하는 군에 대한 실망감을 가질 수도 있다. 또한, 잦은 상담관 교체는 부대 운영에 지장을 줄 수 있다. 따라서 기본권 상담관은 군에 대한 명확한 인식과 소명의식을 바탕으로 군 발전에 기여하며, 장병의 심리적 발전을 통하여 전투력에 기여할 수 있는 전문가를 선발하여 활용하여야 할 것이다.

6 - 5. 군종장교의 상담

군종장교의 본연의 임무는 물론 상담이라는 심리적 서비스에 국한되지 않는다. 그럼에도 영적인 차원에서 다양한 개인의 심리적 및 육체적 갈등이나 문제에 대해 지도 및 조언을 한다는 점에서 가장 효율적인 상담 서비스를 제공할 수 있다. 사생관을 바탕으로 하는 군종장교의 종교 활동은 군 상담의 철학을 형성하는 굳건한 토대가 될 수 있기 때문이다.

군종장교의 상담은 군에서 매우 독특한 상담 위치를 가진다고 할 수 있다. 이미 앞에서 밝힌 바와 같이 군의 환경은 초 합리적 혹은 반 합리적(non-rational) 특성을 지닌다. 합리성과 비합리성을 구분하고, 합리성을 추구하는 문화에서 생활하던 일반 장병들은 반 합리성의 상황 속에서 자신의 정체감을 상실하거나, 적절한 행동 규범을 상실할 수 있다. 즉, 개인의 삶의 목표와 정체성, 방향과 행동방법 등에 대해 사회와는 완전히 다른 요구조건과 맞닥뜨릴 수 있다는 것이다.

이 경우에 군종장교에 의한 군종상담은 다양한 심리적, 영적인 문제를 해결하거나 혹은 한 단계 높은 차원에서 여러 가지 갈등을 통합할 수 있는 기준이 될 수 있다. 현실적 측면에서는 "누군가를 해치는" 행위가 이해될 수 없지만, 이것이 한 차원 높은 단계로 올라가게 되면, 인류의 보편적 가치와 생명존중이라는 사상과 일치하고 있음을 자각할 수 있다. 이 경우, 군 내에서 야기되는 가치관의 괴리와 붕괴, 삶의 목표 상실 등을 효과적으로 치유할 수 있다.

군종상담은 영적 상담이다. 영적 상담은 자신의 현재 삶을 벗어나서 한 차원 높은 삶을 살아갈 수 있도록 안내하는 상담이다. 이는 일상적 상담과는 달리, 내담자의 삶의 차원 자체를 바꾸어 준다. 이를 위해서는 내담자의 현재 삶에 대한, 삶의 본질에 대한 깊은 통찰을 필요로 한다.

이를 Victor Frankle의 삶의 차원의 비유를 들어서 예시하면 다음 그림과 같다.

<그림1> 삶의 차원과 군상담

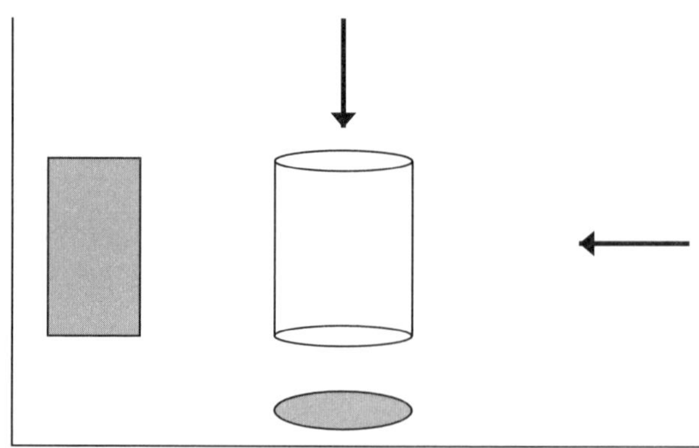

위 그림에서 원주라고 하는 한 차원 높은 삶에서는 원주는 원주일 뿐이다. 그러나

이를 한 차원 낮은 평면으로 가져와서 좌측과 우측에서 광원을 비추면, 한쪽에서는 사각형의 그림자가, 또 다른 쪽에서는 원형의 그림자가 생길 것이다. 사각형과 원형 가운데 어느 것이 맞느냐 하는 것은 2차원에서는 논쟁이 되겠지만, 3차원에서는 아무런 문제가 없는 것이다.

마찬가지로 군종상담은 3차원적 인간의 삶을 영적 차원으로 이끄는 것이다. 그래서, 초 합리적 혹은 반 합리적 상황에서 개인의 정체성을 유지하고, 그가 건강한 인간으로서의 삶을 영위하도록 조력하는 "결정적 상담 (critical counseling)" 서비스를 제공하고 있다고 볼 수 있다.

영적 상담은 언어로만 수행할 수 있는 과제는 아니다. 군종장교의 깊은 신앙심을 바탕으로, 장병들과 함께 있고자 노력할 때, 군종 장교의 본래적 존재 의미가, 본심이, 선한 마음이, 그리고 깊은 영적 체험이 내담자인 장병들에게 전달될 때, 상담이 가능한 접근법이다.

따라서 흔히 농담조로 "초코파이를 먹기 위해" 참여하는 종교행사라 할지라도, 장병들에게는 새로운 심리적 통합을 달성할 수 있는 계기가 군종활동을 통해서 만들어질 수 있다. 이런 점에서 군종상담은 무수히 많은 암묵적이거나 형식적인 심리적 및 영적 갈등을 해결하고, 통합하며, 성장할 수 있는 계기를 제공한다. 그리고 바로 그 이유 때문에 더욱 높은 수준의 상담 능력을 군종장교들에게 요구하게 된다.

군종장교의 경우, 다양한 형태의 개인 및 집단상담을 실시하고 있다. 현재 매우 효과적으로 진행되고 있는 비전캠프나, 공군의 장병사랑캠프 등은 높은 수준의 훈련과 이론을 전제하고 있어야 실시 가능한 집단교육의 형태로 상담을 제공하고 있다.

특히, 최근 군종장교들의 다수가 대학원 석사 수준에서 상담 및 관련 학문을 전공하고 현장에서 인턴으로 수련을 받는 등 전문적인 상담 훈련을 쌓았다. 따라서 군종의 현재 역할을 확대하고, outreach 형식의 상담접근을 채택한다면, 가장 효과적인 상담을 제공할 수 있을 것으로 기대된다.

부하가 상관을 상담할 수 있나요?
군 상담에서 독특한 한 현상은 "부하가 상관을 상담할 수 있느냐?"하는 것이다. 상담을 하려면 치료적 동맹을 맺어야 하는데, 상관과 수평적 관계가 가능한가 하는 것이다. 실제 연구에 의하면 임상심리학 장교가 상관을 상담할 때, 상담자는 필요한 영역에 대한 구체적 질문을 할 수 없었고, 상관은 민감한 질문은 유연하게 방어함으로써 지나가는 것으로 보고하고 있다(Kennedy와 Zillmer, 2006). 실제로 계급은 상담에 효과를 미치는 것으로 판단된다.

7. 군 상담의 과정

상담을 받으러 오는 경우, 군 상담자는 내담자가 현재 무엇을 불가능하다고 생각하거나, 무엇을 부정적으로 인식하는지를 살펴본다. 이는 군인정신을 중심으로, 현재 내담자가 자신의 삶에서 어떤 영역을 어느 정도로 불가능하다고 보거나 혹은 부정적인 마음을 가지고 있는가를 설정하게 된다. 예를 들어, 이성친구와 헤어졌다는 것은 심리적으로 상당한 스트레스를 줄 수 있다. 이성친구가 떠났다는 사실에 대해 병의 경우, "군에만 오지 않았어도, 어떤 식으로 매달려보기라도 할 텐데…."하는 생각을 말한다고 가정해보자. 군 상담은 애인이 떠났다는 사실 자체는 하나의 증상(symptom)으로 생각하고, 진짜 문제는 그러한 이별 상황을 어떻게 접근하는가 하는 행동 패턴 혹은 마음의 이치가 상담의 대상이 된다.

애인이 떠난 것 때문에 마음의 상처를 입고 쓰라린 마음을 가지는 것은 당연하다. 문제는 그래서 자신의 삶이 잘못되었다거나, 자신이 앞으로 더 이상 사랑받을 수 없다거나 하는 마음의 패턴인 것이다. 떠난 이유에 대해 자신의 책임으로 생각하는지, 애인의 책임으로 떠넘기는지에 대한 관점을 파악하는 것이 중요하다. 긍정적 생활 태도의 관점에서 내담자의 문제에 접근하는 경우, 상담의 목표가 보다 분명해 질 것이다.

사고 혹은 행동 패턴을 이해하는 과정에서 중요한 것은 내담자의 관점에서 내담자의 이야기를 듣는 일이다. 바로 개방적 태도인 것이다. 에릭슨(2007)은 "상담자의 과업은 내담자의 신념이나 이해력을 개종시키는 것이어서는 안 된다. 상담자의 이해력을 진실로 이해할 수 있는 내담자도 없고, 그럴 필요도 없다. 치료적 상황을 발전시키기 위하여 필요로 하는 것은 내담자의 삶의 틀 속에서 가장 적합한 방식으로 그 자신의 사고, 이해력, 감정을 활용할 수 있도록 허용하는 것이다(깬냐, 1980, p.223. 은유와 최면에서 재인용)."라고 말을 한다.

에릭슨은 "문제의 원인과 해결책에 대하여 내담자와 유사한 신념을 공유하는 것이 성공적 상담을 위한 필요조건이라고 한다(은유와 최면)." 고등학교 2학년 남학생이 어떤 문제에 부딪혀, 지혜로운 부모의 말을 따르겠는가? 아니면, 친구의 말을 따를 것 같은가? 친구의 말을 따르는 경우가 많다. 왜? 친구는 자신과 유사한 신념 체계를 가지고 있기 때문이다. 나는 옳고, 너는 틀리기 때문에 옳은 길로 인도하겠다고 하는 경우, 저항감이 높아질 수밖에 없다. 그래서 내담자의 이야기를 듣는 동안, 개방적 태도를 취하면서 내담자가 자신의 사고, 이해력, 감정을 활용할 수 있도록 돕는 일이 필요하다.

개방적 태도를 통하여 내담자가 자신의 문제를 이해하고, 함께 동반하는 사람이 생겼으며, 자신의 역량을 활용할 준비가 되었으면, 그 다음 단계는 유연한 사고를 갖추는 일이다. "내담자의 문제는 지나치게 일반화된 판단이나 흑백논리, 당면한 문제에 대한 비현실적 평가와 같은 인지적 왜곡에서 비롯되는 경우가 많다(에릭슨 - 은유와 최면)." 군 상담에서는 이와 같은 인지적 왜곡에 대해 다소 직접적인 개입방법을 활용해야 한다. 왜냐하면 시간과 장소의 제약성이 따르는 군 공간의 특수성도 있지만, 사고 시스템과 조직의 위계성이라고 하는 군 조직의 특성을 고려하자면, 군이 조직적으로 원하는 방향으로 유연성을 발휘할 수 있도록 적극적인 노력을 해야 하기 때문이다. 고추를 먹으면서 그 가운데 달콤한 고추가 있을 것이라고 주장하는 것은 유연하지 못한 사고의 결과이다.

유연한 사고를 바탕으로 최종적으로 이끌어야 할 단계는 전이 가능한 능력을 육성하는 일이다. 특정 사건을 통하여 경험한 사항들이 다른 분야에 골고루 활용할 수 있도록 할 뿐만 아니라, 전역 후에도 활용할 수 있는 독특한 능력을 갖출 수 있도록 전환해줄 수 있을 때, 추후의 군 생활 자체가 다양한 의미를 가질 수 있게 된다. 바로 그러할 때, 군인은 더욱 군 생활에 충실하게 복무할 수 있으며, 더욱 의미 있는 삶을 살아갈 수 있는 준비를 할 수 있다. 군에서는 모든 사회생활을 경험할 수 있다. 심지어 바느질과 다림질 하는 방법까지도 배운다. 그러나 이러한 일들을 경험하는 것과 그것을 개인의 역량으로 전환시키는 일은 다른 문제이다. 경험했다고 해서 모두에게 능력이 되는 것은 아니다.

8. 군 상담의 유형 및 특성

군 상담의 유형은 크게 (1) 이론을 보는 관점에 따른 분류, (2) 개입의 특성과 기술에 따른 분류, (3) 대상에 따른 분류, (4) 사건 유형별 분류, (5) 상담 역할에 따른 분류 등으로 나눌 수 있다.

www.armycounselingonline.com 자료에 의하면, 군 상담은 일반적으로 상황적 상담, 수행능력상담, 전문적 성장상담을 지향하게 되고, 이를 상담 목표에 따라 나누면 다음과 같이 구분하고 있다. 첫째 유형은 이벤트 상담으로 특정 사안별로 상담을 제공하는 것이다. 여기에는 기준 이상 혹은 미달의 과제 수행 시, 신병 전입 및 통합상담, 위기 상담, 의뢰상담, 진급상담 및 별거상담 등이 포함된다.

예를 들어, 특정 부하가 기준을 초과하거나 미달하는 업무 수행을 보일 때는 최대한 그 사건을 발생한 시간으로부터 근접하여 상담을 제공하는 일이 필요하다. 필요한 경우 교정훈련을 제공하는 것도 필요하다.

특히 전입신병이 있는 경우, 낯선 생활관에 배치되거나, 새로운 부대임무를 부여받음에 따라 야기되는 다양한 문제에 대한 걱정이나 문제를 확인하고 줄여줄 수 있다. 또한 부대의 기준이 무엇이고, 어떻게 적응해나갈 것인지에 대해 도움을 제공하여 안정적인 병영생활을 영위할 수 있도록 조력한다. 여기에는 지휘계통의 암기, 조직 기준, 안보와 안전의 문제, 훈련과 휴식 중의 행동 규정, 부대역사와 구조 및 임무 등을 포함하고 있다.

둘째 유형은 수행성 상담으로 개인의 수행 능력에 대한 지도 조언을 포함한다. 여기에서는 일정 기간 동안 부하의 과업 달성 정도를 검토하는 상담을 진행하게 된다. 상관과 부하가 연합하여 수행 목적을 세우고 다음 기간의 기준을 마련하는 등의 일을 하게 된다. 과거 수행에 머무르기 보다는 미래에 초점을 맞추는 바, 부하의 장점과 개선 영역 그리고 잠재력을 육성하는데 초점 맞춘다.

세 번째는 전문적 성장 상담이다. 이는 개인과 전문적 목적성취를 가능하게 하는 계획을 세우고, 장점과 약점을 확인하며, 자신의 강점을 강화하고 약점을 보완하는 방향으로 개인적 발달계획을 세우는 일이 포함된다.

대상별 유형에 따른 군 상담 유형은 계급별 상담과 영역별 상담으로 나눌 수 있다. 그 가운데 영역별 상담은 개인상담, 집단상담, 심리교육상담, 그리고 군 가족을 위한 결혼상담, 가족상담, 아동상담, 가족생애교육. 폭력예방교육, 및 전출입이 잦은 군 특성을 고려한 자녀 전학 및 입학문제 상담, 작전 파병과 재통합 상담, 과업중심의 상담, 지휘관 자문 등이 포함된다(Fenell & Fenell, 2003).

또한, 상담을 접근 방법상으로 구분하면서 지시적 상담, 비지시적 상담 그리고 혼합적 상담으로 구분하면서 다음의 표와 같이 설명하고 있다.

<표 3> 군 상담접근별 요약

구분	장 점	단 점
비지시적 접근	• 성장을 격려 • 개방적 의사소통 • 개인적 책임감을 개발	• 시간이 걸림 • 높은 수준의 상담기술 필요
지시적 접근	• 가장 빠른 방법. • 명확하고 간결한 지시를 바라는부하에게 도움이 됨. • 상담자의 경험을 이용할 수 있음	• 부하가 해결의 한 부분이 되도록 격려 못하고, 증상만 처치하고 문제는 남을 수 있음 • 부하가 자유롭게 말할 수 없게 만듦. 상담자의 해결책이지 부하의 해결책이 아님
통합적 접근	• 상대적으로 빠름. • 성숙을 격려함. 개방적 의사소통 가능 • 상담자의 경험을 활용할 수 있음	• 어떤 경우에는 시간이 너무 많이 걸림

※ armycounselingonline.com 참고

기실 군 상담은 일반적 상담과 상당한 부분에서 차이가 난다. 일반상담의 목표는 개인의 문제를 해결하고, 성장을 촉진하며 자아실현을 돕는 반면, 군 상담은 군인정신의 함양을 통해 부대목표를 달성하고, 심리 전력을 강화하는 것이 최종목표가 된다. 이 과정에서 개인의 성장은 개인목표가 부대목표와 정렬화되어 있다는 것이 전제로 이루어지기 때문에 조직의 역량강화가 개인의 역량강화로 이어지게 된다.

<표 4> 군 상담과 민간 상담의 비교 분석

구분		민간 상담	군 상담
목표	최종 목표	개인의 자아실현	정신 전력 강화(전장의 승리)
	중간 목표	개인의 성장목표 달성	부대목표 달성
	단기 목표	개인의 문제해결	군인정신의 함양 부대적응성 강화(사고예방)
핵심가치		행복, 자존감	충성, 복종 (국가보위)
개입단위		개인	제대별 조직
상담대상		독립된 개인	조직 – 내 – 개인
상담전략		가치 중립적	가치 지향적(교육적)
상담관계		수평적 관계	복합적 관계

이 〈표4〉에서 가장 눈여겨 볼만한 영역은 상담 대상의 차이이다. 군 상담은 조직 - 내 - 개인을 대상으로 한다. 누구라도 자신의 환경에서 동떨어진 존재를 가정할 수는 없지만, 부대 내에서는 이것의 선택권이 매우 제한되어 있다는 점에서 모든 해결책과 개입 및 성장의 방향이 조직 내에서 설정되어야 함을 강조하는 것이다.

'조직 - 내 - 개인' 으로 상담대상을 인식하는 것은 상담방법과 윤리에 직접적인 차이를 초래한다. '조직 - 내 - 개인' 의 경우, 상담을 받으러 오거나 혹은 상담 후에 조직 내에 존재한다는 뜻이다. 예를 들어, 병사의 경우 생활관이라고 하는 공간에서 동료 전우들과 함께 생활하기 때문에 상담을 받으러 갈 때나 상담 후 돌아왔을 때, 다양한 문제에 직면할 수 있다. 즉, 동료 전우들로부터 "무슨 문제로 상담자를 만났는지?" 혹은 "어떤 이야기를 했는지?" 등에 대한 질문을 받을 수 있다. 이때, 내담자를 단순한 개인 혹은 병사로만 이해하는 경우, 상담의 비밀보장을 유지하기가 매우 어렵다. 상담을 받고자 하는 병사를 '조직 - 내 - 개인' 으로 인식하는 경우, 상담 사전과 사후에 적절한 조치를 취할 수 있다. 따라서 군 상담의 대상은 개인이나 조직이 아니라 조직 - 내 - 개인으로 규정할 때 최적의 상담 서비스를 제공할 수 있다.

상담전략의 경우, 군 상담과 일반상담은 상당한 차이성을 지닌다. 일반 상담은 가치중립적이며, 개인이 추구하는 성장방향을 지향한다. 그러나 군은 특정 가치 (국가보위)라는 특정 가치를 중심으로 운영되기에 가치지향적인 상담전략을 요청한다. 가치지향적 상담은 부대나 국가가 필요로 하는 심리적 자세를 육성해야 하기에 교육적 접근이 포함된다. 이는 핵심목표가 명확하고, 시간이 제한되어 있는 특수 집단에서의 상담은 직접적인 정보를 판단할 수 있는 근거를 제공하여 (즉 지식을 제공하고 학습을 통하여) 자신의 성격적 문제나 심리적 고민거리를 해결하며, 나아가 더욱 성장할 수 있도록 돕는 것이 매우 효과적일 것이라는 판단 때문이다. 이에, 가치 지향적 및 교육적 상담접근방법은 특정 문제에 대한 지식을 개인의 심리적 및 성격적 특성을 반추할 수 있는 지식을 제공하여, 최단기간 내에 자신의 행동을 살펴보고 변화 가능성을 높이는 접근 방법이라고 할 수 있다.

마지막으로, 군 상담의 관계를 복합적 관계라고 하는 것은 일반상담은 계약에 의해 상담료를 지불하고, 이에 상응하는 서비스를 제공하는 관계로서 수평관계가 절대적으로 유지될 수 있으나 군은 수평적 관계와 수직적 관계가 복합적으로 존재하기 때문이다. 예를 들어, 나이가 어린 소대장이 군 경험이 풍부한 하급자인 주임원사를 상담하는 관계는 수평적이나 수직적 관계가 아닌 교차적 관계를 요구한다.

9. 군 생활 주기별 상담 전략의 틀

군 생활은 열심히 '고생' 만 하면 저절로 이루어진다고 생각하는 경향이 있다. 소위 '몸으로 때우는', '시간을 보내는' 정도로 생각하는 관점도 팽배해 있다. 그러나 군 생활은 극한적 상황 속에서 자신과 타인을 살펴보고, 개인의 목표와 조직의 목표를 정렬화시키며, 자신에게 필요한 핵심역량을 배우는 시간으로, 그냥 목표가 달성되는 곳이 아니다.

그렇다면, 효과적 군 생활을 위해서는 상급자가 어떻게 부하를 지도하고, 상담하며, 성숙하도록 지휘 및 조력할 것인가에 대한 문제가 제기된다. 이 문제에 대한 답은 군 생활을 하나의 사이클로 보고, 각 사이클에 맞는 적정 과업을 수행할 수 있도록 조력하는 틀을 가짐으로써 대답할 수 있다.

이러한 틀이 없는 경우, 개개 간부는 부하 육성에 있어서 자신이 가진 관점에서 개별적 방식으로만 접근할 수밖에 없고, 결과적으로 다양한 어려움에 처하게 된다. 나아가 잘한 점은 군이, 못한 것은 개인이 책임지는 상황에서 더 이상의 깊은 충성심을 창출하지 못하게 될 수도 있다.

그렇다면 상관의 지휘 및 명령체계를 공고히 하고, 조직의 목표를 달성하면서도 신뢰와 명성을 얻고, 부하 장병의 핵심역량을 강화하는 방안은 무엇인가? 바로 아래에 있는 군 생활 사이클을 살펴보자. 군 생활은 무작위로 일어나는 것이 아니다. 입대하는 순간부터 민간에서 군인화의 과정을 거쳐 핵심 전투 인재로 거듭나야 한다. 각 단계에서 우리가 살펴보아야 할 것은 각 계급에서 어떤 긍정적 자세, 개방적 태도, 유연한 사고, 전이 가능한 능력을 쌓도록 조력할 수 있느냐 하는 것이다.

입대 시의 긍정적 마인드는 군 생활을 어떤 틀로 볼 것이냐 하는 것과 관련되어 있다. '썩을 2년' 으로 군 생활을 볼 때와 '내 마음의 훈련소' 로 바라볼 때는 큰 차이가 있다. 입대 시에 긍정적 자세로서 남은 군 생활을 설계할 수 있도록 도와주는 일이 필요하다.

그렇다면 군 생활에서 일어나는 일련의 성장주기는 어떤 것이 있을까? 이는 보다 실증적인 연구가 필요한 일이지만, 잠정적으로 제시하면 다음과 같다.

먼저, 병들의 경우, 각 계급별로 달성해야 할 심리적 과제가 있다. 각 과제를 달성하는 경우와 실패하는 경우에 얻을 수 있는 심리적 결과들이 제시되어 있다. 오른쪽 끝에 있는 것은 그 과제를 수행하기 위해 갖추어야 할 핵심 역량을 제시하였다.

<표 5> 군 생활주기별 심리적 과제

계 급	과 제	핵 심 역 량
이병	적응 대 갈등	의미 찾기 – Here and Now
일병/상병	성취 대 고립	신뢰(trust)
병장	관리 대 무기력	반추(reflection)
부사관	지지 대 혼란	조화(harmony)
위관급 장교	동기 대 실망	실천(performance)
중대장	동반 대 이기심	견고함(invincibility)
영관급 장교	조망 및 예측 대 실패	통찰 (insight)
참모	시너지 창출 대 피로	전략적 사고(strategical thinking)

이병의 경우 군에서 달성해야 할 심리적 과제는 적응 대 갈등이다. 입대 결정에 따른 책임감을 수용하고, 의미를 발견하여 부대에 신속하게 적응하는 능력이 필요하다. 입소 시의 긍정적 마인드를 바탕으로, 군인정신을 함양하고, 각종 훈련을 통하여 자신의 모습을 가능적, 발전적, 현실적인 모습으로 전환시키는 일이다. 이병의 가장 긍정적 마음은 상관의 지시를 따를 때 복명복창을 하고 순응하되, 이를 기쁜 마음으로 할 수 있는 자세를 갖추는 것이다. 사회에서도 상관의 명령에 따라 일을 하는데, 기쁘게 일을 해서 조직의 성과를 높이는 사람이 있고, 마지못해 일을 하기 때문에 조직 발전을 저해하는 사람도 있다. 유익한 방향을 설정하는 방법을 배우는 시기이다.

그러나 군 생활에서 의미를 찾아서 적응하지 못하는 경우, 심리적 갈등에 봉착하게 된다. 현재 자신이 "사회에 있다면…." 등의 사고를 통해서 지금 - 여기에 머무르지 못하기 때문에 부대 적응이 늦어지게 된다. 누구라도 입대시기를 결정하는 것은 자신이다. 이런 저런 이유 때문이라고 하더라도 결국 선택을 하는 것은 자신이기 때문에 입대를 통해 새로운 환경에 적응방법을 배워야 한다. 그러나 자신이 결정한 것이 아니라고 주장하는 한, 부대에의 적응은 늦어지고, 훈련에서 의미를 발견하는 것이 어려워진다. 따라서 이병의 심리적 과제는 적응 대 갈등이며, 상담자는 이를 효과적으로 도울 수 있는 방법을 모색해야 할 것이다. 이 시기의 키워드는 여기 - 지금(here & now)에 투자하는 방법을 배우는 것이다.

특히, 이병은 사회에서 군으로 전환과정에 있기 때문에 다양한 과제와 삶의 장면에 부딪히게 된다. 상담자는 이병이 처할 다양한 상황을 이해하고, 이에 대한 적절한 조력을 제공해야 하는 바, 이를 보다 자세히 살펴보면 다음과 같다.

<표 6> 이병의 과제와 삶의 공간

입대	부대생활 : 훈련소 배치, 훈련소 생활 안내 정신적응 : 군인기본정신 함양, 사회생활과의 단절 및 새로운 차원의 연계 신체적응 : 군인 기본전투능력, 기초체력 및 전술훈련, 독자 생존능력
부대 전입	부대소개, 부대원 소개, 이병의 임무숙지 부대 경계지역 및 임무 파악, 안전과 안보 부대생활의 목표 선정(군에서 배우고 싶은 핵심 능력 확인)
생활관 입소	생활관의 특징 부대원과의 인간관계에 대한 각오 생활관 행동 양식의 이해(조직 내 행동특성에 대한 이해)

일병과 상병의 경우, 일병의 임무를 숙지하며, 명령을 수행하고, 적절한 대안 행동을 창출하는 과정에 놓여있다. 이들은 성취 대 고립의 심리적 과제를 수행하게 된다. 이병 시절의 경험과 지식을 바탕으로 스스로 할 수 있는 일들을 성취하는 경우, 성취감을 맛보고, 자율성을 확보하게 된다. 그러나 이를 달성하지 못하면, 생활관이나 부대생활에서 부적절하게 대우를 받을 수도 있고, 주변으로부터 고립을 당할 수 있다.

사회에서의 개인 중심적 경험에서 벗어나 집단의 일원으로서 행동하는 방법을 조력할 필요가 있는 시기이다. 또한 문제해결을 스스로 시도하고 체험해 볼 수 있는 단계에 해당한다. 키워드는 신뢰(trust)이다.

병장은 멘토로서 기능할 수 있는 위치에 서게 된다. 독립적 전투능력을 확보하고, 생활관 병사들을 인솔할 수 있는 능력을 갖추게 된다. 병영생활에서 얻은 다양한 경험을 바탕으로 신병이나 일병 및 상병들을 대상으로 다양한 조언을 구사할 수 있다. 그래서 이들의 심리적 과제는 좋은 기억 대 나쁜 기억으로 대별할 수 있다.

군 생활을 영위하는 동안, 힘든 일과 쉬운 일들, 좋은 일들과 나쁜 일들이 혼재되어 있을 수 있다. 성숙한 군 생활을 했다는 것은 좋은 기억들을 바탕으로 더 좋은 삶을 영위할 수 있도록 후임들을 지도하는 것이다. 나쁜 경험의 경우, 이를 더욱 발전된 좋은 방향으로 제시할 수 있는 능력을 키울 수 있는 시기이다.

따라서 병장들은 생활관의 다양한 측면을 생산적으로 관리하는 능력을 달성함으로써, 의사결정력과 사회적응훈련이 증대될 수 있는 시기이다. 그러나 반대의 경우, 생활관 전반에서 무기력함으로 느낀다. 생활관을 효과적으로 이끌어가거나 통제할 수도 없고, 전역 후 자신의 진로에 대해서 상당한 고민만 늘어나는 시간이 될 수 있다. 이 시기의 키워드는 반추(reflection)이다.

부사관의 경우 장교와 병간의 교량 역할을 담당하며, 전체 부대의 흐름을 이해하고 지지자의 역할을 수행한다. 그래서 부사관의 심리적 과제는 지지 대 혼란(support vs confusion)이다. 지지의 역할을 수행하는 사람들은 자기 존중감이 충만해야 한다. 스스로 만족함을 창출하고, 타인을 위해 희생하며, 겸손하기에, 나서지는 않지만 부대 전체를 움직일 수 있도록 조력해야 한다. 지휘관에 대한 긍정적 이미지를 부여하는 사람들이다.

그러나 지지자의 역할을 수행할 만큼의 자존감이 충족되지 않으면, 역할에 대한 혼란이나 혼동이 생겨난다. 지휘관에 대한 긍정적 이미지 창출에 기여하기보다는 개인을 앞세우게 된다. 개인의 역량에 대한 관심이 증대되기 때문에 지지자의 역할보다는 어디에도 속하지 못하는 듯한 느낌을 갖게 된다. 최고의 성공을 추구하게 되면, 책임질 수 없는 일을 하게 되는 것이다. 부사관은 자신의 역량이 1이고 타인의 능력이 10인 분야를 만나도 그리고 나의 능력이 10이고 타인이 능력이 1인 영역을 만나도 조화를 이루어, 갈등이 없이, 조직이 운영되도록 하는 능력, 혹은 추구하는 목표를 조화롭게 수행할 수 있는 능력이 요청된다. 그래서 부사관의 핵심 키워드는 조화(harmony)이며, 주임원사의 경우 자존감(self - esteem)이다. 이들이 움직이지 않으면 부대가 움직이기 어렵다.

위관급 장교는 초급간부로서 코치의 역할을 맡게 된다. 이 시기의 핵심 심리적 과제는 동기와 실망(motivation vs disappointment)이다. 소대원들이 개인 역량을 충분히 발휘할 수 있도록 조력해야 한다. 소대급 부대는 소대장에 의한 동기부여에 따라 엄청난 차이를 만들어 낼 수 있다. 기초적 상담능력과 의사소통 능력을 바탕으로 소대와 중대에 높은 사기를 창출할 수 있다.

동기부여 능력을 갖추지 못하는 경우, 실망을 하게 된다. 사관학교의 이론과 군 현실 간에 있는 격차를 발견하며, 원리 원칙대로 부대를 운영하고자 노력하지만, 그 이상의 역량을 요구받을 때가 많다. 자신과 군에 대한 실망감을 느끼고 자포자기 하는 심정으로 근무를 한다. 위관급 장교의 키워드는 실천(performance)이다.

계급은 아니지만 중대장은 지휘관 가운데 중대원들과 생사고락을 함께 하는 존재이다. 죽음을 같이 하고, 직면할 수 있는 사람이 있다는 것을 자각하게 만드는 사람들이다. 그래서 중대장의 심리적 과제는 동반 대 이기심(companionship vs selfishness)이다.

생사고락을 같이 할 수 없는 사람은 자기의 이익을 추구한다. 조직에 대한 혜안은 없고, 미래에 대한 걱정만 늘어난다. 중대장의 키워드는 견고함(invincibility)이다.

영관급 장교는 이제 새로운 영역으로 돌입하게 된다. 위관급 장교까지는 주어진 환경에 적응하고, 이를 효과적으로 극복해 나가기 위한 자원과 전략을 운영하는 사람이라면, 영관급 장교는 다가올 미래를 예측하고, 변화하는 환경의 요구사항을 조직이 준비하도록 만들어, 언제 어떤 상황이 닥치더라도 해결해 나갈 수 있는 역량 구축 전략 기획가들이다. 그래서 이들의 심리적 과제는 조망 및 예측 능력 대 실패(perspectives & prediction vs failure)이다. 자신의 조망능력과 예측 능력을 확장하여 단위부대까지 운영전략을 조망하고, 단위부대의 움직임이 상급부대에 어떤 영향을 미치며, 상급부대의 명령이 하위 부대에 어떤 힘으로 작용하는지를 이해할 수 있어야 한다.

특히 연대장에 이르게 되는 경우, 성공과 실패에 대한 개념이 명확해야 한다. 연대를 이끌면서 자신의 결정이 전 부대의 승리와 직결되기 때문이다. 승자독식(The winner takes all)의 법칙에 민감하게 반응할 수 있어야 한다. 시스템적 사고와 전략적 사고에 정통해야 한다. 조망 및 예측 능력을 확산하지 못하면 이는 곧 전 부대 및 작전의 실패로 이어지게 될 가능성이 매우 높다. 영관급 장교의 키워드는 통찰(insight)이다.

마지막으로 논의해야 할 것은 참모에 대한 것이다. 같은 계급이라도 지휘관을 맡을 때가 있고, 참모의 역할을 해야 할 때가 있다. 참모의 핵심과제는 시너지 대 피로(synergy vs. fatigue)이다. 참모는 전략적 사고를 바탕으로 냉정하고 전략적으로 부대에서 처신할 수 있어야 한다. 전략적 사고란 감정을 배제하고 최고의 성과를 낼 수 있는, 효과적이고 효율적인 방안을 도출할 수 있는 능력을 말한다.

참모가 냉정한 전략적 사고를 통하여 부대의 최대성과를 창출하지 못하는 경우, 피로감을 느낀다. 자신이 원하는 대로 일이 진행되지 않는다고 하여 불평이 늘어난다. 자기가 원하는 일을 할 수 없으므로 인해, "내가 지휘관이라면 이렇게 안 할텐데…."라고 하는 생각을 하게 되고, 부대 내의 삶은 비생산적으로 전락하게 된다. 핵심 키워드는 전략적 사고(strategical thinking)이다.

제 2 장

군 문화와 군 상담윤리

상담을 마치고 돌아오는데, 중대장이 상담 자료를 보자고 한다. 비밀보장을 약속한 병영생활 상담관은 상담자료를 보여 주어야 하나? 비밀보장을 위해 보여주지 말아야 하나?

병영생활 상담관을 만나고 돌아오는 박 상병에게 소대장이 오늘 무슨 이야기를 나누었는지 묻는다. 박상병은 소대장에게 이야기를 해야 하는가?

군의 임무는 평시에는 전쟁을 억제하고, 외부의 침략 등 국가가 위태로울 때 국가를 보위하며 국민의 생명과 재산을 보호할 막중한 사명을 띠고 있으므로 전장에 나가면 그 부대의 목표를 달성하기 위해 생사를 초월한 전투임무를 수행해야 한다. 이러한 전투임무를 가장 효과적으로 수행하기 위해서는 명령에 대한 즉각적이고 자발적인 복종이 필요하다. 그러므로 평소부터 일사불란한 지휘체계를 확립하고 상명하복의 투철한 군인정신으로 무장하여야 한다. 이러한 특성상 군대는 어느 시대, 어느 나라를 막론하고 엄격한 상명하복의 조직체계를 기본 특징으로 하고 있으며, 명령에 대한 복종규범은 국가와 국민에 대한 충성과 함께 군인의 기본 가치관이자 행동규범이라 할 수 있다.

1. 군 문제의 실태[1)]

우리 군은 안보 특성상 징병제로 이루어지기 때문에 구성원이 조직에 참여하는 것 자체가 자발적이기보다는 강제성이 동반되는 수동적 입장으로 국민의 군 조직에 대한 일반적 시선은 매우 폐쇄되고 경직된 조직으로 인식되어져 왔다. 창군 이래 여러 차례 국가의 혼란기를 거치며 국가를 지탱하는 중요한 핵심적 축으로서 역할을 해왔지만 운영과정에서 발생한 각종 구타나 가혹행위 등으로 인한 사건 · 사고, 특히 군에서 발생한 사망사건들은 군이 엄격한 명령계통에 의해 유지되는 조직임을 감안하더라도 축소 · 은폐와 관련된 여러 논란을 가중화시키고 있다.

1) 구타 · 가혹행위 · 언어폭력 등

최근 국가인권위 등 관련 기관에서 연구 발표한 각종자료들에 따르면, 군에서 발생하는 사건사고의 가장 큰 원인으로 지목되는 것은 아직도 구타 및 가혹행위[2)], 언어폭력들로서 이는 가히 한국군의 고질적인 병폐이다. 물론 군자체적인 자정의 노력이 없었던 것은 아니다. 그리고 과거에 비해 이와 같은 내무부조리가 상당수 감소한 것도 사실이다. 하지만 사회의 인권의식 변화 발전 속도에 비하면 내무부조리 척결을 위한 군에서의 노력의 결실은 아직 기대에 못 미치는 것 같다. 최근 전역한 예비역병장들을 대상으로 실시한 설문조사 결과도 1~2년차 초임시절 47.7%가 구타를 당했다고 한다.[3)]

또한, 연구결과[4)]에 의하면 이전과 비교해서 전반적으로 구타, 가혹행위, 언어폭력의 발생률은 감소하였지만 근본적인 원인[5)]은 사안에 따라 이전과 큰 차이가 없는 것으로 조사되었다. 하지만 병사들이 군에 대해 긍정적인 인식의 변화는 전역 18개월

1) 김정식. 병사 인권상황 실태조사 중 통신의 자유, 구타, 가혹행위, 언어폭력, 군대 인권상황 실태조사 및 개선방안 연구 발표회, 2006. 2, p.11~18.
2) 가혹행위의 종류 : 암기 강요, 음식물 빨리 먹기, 머리 박기, 성경험 얘기 강요, 잠 안 재우기 등이 대표적이다.
3) 한겨레신문, 2005. 6. 21.
4) 국가인권위, 군대인권상황 실태조사 및 개선방안 연구 발표회, 2006. 2.

미만의 예비역과 비교할 경우 상당한 진전을 보였다. 군에 대해 긍정적인 인식을 나타낸 병사들의 경우 대부분이 구타 및 가혹행위, 언어폭력을 당한 경험이 없는 경우였으며, 당한 경험이 있는 병사의 경우는 군 인권에 대한 수준, 간부들의 태도, 언어폭력의 심각성, 사건사고 처리결과 등 군 전반에 대해 부정적인 인식을 나타내고 있다.

특히 군에서 발생하는 가장 큰 사건사고라고 할 수 있는 탈영 및 자살에 대한 조사결과, 언어폭력을 당했을 경우 보다는 가혹행위를 당했을 경우, 가혹행위를 당했을 경우보다는 구타를 당했을 경우에 '탈영 및 자살을 생각한 적이 있다' 고 응답한 비율이 높게 나타났다. 즉, 병사의 경우 구타를 당했을 때 탈영 및 자살에 대한 갈등을 가장 크게 느끼는 것이다.

<표 1> 구타 및 가혹행위, 언어폭력을 당한 이후 탈영 및 자살 고려 여부

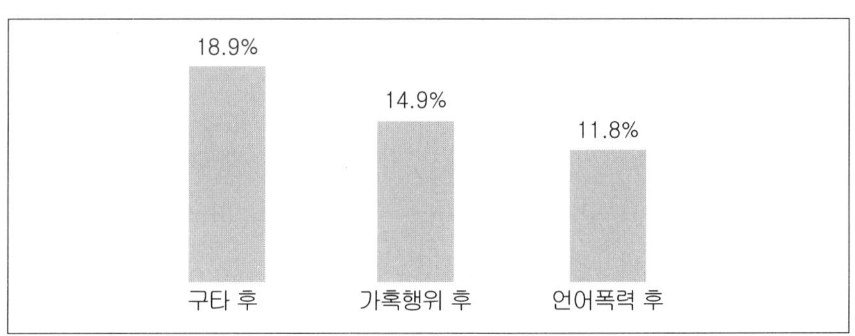

구타 및 가혹행위, 언어폭력을 목격한 이후 조치 사항을 살펴보면, 못 본 척하거나 참았다가 각각 68.5%, 58.2%, 41.8%였으며, 일상적이기에 조치가 필요 없다고 한 경우까지 합하면 구타 등 내무부조리를 당했을 경우나 목격했을 경우 평균 87%는 시정 조치 없이 그냥 넘어가는 것으로 판단된다.

5) ① 불안 : 위협, 갈등, 두려움, 충족되지 않는 욕구, 생리적 원인, 개인적인 차이 등. ② 분노 및 스트레스 : 인간적 관계, 환경적 요인, 업무, 자신의 신상문제 등 욕구가 충족되지 않았을 때. ③ 자살 : 사랑하는 사람의 죽음, 기대에 못 미치는 직무수행, 타의에 의해 변화된 환경에 부적응, 사회적 지위 및 재정적 상태의 심각한 타격 등. ④ 군무이탈 : 개인적 성격, 가정문제, 이성문제, 복무 부적응, 선임병의 횡포 등. ⑤ 갈등 : 잘못된 의사소통, 서로 다른 가치관 및 이해 수준, 스트레스, 불완전한 리더십 등. ⑥ 구타 및 가혹행위 : 선임병의 보상심리, 후임병의 잘못된 언행, 간부들의 질타 등. ⑦ 성문제 : 혈기왕성한 성적 에너지, 성적 억압 등. ⑧ 집단 따돌림 : 외모 등 신체적인 문제가 있거나 또래 집단의 문화를 공유하지 못하는 경우, 자신이 남에게 피해를 주고도 모르는 경우, 지나치게 잘 나서는 경우 등. 김완일, 군 상담의 이론과 실제, 학지사, 2006, p.30.

<표 2> 구타 및 가혹행위, 언어폭력을 목격한 이후 조치 사항

	바로 조치, 신고, 보고 함	일상적이기에 조치 필요 없음	못 본 척하거나 참았다.
구타	12.6%	15.3%	68.5%
가혹행위	9%	27.6%	58.5%
언어폭력	10.8%	43.1%	41.8%

계급에 관계없이 내무부조리를 목격하고도 못 본 척하거나 참는 주요 이유는 보고하고, 신고해도 소용이 없을 것이라는 조치 사항에 대한 불신이 가장 높았고 다음으로 병 상호 부당대우, 보복이 걱정되어서, 또한 군기를 위해서라는 생각하는 경우도 높게 나타났다.

<표 3> 구타 및 가혹행위, 언어폭력을 목격한 이후 못 본 척하거나 참는 주요 이유

	보고, 신고해도 소용 없어서	병 상호 부당대우 받을 것 같아서	보복이 걱정되어	군기를 위하여	관행이니까
구타	18.8%	21.3%	17.1%	7.5%	13.8%
가혹행위	25.3%	22.7%	14.7%	13.3%	10.7%
언어폭력	29.8%	16.7%	10.1%	16.1%	13.1%

2) 구타 · 가혹행위 · 언어폭력 이외의 문제[6)]

(1) 일과 후 휴식의 권리

일과 후 휴식에 관련된 조사에서 병사들의 자유시간의 보장 정도는 이전에 비해 좋아졌지만 휴일에도 작업을 하는 등 적극적인 의미에서 휴식권이 보장되고 있지는

6) 김광식, 군대와 인권 : 현실과 과제, 군 인권교육연수과정, 국방부, 2006. 11, p.38~40.

않다고 지적되고 있다. 휴일의 작업이 임무의 연장선상에서 필요한 부분도 있을 수 있겠지만, 과연 병영 내에서 그 불가피성을 엄격히 구분해 시행하고 있는지를 따져 볼 필요가 있을 것이다. 사생활에 대한 자유에 있어서는 '사생활 말하기'를 강요받는 경우는 감소하였지만, 자신만의 시간을 가질 수 있는 독립된 공간 여부에 대해서는 절반 이상이 없다고 응답했는데, 현재의 병영 여건상 이런 부분은 상당기간 해결되기 어려울 것으로 보인다.

(2) 의식주 및 환경권

식사에 대한 만족도는 급식비 인상, 메뉴 다양화 등으로 이전에 비해 만족도가 높았으며, 보급품에 대한 만족도는 40%를 밑돌아 과거에 비해 크게 나아지지 않은 것으로 나타났다. 내무생활의 불편함으로는 이전과 마찬가지로 냉난방의 부실과 사생활 보장이 되지 않는 점이 가장 큰 문제점으로 지적됐다.

(3) 의료권

의료권에 있어서는 아프거나 진찰이 필요함에도 자유롭게 표현하지 못하는 병사가 20% 이상으로 나타났고, 그 이유는 선임병의 눈치, 군 진료에 대한 불신, 간부의 눈치 순으로 나타났다. 진료 · 처방의 문제점으로는 현역과 예비역 모두 정확성을 가장 많이 지적했다. 군 의료 서비스 전반에 대한 만족도는 20% 수준에 그치고 있다. 또한 군의관의 성향이나 자질에 따라 병사들의 의료 만족도에 상당한 편차가 존재함으로 알 수 있다.

(4) 권리의식

권리의식과 관련한 조사에서는 군대에서도 사회와 마찬가지의 인권기준을 가져야 한다는 응답이 50% 가까이 나타났고, 권리에 대한 교육을 받은 경험은 60% 이상이 없다고 응답했다. 개인적인 고민이나 스트레스는 주로 동기와 의논한다고 답했고,

부당한 명령에 대해 거부할 수 있는 권리에 대해 10% 정도가 허용해선 안 된다고 응답한 반면 50% 정도는 허용해야 한다고 나타났다. 소원수리제도에 대해서는 이용도가 50%에 미치지 못했고 해결이 거의 되지 않기 때문에 이용하지 않는다는 응답이었다. 사건사고처리 결과에 대한 만족도는 30% 정도로 불만족보다 조금 높게 나타났다.

(5) 간부의 인권

간부들 중 10% 이상이 자신의 인권이 심각하다고 보는 반면 병사의 인권에 대해서는 5% 미만이 심각하게 생각한다고 나타났다. 즉 병사의 인권상황보다 간부의 인권상황이 더 열악하다고 보고 있는 것이다. 간부들에게 있어서 주요 인권침해의 유형으로는 업무 관련 부당행위 강요와 사생활 침해가 가장 높게 나타났고, 선임 장교 및 선임 부사관에게 가장 많은 인권침해를 당하고 있다고 응답했다. 인권침해를 경험했을 때 그 해결방법으로 60% 이상이 참고 넘어가며 문제제기를 하는 경우는 부사관이 20%, 장교가 10% 가량으로 나타났다. 간부인권과 병사인권은 상관관계가 거의 없다고 응답하였고, 자신의 인권침해가 병사들의 인권에 부정적인 영향을 미친다고 응답했다.

(6) 병사의 인권에 대한 간부의 인식

병사인권에 대한 간부의 인식에 있어서, 간부의 50% 이상이 병사인권수준이 양호하다고 응답하였으며, 소속 부대의 인권수준에 대해서는 70% 이상이 양호하다고 응답했다. 병사인권문제의 원인에 대해서는 징병제와 병 상호 간의 문제를 우선순위로 응답했다. 또한, 병사인권의 가장 취약한 부분에 대해서는 내무시설, 월급 순으로 지적했고, 폭력을 꼽은 비율은 매우 낮았다. 구타 및 가혹행위, 언어폭력의 원인이 무엇인가에 대한 응답으로는 부대생활 부적응과 선임병의 지시 불이행을 우선 꼽았고, 병사인권보장에 대한 관심과 노력이 사고를 부추기고 있다는 응답도 15% 이상으로 나타났다.

(7) 병사와 간부의 인권의식 격차

병사와 간부의 인권의식상의 격차를 살펴보면, 구타 및 가혹행위, 언어폭력의 원인에 대해 병사는 선임병의 지시 불이행을, 간부는 부대생활 부적응을 1순위로 인식하고 있는 것으로 나타났다. 군기를 위해 언어폭력이 필요한가? 라는 질문에 병사는 20% 정도, 간부는 10% 정도가 필요하다고 응답했다. 군대 내 언어폭력 근절 방법에 대해 병사는 고참병의 각성을, 간부는 제도적인 개선을 1순위로 응답했다. 군대의 인권수준에 대해 병사는 30% 정도가 우수하다고 응답하였고, 간부는 50% 이상이 우수하다고 답했다.

이상 살펴본 바와 같이 구타 및 가혹행위와 같은 신체적 자유에 대한 침해상황은 현저히 줄어들고 있고 이에 따라 사망사고도 지속적으로 감소[7]하는 등 군 인권상황의 개선 추세는 일단 긍정적이다. 그러나 아직도 사회적인 눈높이에서 보면 미흡하다고 평가되는 부분이 있다. 이미 사회에서 생각하는 군 인권문제의 범위는 신체의 자유에 대한 보장문제를 넘어서 날로 확대되고 다양화되고 있다.

3) 발생하는 문제들의 바탕에 깔린 배경[8]

(1) 군조직의 특성과 업무 · 생활 과정상 스트레스

자노비치[9]는 '군대조직이란 계급과 직책 및 권위를 바탕으로 하는 위계적 전투집단' 이라고 규정하였다. 군 조직은 국가예산범위 내에서 국가보위와 국민안위를 위한 최강의 전투력을 유지하는 조직이므로 조직 자체의 능률성과 생존성과의 관계는 일

7) 군내에서의 사망사고(자살사고 포함)는 2002년 158명, 03년 150명, 04년 134명, 05년 124명으로 지속적인 감소 추세를 보이고 있다.
8) 오윤성, 장병 인권침해 감소를 위한 군 인권정책 방향에 대한 연구, 한국공안행정학회보 제32집, 2008, p.252~255.
9) 군대사회학 분야의 세계적 권위자인 자노비치 교수는 군대조직은 특수한 목적을 위해 특수한 임무를 특수한 상황과 조건 밑에서 특수한 방법으로 수행해 나가는 통일적 집단이라 보면서, 그러한 군대조직의 특수성을 고려하여 '군부조직이란 계급과 직책 및 권위를 바탕으로 하는 위계적 전투집단' 이라고 규정하였다.

반 조직과 다르다. 이러한 군의 존재 목적으로 인한 제반 조직운영들은 군 장병, 특히 병사들에게 미칠 수 있는 스트레스 유발 요인들이 많은데 살펴보면 다음과 같다.

첫째, 병사들의 주거환경은 아직도 일반 사회에 비해 낙후된 건물과 편의시설의 부족 등 병영 시설이 미비하여 개인의 사생활이 보장되기 어렵고, 구성원 간에 좁은 공간에서 공동생활을 하면서 부딪치면서 스트레스가 누적될 수 있는 취약성이 있다.

둘째, 복무기간의 단축으로 잦은 전역과 전입, 보직교체가 발생하고 이로 인한 병력 순환율 증가와 계급에 의한 경직된 분위기 하에서 제한된 의사소통이 스트레스의 원인으로 작용할 수 있다.

셋째, 군의 특성상 민간 조직에 비해 경쟁 유발적인 면이 강할 수밖에 없다. 소위 '군에서 2등은 없다' 라는 의식들이 기저에 깔려 있으므로 평시 각종 교육 훈련과 검열, 경연대회는 물론이거니와 조직원들의 사기를 올리기 위한 목적인 체육행사에서조차 스트레스를 받는 경향이 일반사회에 비해 심하다.

넷째, 구성원들의 가지고 있는 취약요소로서 우선 대부분의 병사가 군 생활 초기에는 주위 스트레스에 대하여 대응력이 약하며, 선임병들의 스트레스를 주위에 있는 후임병들에게 풀 수 있는 가능성이 높다. 또한, 간부는 간부대로 업무반응속도는 일반사회보다 빨라야 하고, 주 · 야간 훈련과 잦은 당직, 전투준비태세유지, 각종 평가 등 근무시간의 무한정성으로 긴장과 피로가 누적되어 있어 실제로 정신적 여유가 적은 편이다. 이외에도 독촉하고 독려하는 분위기, 끊임없는 업무과부하 등으로 하향식 스트레스를 유발할 수 있는 가능성이 높은 편이다.

<표 4> 군복무 부적응의 이유[10)]

척 도	간부집단	부적응집단 병사	적응집단 병사
부당한 명령 및 처벌	10	29	199
비합리적인 군대문화	17	47	290
열악한 근무환경	53	18	265
사생활 보장의 어려움	9	17	153
보직 불만족	13	15	60
고된 훈련	10	30	124
선임병과 갈등	43	49	242
가정문제	72	12	117
여자친구문제	54	9	154
제대 후 진로에 대한 부담감	18	22	344
성격문제	64	16	166
많은 암기 및 교육	—	7	63
비자발적인 입대	25	10	153
성문제	3	4	22
기타	9	—	—
전 체	400	285	2,352

(2) 병사들의 특성과 군 생활에 대한 심리적 상태

첫째, 연령적 측면에서 병사들은 거의 20대 초반이다. 즉 사회에서 고등학교를 졸업한 직후이거나 직장생활 1~2년차, 혹은 대학생활을 갓 경험한 혈기왕성한 세대이다. 이러한 연령적인 구성은 집단 스트레스를 받을 때 후임병들에 대한 인권침해 소지의 가능성이 높다.

둘째, 일반적으로 소극적이고 수동적인 사고방식과 부족한 주인의식을 가지고 있는 후임병들에게 문제가 발생하였을 시, 후임병을 선임병이 교육시켜야 한다는 책임의식이 오랫동안 이어져 내려온 점, 이질적인 집단으로 구성된 병사내부에서 서열을 강조하는 분위기도 인권문제를 야기시킬 소지가 많다.

10) 국가인권위원회, 군복무 부적응자 인권상황 실태조사, 2006, p.52.

셋째, 일반사회에서 나이, 학년, 직장생활의 기간 등에 의해 서열이 정해지고, 그러한 서열의 보이지 않는 질서가 상호관계를 규정하는 데 반하여, 군은 임무수행 특성상 계급에 의한 수직적 질서가 강요되고 인정되므로, 연령적인 수평구조가 군의 특수한 수직적 계급구조와 만나 상충할 때의 문화적 충돌현상으로 여러 종류의 피해가 발생할 수 있다. 이런 여건에서 직업군인이 아닌 병사들의 경우, 주위 환경에 의해 상처받기 쉬운 취약성을 가지고 있으며, 다른 사람들에게 배려나 관심을 가져 줄 마음의 여유가 적은 것이 일반적이다. 이러한 환경은 현재 군에서 시행하고 있는 많은 정책들 역시 이를 받아들이려는 열린 마음을 가지고 있어야 효과가 배가될 수 있다는 것을 제시한다.

<표 5> 부적응 병사의 유형[11)]

척 도	부적응 집단	적응집단	전 체
소외 · 따돌림 당하는 병사	12	24	36
태도 불량 및 명령불복종하는 병사	24	36	60
폭력 및 가혹행위를 하는 병사	6	11	17
정신질환이나 성격문제를 가진 병사	20	60	80
잦은 실수 및 업무수행능력이 현저히 떨어지는 병사	27	81	108
신체건강 상의 문제가 있는 병사	25	57	82
기 타	3	12	15
전 체	117	281	398

11) 국가인권위원회, 군복무 부적응자 인권상황 실태조사, 2006, p.106.

(3) 군 발생사건 · 사고에 대한 피해 유가족과 국민들의 인식

일반적으로 군에서 발생한 사건 · 사고 중 사망사건에 대해서 유가족들은 군에서 발표한 내용에 대하여 신뢰하지 않는다. 유가족들이 자식의 죽음원인에 동의할 수 없는 이유로 일단 군 입내 시 별나른 문세가 없었넌 사식이 주검으로 부모 앞에 나타난 상황에 대하여 이를 이해하고 쉽게 받아들이기 어려운 것은 오히려 자연스러운 현상이다. 대부분 어느 정도 시간이 경과하면 일단 자식의 죽음을 현실로 받아들이기 시작하면서 자식의 죽음에 대하여 명예를 회복하고 이에 대한 합당한 보상을 받기를 원하는 것이 대부분이다. 즉, 자살로 인한 사망이라고 하더라도 군 입대 자체가 자발적이지 않았으므로 이러한 피해에 대하여 국가나 군이 이에 대한 책임이 더 많다는 주장이다. 일반사회에서는 개인이 사망하거나 사법처리 될 시, 개인의 책임으로 귀결되는 경우가 대부분이지만, 군인 특히 병사들이 군에서 발생하는 각종 사건 · 사고에 연루되어 사망하거나 사법 처리 될 시, 군에서 주도하는 수사, 재판에 대한 불신의 분위기가 강하여 가족들은 군과 국가에 대해 원망하는 경향이 강하다. 군에서 발생한 사망사건 등은 대부분 자 · 타살 여부를 결정하는 것으로 사망자에 대한 명예회복 차원에서의 국립현충원 안장이나 국가유공자 지정, 금전적 보상 등이 논란이 된다. 이 과정에서 군이 사건을 축소, 은폐, 조작하였다는 주장이 제기되곤 한다.

(4) 군 조직 특수성과 군인의 인권

첫째, 지휘관들이 법치행정에 대해 무관심하거나 형식적으로만 법을 준수하고 있다. 따라서 법률에 의거하지 않고도 기본권을 제한할 수 있다는 논리가 여전히 통용되고 있다.

둘째, 명령에 대한 지나친 강조로 상하조직 간의 원활한 의사소통이 부재하므로 복종의 의무가 지나치게 강조되는 경향이 있다.

셋째, 사회의 변화를 수용하지 않고 지나치게 군의 생리나 논리만을 강조하면서 지나친 비밀주의를 내세워 병사들이 자신의 고충을 표현하는 길을 차단당하고 있다.

넷째, 사법권의 행사와 군 지휘권을 연계시키는 과거의 전통을 답습하고 있다. 이로 인해 군 사법권은 지휘권 확립수단으로 전락하게 되며 공정하고 독립적인 수사와 재판을 가로 막아 재판 청구권 등 군인에게 보장된 절차적 권리실현을 저해할 수 있다.

이러한 군 조직의 특수성을 기초하여 군 내부의 인권문제를 조금 더 살펴보면 다음과 같이 정리된다. 대부분의 군대 내 인권문제는 조직 내에서 근무 또는 생활을 하는 과정에서 발생하는 스트레스를 적절히 해소하지 못한 결과로, 그러한 스트레스를 자기보다 계급이 낮은 주위의 하급자를 상대로 푸는 과정에서 인권문제가 발생하게 되는 것이다. 그중 특히 인권침해의 주요관심 대상인 병의 신분은 군에서 가장 약한 존재이다. 병의 근본적인 인권이 제대로 보장되지 않고 단순히 구타, 욕설 금지만으로는 진정한 인권이 실현될 수 없다. 그러나 또 다른 한편으로 군 조직은 병을 포함하여 모든 구성원이 상급자의 역할도 하면서 하급자의 역할도 겸하고 있다. 특히 병들 사이에서는 일정한 시간이 경과하게 되면 피해자가 가해자가 되는 독특한 구조를 가지고 있다. 즉, 입대 후 시간이 경과하면 하위계급에서 상위계급으로 진출하면서 어제의 피해자가 오늘 그리고 내일의 가해자가 될 수 있다는 특수한 구조이다. 또한, 병 역시 간부들과 따로 독립된 생활을 하는 것이 아니라 훈련과 작전, 일반 행정업무를 같이하므로 간부들 간의 갈등관계 역시 병들의 인권문제와 연관성이 있다. 즉, 간부 사이에서도 인권침해가 있을 수 있으며, 이에 따른 영향으로 하급구조인 병들에게 직접적인 영향을 미칠 수 있다. 따라서 병들의 군내에서의 인권보장은 중요한 대상이기는 하나 이러한 인권문제는 병들에 대해서만 초점이 맞추어져서는 안 된다.

2. 군 상담의 윤리[12)]

최강의 전투력을 유지해야 하는 군의 입장에서 군 생활에 잘 적응하지 못하는 병사는 부대관리에 있어서 큰 장애요인이 되며, 소속부대의 사기저하 및 지휘부담의 문제가 생김에도 불구하고, 적응 프로그램 개발과 같은 체계적인 접근보다는 적응장애로 진단되었을 경우에 한해 군 병원에 입원하여 치료받는 질병치료에만 초점이 맞추어져 있는 것이 현실이다. 따라서 군 생활 부적응이라는 현실적 문제를 안고 있는 장병들이 문제를 치유하고 건강한 강한 전사로 재탄생되기 위하여 효과적인 상담이 반드시 필요하다. 그러나 군에서의 상담은 일반사회의 그것과는 다른 몇 가지의 성격을 가지고 있는데 살펴보면 다음과 같다.

첫째, 군 상담 대상의 특수성이다. 군에서 상담을 하는 경우, 병사는 생활관 내에서 생활을 하게 되고, 이는 적절한 상담 비밀 보장을 저해할 수가 있다. 이에 군 상담의 대상은 조직 - 내 - 개인이 되어야 한다. 즉, 비밀보장을 확보할 수 있도록 조직 내에 있는 개인으로서 병사를 이해하는 과정이 선행되어야 한다.

둘째, 비밀보장의 문제이다. 상담에서 비밀보장은 매우 중요한 요소이기는 하지만 지휘권을 침해할 수 있는 비밀보장이나 상담의 기본적 속성을 도외시한 지휘권의 문제는 상담의 실효성과 윤리에 심각한 상황을 야기할 수 있다. 이를 해결하기 위한 방법으로는 이미 군에서 활용하고 있는 직무기밀에 대한 윤리 즉, 군에서 획득한 정보를 누설할 수 없다는 원칙을 원용하는 방안을 고려해 볼 수 있다. 군에 있을 때, 자기가 상담한 내용을 전역 후에 외부에 공개한다거나 하는 등의 행위는 개인의 프라이버시에 대한 중대한 침해가 될 수 있기 때문이다.

셋째, 이중관계의 문제이다. 지휘관이면서 상담자의 역할을 하는 경우, 상담관계에서 만난 내담자를 지휘관의 입장에서는 또 다른 잣대로 평가할 수밖에 없는 상황이

12) 국방부, 선간부의식전환 교육지침서, 2008, p.13~15.

야기된다. 예를 들어, 꾀병을 앓는 경우, 상담자로서는 그 심리적 상태에 대해 같이 탐색해 볼 여유가 있지만, 지휘관으로서는 그 행동이 타 부대원에게 미치는 영향을 고려하지 않을 수가 없을 것이다. 군 생활 자체의 특성상, 지휘관이 실시하는 상담은 대부분 이중관계에 속할 수밖에 없다.

이와 같은 비밀보장과 이중관계의 문제를 해결하는 윤리적 방안은 '내담자 수혜 최대 원칙' 이다. 특정 상황에 대한 사항을 차상급자가 인지하는 것이 내담자의 수혜 혜택을 더욱 폭넓게 할 가능성이 높은 경우, 이는 비밀보장의 원칙에 우선하는 것이 더욱 효과적 판단이 될 수 있을 것이다. 군 상담은 이 외에도 의무제의 특성을 지닌 우리나라 군에서 해야만 하는 일을 하고 싶은 일로 전환시킬 수 있는 전문적 개인 역량을 요청하는 등의 윤리적 문제를 가지고 있다.

이상과 같이 우리 군의 문화와 문제에 대하여 살펴보았다. 특히 군 문화의 특징, 군 문제의 실태 그리고 여기에 맞춘 군 상담의 윤리에 대하여 세부적으로 연구해보았다. 이러한 연구를 바탕으로 우리군이 바람직한 부대와 군인, 참다운 군인이 되어야겠다.

참군인은 자기의 위치에서 혹은 자기가 하고 있는 일에 주인정신을 견지한 가운데서 책임감을 다하는 것이다. 특히, '우리의 임무는 아니다' , '책임이 두렵다' 는 등 자기 소관업무에 소극적이거나 망설이는 태도로부터 과감히 탈피하여 '내 일은 내가 책임진다' 는 진취적이고 적극적인 자세를 가져야 한다. 조국을 지키는 군인이 자신의 책임을 다하지 않는다는 것은 곧 우리의 조국을 남에게 내주는 것과 다름없다. 우리가 맡은 바 책임을 다하지 않는다는 것은 전시에 우리의 목숨을 적에게 준다는 것을 뜻하는 것이다.

오늘날 우리가 이 땅에서 온전히 민족문화를 계승하고 당당한 민족국가의 국민으로 세계 속에 자랑스럽게 나설 수 있는 것은 국가가 위기에 처할 때마다 진충보국과 위국헌신으로 일관했던 선열들의 정신을 계승한 오늘의 국군이 있기 때문이다. 따라서 우리는 역사를 빛낸 수많은 선열들의 얼을 이어받아 진충보국, 위국헌신, 임전무퇴의 정신으로 무장한 참군인이 되어 각자 주어진 직책에서 국가안보를 위해 최선을 다해야 한다.

특히 유사시 군대에 민주주의는 없을지라도 민주적인 지휘통솔로서 민주화된 군대는 있다는 말이 있듯이 군의 간부들은 부단한 자기발전과 배전의 노력을 통하여 부하와 부대관리에 보다 더 민주적인 사고에 입각한 민주적인 지휘를 하여야 한다. 즉, 첨단무기 및 장비의 복잡성이 증대하여 지휘관이 이들 무기 및 장비의 조작과 정비에 관한 모든 기술과 지식을 숙지한다는 것은 거의 불가능하다. 따라서 기술상의 문제에 관한 한 지휘관은 전문가들에게 의존하는 정도가 더욱 커지게 되었다. 이렇듯 군 조직의 모든 면에서 최첨단 기술의 출현은 담당자들의 숙련된 기술을 익히고 폭넓은 지식을 가질 뿐만 아니라 상관들도 부하들의 조언과 건의를 수용할 수 있도록 관련분야에 대한 기술과 지식 그리고 직무수행능력을 증대시키지 않으면 안 되게 되었다. 따라서 군대의 지휘통솔은 설득력을 통해 상하가 일심동체가 되는 민주적인 스타일로 바뀌어야 한다. 이러한 지휘통솔의 효과적인 한 방편으로서 군 상담이 보다 더 적극적으로 잘 활용되어야 한다.

제 3 장

인지행동적 상담

인지행동적 상담은 인지전략과 행동수정 기법을 함께 사용하는 통합적인 치료기법이다. 즉 인지의 변화가 행동의 변화를 가져오고 변화된 행동이 강화를 받음으로써 인지구조가 또한 바뀌게 된다는 매커니즘을 기본전제로 하고 있다. 인지행동적 상담이론에는 내담자의 생각의 틀이나 내용을 재구성함으로써 우울이나 불안 같은 정서적 문제를 해결하는 인지재구성이론과 적절한 행동을 가르치거나 훈련시킴으로써 부적응을 해소시키는 대처기술훈련이론, 인지재구성과 대처기술을 복합적으로 사용하는 문제해결접근이론들이 있다.

이와 같은 인지행동적 입장을 보이는 학자들이 공통적으로 합의하고 받아들이는 몇 가지 전제는 다음과 같다. 첫째로 인지가 정서 및 행동을 중재할 것이다. 둘째로 문제행동과 관련되는 신념이나 사고는 관찰(monitoring)할 수 있으며, 변화될 수 있다. 셋째로 인지의 변화를 일으킴으로써 행동과 정서의 지속적인 변화를 일으킬 수 있다(원호택, 1994).

가장 최근의 발전된 인지행동적 상담은 행동주의이론과 인지이론을 통합하여 적용하는 기법으로 인간의 사고 또는 인지가 인간의 정서와 행동을 좌우한다는 전제에서 출발한다. 인지행동적 상담의 발달과정은 세 단계로 구분할 수 있다. 첫 단계는 행동 치료의 발달단계이다. 행동 치료는 영국과 미국에서 1950년대에 발달하기 시작하였으며 공포증이나 강박증에 대해서 고전적 조건형성 절차를 적용하는 기법을 발전시켰고, Wolpe는 체계적 둔감법을 개발하였고, Jacobson은 근육 이완법을, Skinner

는 조작적 조건형성 기법을 적용하였다. 이러한 행동 치료기법들이 발전하면서 점차로 인지요인의 중요성을 수용하게 되고, 점차적으로 행동 치료에서 인지행동적 치료로 발전하는 계기가 되었다.

두 번째 단계는 1960년대 초반 Ellis와 Beck에 의한 인지 치료의 발달단계이다. Ellis는 합리적 정서치료기법(REBT)을 개발하였고, Ellis에 의해 제안된 REBT 이론을 살펴보면 인간이 어떤 사실에 접하여 경험하게 되는 정서는 어떤 사실 그 자체에 의해서라기보다도 그 사실에 대하여 우리가 어떻게 생각하느냐에 따라 달라진다고 보고 있다. 또한 Beck은 초기우울증환자연구에서 우울증 환자는 특정한 상황에서 역기능적 신념이나 인지 도식을 지니고 있으며, 이러한 역기능적 신념이 활성화되면서 우울증에 이르는 자동적 사고가 활성화되어 우울증을 유발하거나 지속시키는 것을 발견하게 됨으로써 인지 치료기법을 개발하게 되었으며, 행동적 평가와 행동 치료기법을 자신의 치료기법에도 수렴하게 되었다.

세 번째 단계는 1980년대에 들어 행동 치료와 인지 치료가 융합하는 단계로써 이는 인지행동적 이론모형을 바탕으로 인지행동 치료(CBT)로 불리워지기도 한다. 인지행동 치료는 인지 또는 인지과정을 변화시킴으로써 기존하는 또는 예견되는 심리적 장애를 수정하고자 하는 접근으로 상황에 대한 비현실적인 해석과 이러한 해석을 유지시키는 행동을 파악하고, 그것의 타당성을 평가하며 수정하고자 하는 심리치료접근으로 발달해왔다.

1. 인간관

Ellis의 REBT는 인간이 합리적으로 생각할 수도 있고 비합리적으로 생각할 수도 있다는 가정에 근거하여 출발하고 있다. 이러한 가정 아래 Ellis의 인간관을 정리해 보면 다음과 같다(이형득외, 1997).

① 인간은 외부적인 어떤 조건에 의해서보다도 자기 스스로가 자신의 정서적 혼란을 일으키는 여건을 만든다.

② 인간은 사실을 왜곡하고 불필요한 정서적 혼란을 일으키는 생득적 문화적 경향성을 가지고 있다.

③ 인간은 동시에 생각하고, 느끼고 행동하며, 이들은 서로 중대한 영향을 미친다.

④ 인간은 자신에게 정서적 혼란을 일으키는 생각을 만들어 낸다. 그리고는 자신이 만든 그 정서적 혼란에 대해 계속 정서적으로 혼란을 당하는 존재이다.

⑤ 인간은 자신의 인지적, 정서적, 행동적 과정을 변화시킬 수 있는 능력이 있다. 즉 인간은 자신이 늘 하던 것과는 다른 반응을 보일 수 있고, 자신의 정서적 혼란을 그대로 방치해 두지 않을 수 있으며, 결국 자신의 여생을 편안하게 이끌 수 있도록 스스로를 훈련할 수도 있다.

⑥ 인간은 자기와 대화하고(self-talking), 자기를 평가하며(self-eval-uating), 자기를 유지(self-sustaining)하려고 한다.

⑦ 인간은 성장과 자아실현의 경향성을 가지고 태어났다. 그러나 실존주의적 상담에서 말하는 자아실현 경향성을 완전히 받아들이는 것은 아니다. 왜냐하면 인간은 어떤 식으로 행동하도록 하는 강한 본능적 경향성을 가진 생물학적으로는 동물이라는 사실 때문이다.

이상에서 살펴본 바와 같이 Ellis는 인간이 아주 합리적일 수 있음과 인간의 성장과 자아실현 경향성이 있음을 가정한다. 그러면서도 인간이 비합리적일 수 있음과 생물학적 경향성에서 완전히 벗어날 수 없음도 가정하고 있다.

Beck의 인지 치료에서는 개인의 생각이 개인의 감정과 행동을 결정한다는 전제에 근거한다(Beck, 1976). 즉, 우리 각 개인이 가지고 있는 '인지' 에 따라 우리가 느끼는 기분이나 행동이 달라진다고 가정한다. 그리고 개인이 어떤 사건(자극)에 반응하는 것이라고 보는 대신 자신이 지각하고 해석한 사건에 반응한다고 보는 것이다. 우리는 어떤 객관적인 사건에 수동적으로 반응하기보다는 우리가 능동적으로 그 사건에 의미를 부여하고 구축한 사건에 반응한다는 것이 인지치료의 기본가정이다. 이 때 각 개인에게 중요한 것은 사건에 대한 객관적인 현실이라기보다는, 자신이 사건에 대해 능동적으로 의미를 부여하여 구축한 주관적 - 개인적 - 현상학적 현실이라고 할 수 있다. 이러한 가정에 기초하여 인지 치료에서는 다음과 같은 원칙들을 제시하고 있다.

원칙 1. 인지 치료는 인지 용어로 내담자의 문제를 공식화(formulation)하고 이를 기초로 이루어진다.

원칙 2. 인지 치료는 건강한 치료적 동맹(therapeutic alliance)을 필요로 한다.

원칙 3. 인지 치료는 상호협의(collaboration)와 내담자의 적극적인 참여를 강조한다.

원칙 4. 인지 치료는 목표 지향적이고 문제 중심적인 치료이다.

원칙 5. 인지 치료는 지금 여기서(here and now)의 상황을 강조한다.

원칙 6. 인지 치료는 교육적이고, 내담자 자신이 스스로의 치료자가 될 수 있도록 교육하는 것을 목표로 하며, 재발 방지를 강조한다.

원칙 7. 인지 치료는 단기적이고 한시적(time-limited)인 치료를 목표로 한다.

원칙 8. 인지 치료는 구조화된 치료이다.

원칙 9. 인지 치료는 내담자들이 자신의 역기능적 사고와 믿음을 식별하고 평가하며 반응하도록 가르친다.

원칙 10. 인지 치료는 사고, 기분, 행동을 변화시키기 위하여 다양한 기법을 사용한다.

2. 주요 개념

1) Ellis의 비합리적 신념

Ellis(1967)는 인간의 문제행동은 감정에 의해서 형성된다기보다는 비합리적인 사고에 의해서 형성된다고 보고, 특히 개인을 신경증으로 이끄는 11개의 비합리적인 신념을 들었다. 이러한 비합리적인 신념과 사고는 부모에 의해서 학습되고, 사회에 의해서 강화되고 정서장애의 주요 원인이 된다. 그러한 비합리적인 신념을 살펴보면 다음과 같다.

(1) **"나는 내가 아는 중요한 사람들 모두에게서 사랑 받고 인정받아야 한다."**

이는 달성하기 불가능한 일이므로 비합리적이다. 주위 사람들에게 사랑 받는 것은 바람직한 일이나, 합리적인 사람은 자신의 관심과 소망을 타인에게 인정받기 위해서 희생하지는 않는다.

(2) **"나는 모든 면에서 유능하고 적합하고 성취를 이루어야 가치가 있는 존재가 된다."**

이 또한 불가능한 일로 이것을 억지로 추구하게 되면 결과는 정신적, 신체적 질병, 열등감, 무능력, 끊임없이 실패의 공포가 생길 뿐이다. 합리적인 사람은 타인을 능가하기 위해서라기보다 자신을 위해서, 결과보다는 행동을 즐기기 위해서, 완전해지기보다는 학습하기 위해서 노력을 하는 것이다.

(3) **"어떤 사람이 악하고 비열한 행동을 했다면 그는 비난받고 벌을 받는 것이 당연하다."**

절대적인 선과 악의 기준은 없다고 본다. 악이나 비도덕적 행위는 우둔, 무지, 또는 정서적 혼란의 결과이다. 사람은 누구나 실수 할 수 있으며 비난이 항상 실수를 개선하는데 도움이 되는 것도 아니다. 합리적인 사람은 타인의 잘못을 이해하려고 애쓰며 가능하면 잘못된 행동을 계속하지 않으려고 한다. 그러나 이것이 가능하지 않으면 합리적인 사람은 자신의 행동이 자기를 혼란시키지 않도록 한다.

(4) **"원하는 일이 뜻대로 되지 않으면 끔찍하고 파멸이 있을 뿐이다."**

좌절은 흔히 있는 일이며, 그 때문에 심각하고 오랫동안 혼란 상태에 있다는 것은 비합리적인 일이다. 합리적인 인간은 불유쾌한 장면을 과장하지 않으며, 가능하면 이를 개선하려고 노력하고, 할 수 없다면 이를 받아들인다. 불쾌한 장면은 혼란을 줄 수도 있지만 우리가 그렇게 나쁘게 규정하지 않는 한 파멸적이거나 무서운 것은 아니다.

(5) "불행은 외부사건에 의해서 생기는 것이며 사람의 힘으로는 통제할 수 없다."

정서적 혼란은 외부에서 일어난 사건 자체가 아니며, 자신이 받아들이는 자신의 지각과 평가가 부정적으로 내면화된 것이다. 합리적인 사람은 불행이 주로 자신의 내부로부터 생겨나는 것임을 알고, 자신의 외부에서 일어난 사건 때문에 초조하거나 괴롭더라도 이 사건에 대한 자기 판단을 변화시킴으로써 상황에 대한 부정적인 인식을 변화시킨다.

(6) "어떤 일이 위험하거나 두려우면 그것에 대해 계속 걱정하고 생각해야만 한다."

걱정과 불안은 사태를 객관적으로 평가하지 못하도록 하며, 사건이 일어나도 이것을 효과적으로 처리하는 것을 저해한다. 또 위험한 사건을 일으키는 결과가 되며, 그 발생 가능성을 과장하여 생각하게 만들고, 사태를 예방할 수도 없고 많은 참혹한 일들을 현실 이상의 악화된 상태로 보게 만들기 때문에 비합리적이다. 따라서 합리적인 사람이라면 잠재적인 위험은 그렇게 두려운 것이 아니며, 불안은 이것을 예방해주는 것이 아니라 이것을 증폭시켜주며 이것이 두려운 사태 그 자체보다도 더 해로운 것임을 알고 있다.

(7) "어려움과 자기책임에 직면하는 것보다 회피하는 것이 더 쉬운 일이다."

할 일을 회피하는 것이 직면보다 더 어려우며, 이는 자아와 자신감을 상실하는 것을 포함하여 기타 문제를 일으키기 때문에 이는 비합리적인 것이다. 합리적인 사람은 책임 회피하는 자신을 발견할 때, 그 이유를 분석해서 자기통제를 하고자 노력한다.

(8) “사람은 다른 사람에게 의존할 필요가 있으므로 자기 자신보다 더 강하고 기댈 수 있는 사람이 있어야 한다.”

사람들은 어느 정도 타인에게 의존하지만, 의존성은 더 큰 의존성과 실패와 불안정을 가져온다. 합리적인 인간은 스스로 독립성과 책임성을 추구하지만, 도움을 필요로 할 때에는 주저 없이 도움을 구하고 또 받아들인다. 때로는 실패도 하지만 모험은 할 만한 것이며, 실패와 파멸만은 아님을 합리적인 사람은 알고 있다.

(9) “인생에서 과거의 사건은 현재를 결정지으며 과거의 영향은 없어질 수 없다.”

과거를 극복하기는 어렵지만 불가능한 것은 아니다. 합리적인 사람은 과거가 중요함을 인정하지만, 과거의 영향을 분석하고 체험함으로써 얻은 새로운 관점을 가지고 현재는 다르게 행동하도록 자신을 통제함으로써 현재의 행동을 변화시킬 수 있다는 것을 알고 있다.

(10) “다른 사람의 문제에 대해 많은 관심을 가져야 하며, 그것을 걱정해야 한다.”

타인의 행동에 영향을 받고 그 때문에 혼란을 경험하게 된다 해도, 그것은 타인의 행동을 어떻게 정의하는가에 달린 일이다. 합리적인 사람은 타인의 행동이 혼란을 일으킬 만한 정당성이 있는지 먼저 생각하고, 그렇다면 타인이 변화할 수 있도록 도움이 되는 일을 하거나 변화가 어렵다면 이것을 받아들이고 그에 대한 최선의 노력을 한다.

(11) “모든 문제에는 항상 정답이 있는데 그것을 찾지 못하면 결과는 비참해진다.”

모든 문제에 완전한 해답은 없는데도 그것을 고집하면 불안이나 공포가 생기기 때문에 이것은 비합리적이다. 합리적인 사람은 문제에 대해 가능하고 다양한 해결을 찾으려 노력하고 완전한 해답이 없다고 생각할 때는 최선의 것, 혹은 가장 알맞은 것을 받아들인다.

이상의 비합리적 신념은 개인에게 있어서 대부분 비생산적인 것이며 파괴적이기까지 하다. 이러한 비합리적 신념을 지속적으로 사용하고 이것을 당연한 것으로 믿고 있는 사람들은 스스로를 자기비하하고 의기소침하게 되며, 타인에 대해서도 상상하기 힘들 정도로 가치를 저하시키는 결과를 가져온다.

2) Ellis의 ABCDE이론

REBT는 내담자의 외적증상의 제거에 일차적인 목적을 두지 않고 내담자가 가진 근본적인 신념 또는 가치체계를 검토하도록 함으로써 증상은 물론 근본적인 성격 및 인생관의 변화를 촉진하는 데 그 목적이 있다. 또한, 그렇게 함으로써 내담자가 자신의 부적절한 정서를 적절한 정서로 바꾸도록 하는 데 목적이 있다. ABCDE이론은 REBT의 이론과 실제에서 핵심이 되는 내용으로서, 내담자의 사고를 재교육하는 과정은 이 ABCDE 원리에 따른다(Baker, 1981; Ellis, 1977).

<그림 1> ABCDE모형

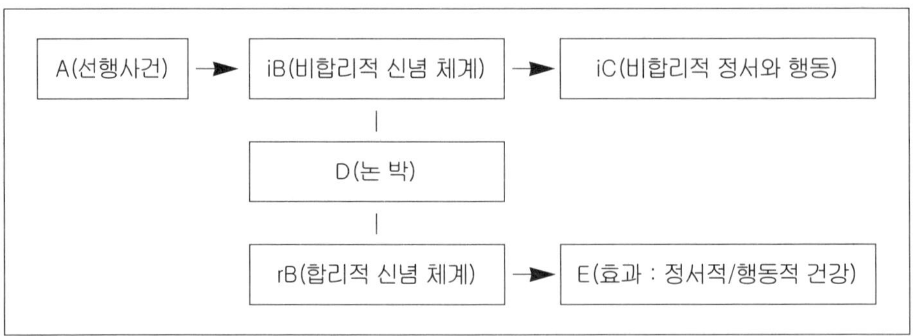

(1) A(Activating events, 선행 사건)

내담자가 노출되었던 실재 사실 또는 사건, 행동을 의미한다. 예를 들면, 낙방, 실직, 중요한 사람과의 결별 등을 들 수 있다.

(2) B(Belief, 사고 내지는 신념)

A(사건)에 대한 내담자의 관념 또는 신념, 어떤 사건이나 행동 등과 같은 환경적 자극에 대해 각 개인이 갖게 되는 생각으로 C의 원인이 되다.

(3) C(Consequences, 결과)

내담자가 A(사건) 때문이라고 말하면서 나타내는 정서적 행동적 결과, 또는 선행 사건에 대한 개인의 정서적 반응이다. 예를 들면, 비합리적 사고의 결과 느끼는 불안, 원망, 비관, 죄책감 등을 들 수 있다.

(4) D(Dispute, 논박)

내담자의 비합리적 신념을 바꾸도록 내담자의 생각에 도전하고 그 논리들이 사리에 맞고 합리적인지 다시 생각하도록 하기 위한 상담자의 논박을 말한다.

(5) E(Effect, 효과)

내담자가 자기 파괴적인 생각에서 벗어나 보다 합리적인 사고와 현실적인 생의 철학, 자신과 타인에 대해 보다 폭넓은 수용 및 긍정적인 감정을 느끼게 되는 단계이다.

3) Beck의 자동적 사고(automatic thoughts)

자동적 사고란 구체적인 상황에서 자동적으로 떠오르는 생각이나 영상 혹은 상황이나 사건에 대한 즉각적인 해석으로서, 어떤 의도나 의지 없이 자발적으로 나타나는 사고이다. 이러한 자동적 사고는 역기능적 믿음에 기초하여 상황에 대한 기대나 해석이며, 일반적이고 추상적인 역기능적 믿음이 구체적인 상황에 적용되어 나타난 산물이다. 그리고 자동적 사고는 일부 현실을 반영하면서도 일부 역기능적 도식에서 기원하기 때문에, 현실을 정확하게 반영할 수 없다. 자동적 사고는 개인의 감정이나 행동 반응을 유발하지만, 조금만 주의를 기울이면 파악될 수 있다(Beck, 1976).

(예) "이러다가 죽는 게 아닐까?"
"저 사람이 내게 기분 나쁜 게 있나?"
"나를 무시하나? 나를 만만하게 보나?"

4) Beck의 역기능적 가정(dysfunctional assumption)

역기능적 가정은 각 개인이 경험을 통해 자신과 세상에 대해서 지니고 있는 일반적인 가정 중에서 지나치게 경직되고 극단적이고 절대화된 것으로서, 그 내용보다는 형식의 경직성이 더 문제가 된다. 경직된 가정은 어떤 상황에서는 필연적으로 역기능을 초래한다. 역기능적 가정(믿음 또는 규칙)은 일반적이고 추상적이어서, 그 내용을 파악하기가 쉽지 않다. 가정은 구체적인 상황에서의 구체적인 자동적 사고를 통해 그 모습을 드러낸다. 인지상담에서 '지금 여기서' 및 구체적인 상황을 강조하는 이유가 바로 여기에 있다(Beck, 1967, 1976).

(예) 아무도 나 같은 사람을 사랑할 리 없다(믿음).
남에게 좋은 평가를 받지 못한다면, 나는 무가치하다(가정).
남에게 폐를 끼치거나 남을 불편하게 해서는 안 된다(규칙).

3. 상담의 목표

Ellis의 REBT에서 상담목적은 내담자가 자기 파괴적 신념들을 줄이고, 내담자로 하여금 보다 합리적이고 현실적이며 관대한 신념과 인생관을 갖게 하여 더욱 융통성 있고 생산적인 삶을 살아가도록 돕는 것이다. 구체적인 목적은 첫째, 모든 문제의 근원은 자기대화라는 것을 내담자에게 보여주고, 둘째, 자기대화를 제거하고 급기야는 비논리적인 사고를 제거하기 위해서 자기대화를 재평가하는 것이다.

Ellis는 다음과 같이 정신건강의 기준을 제시하고 있는데, 이를 REBT의 상담목표로 삼을 수 있을 것이다(박경애, 2007; 이형득외, 1997; Ellis, 1974, 1979).

① 자기관심(self-interest)의 촉진이다. 내담자가 다른 사람에 대해서보다도 먼저 자기 자신에게 관심을 가지도록 하는 것이다. 이는 많은 비합리적 생각이 다른 사람을 지나치게 의식하기 때문에 생겨난다는 점과 관련된다.

② 사회적 관심(social interest)의 촉진이다. 건강한 사람은 집단 속에서 유리되지 않고 관계적인 맥락 속에서 인간에 대한 관심을 지니고 있다. 그래서 내담자로 하여금 먼저 자기 자신에게 관심을 가지도록 하면서 다른 사람에게도 친절을 베푸는 등의 관심을 가지도록 한다.

③ 자기 지도력(self-direction)을 기르는 것이다. 인간은 자신의 삶에 대한 책임감이 있으며 자신의 문제에 대해 독립적으로 풀 수 있는 능력이 있다. 그래서 내담자가 자신의 삶에 대해 책임을 지고 대부분의 자기 문제를 독자적으로 처리할 수 있는 자기 지도력을 갖도록 한다.

④ 관용성(tolerance)을 기르는 것이다. 성숙한 사람들은 타인의 실수에 대해 관용적이며 실수하는 사람들을 비난하지도 않는다. 그래서 비록 상대방의 행동이 내담자 자신의 마음에 들지 않을지라도 그 사람을 비난하거나 욕하지 않도록 한다.

⑤ 융통성(flexibility)을 기르는 것이다.

⑥ 불확실성에 대한 수용(acceptance of uncertainty)이다. 성숙한 사람은 불확실성의 세계에 살고 있음을 수용한다. 그래서 내담자로 하여금 그가 불확실한 세계에 살고 있음을 깨닫도록 하는 것이다.

⑦ 심신을 몰입하도록 한다(commitment). 건강한 사람은 자신의 외부세계에 대해 중대하게 몰두할 수 있는 능력이 있다. 그래서 내담자로 하여금 자기 이외의 사람이나 사물 또는 다른 사람의 생각 등 그 무엇에도 자신의 심신을 최대로 투입할 수 있도록 하는 것이다.

⑧ 과학적으로 사고할 수 있도록 한다(scientific thinking). 성숙한 사람은 깊게 느

끼고 구체적으로 행동할 수 있다. 그래서 내담자로 하여금 자신의 정서와 사고와의 관계에서 논리적이고 과학적인 법칙을 적용할 수 있도록 한다.

⑨ 자기 자신을 수용할 수 있도록 한다(self-acceptance). 내담자가 단지 자신이 살아있음 때문만으로도 자신을 수용하고 그들의 기본적인 가치를 타인의 평가나 외부적 성취에 의해서 평가하지 않도록 한다.

⑩ 모험을 할 수 있도록 한다(risk taking). 정서적으로 건강한 사람은 모험을 시도한다. 그래서 비록 무모할지라도 내담자 자신이 정말로 하고 싶어 하는 것을 쟁취하기 위해 모험을 해보도록 한다.

⑪ 유토피아적인 생각을 갖지 않도록 한다(nonutopianism). 성숙하고 건강한 사람은 이상향적 존재를 성취할 수 없다는 사실을 받아들인다. 그래서 내담자가 아무리 노력해도 원하는 모든 것을 얻거나 싫어하는 모든 것을 피할 수 없다는 사실을 받아들이도록 한다.

Beck의 인지상담에서 상담의 목표는 내담자의 자각 증진에 있다. 즉, 내담자가 자동적인 감정반응을 일시적으로 멈추고(nondoing), 감정반응 이면의 자동적 사고를 들여다보고 자각할 수 있도록 훈련시키는 것은 인지 치료의 가장 중요한 과제가 된다. 따라서 인지 치료에서 가장 중요한 질문은, (내담자가 감정반응을 보일 때) "어떤 생각이 스치고 지나갔나요?" 라고 묻는 것이다.

인지상담에서 중요한 상담목표 중 하나는, 내담자가 스스로 인지상담의 전문가가 되도록 가르치는 것이다. 인지상담이라는 심리교육적 접근방법이 최대의 효과를 거두기 위해서는 내담자에게 인지상담이 어떤 것인가를 잘 교육시켜서, 상담에 대해 적극적인 참여자로 만드는 것이 매우 중요하다. 인지상담에 대한 교육은 교육용 소책자나 책을 활용할 수도 있으나, 상담 초반기에 회기 내에서 기회가 생기는 대로 되풀이하여 설명해 주는 것이 좋다. 대개 첫 번째 혹은 두 번째 회기에서 내담자와 상담목표를 정하면서 인지적인 개념화를 해 주고 이와 함께 인지상담에 대한 교육도 함께 하는 것이 효과적으로 보인다. 인지상담에 대한 교육을 할 때, 인지매개 가설 A → B → C 의 개념을 사용하여 설명해 주면서 상황과 사고, 감정, 행동간의 관계를 보여 주는 예화를 제시함으로써, 인지행동상담의 이론적 근거를 설명해 줄 필요가 있다.

4. 상담의 과정

Beck의 인지상담의 일반적인 진행 과정을 살펴보면, 상담초기에는 자동적 사고에 초점을 맞추는데, 이는 자동적 사고가 믿음보다는 의식적으로 인식하기 쉽기 때문이다. 상담자는 내담자의 증상을 개선하기 위하여 내담자가 자신의 생각을 스스로 식별하고 평가하며, 수정할 수 있도록 가르친다. 그런 후에, 역기능적 사고의 기저에 잠재되어 있고, 많은 상황과 연관되어 있는 믿음에 상담의 초점이 옮겨진다. 중간 수준의 믿음은 여러 가지 상담과정을 거치는 동안 평가되고 수정되며, 사건에 대한 내담자의 지각과 결론은 변하게 되고, 근본적인 믿음에 대한 깊이 있는 수정이 이뤄져 미래의 재발을 예방하도록 한다(Evans, Hollon, Derubeis, Piasecki, Grove, Garvey,& Tuason, 1992; Hollon, Derubeis & Seligman, 1992)

REBT의 상담과정은 앞서 설명한 Ellis의 ABCDE모형을 실천하는 과정이다. 즉, 내담자가 현재 겪고 있는 정서적 · 행동적 결과(C)를 탐색하고, 이와 관련하여 내담자가 제기하는 선행사건(A)을 통해 원인이 되는 사고(B)를 찾아 이를 논박(D)함으로써, 그 효과(E)로 적절한 정서와 행동을 할 수 있도록 조력하는 과정이다. 이 과정을 구체적으로 살펴보면 다음과 같다(Corey, 1991; Dryden & Digiuseppe, 1990; Ellis, 1974)

1단계 : 내담자의 부적절한 정서적 · 행동적 결과 탐색(C)

대개의 경우, 내담자가 상담실을 찾아오는 이유는 감정적으로 몹시 힘들거나 행동적으로 부적응을 경험하고 있기 때문이다. 그리하여 내담자가 상담자를 찾아와서 자신의 문제를 이야기를 하는 가운데, 내담자 스스로 현재 경험하고 있는 정서적 · 행동적 결과를 얘기하게 된다.

2단계 : 선행사건의 탐색(A)

앞 단계에서 탐색된 내담자의 부적절한 정서적 · 행동적 결과와 관련하여 가장 관계가 깊은 사건(A)을 찾아낸다. 여기서 내담자들은 그 사건에 객관적인 사실과 주관적인 지각을 혼동하여 표현하는 경우가 많다. 따라서 상담자는 있는 그대로의 현실을 반영하는 객관적인 실재와 내담자의 주관적인 실재를 구분하여 선행사건을 파악해야 한다.

3단계 : 선행사건과 사고와 정서적 · 행동적 결과와의 관계를 교육(A-B-C)

많은 경우, 내담자들은 선행사건(A)이 원인으로 작용을 하여 정서적 · 행동적 결과(C)를 초래한 것으로 여기고 있다. 그래서 선행사건을 변화시키는 데에 주로 관심을 갖고 상담실을 찾는다. 이러한 내담자들에게 선행사건이나 상대방이 아니라 내담자 자신의 사고가 정서적 · 행동적 결과를 불러오고 있음을 교육시킬 필요가 있다. 즉, Ellis가 제시한 ABC이론을 내담자들이 이해하도록 가르쳐주는 것이다.

4단계 : 정서적 · 행동적 결과의 원인이 되는 사고를 탐색(B)

내담자들의 부적절한 정서적 · 행동적 결과를 일으키게 하는 비합리적 사고와 이를 근거로 내담자가 스스로 자신과 대화하는 자기언어를 찾아내도록 한다. Ellis(1962, 1994)는 사람들이 지닐 수 있는 비합리적 신념의 목록을 제시한 바 있다. 이 목록을 참고로 하여 내담자의 비합리적 사고를 확인할 수 있을 것이다. 그리고 Beck(1976)의 인지상담에서 제시하고 있는 자동적 사고 또는 역기능적 가정을 확인하는 일도 의미 있는 작업이 될 수 있다.

5단계 : 논박을 통해 비합리적 사고를 합리적 사고로 전환(D)

부적절한 정서적 · 행동적 결과와 관련된 사고가 아무런 합리적 근거가 없는 비합리적인 것임을 밝히고, 내담자의 비합리적 사고를 합리적 사고로 전환하도록 돕는다. 이를 위해 비합리적 사고를 의문문으로 진술하여 내담자로 하여금 그 근거를 찾아보도록 하고, 근거를 찾지 못한다면 그 사고가 비합리적임을 내담자 스스로 깨닫고, 합리적 사고에 기초한 짧은 문장을 재 진술하도록 한다.

6단계 : 합리적 사고의 적용을 통한 정서적 · 행동적 효과(E)

논박을 통해 비합리적 사고를 합리적 사고로 전환함으로써, 정서적 효과와 행동적 효과가 나타나게 된다. 이렇게 나타난 정서적 효과와 행동적 효과의 체험을 통해 내담자는 논박을 통해 변화된 자신의 사고가 자신에게 도움이 되는 바람직한 사고임을 스스로 알게 된다.

7단계 : 반복적 학습의 강화 및 상담의 종결

과제 등을 통해 비합리적 사고를 합리적 사고로 전환하는 A - B - C - D- E 체계를 내담자로 하여금 반복적으로 학습하도록 함으로써, 내담자가 상담과정에서 형성한 합리적인 사고에 근거해서 삶을 살아갈 수 있도록 하고, 나아가 내담자가 계속되는 생활 속에서도 합리적으로 사고할 수 있도록 돕는다. 앞장에서 '인지상담에서 중요한 상담목표 중 하나는 내담자가 스스로 인지상담의 전문가가 되도록 가르치는 것이다.'라고 언급했듯이, 상담이 종결된 후에도 내담자들이 인지적 상담의 효과를 지속적으로 누릴 수 있도록 내담자의 인지적 상담능력을 함양하기 위한 방법을 계획하고 실천을 지원한다.

5. 상담의 기법

인지행동적 상담이론에서 사용하는 기법들은 다양하지만, 크게 인지적 기법 · 정서적 기법 · 행동적 기법으로 구분이 된다.

1) 인지적 기법

인지행동적 상담에서 상담자들은 상담과정에서 대개 분명하고 강력한 인지적 방법론을 사용한다. 인지적 관점에서 인지행동적 상담은 신속하고 지시적인 방식으로 내담자의 정서 장애가 계속되도록 스스로에게 계속해서 말하는 것이 무엇인가를 보여준다. 그리고 나서 인지행동적 상담에서는 내담자가 더 이상 그것들을 믿지 않도록 하기 위해 내담자에게 자기 진술들을 다루는 방법을 가르쳐 준다. 그리고 내담자가 현실에 기초한 사고를 선택하도록 한다. 특히, Ellis의 REBT에서는 주로 논박, 과제 및 재 진술 기법을 많이 활용하고 있으며, Beck의 인지 치료에서는 자동적 사고에 대한 언어적 현실검증 기법을 사용하고 있다. 이러한 인지적 기법들에 대해 자세히 살펴보면 다음과 같다.

(1) 비합리적 신념을 논박하기

REBT에서 가장 많이 사용되는 인지적 방법은 상담자가 내담자의 비합리적 신념을 적극적으로 논박하는 것이다. 상담자는 내담자들이 어떤 사건이나 상황 때문이 아니라, 이 사건들에 대한 자신의 지각과 자기 진술의 성질 때문에 장애를 겪고 있음을 그들에게 보여준다. 앞서 언급되었던 Ellis의 개인을 신경증으로 이끄는 11개의 비합리적인 신념에 대한 논박이 가장 일상적이면서 대표적인 논박의 예이다.

그리고 어떤 학자는 당위성 · 과장성 · 인간의 가치평가 · 좌절에 대한 낮은 인내심이라는 네 가지 핵심 비합리적 사고를 설정하고, 이에 대한 논박의 특수 전략을 제시하고 있다(박경애, 2007). 앞에서 서술한 Ellis의 11가지 비합리적인 신념에서 이 4가지 핵심 사고를 볼 수 있다. 예를 들면, 한 병사의 인정에 대한 욕구인 비합리적 신념이 위의 네 가지 핵심 사고를 어떻게 포함하고 있는지 나타내면 다음과 같다. 이러한 사고들을 논박을 통해 합리적인 사고로 전환할 수 있을 것이다.

· 선임이나 동료들은 반드시 나를 좋아해야만 한다.
· 그들이 나를 좋아하지 않으면 끔찍하다.
· 내가 인정받지 못하면 나는 가치 없는 사람이다.
· 내가 인정받지 못하는 것을 나는 참을 수 없다.

(2) 인지적 과제

인지행동적 상담과정은 인지학습과정이다. 그래서 인지 상담에서는 내담자들로 하여금 인지학습이 이뤄지도록 과제를 활용하는 경우가 많다. 과제는 어떤 형식을 취하든지 회기 중에 배웠던 인지적 기술을 강화하고 확장시키며, 회기 사이의 공백을 연결시켜 주는 역할을 한다. 과제에는 REBT의 A - B - C - D - E 이론을 많은 일상생활 과제에 적용하는 것이 포함된다. 우선 내담자들로 하여금 일상생활에서 자신의 비합리적 신념을 찾아 스스로 논박하게 하며, 비합리적 신념이 떠오를 때 그에 상응하는 합리적 신념을 큰소리로 되뇌이는 것 등이 있다. 인지적 과제는 REBT상담과정의 핵심 요소이며 중요한 과정으로서, 역기능적 행동을 변화시켜 적응적인 행동을 하게하며, 비합리적인 인지를 감소시켜 이 자리에 좀더 도움이 되는 인지를 위치시키고, 내담자가 REBT의 기초 원리들을 잘 이해하고 있는지에 관해서 알아보기 위함도 있다(박경애, 2007). 이외에도 인지행동 상담에 관한 책을 읽도록 하거나, 자신의 상담내용을 녹음한 내용을 들어보면서 자신의 비합리적 신념을 확인하고 새로운 신념을 생각해 보게 하는 등의 과제가 있다.

(3) 자동적 사고에 대한 언어적 현실검증

일련의 소크라테스식 질문을 통해 내담자로 하여금 자신의 자동적 사고가 현실적으로 타당한가를 평가(evaluate) 혹은 검토(examine)함으로써, 좀 더 현실적인 생각을 갖도록 만드는 방법이다. 상담자가 내담자의 비합리적 사고방식을 변화시키기 위한 다음의 방법들에 충분히 숙달되어야만, 내담자에게 합리적으로 생각하는 체계적인 방식을 전수할 수 있다는 사실을 꼭 명심할 필요가 있다. 내담자가 자신의 자동적 사고의 타당성을 스스로 평가해 볼 수 있도록 하기 위해서, 다음의 질문들이 자주 사용된다(Beck, 1976).

① 그렇게 생각하는 근거가 무엇인가?

부분적인 현실에 근거한 주관적인 생각에 머물러 있는 내담자로 하여금 있는 그대로의 현실에 주의를 기울일 수 있도록 하기 위한 강력한 질문으로서, 인지적 상담자들이 가장 많이 사용하는 질문이다.

"그렇게 생각하는 근거가 무엇인가?"
"어떻게 해서 그렇게 생각하게 되었나?"
"어떤 근거로 그것을 알 수 있나?"
"그 생각이 맞다는 것을 지지하는 증거가 무엇인가?" 등

② 대안적 사고 찾기 : 달리 설명할 수는 없는가?

내담자들은 상황을 보는 시각이 폐쇄적이고 제한적이어서, 보다 현실적인 관점을 취하는 데 어려움을 겪을 수 있다.

"달리 설명할 수는 없는가?"
"다른 식으로 볼 수는 없겠는가?"
"다른 사람들은 이 상황을 보통 어떻게 볼까?" 등

③ 실제 그 일이 일어난다면 과연 얼마나 끔찍스러운가?

불안과 관련된 문제를 많이 보이는 내담자들에게 자주 쓰이는 질문이다. 또한 불안한 내담자들은 자신의 대처 능력을 과소평가하여, 그러한 상황에 처하면 자신이 손쓸 수 있는 것은 전혀 없다고 생각하는 경향이 있다. 따라서 이러한 질문을 통하여 내담자의 평소 대처능력으로도 대처할 수 있는 길이 있을 수 있음을 깨닫게 하는 것이 필요하다.

"일어날 수 있는 최악의 일은?"
"일어날 수 있는 최선의 결과는?"
"예전에는 이런 상황에서 보통 어떤 결과가 나타났는가?" 등

④ 다른 사람의 예를 생각하기

"당신은 동일한 행동을 하는 다른 사람을 어떻게 보는가?"
"당신은 동일한 상황에 처한 다른 사람을 어떻게 생각하겠는가?"
"동료가 당신과 유사한 상황에 처했다면, 그에게 무슨 말을 해 주겠는가?" 등

2) 정서적 기법

인지행동적 상담에서 정서적 기법으로 합리적 정서적 심상법, 역할 연기, 심리적 수치심 공격하기, 유머의 사용 등을 사용한다. 연습을 포함하는 다양한 치료절차를 사용한다. 이러한 기법을 사용하는 목적은 단순히 자기 정화의 경험만을 제공하는 것이 아니라, 내담자로 하여금 그들의 사고, 정서 및 행동을 변화시키도록 하고, 나아가 무조건적 수용의 가치를 학습할 수 있도록 돕는다.

(1) 합리적 정서적 심상법

이 기법은 새로운 정서 체험을 통해 비합리적 사고를 합리적 사고로 전환시키는 강력한 방법이다. 우선 상담자는 내담자로 하여금 가장 최악의 상태를 상상해 보고 그 때의 부적절한 느낌을 느껴 보도록 한 다음, 내담자 스스로 부적절한 느낌을 적절한 느낌으로 바꾸어 상상하면서 부적절한 사고와 행동을 적절한 사고와 행동으로 대치시키는 계기를 마련하게 된다. 예를 들어, 어떤 병사가 여러 사람들 앞에서 시범을 보이는 것이 불안한 경우, 그 장면을 생생하게 상상하면서 불안해하지 않고 즐겁게 느껴보도록 하는 것이다. 이런 방법은 개인에게 문제가 될 수 있는 다른 상황들에도 유용하게 적용되어 질 수 있다. Ellis(1988)는 '만약 우리가 몇 주 동안 1주일에 몇 번씩 합리적 정서적 상상을 실행한다면, 우리는 더 이상 그런 상상들로 인해 혼란을 느끼게 되지 않는 지점에 이르게 될 것' 이라고 하였다.

(2) 역할 연기

역할 연기에는 정서적 요소와 행동적 요소가 모두 포함되어 있다. 내담자는 자신이 겪고 있는 장애 장면에서의 느낌을 알기 위해 스스로 그 장면에서의 행동을 시도해 본다. 이 기법을 통해 내담자로 하여금 장애 장면과 관련된 자신의 비합리적 사고를 통찰하도록 하거나, 내담자가 획득한 합리적 사고와 행동을 연습해 보도록 하는데 목적이 있다. 역할 연기는 상담자의 지도하에서 이뤄지며, 필요한 경우에는 상담자가 상대역을 할 수도 있다. 즉, 내담자가 지금 말하고 있는 내용과 이러한 부적절한 감정을 적절한 감정으로 바꾸기 위해서 자신이 할 수 있는 행동이 무엇인지를 내담자가 분명히 인식할 수 있도록 상담자가 개입한다. 내담자는 어떤 상황에서 무엇을 느끼는가 하는 것을 알아보기 위해 그 행동을 시연해 보면서, 불쾌감과 연관이 있는 기저의 비합리적 사고의 통찰에 초점을 맞춘다. 예를 들어 어떤 간부가 "진급에 떨어지면 나는 무능력하고 쓸모없는 인간이야!" 라는 생각으로 진급 대상자에 포함되지 않을까봐 불안해하고 두려워하고, 근무의욕을 상실하는 감정을 스스로 불러 일으켰다. 여기에서 그는 열심히 노력해 온 자신의 생활태도를 주장하는 역할연기를 해 볼 수도 있고,

스스로에게 한 번의 실패로 좌절하는 것은 어리석은 행동임을 역설하는 역할연기를 함으로써, 그때의 불안과 비합리적인 신념을 알아보고 진급 실패를 자신이 멍청하고 무능하다는 것과 연결시키는 자신의 비합리적 신념에 도전할 수도 있다.

(3) 수치심 공격하기

Ellis(1988)는 사람들이 어떤 행동에 대한 비합리적인 수치감을 제거하는 것을 돕기 위한 기법을 개발했다. 이 기법은 자신의 행동에 대해 주위 사람이 어떻게 생각할지에 대한 두려움 때문에 하고 싶은 행동을 하지 못하는 사람에 대해 실제로 그 행동을 해 보도록 하는 방법이다. 이렇게 해 봄으로써 내담자는 자신이 생각한 것보다는 주위 사람들이 그렇게 관심을 가지고 있지 않음을 알게 된다. 이렇게 되면 내담자는 자신이 하고 싶은 일을 가로막고 있던 주위 사람의 반응이나 '인정해 주지 않으면 어떻게 하나?' 라는 생각을 더 이상 지속할 근거가 없다는 것을 배우게 된다(이형득 외, 1997). 그렇게 수치심을 공격하는 연습 행동으로는 길거리에서 낯선 사람에게 다가가서 따뜻하게 인사하기, 대로에서 큰소리로 외치기, 식당에서 매력적인 사람에게 다가가 말을 걸기, 백화점 앞에서 시간을 다섯 번 외치기, 버스나 전철역의 정거장에서 소리치기, 이상한 옷 입고 다니기, 지나가는 사람에게 엉뚱한 질문하기 등이 있다. 이러한 연습을 통해서 내담자로 하여금 자신의 행동에 대해 스스로 수치심을 만들어 느끼고 있음을 각성하게 하는데 목적이 있다.

(4) 유머의 사용

유머는 REBT 상담의 가장 인기 있는 기법에 속한다. Ellis도 내담자를 문제 상황으로 이끄는 과장된 사고를 극복케 하는 수단으로 대단히 많은 유머를 사용하는 경향이 있었다. REBT에서는 사람들이 너무 진지하게 생각하거나 생활사에 대한 이해나 유머 감각을 잃으므로 정서적 혼란이 생긴다고 본다. 결과적으로, 상담자들은 개인의 과도하게 심각한 측면을 반격하고 논박하도록 조력하는데 유머를 사용한다. 예를 들어

'사귀던 애인이 떠나간 것은 내가 무능력하기 때문입니다. 저는 살 가치가 없습니다. 정말 죽고 싶습니다.' 라고 한 젊은 장병이 말한다면, '그렇다면, 난 벌써 몇 번 죽었겠네. 난 지금까지 애인이 몇 번 떠나갔거든!' 이라고 상담자가 말함으로써, 내담자로 하여금 자신의 생각이 비합리적임을 깨닫게 할 수 있다. 워크숍이나 상담 시간에 Ellis는 대개 합리적이고 유머러스한 노래를 이용하고, (우울하거나 불안할 때)사람들로 하여금 혼자서 혹은 집단에서 노래를 부르도록 격려하였다(Ellis & Yeager, 1989). 그러나 여기에서 유의할 부분이 있는데, 유머는 비합리적인 사고를 공격하는 것이 목적이지, 내담자를 공격하는 것이 목적은 아니라는 사실이다.

3) 행동적 기법

REBT는 인지적 행동적 상담의 한 형태로서, 대부분의 일반적 행동 치료기법 즉, 조작적 조건 형성, 자기관리, 체계적 둔감법. 도구적 조건 형성, 바이오피드백 이완 기법, 모델링 등의 기법을 그대로 REBT의 상담 기법으로 사용한다. 그리고 실제 상황에서 실행해보도록 하는 행동 과제를 인지적 행동적 상담에서는 긴요하게 활용하고 있다. 다만, 행동 치료에서의 행동 기법은 행동의 변화가 주목적이지만, 인지적 행동적 상담에서의 행동과제는 행동의 변화뿐만 아니라, 생각과 정서까지도 변화시키려는데 목적이 있다. 즉, 행동의 변화를 통해 생각의 변화를 가져오고, 변화된 생각에 따라 행동과 정서를 더욱 분명하게 변화시킬 수 있는 것이다. 행동과제는 체계적인 방식으로 주어져야 하며, 서식에 맞춰 기록하고 분석하도록 하는 것이 중요하다. 그리고 그 결과는 더 깊은 분석을 하기 위해 다음 상담시간에 가져오도록 한다. 이런 과제에는 상담실에서 실습해 보는 역할연기와 역할 바꾸기, 실제 생활의 사람들에게 피드백을 받아오는 여론조사 기법, 두려워하는 상황에 억지로 과도하게 빠지게 하는 범람법, 상담자의 행동을 보고 따라 하는 모델링 등이 포함된다. 이 중 다른 기법들은 행동 치료 기법과 유사하므로 제외하고 여론조사 기법과 범람법에 대해 자세히 알아보고자 한다.

(1) 여론조사기법

앞에서 애인이 떠나간 것은 자신이 무능력하기 때문이며, 그래서 자신은 살 가치가 없는 것으로 생각하는 한 장병에게 주위 사람들에게 자신이 무능력하고 살 가치가 없는 사람인지 물어서 그 결과를 보고하도록 하는 기법이다. 내담자로 하여금 이러한 방법을 통해 자신의 비합리적인 사고를 스스로 깨닫도록 하는 기회를 제공하고자 하는 것이다.

(2) 범람법

이 기법은 내담자로 하여금 자신이 두렵고 불안해하는 상황을 스스로 반복적으로 체험하도록 함으로써, 그로 인한 두려움과 불안을 경감시키고 나아가 그것에서 벗어나도록 하는데 목적이 있다. 예를 들어, 선임병사와 대면하는 일을 두려워하는 병사에게 선임병과 대면하는 것을 하루에 30회씩 일주일 동안 반복하게 하는 방법이 그것이다. 내담자들은 새롭고 어려운 행동들을 실제로 실천해 봄으로써, '나는 지금까지 너무 많이 실패해왔기 때문에 항상 실패할 것이다'와 같은 비합리적 신념들을 변화시키게 된다.

6. 인지행동적 군 상담

여기에서는 앞서 서술한 첫째, Ellis의 ABCDE 모형에 기초한 상담의 과정을 토대로 軍에서 상담을 실시하는 사례를 제시하고, 둘째, 軍의 전투력을 저해하고 있는 비합리적 사고를 Beck의 자동적 사고에 대한 언어적 현실검증 상담 기법을 통해 합리적 사고로 전환해 보는 사례를 몇 가지 제시해 보고자 한다.

1) Ellis의 ABCDE 모형의 적용 사례

[상황]
두 달 전에 동기 1명과 함께 중대에 배치된 김 이병은 동기와는 달리 눈에 띄게 의기소침해 보인다. 이를 눈여겨본 중대 행정보급관은 김 이병을 중대 행정계로 불러 면담을 하기로 하였다.

1단계 : 내담자의 부적절한 정서적 · 행동적 결과 탐색(C)

김 이병이 자신의 문제를 이야기를 하는 가운데, 김 이병이 현재 경험하고 있는 정서적 · 행동적 결과에 대해 파악한다.

김 이병은 현재 자신이 했던 실수 때문에 걱정이 많다고 한다. 자신의 실수에 대해 스스로 자신에게 화가 나고 앞으로서의 병영생활에 대한 걱정과 두려움이 크다고 한다. 뿐만 아니라 긴장을 많이 하게 되니 오히려 실수를 더 많이 하게 된다고 한다. 그리고 자신을 놀리는 선임 병사들을 피하게 되고, 병영생활이 점점 더 힘들고 괴로워지고 있다고 한다.

2단계 : 선행사건의 탐색(A)

앞 단계에서 탐색된 내담자의 부적절한 정서적 · 행동적 결과와 관련하여 가장 관계가 깊은 사건(A)을 찾아낸다.

김 이병은 생활관에서 동기와 얘기를 나누다가 부소대장의 질문을 받고 그에 대해 엉뚱한 대답을 했다. 그래서 다른 병사들이 큰 소리로 웃었고 부소대장에게 꾸중을 들었다. 그리고 이후에도 가끔 선임 병사들은 김 이병의 행동에 대해 놀리거나 비난을 해 오고 있다고 한다.

3단계 : **선행사건과 사고와 정서적 · 행동적 결과와의 관계를 교육**(A-B-C)

김 이병은 부소대장에게 야단을 맞고, 다른 병사들이 웃고, 선임 병사들이 놀리거나 질책을 한 선행사건(A)이 원인으로 작용을 하여, 긴장하고 불안해하고 실수를 반복하는 정서적 · 행동적 결과(C)를 초래한 것으로 여기고 있다. 그래서 김 이병은 선행사건을 변화시키는 데에 주로 관심을 갖고 있다. 이러한 김 이병에게 선행사건이나 상대방이 아니라 김 이병 자신의 사고(B)로 인해 정서적 · 행동적 결과가 나타나고 있음을 교육시킬 필요가 있다. 즉, Ellis가 제시한 ABC이론을 김 이병이 이해할 수 있도록 가르쳐주는 것이다.

4단계 : **정서적 · 행동적 결과의 원인이 되는 사고를 탐색**(B)

김 이병의 부적절한 정서적 · 행동적 결과를 일으키게 하는 비합리적 사고와 이를 근거로 김 이병이 스스로 자신과 대화하는 자기언어를 찾아내도록 한다. Ellis(1962, 1994)가 제시한 '사람들이 지닐 수 있는 비합리적 신념의 목록'을 참고로 하여 김 이병의 비합리적 사고를 확인해 본다. 예를 들면, 김 이병은 다음과 같은 비합리적 사고를 할 수 있을 것이다.

> '나는 절대로 꾸중이나 놀림을 받아서는 안 된다.'
> '지휘관의 질문에 대해서는 반드시 정확한 대답을 해야 한다.'
> '선임 병사들은 틀림없이 나를 못났다고 비웃을 것이다.'
> '나의 병영생활은 점점 힘들고 괴로워질 것이다.' 등등.

5단계 : **논박을 통해 비합리적 사고를 합리적 사고로 전환**(D)

부적절한 정서적 · 행동적 결과와 관련된 사고가 아무런 합리적 근거가 없는 비합리적인 것임을 밝히고, 내담자의 비합리적 사고를 합리적 사고로 전환하도록 돕는다. 이를 위해 먼저 비합리적 사고를 의문문으로 진술하여 내담자로 하여금 그 근거를 찾아보도록 한다.

"많은 사람들은 때때로 원하지 않지만 비난을 받기도 한다. 그런데 김 이병이 '나는 절대로 꾸중이나 놀림을 받아서는 안 된다.' 는 근거는 어디에 있는가?"
"지휘관의 질문에 대답을 잘 하는 게 물론 좋겠지만, '지휘관의 질문에 대해서는 반드시 정확한 대답을 해야 한다.' 는 근거는 어디에 있는가?"
" '선임 병사들이 틀림없이 김 이병을 못났다고 비웃을 것이다.' 라는 증거는 어디에 있는가?"
"부소대장에게 야단을 한 번 맞았다고, 그리고 선임병들이 놀리거나 질책을 했다고 '병영생활은 점점 힘들고 괴로워질 것이다.' 라는 생각의 근거는 어디에 있는가?" 등등.

김 이병이 근거를 찾지 못한다면 그 사고가 비합리적임을 스스로 깨닫고, 합리적 사고에 기초한 짧은 문장을 김 이병이 재진술하도록 한다.

"질책이나 놀림을 받지 않으면 좋겠지만, 병영생활을 하다보면 (특히 초기에는) 야단을 맞거나 놀림을 받을 수도 있을 것이다."
"내가 동기와 얘기를 나누다가 엉뚱한 대답을 한 일은 분명 잘못이지만, 그 일이 자신을 계속 비난할 만큼 엄청난 실수는 아닐 것이다."
"부소대장님으로서는 나에게 야단을 칠 수도 있는 일이었다."
"그 때 그 상황에서는 선임 병사들이 충분히 웃을 수도 있는 일이었다."
"선임 병사들이 그 일 하나 때문에 나를 못났다고 여기진 않을 것이다."
"혹시 어떤 선임병이 그렇게 여긴다고 해서 내가 정말 그렇게 되는 것은 아니다."
"내가 스스로 나를 못났다고 여기면 나만 힘들고 괴로울 것이다."
"이런 일이 없었으면 좋았겠지만, 이 일 때문에 나의 병영생활이 영원히 괴로운 것은 아닐 것이다."
"질책 한 번 받았다고, 그리고 놀림을 받는다고 미래의 병영생활을 비관하는 것은 어리석은 일이다."
"신병시절에 선임에게 질책을 받거나 놀림을 당하지 않는 사람이 얼마나 있겠는가?"
"오히려 이번 일이 나를 발전시킬 수 있는 기회가 되지 않겠는가?" 등등.

6단계 : 합리적 사고의 적용을 통한 정서적 · 행동적 효과(E)

논박을 통해 김 이병으로 하여금 비합리적 사고를 합리적 사고로 전환하도록 함으로써, 정서적 효과와 행동적 효과가 나타나게 된다.

[정서적 효과]

· 부소대장님과 선임 병사들에게 미안하기는 하나 그들을 싫어하지는 않는다.
· 자신을 놀리면 기분이 불쾌하지만, 스스로 자신을 비난하거나 우울해 하지는 않는다.
· 질책이나 놀림을 받았다고 병영생활을 비관하여 괴로워하지는 않는다. 등등.

[행동적 효과]

· 다음에는 지휘관이나 선임 병사가 이야기 할 때 주의를 집중한다.
· 선임 병사들에게 활기차고 밝은 모습으로 인사를 하고 반응을 보인다.
· 항상 준비된 자세로 근무에 임하고, 더욱 열심히 자신의 맡은 일을 수행한다. 등등

7단계 : 반복적 학습의 강화 및 상담의 종결

논박의 결과로 김 이병이 정서적 · 행동적 효과를 나타내게 되면, 과제 등을 통해 비합리적 사고를 합리적 사고로 전환하는 A-B-C-D-E 체계를 김 이병으로 하여금 반복적으로 학습하도록 함으로써, 김 이병이 상담과정에서 형성한 합리적인 사고에 근거해서 병영생활을 할 수 있도록 하고, 나아가 계속되는 병영생활 속에서도 합리적으로 사고할 수 있도록 돕는다. 즉, 앞장에서 '인지 상담에서 중요한 상담목표 중 하나는 내담자가 스스로 인지상담의 전문가가 되도록 가르치는 것이다.' 라고 언급했듯이, 상담이 종결된 후에도 김 이병이 인지행동적 상담의 효과를 지속적으로 누릴 수 있도록 지원하고자 하는 것이다.

2) Beck의 자동적 사고에 대한 언어적 현실 검증 사례

軍 생활에 대한 몇 가지 비합리적 신념이 있다. 자신의 비합리적 사고 및 자동적 사고에 의해 군인은 軍 생활이나 다양한 삶의 장면에서 무엇이 불가능한가를 먼저 찾게 됨으로써 전투력의 저하를 초래하게 된다. 그래서 여기에서 이러한 비합리적 신념들을 찾아서 현실 검증 과정을 거쳐보고자 한다. 그런데 미리 강조하고 싶은 점은 네 가지 유형의 질문 중 어느 한 영역에서 특별히 도움을 더 많이 받을 수 있는 반면, 어느 부분에서는 별 도움이 되지 않을 수도 있지만, 가능한 네 가지 유형의 질문을 다 거쳐 봄으로써 사고가 더욱 합리적이며 건강하게 변화될 수 있을 것이라는 것이다. 실제 사례를 적용해 보면 다음과 같다.

[사례 1] "나서거나 특출하게 보이면 軍에서 생활하기 어렵다."

많은 사람들이 "군에서는 나서거나 특출하게 보이면 생활하기 어렵다."는 이야기를 한다. 이것이 합리적이거나, 비합리적이거나를 살펴보기도 전에, 대부분 자동적으로 수용하는 하나의 믿음이 되고 있다. 일반사회에서 이런 믿음을 가지고 부대에 적응하지 못하는 병사를 만났을 때, 간부는 어떻게 인지행동적으로 상담할 수 있을까?

① 그렇게 생각하는 근거가 무엇인가?

"'나서거나 특출하게 보이면 군에서 생활하기 어렵다.' 고 생각하는 근거가 무엇인가?"

"'나서거나 특출하게 보이면 군대에서 생활하기 어렵다.' 는 생각이 맞다는 것을 지지하는 증거는 무엇인가?" 등

② 대안적 사고 찾기 : 달리 설명할 수는 없는가?

"'나서거나 특출하게 보이면 조직 내에서 생활하기 어렵다.' 는 생각을 다른 식으로 생각할 수는 없겠는가?"

"다른 전우들은 '나서거나 특출하게 보이면 조직 내에서 생활하기 어렵다.' 는 생각을 보통 어떻게 볼까?"

③ 실제 그 일이 일어난다면 과연 얼마나 끔찍스러운가?

"나서거나 특출하게 보이게 되어 군에서 일어날 수 있는 최악의 일은 무엇이겠는가?"

"나서거나 특출하게 보이게 되어 군에서 일어날 수 있는 최선의 결과는 무엇인가?"

④ 다른 사람의 예를 생각하기

"당신은 동일한 생각을 하는 다른 전우를 어떻게 보는가?"

"전우가 당신과 유사한 생각을 한다면, 그에게 무슨 말을 해 주겠는가?"

▶ 언어적 현실검증의 효과 : 군 조직의 특성상 공통된 행동양식이나 생활양식을 갖도록 요구하는 경우가 있다. 그러나 이것이 곧 개인의 개성이 없어야 된다는 이야기는 아니다. 동일한 행동을 함에 있어서도, 더욱 모범적인 행동을 보일 수 있다. 같이 생활관에서 삶을 영위하더라도, 그 공간을 더욱 의미 있는 삶으로 만들어갈 수 있다. 그럼에도 불구하고, '군에 있기 때문에....' 라는 이유를 제시하며, 현실 생활에서 최선을 다하지 않는다. 이 경우, 핑계는 댈 수 있지만, 궁극적으로는 자신의 역량을 만들어 가지 못하게 된다. 그래서 앞의 신념을 다음과 같은 신념으로 전환할 수 있을 것이다.

[정서적 효과]

· 필요한 경우에 나서거나 특별하게 보이게 되는 것을 두려워하지 않게 된다.

· 나서거나 특별하게 보여서 혹시 군 생활이 다소 힘들게 되더라도 지나치게 자신을 비난하거나 억울해 하지 않으며, 결국 자신의 삶에 좋은 결과가 올 것임을 믿는다.

[행동적 효과]

· 적극적으로 나서서 자신의 맡은 바 임무와 역할을 다하도록 노력한다.

· 자신의 행동이 필요한 상황에서는 주위의 시선에 연연하지 않고 행동을 한다.

[사례 2] "軍 생활은 대충 해도 된다." (혹은 "군 생활은 '개기면(?)' 된다.")

어떤 장병들은 '군 생활에서는 특별히 배울 것도, 경험으로 남길 것도 없다.' 는 생각을 한다. 결과적으로 군 생활은 대충하는 것이 최선이며, 최선을 다하는 것은 손해 보는 것으로 간주한다. 이 경우, 성실한 군 생활을 영위하도록 논리적으로 돕는 방법은 무엇이 있을까?

① 그렇게 생각하는 근거가 무엇인가?

"'군 생활은 대충해도 된다.' 고 생각하는 근거가 무엇인가?"

"'군 생활은 대충해도 된다.' 는 생각이 맞다는 것을 지지하는 증거는 무엇인가?" 등

② 대안적 사고 찾기 : 달리 설명할 수는 없는가?

"'군 생활은 대충해도 된다.' 는 생각을 다른 식으로 생각할 수는 없겠는가?"

"다른 전우들은 '군 생활은 대충해도 된다.' 는 생각을 보통 어떻게 볼까?"

③ 실제 그 일이 일어난다면 과연 얼마나 끔찍스러운가?

"군 생활을 대충하는 대신 성실하게 함으로써, 군에서 일어날 수 있는 최악의 일은 무엇이겠는가?"

"군 생활을 대충하는 대신 성실하게 함으로써, 군에서 일어날 수 있는 최선의 결과는 무엇인가?"

④ 다른 사람의 예를 생각하기

"당신은 동일한 생각을 하는 다른 전우를 어떻게 보는가?"

"전우가 당신과 유사한 생각을 한다면, 그에게 무슨 말을 해 주겠는가?"

▶ 언어적 현실검증의 효과 : 軍 생활은 징병제에 의해 "끌려온 것" 이라고 생각하기 때문에 "열심히" 혹은 "FM으로" 할 필요가 없다는 신념을 갖고 있다. 이는 주변 사람들의 이야기에 기초한 것이다. 그러나 문제는, 자신이 끌려온 것이든, 자발적으로

온 것이든 간에, 군 생활은 타인의 것이 아니라 자기의 것이다. 모든 일은 자신이 선택하고, 자신의 책임하에 이루어지는 일이다. 이 시간을 낭비하면, 결국 자신의 인생에서 2년간을 혹은 그 이상의 시간을 낭비하는 것이다. 특히 병사들의 경우, 복무를 하는 시간 동안 자신에 대한 새로운 긍정적 신념을 만들 수도 있고. 체력을 단련할 수도 있고, 새로운 시도를 할 수도 있다. 군 생활을 대충하면 자신의 삶이 대충 되는 것이지, 다른 사람의 삶이 대충되는 것은 아니다.

그리고 "군 생활은 개기면(?) 된다."는 신념은 사회에서 이상한 충고를 들은 탓도 있다. 그리하여 軍에 입대해서 처음부터 아주 이상한 행동이나 정신박약아처럼 행동하면 나머지 군 생활은 이상한 사람 취급을 하기 때문에 편해진다고 하는 믿음을 가지게 되었다. 그런데 현실에서는 최선을 다하지 않고 요령을 피우다 보면, 부대 적응 속도만 늦고, 더 심각한 경우에는 병원에 입원하게 되거나 불명예를 안게 될 것이다.

[정서적 효과]

· 군 생활을 대충 하게 되면 마음이 불편하게 된다.

· 군 생활을 열심히 할 때 마음이 편안하고 보람을 느끼게 된다.

[행동적 효과]

· 다른 사람의 시선에 개의치 않고, 적극적으로 자신의 일에 최선을 다하고자 노력한다.

· 스스로 자신이 해야 할 일을 찾아서 일을 처리해 나간다.

[사례 3] "계급에 따라 그 사람의 능력이 다르다."

부대 내에서 전화를 했다. 상대편이 이병이라는 대답이 나오자마자, "선임병 바꿔!"라는 이야기를 한다. 분명히 계급과 능력은 별개라는 것을 알면서도, 계급이 낮으면 이미 믿음이 가지 않는다. 과연 이들을 믿고 생활할 수 있을까?

① 그렇게 생각하는 근거가 무엇인가?

"'계급에 따라 그 사람의 능력이 다르다.' 고 생각하는 근거가 무엇인가?"

"'계급에 따라 그 사람의 능력이 다르다.' 는 생각이 맞다는 것을 지지하는 증거는 무엇인가?" 등

② 대안적 사고 찾기 : 달리 설명할 수는 없는가?

"'계급에 따라 그 사람의 능력이 다르다.' 는 생각을 다르게 생각할 수는 없겠는가?"

"다른 전우들은 '계급에 따라 그 사람의 능력이 다르다.' 는 생각을 보통 어떻게 볼까?"

③ 실제 그 일이 일어난다면 과연 얼마나 끔찍스러운가?

"계급에 따라 그 사람의 능력을 다르게 보지 않음으로써 일어날 수 있는 최악의 일은 무엇이겠는가?"

"계급에 따라 그 사람의 능력을 다르게 보지 않음으로써 일어날 수 있는 최선의 일은 무엇이겠는가?"

④ 다른 사람의 예를 생각하기

"당신은 동일한 생각을 하는 다른 전우를 어떻게 보는가?"

"전우가 당신과 유사한 생각을 한다면, 그에게 무슨 말을 해 주겠는가?"

▶ 언어적 현실검증의 효과 : 외적인 요소에 치우쳐서 군인이 항상 그 계급에 맞는 잠재역량을 지녔다고 생각하기보다 그 사람의 잠재력과 양심을 믿는다. 예를 들어, 전화를 이병이 받았을 때, 예전에는 무조건 선임자를 바꾸라는 이야기를 하였다면, 이제는 개개인의 가치와 역량을 인정하는 자세를 갖고 통화를 할 수 있게 된다.

[정서적 효과]

· 계급보다 능력과 성실성으로 상대를 믿는 것에 신뢰감이 생긴다.

· 자신보다 계급이 낮은 장병과 업무 협조를 한다고 해서 자존심이 상하지 않는다.

[행동적 효과]

· 계급보다 그 장병의 능력과 성실성으로 상대를 믿고 일을 맡긴다.

· 자신보다 계급이 낮은 장병을 존중하며, 필요한 경우에는 기꺼이 그 장병과 업무 협조를 하게 된다.

제 4 장
현실 치료

현실 치료(reality therapy)는 1960년대 William Glasser가 창안한 상담기법이다. 현실 치료는 1958년 William Glasser(1965)가 정신과 수련의 과정에서 전통적인 정신분석치료 방법에 불만족을 느끼고 개발하였다. 현실 치료는 힘의 욕구를 강조한 알프레드 아들러의 연구에 그 바탕을 두고 있으며(Wubbolding, 1988), 현실 치료의 일반적 목표는 내담자들이 자신의 현재행동을 평가하고, 만약 그 행동이 자신의 욕구를 충족시키지 못하고 있으면 더 효과적인 행동을 획득할 수 있도록 심리적 힘을 개발할 수 있게 조건을 제공하는 것이다. 효과적인 행동을 학습하는 과정은 현실 치료의 기본원리의 적용으로 촉진되는데 여기에는 온정적이고 수용적인 상담분위기와 다양한 상담절차가 포함된다.

Glasser는 최근에 와서 현실 치료의 기반인 통제이론을 해석상의 오해를 줄일 뿐 아니라, 새로운 개념 확립을 위해 선택이론으로 바꿔 부르고 있다(Glasser, 1998). 선택이론은 우리가 우리의 욕구를 만족시키는 내적 세계를 창조한다는 가정에 바탕을 두고 있다. W. Glasser는 이 이론을 가지고 현실 치료의 기본명제 즉, 모든 행동은 우리 내부에서 생성되며 사람들은 자신의 행동을 선택한다는 명제를 설명하려고 한다. 현실요법에서는 개인이 책임을 지고 인간의 욕구를 만족시키는 행동을 어떻게 선택하는지 배우는 동시에, 다른 사람들이 그들의 욕구를 만족시킬 수 있는 기회를 방해하지 않고 존중해 주어야 한다는 것을 배울 수 있도록 상담자는 촉진자가 된다.

또한 현실 치료는 과거보다는 현재에 초점을 맞추기 때문에 현실 치료를 행하기 위해서 상담자는 현실을 수용하고, 현실세계에서 자신의 욕구들을 충족하도록 도와줄 수 있어야 한다. 현실 치료는 현재에 집중하며, 그 현재의 행동이 내담자가 원하는 것을 얻는데 효과적인지 평가하도록 도와준다. 이것은 사람들의 모든 행동이 본질적으로 기본적 욕구를 충족시키려는 시도에서 스스로 선택한 것이라는 점을 이해하도록 하는데 초점을 맞춘 것이며, 그 선택의 책임은 개인에게 있다는 것을 강조하는 것이다(김인자, 1995).

1. 인간관

현실 치료에서 사람은 궁극적으로 자기 결정적이며, 자신의 삶에 대한 책임 능력이 있다고 가정하므로, 이 접근은 비결정론적이고 긍정적이다. Glasser(1965)에 의하면, 인간은 자신이 창조한 세계에 대해 책임이 있으며, 운명의 무력한 희생자가 아니라 보다 나은 삶을 만들 수 있는 존재로 보았다. Glasser가 제시한 인지 치료의 인간관을 종합하면 다음과 같은 6가지로 요약할 수 있다(이형득, 2000).

① 인간은 자신의 건강을 증진시키고 자신을 성장시키려는 힘을 가지고 있다.

② 인간은 자기결정이 가능한 존재이다.

③ 인간은 자신이나 환경을 통제할 수 있는 존재이다.

④ 인간은 자신의 행동을 포함한 자신에 대해 책임질 수 있는 존재이다.

⑤ 인간은 성공적인 정체감을 발전시킬 수 있는 존재이다.

⑥ 인간은 기본적 욕구를 충족시키려는 존재이다.

그리고 Wubbolding(1988)은 다음과 같이 현실 치료의 다섯 가지 원리를 제시하였는데, 이를 통해 현실 치료가 어떠한 인간관에 바탕을 두고 있는지 짐작할 수 있을 것이다.

원리 1 : 인간은 욕구(need)와 바람(want)을 달성하도록 동기화되어 있다. 인간의 욕구는 모든 사람들에게 보편적인 것이며, 바람은 개인적이고 독특한 것이다.

원리 2 : 인간은 자신이 바라는 것과 환경으로부터 얻고 있다고 지각하는 것 간의 차이 혹은 불일치 때문에 각자에게 필요한 특정행동을 하게 된다.

원리 3 : 행동하기(doing), 사고하기(thinking), 느끼기(feeling), 생리적 작용으로 이루어진 인간의 행동은 목적이 있다. 즉 사람이 바라는 것과 얻고 있다고 지각한 것 사이의 차이를 줄이고자 계획한다.

원리 4 : 행하기, 사고하기, 느끼기는 분리될 수 없는 행동의 측면이며, 이러한 행동은 내부로부터 생성되며 대부분이 선택되는 것이다.

원리 5 : 인간은 지각을 통해 세상을 본다. 지각에는 1차 수준과 2차 수준의 두 가지 수준이 있다. 1차 수준의 지각을 통해 사건이나 상황을 있는 그대로 보게 되며, 2차 수준의 지각을 통해 그러한 사건이나 상황에 대해 가치를 부여하게 된다.

2. 주요 개념

1) 선택이론

선택이론은 인간은 누구나 자신의 삶의 주인이 될 수 있으며, 그처럼 자신의 삶을 통제할 수 있을 때 행복감을 느낀다고 본다. 이 이론은 모든 행동은 외부작용이 아니라 내부 작용에 의해서 행해지고 있다는 기본 가정에 근거하고 있다. 우리가 어떻게 느끼고 생각하고 행동하는가 하는 것은 타인이나 외부상황에 의해서 좌우되는 것이 아니라 우리 스스로가 선택한다는 것이 기본 개요이다.

선택이론은 모든 생물들이 어떻게, 그리고 왜 행동하는가를 설명하는 이론이다. 이 이론은 우리가 소속과 사랑, 힘, 즐거움, 자유, 그리고 생존에 대한 다섯 가지 생래적인 기본욕구에 따라 행동하면서 삶을 영위한다는 사고에 근거하고 있다. 우리가 할 수 있는 일은 행동하는 것이며, 우리는 다섯 가지 욕구 중 하나 혹은, 그 이상의 욕구를 충족시키기 위해 행동한다는 것이다. 우리가 책임지는 행동을 효과적으로 선택하는 것을 배운다면, 즉 실질적인 면에서 우리의 욕구를 충족시키는 한편, 다른 사람들의 욕구를 방해하지 않으며 우리들은 행복하고 건강하고 또한 우리들이 삶을 효과적으로 통제할 수 있다는 것이다. 사람들은 기분 좋게, 그리고 건강하게 느낄 수 있는 욕구충족 행동을 찾아야 하며, 동시에 그 방법이 다른 사람들의 욕구충족 기회를 방해하지 않도록 행동할 때 그들은 자신들의 삶을 효과적으로 통제한 것으로 본다(김인자, 1997).

선택이론에서는 우리가 행동하고 생각하는 모든 것, 예를 들어 좋은 것과 나쁜 것, 효율적인 것과 비효율적인 것, 즐거운 것과 고통스러운 것, 정상적인 것과 비정상적인 것들 모두가 우리 내면의 강한 욕구를 충족시키기 위한 선택이라고 본다. 따라서 적절한 선택을 통하여 자신을 통제하는 방법을 배우게 되면 문제를 비난하는 대신에 문제를 해결하기 위해서 긍정적으로 에너지를 사용하게 될 것이라는 것이 기본적인 주장이다.

2) 인간의 5가지 기본적 욕구

Glasser에 따르면, 우리의 행동은 인간의 5가지 기본적 욕구를 충족시키기 위해 행해진다. 그는 신뇌(new brain)에 위치한 소속, 힘, 자유, 즐거움의 심리적 욕구와 구뇌(old brain)에 위치한 생존이라는 생리적 욕구를 기본적 욕구라 했다. 이를 자세히 살펴보면 다음과 같다(Glasser, 1965, 1980).

① 소속과 사랑의 욕구(belonging need) : 사랑하고, 나누고, 협력하고자 하는 인간의 속성을 말한다. 사회집단에 소속하고 싶은 욕구, 일에 소속하고 싶은 욕구, 가족에 소속하고 싶은 욕구로 분류하였다.

② 힘에 대한 욕구(power need) : 경쟁하고 성취하고 중요한 존재이고 싶어 하는

속성을 말한다. 주위 사람과 경쟁을 통해서 또는 혼자서 무엇인가를 이루었을 때, 어떤 일을 계획하고 실천에 옮기는 것도 힘에 대한 욕구를 채우는 데 도움이 된다.

③ 자유에 대한 욕구(freedom need) : 이동하고 선택하는 것을 마음대로 하고 싶어 하는 속성이다. 또한 내적으로 자유롭고 싶은 욕구이다. 각자가 원하는 곳에서 살고 대인관계와 종교 활동 등을 포함한 모든 삶의 영역에서 어떠한 방법으로 삶을 영위해 나갈지를 선택하고 자신의 의사를 마음대로 표현하고 싶어 하는 욕구를 말한다. 그러나 자기 욕구를 충족하는 데 있어서 다른 사람의 자유를 침범하지 않도록 타협을 통하여 이웃과 함께 살 수 있는 절충안을 찾아야 한다.

④ 즐거움에 대한 욕구(fun need) : 많은 새로운 것을 배우고 놀이를 통해 즐기고자 하는 속성이다. 즐거움의 욕구를 충족시키기 위해 때로는 생명의 위험도 감수하면서 자신의 생활 방식을 과감히 바꾸어 나가는 예를 볼 수 있다. 생명을 걸고 암벽을 타거나 자동차 경주를 하려는 것과 같은 위험한 활동을 택하는 것은 그 좋은 예라 할 수 있다.

⑤ 생존에 대한 욕구(survival need) : 살고자 하고 생식을 통해 자기 확장을 하고자 하는 속성이다. 이 욕구는 척추 바로 위에 위치한 구뇌로부터 생성된 것으로서, 호흡, 소화, 땀, 혈압조절 등 신체구조를 움직이고 건강하게 유지하도록 하는 중요한 과업을 수행하고 있다. 구뇌의 기능은 우리가 생존하는데 없어서는 안 되는 요소이지만, 우리가 일상생활을 영위하는데 지배적인 힘을 직접 발휘하지는 못한다.

3) 전행동(Total Behavior)

Glasser(1984)는 우리가 기능하는 방법과 자동차가 기능하는 방법을 비교하여 우리의 전체행동을 설명한다. 우리들의 욕구는 자동차의 엔진에 해당되고 원함은 핸들이 되어 전행동이라는 차가 되어, 가고 싶은 방향으로 가게 되어 있다. 全行動은 자동차의 앞바퀴에 해당되는 활동하기(doing, acting), 생각하기(thinking)와 뒷바퀴에 해당되는 느끼기(feeling), 신체반응(physiology)등의 네 가지 요소로 구성되어 있으며, 이 요소들이 모두 모여 하나의 행동으로 나타나기 때문에 모든 행동에는 이 네 요소가 반드시 포함 되어 있다고 본다.

전행동의 구성요소 중에서 활동요소에 대해서는 거의 완전한 통제력을 가지고 있고, 사고요소에도 어느 정도의 통제가 가능하나, 감정요소의 통제는 어려우며, 신체반응요소에 대해서는 더더욱 통제력이 없다. 그러므로 우리가 전행동을 변화시키고자할 때, 활동과 사고를 먼저 변화시키면 감정이나 신체반응도 따라오게 된다. 즉, 적극적인 활동에 많이 관여할수록 좋은 생각과 유쾌한 감정, 그리고 더욱 쾌적한 신체적 편안함이 따를 것이다.

인간은 그들이 원하는 것을 얻고 싶어질 때 전행동을 통해 자신이 원하는 것을 얻으려고 노력한다. 또한 화내는 것, 우울해 하는 것, 죄책감을 갖는 것과 같은 부정적인 활동들도 실은 우리가 원하는 것을 찾으려고 주어진 그 순간에 자신이 취한 최선의 노력이며 선택으로 보고 있다. 그러므로 현실 치료에서는 개인의 행동변화는 활동하기에서부터, 그리고 개인의 환경변화는 그의 환경이나 타인의 행동을 변화시키기보다는 변화를 원하는 자신의 활동하기에서 출발하는 것이 훨씬 현실적이라고 보며, 개인의 행동이 선택임을 상기시키고 느낌표현이 명사이건 형용사이건 모두 동사어휘로 표현한다.

4) 지각 체계 (Perceptual System)

개인이 인지하는 현실세계는 감각 체계와 지각 체계를 통해 인식하게 된다고 한다. 지각 체계는 사물을 객관적이고 있는 그대로 바라보는 지식여과기(knowledge filter)와, 우리들 각자가 가지고 있는 가치를 부여하는 가치여과기(valuing filter)로 구성되어 있는데, 이를 통해 각자가 이상적이라고 믿고 또한 욕구를 즉시 채워줄 수 있는 수단들을 좋은 세계에 보관하는 작업을 한다. 때문에 인간은 자기 욕구충족을 위한 다양한 방법과 수단을 지각 세계의 부분인 자기내면 혹은 좋은 세계에 심리적인 사진으로 저장했다가 필요할 때마다 꺼내 쓴다. W. Glasser는 인간의 바람(want)을 내면세계 혹은 사진첩(picture album)이라 지칭했던 것을 90년 초부터 좋은 세계(quality world)라고 개칭했다. 그런데 이렇게 지각된 세계(perceived world)가 우리가 원하는 좋은 세계(quality world)와 맞지 않을 때 우리는 그것들을 머리속의 저울(comparing place)에 올려놓고 비교하게 되고, 저울의 기울어진 차이를 줄이려는 욕구 때문에 다시 행동하게 되는 것이다(김영순, 2000).

5) 행동 체계(Behavior System)

행동 체계는 조직된 행동을 포함하고 있고, 끊임없이 조직 또는 재조직 하는 행동들의 행동단위로 구성되어 있다. 이런 행동단위들은 독립된 별개의 행동들을 생각해 내는 즉 조직, 재조직 과정을 통해 유용한 하나의 행동을 조직화 하는 것이다. 끊임없이 진행되는 창의적 재조직화는 가끔 잘 조직된 새로운 행동을 유발시키는데, 그러한 행동들이 삶의 통제력을 얻는 데 도움을 준다고 판단되면 개인은 즉시 그 행동을 시도하는 것이다. 재조직 체계가 창조하여 제공한 행동들이 지금 현재 가지고 있는 행동들보다 효과적이지 않을 경우에는 자기 파괴적인 행동들을 유발하기도 하며, 또 계속하여 재조직하기도 한다.

6) 현실 치료의 특징

현실 치료의 특징은 첫째, 내담자가 정신질환을 앓고 있다는 개념을 용납하지 않으며, 둘째, 내담자의 과거나 미래보다는 현재에 초점을 두며, 셋째, 상담자는 전이의 대상인물이 아니라 따뜻한 인간적인 위치에서 내담자와 친밀한 관계를 맺고, 넷째, 무의식적인 행동의 원인을 배제하며 행동의 진단보다는 욕구와 바람과 비교하여 그 행동 선택을 평가함에 초점을 맞추며, 다섯째, 행동의 도덕성과 책임성을 강조하며, 여섯째, 현실 치료는 통찰과 허용성을 통하여 내담자의 행동이 변화하기를 기대하기

보다는 적극적으로 효과적인 욕구충족을 위한 새로운 행동실천 선택방법을 교육시켜 주는 것을 강조한다(김인자, 1988). 이상의 특징들을 전통적 정신분석과 비교하여 정리해 보면, 다음의 〈표 1〉과 같다(Glasser, 1965).

<표 1> 전통적인 정신분석과 현실 치료의 차이점

전통적인 정신분석	현실 치료
정신질환은 존재한다. 정신질환은 분류될 수 있으며 이러한 진단 분류를 토대로 치료가 이루어진다.	내담자가 정신질환을 앓고 있다는 사실을 허용하지 않는다. 내담자를 자신의 행동에 대해 책임을 질 수 없는 정신질환자로 취급하면 치료될 수 없다.
환자의 과거사를 파악하는 것은 필수적인 일이다.	내담자의 과거보다 현재에 초점을 둔다. 상담자가 이미 일어났던 내담자의 과거 일을 변화시킬 수는 없다. 그래서 내담자가 과거의 일에 의해 제한을 받는다는 사실도 받아들이지 않는다.
환자는 그의 과거에 있었던 중요한 인물에 대해 가졌던 감정과 태도를 치료자에게 전이시킬 수 있다. 따라서 치료자는 이러한 전이를 설명해야 한다.	상담자는 전이의 대상이 아니라 따뜻한 인간적인 입장에서 내담자와 친밀한 관계를 유지한다.
환자는 자신의 무의식 세계를 이해하고 통찰해야 변화가 일어날 수 있다.	상담자는 내담자의 무의식적 갈등이나 그 원인을 중요시하지 않는다. 무의식적인 동기로 내담자는 그 자신의 행동을 변명할 수 없다.
옳건 그르건 간에 환자의 행동에 대한 도덕성의 문제를 피한다. 이탈된 행동은 정신질환자의 부산물이며, 그렇기 때문에 책임이 없다.	내담자 행동의 도덕성과 책임성을 강조한다.
좀 더 바람직한 행동을 가르치는 일이 그렇게 중요한 것은 아니다.	적절하게 중재하고 보다 바람직한 행동을 가르침으로써, 보다 더 나아질 수 있다.

3. 상담의 목표

현실 치료에서는 상담을 통해 내담자로 하여금 자신의 욕구를 책임 있고 정당하게, 현실적으로 충족시킬 수 있도록 도와주고자 한다. 현실 치료에서 상담자는 단기적이든 장기적이든 간에 내담자가 현실적 맥락에서 자신의 인생 목적을 이해하고 정의하며 명료화하도록 도와준다. 이를 위해서 상담자는 건설적인 대안을 내담자 스스로 내놓을 수 있도록 도와주며, 가능한 한 많은 대안을 제시하게 한다. 상담자는 내담자에게 이제까지 나온 대안 중 합리적이라고 여겨지는 대안들에 대해 여러 가지 가치판단을 하도록 도와준다. 일련의 가치판단을 통해서 대안들의 범위를 좁혀간 연후에, 내담자로 하여금 현실적 맥락에서 가장 가치 있다고 여겨지는 최종적인 대안을 선택하도록 한다(이형득, 1993). 즉 현실 치료에서 상담의 목표는 내담자로 하여금 그들이 원하는 것을 효과적으로 얻을 수 있도록 상담자가 돕는 것이다.

현실 치료에서는 정신과 치료를 필요로 하는 사람은 자신이 기본적 욕구를 충족할 수 없어서 고통을 받고 있으며, 증상의 심각성은 그 개인이 자신의 욕구를 충족할 수 없는 정도를 반영하는 것으로 보고 있다(Glasser, 1965). 따라서 현실 치료에서는 내담자의 욕구를 바탕으로 하여, 그 욕구를 충족할 수 있는 내담자의 해결책인 바람(Want)을 파악한 후, 내담자로 하여금 바람직한 방법으로 이러한 바람을 달성할 수 있도록 하는 것이 상담의 궁극적인 목표가 된다. 이러한 궁극적인 목적을 달성하기 위한 구체적인 목표들을 종합해 보면 다음과 같이 요약될 수 있다(이형득, 1997).

① 개인적 자율성(individual autonomy)을 갖도록 한다.

② 자기결정(self-determining)을 할 수 있도록 한다.

③ 장단기에 걸쳐 내담자가 자신의 인생목표를 설정할 수 있도록 한다.

④ 내담자가 성공적 정체감을 가지도록 한다.

⑤ 내담자가 책임감을 갖도록 한다.

⑥ 내담자가 자신의 주위 환경을 통제할 수 있도록 한다.

⑦ 내담자가 현실적 맥락에서 판단할 수 있도록 한다.

⑧ 내담자로 각성 수준을 높이도록 한다.

⑨ 내담자가 긍정적으로 행동하고, 느끼고, 생각하고, 신체적 활동을 할 수 있도록 한다.

⑩ 내담자가 자신의 욕구를 충족시킬 수 있도록 한다.

4. 상담의 과정

현실 치료 이론을 개발하고 확립한 사람이 W. Glasser이라면, 현실 치료를 보급하는데 결정적인 공헌을 한 사람은 Wubolding이다. 여기에서는 먼저 Glasser(1985, 1998)의 주장에 근거하여 그가 제시한 8단계의 상담과정을 살펴보고, 다음에는 Wubolding(1988, 1991)이 현실 치료 과정을 간단명료하게 4단계로 제시하고 있는 내용을 구체적으로 살펴보고자 한다.

1) Glasser의 8단계 상담과정

(1) 1단계 : 관계형성

상담자가 내담자와 친구가 되어 친하게 되도록 하는 것이다. 상담자와 내담자 간의 유대관계를 토대로 상담자는 내담자를 효율적으로 조력할 수 있게 된다. 나중에 제시되는 상담의 환경조성을 위한 기법들을 적극적으로 활용하는 것이 관계형성에 도움이 될 것이다.

(2) 2단계 : 내담자의 바람과 현재 행동의 파악

내담자의 바람 혹은 욕구를 확인하고, 그 바람을 달성하기 위해 내담자가 현재 어떤 행동을 하고 있는지를 알아보는 단계이다. 내담자의 행동(doing, acting), 생각

(thinking), 느낌(feeling), 신체반응(physiology)등의 네 가지 전행동의 요소 중 특히 활동하기에 초점을 맞추는 이유는 행동을 변화시키는 일이 가장 용이하기 때문이다. 그래서 내담자가 현재 하고 있는 일, 즉 선택이론에 따르면 하기로 선택하고 있는 행동에 대해 중점적으로 파악하고자 하는 것이다. 이 단계에서는 "너는 지금 무엇을 하고 있느냐?"는 전형적인 질문을 하고, 내담자로 하여금 이 질문에 대답하도록 하는 것이 아주 중요하다. 이에 대한 구체적인 내용은 이후에 Wubolding의 4단계 상담과정에서 상세하게 다룰 것이다.

(3) 3단계 : 현재의 행동을 평가하기

현재 내담자가 하고 있는 행동이 내담자 자신의 바람을 충족하는데 도움이 되는지를 스스로 평가하도록 상담자가 도와주는 단계이다.

(4) 4단계 : 새로운 행동계획을 수립하기

이 단계에서는 내담자가 스스로 자신의 욕구를 충족시키는데 도움이 별로 되지 않는 것으로 평가한 행동 대신에 다른 새로운 행동계획을 수립하도록 도와주고자 한다. 자신의 행동에 대한 책임성과 주인의식을 증대할 수 있도록 상담자는 가능하면 내담자가 스스로 자신의 행동계획을 수립하도록 도와주는 것이 효율적이다.

(5) 5단계 : 행동계획 실행에 대한 약속

이 단계에서는 내담자로부터 내담자 스스로 수립한 자신의 새로운 행동계획에 대한 실천약속을 받아내고자 한다. 그럼으로써 내담자로 하여금 자신의 행동계획에 대한 책임감과 실천의지를 증대시키도록 할 뿐만 아니라, 변화에 대한 책임이 내담자 자신에게 있음을 주지시키는 효과도 함께 달성할 수 있을 것이다. 이렇게 하여 내담자가 계획대로 행동실천을 하면 상담과정은 마무리되겠지만, 그렇지 않으면 다음 단계의 과정(또는 상담기법)이 필요할 것이다.

(6) 6단계 : 변명을 받아들이지 않기

현실 치료에서 변명은 자신의 행동에 대해 책임을 지지 않으려는 것으로 간주하여 받아들이지 않는다. 내담자가 실천하기로 약속한 행동을 실천하지 않은데 대해 변명을 늘어놓으면 상담자는 변명을 받아들이는 대신에 "무슨 일이 일어났습니까?" "실천하기로 약속한 새로운 행동계획이 당신의 바람을 충족시키는데 도움이 되지 않았습니까?" 등의 질문을 통해 앞의 3단계 또는 4단계로 되돌아가서 이어지는 상담과정을 다시 진행할 필요가 있다.

(7) 7단계 : 처벌을 사용하지 않기

현실 치료에서는 상담자가 내담자를 처벌하거나 비판하지 않기를 강조하고 있다. 만약 내담자의 행동을 변화시키기 위해 처벌 방법을 상담자가 사용하게 되면, 상담자와 내담자와의 관계는 더욱 악화되고 내담자의 책임성이 저해될 수 있다. 그리고 비판과 논쟁도 일종의 처벌과 같은 역할을 하기 때문에 상담자는 가능한 한 사용하지 않도록 한다.

(8) 8단계 : 포기하지 않기

포기하지 않고 계속적으로 내담자를 도와주는 상담자의 태도를 현실 치료에서는 강조하고 있다. 사실 상담자가 포기하지 않은 것은 정말 어렵다. 그러나 현실 치료 상담자들은 어려운 내담자를 도와주는 모습을 자신의 질적인 세계, 즉 원하는 좋은 세계에 올려놓고, 일이 힘들게 되어 가는 듯해도 내담자를 포기하지 않고 끝까지 도와주고자 노력한다. 이렇게 내담자를 포기하지 않는 태도를 보이게 됨으로써, 내담자와의 관계가 더욱 친밀하게 되고 내담자의 계획실행 의지가 더욱 강해지며 상담을 촉진하게 되리라고 기대를 할 수 있다.

2) Wubolding의 4단계 상담과정(WDEP)

WDEP는 바람의 탐색(Want), 현재 행동의 파악(Doing), 행동을 평가하기(Evaluation), 그리고 계획하기(Planning)를 의미하며, 이에 대해 자세히 살펴보면 다음과 같다.

(1) 1단계 : 바람의 탐색(Want)

이 단계에서는 여러 가지 질문을 통해 내담자가 원하는 좋은 세계를 탐색하고자 한다. 내담자가 원하는 것을 알아보고, 내담자의 욕구 중 충족된 것과 충족되지 않은 것을 확인하고, 내담자가 주위 사람이나 세상을 어떻게 보는 지를 탐색하게 된다. 그러한 질문의 예를 살펴보면 다음과 같다.

① "무엇을 원하는가?" : 내담자로 하여금 자신의 좋은 세계를 탐색하고, 이제까지 희미하게 알았던 자신의 바람을 확실하게 인식하게 하는 효과가 있다.

② "진정으로 원하는 것이 무엇인가?" : 내담자의 '진정한 바람'이 무엇인지를 알아 낼 때 그들이 충족하고자 하는 욕구를 구체적으로 확인하게 된다.

③ "사람들이 당신에게 원하는 것이 무엇이라고 생각하는가?" : 내담자에게 영향을 끼치는 사람들에 대한 내담자의 인식을 이해하게 된다.

④ "당신은 어떤 시각으로 바라보는가?" : 내담자의 지각체계를 탐색하게 된다.

⑤ "문제를 해결하기 위해 기꺼이 노력하겠습니까?" : 계속 진행될 상담에 대한 내담자의 노력을 약속받고 내담자의 책임성을 증대시키게 된다.

(2) 2단계 : 현재 행동의 파악(Doing)

현재 행동의 파악은 내담자가 현재 어떻게 행동하고 있는지를 스스로 탐색하도록 상담자가 도와주는 절차이다. 현실 치료 상담자들은 내담자가 통제할 수 있는 활동을 스스로 탐색할 것을 강조하고 있는데, 왜냐하면 내담자는 전행동 중 행동 요소를 변화시킴으로써 자신의 우울, 분노, 외로움 등의 느낌 요소와 생리작용 요소까지 변화시킬 수 있기 때문이다. 내담자가 자신의 바람을 충족시키고자 선택하고 있는 현재 행동을 탐색하기 위해 현실 치료에서는 아래의 질문을 전형적으로 사용하도록 권장하고 있다.

"당신은 지금 무엇을 하고 있습니까?" (What are you doing?)

① 당신은 : '당신은' 이라는 말을 강조함으로써, 내담자의 바람을 달성하는 일에 대한 내담자의 책임감과 주인의식을 강조하게 된다.

② 지금 : '지금' 이라는 말을 강조함으로써, 과거나 미래의 일에 매달리는 대신 현재의 행동을 중점적으로 다루고자 한다.

③ 무엇을 : '무엇을' 이라는 질문을 통해 내담자로 하여금 자기 시간을 어떻게 보내고 있으며, 자신의 바람을 달성하고자 하는 자신의 행동을 성찰하게 하는 효과가 있다. 그리고 내담자가 자기통제가 되고 있는 영역과 자기통제가 별로 되지 않는 영역들에 대해 인식하게 된다.

④ 하고 : 현실 치료에서는 전행동 중 특히 행동 요소(the Doing)를 중점적으로 탐색하도록 한다. 다른 상담이론에서는 내담자들로 하여금 감정(feeling)에 대해 비중을 많이 두고 이를 다루고 있지만, 현실 치료에서는 행동의 결과물로 감정이 변화되는 것으로 본다.

⑤ 있습니까? : 앞의 '지금' 이라는 말과 함께 현재 하고 있는 내담자 자신의 행동들에 대해 집중적으로 탐색하도록 상담자가 도와주고자 하는 것이다. 현실 치료에서는 현재의 행동들에 대한 탐색과 변화를 지속적으로 강조하고 있는데, 왜냐하면 현실 치료에서는 현재 문제의 원인이 과거에 있기보다는 현재에 있다고 보기 때문이다.

(3) 3단계 : **내담자가 스스로 자신의 행동을 평가하기**(Evaluation)

내담자로 하여금 스스로 자기 행동의 효과와 효율성을 판단하고, 그 결과에 대해 직면하도록 도와주는 일이 중요하며, 이것이 상담자의 과제가 된다. 이러한 내담자의 자기 평가가 제대로 이뤄지지 않으면 내담자는 변화하지 않을 것이며, 반대로 내담자가 이 단계에서 자기 행동에 대해 자기 평가를 제대로 하게 되면, 자신의 행동에 대한 책임을 각성하고 이어지는 상담 단계에서 보다 적극적으로 자신의 행동을 변화시키고자 노력하게 될 것이다. 다만, 이러한 과정에서 상담자는 내담자에게 책임을 추궁당하는 느낌이 들지 않도록 유의해야 할 것이다. 이 단계에서 사용할 수 있는 질문들을 살펴보면 다음과 같다.

"당신이 지금 하고 있는 행동이 당신에게 도움이 됩니까?"
"당신이 지금 하고 있는 행동은 당신이 진정으로 원하는 것을 이루는데 도움이 됩니까?"
"당신이 행동하는 것이 규칙에 어긋나지 않습니까?"
"당신이 원하는 것은 현실적이거나 실현 가능한 것입니까?"
"그런 방식으로 바라보는 것이 자신에게 도움이 됩니까?"
"도움이 되는 계획입니까?"

(4) 4단계 : **계획하기**(planning)

현실 치료에서는 상담을 통해 내담자로 하여금 계획을 수립하고 실천함으로써 자신의 생활을 통제할 수 있도록 하고자 하는 것이다. 이 단계에서 상담자는 내담자의 욕구충족과 관련한 행동 중에서 비효과적인 행동 대신에 효과적이고 긍정적인 행동들을 찾아 구체적으로 실천계획을 세우고 실행하도록 도와주고자 한다. Wubolding(1991)은 계획을 수립하는데 다음과 같은 7가지 지침을 제시하고, 영어의 앞 글자를 따서 'SAMIC^3/P' 로 표현하였다.

① 단순한 계획(simple) : 계획이 복잡하면 실행하기 어렵게 된다. 내담자가 이해하기 쉽고 단순한 계획이 바람직하다.

② 실현 가능한 계획(attainable) : 내담자의 능력에 맞춰 실행 가능한 계획을 수립한다.

③ 측정이 가능한 계획(measurable) : 목표 달성여부를 평가할 수 있도록 한다.

④ 즉각적인 계획(immediate) : 가능한 당장 실행할 수 있는 계획을 세울 필요가 있다.

⑤ 통제가 가능한 계획(controlled) : 계획은 내담자가 스스로 선택하고 통제가 가능하도록 수립하며, 다른 사람의 의도 또는 행위에 좌우되지 않도록 해야 한다.

⑥ 일관성이 있는 계획(consistent) : 지속적으로 반복하여 실천할 수 있도록 한다.

⑦ 헌신할 수 있는 계획(committed) : 내담자가 기꺼이 실천하겠다는 약속을 할 수 있는 계획이 되도록 해야 한다.

그리고 현실 치료에서는 결과보다는 과정 중심적으로 계획을 수립하길 제안하고 있는데, 병영생활에서 적용할 수 있는 예들을 살펴보면 다음과 같다.

번호	진행 중심적인 계획	결과나 목표 중심적인 계획
1	하루 1번 이상 동료에게 밝은 표정으로 먼저 인사를 한다.	동료들과 보다 더 사이좋게 지낸다.
2	매일 30분씩 연병장을 뛴다.	몸무게를 줄인다.
3	집중 명상을 매일 5분씩 한다.	사격을 잘 하기 위해 정신집중을 한다.
4	하루 1가지씩 스스로 일을 찾아서 한다.	솔선수범하는 병사가 된다.
5	병영생활의 즐거움을 매일 1가지씩 수첩에 기록한다.	병영생활을 즐겁게 한다.
6	부하들에게 1일 2회 이상 칭찬을 한다.	부하들의 용기를 북돋운다.

5. 상담의 기법

현실 치료에서는 상담의 과정과 기법이 엄격히 구분되는 것도 아니며, 상담의 과정 자체가 상담의 기술적 요소를 내포하고 있다. 그래서 여기에서는 Wubolding(1988, 1991)의 주장을 토대로, 상담과정의 한 부분인 동시에 기법으로서, 내담자와의 친밀한 관계를 유지할 수 있는 여러 가지 상담 기법들을 살펴보고자 한다.

① 관심 기울이기 : 시선의 접촉, 수용적 태도, 언어적 · 비언어적 행동, 바꾸어 말하기 등

② ABS법칙 : 항상 예의 바를 것, 항상 신념을 가질 것, 항상 열성적일 것, 항상 확고할 것, 항상 진실할 것 등

③ 판단을 유보하기 : 판단이나 비난을 하지 않고 내담자의 행동을 이해하기

④ 예상하지 못한 행동하기 : 때때로 역설적 기법을 사용하거나, 직접적으로 문제를 다루기보다는 잠시 그 문제를 옆으로 밀어두는 것이 도움이 될 수도 있다.

⑤ 유머 사용하기 : 적당한 시기에 유머를 사용하는 것이 도움이 되지만, 유머는 적대적인 것이 아니라 선의를 가지고 해야 하며, 내담자에게 우월한 것이 아니라 평등해야 한다.

⑥ 자기답게 상담하기 : 현실 치료상담을 이론과 절차에 치우쳐 너무 경직되게 진행하기보다 상담자 스스로 편안하게 진행하도록 한다.

⑦ 자기 자신을 개방하기 : 상담자의 자기 개방을 통해 내담자가 바라는 질적인 좋은 세계를 상담자가 이해할 수 있는 기회를 갖게 될 수도 있다.

⑧ 요약하고 초점 맞추기 : 내담자가 하는 이야기를 요약하여 내담자가 정말 원하는 것에 초점을 맞출 수 있도록 도와준다.

⑨ 결과 허용하기와 책임 지우기 : 내담자로 하여금 자신의 행동이 결과를 초래한다는 것을 인식시키고 스스로 책임을 지게 하는 기술이며, 처벌 없이 행해져야 한다.

⑩ 침묵을 받아들이기 : 침묵은 내담자로 하여금 자신의 생각을 통찰하게 하고, 심리적 사진첩 속의 사진과 이에 대한 지각을 명료하게 하며 행동계획을 세우도록 한다.

⑪ 사후지도 : 상담이 종결된 후에도 전화 상담이나 재방문을 통해 내담자와 계속 교류하는 것을 말한다.

⑫ 자문 : 상담자 스스로 자신의 일에 대한 피드백을 얻기 위해 현실 치료 훈련을 받은 사람의 자문을 받도록 한다. 역할 연습이나 토론을 통해서도 성장발전을 이룰 수 있다.

⑬ 지속적인 교육 : 상담자는 상담의 효율성을 높이기 위해 끊임없이 상담자 자신의 성장을 위해서 노력해야 한다는 것이다.

⑭ 공감하기

6. 현실 치료적 군 상담

현실 치료적 상담은 군에서 가장 효과적으로 사용될 수 있는 이론적 접근법 가운데 하나이다. 이는 과거지향적이거나 미래지향적인 다른 이론들과 달리, 지금 - 여기에서 개인의 행동을 통하여 자신이 달성하고자 하는 것을 분명히 인식하지 못하는 청년 장병들에게 가장 효과적으로 적용될 수 있다.

신세대 청년장병들의 경우, 특히 자살이나 사고를 저지르는 장병들은 시간관념상, 과거에 대해서는 부정적인 관점과, 미래에 대해서는 불확실성을 가지고 있다고 한다. 이 경우, 미래를 위해서 오늘을 참으라고 하는 것이나, 과거를 새롭게 바라보라고 요구하는 것은 장병의 행동변화에 어떤 도움도 주지 못할 것이다.

따라서 지금-여기에 초점 맞추며, 그의 행동을 판단하지 않고, 개인이 원하는 일에 지금 하는 행동이 도움이 되는가, 혹은 도움이 되지 않는가를 통해, 효과적 목표 달성을 돕는 현실 치료적 군 상담은 초급간부들이 단기간에 유용하게 학습하여 활용할 수 있는 접근이라고 할 수 있다.

여기에서는 앞에서 살펴본 Wubbolding의 상담과정 4단계인 WDEP를 활용하여 현실 치료적 군 상담을 적용해 보고자 한다.

[사례 1] 다른 병사들과 함께 잘 지내고 싶다고 하면서도, 힘이 든다고 불평만 하는 병사

○○○이병은 선임병들과 관계가 좋지 않아서 병영생활이 너무 힘이 든다. 특히, 자신의 행동이 다소 느리다는 이유로 동기들 중에 유독 자신만 선임병들이 놀리고 괴롭히는 것 같아 더욱 견디기 힘들다. 이러한 낌새를 알아차린 부소대장이 ○○○이병을 면담실로 불러 면담을 진행하였다.

(1) 단계1 - Want(바람) : 내담자에게 관여하여 그가 무엇을 원하는지 찾기

비효율적인 질문 : "동기들은 잘 지내는데, 왜 너는 얼른 적응을 못하지?"

내담자의 답변 : "저도 그러고 싶었지만, 그게 맘대로 안 되네요. 또 나중에도 잘 될 것 같지도 않고…." (내담자가 자신의 바람을 탐색하려고 하기보다 과거에 대한 후회와 미래에 대한 불안을 가중시키게 됨)

효율적인 질문 : "바라는 일이 무엇인가?" (상담자의 가능 질문)

내담자의 답변 : "선임병들과 잘 지내고 싶고, 병영생활을 즐겁게 하고 싶습니다." (자신의 욕구 및 바람 탐색)

(2) 단계2 - Doing(전 행동) : 내담자에게 그들이 현재 무엇을 하고 있는지 질문하기

비효율적인 질문 : "좀 눈치껏 하면 될 텐데, 도대체 어떻게 하고 있는 거야?"

내담자의 답변 : "죄송합니다. 한다고 했는데 잘 안 되네요…!" (자신의 행동을 통

찰하기보다 상담자의 눈치를 보면서 변명하기에 급급하게 됨)

효율적인 질문 : "지금까지 어떻게 해 오고 있는가?"

내담자의 답변 : "혼자 고민을 많이 했습니다. 어떤 때는 선임병들의 눈치를 보면서 잘 해 보려고 하고 있지만, 자꾸 주눅이 들고 자신감이 없어지고, 그러다 보면 실수를 자주하게 됩니다." (내담자가 자신의 바람을 달성하고자 하는 지금-여기의 자기 행동 통찰)

(3) 단계3 - Evaluation(평가) : **내담자의 현재 행동이 어떻게 잘 이루어지고 있는지에 대해 스스로 평가하도록 돕기**

비효율적인 질문 : "그렇게 혼자 고민만 하면 제대로 될 수가 없잖아?" (내담자의 행동에 대한 상담자의 일방적인 타인 평가)

내담자의 답변 : "저도 정말 제가 바보 같이 왜 이런지 모르겠습니다. 동기들은 잘 하고 있는데…." (내담자가 자기비판과 상대적 열등감에 빠지게 됨)

효율적인 질문 : "자신의 행동이 바라는 일을 실현하는데 정말 도움이 되고 있는가?"

내담자의 답변 : "현재의 제 행동은 별 도움이 되지 않고 있으며, 오히려 병영생활이 더욱 힘들어지고 있는 것 같습니다. 아무래도 뭔가 좀 다르게 해야 할 것 같습니다." (내담자의 자기평가가 이뤄지면서 새로운 행동계획의 수립과 실행에 대한 동기를 유발)

(4) 단계4 - Planning(계획수립) : **만약 내담자의 행동이 효과적이지 않았다고 평가된다면, 변화를 위한 계획을 짜고 이 계획을 수행하게 하도록 내담자를 돕기**

비효율적인 질문 : "자, 이제부터 어떻게 하는 게 좋을지 다시 생각해 봐! 동기들이

나 내게 좀 물어보든지 하면서 말이야. 알았어?"

내담자의 답변 : "예! 부소대장님의 말씀대로 해 보겠습니다." (내담자가 상담자의 의도 또는 지시에 따라 수동적으로 계획을 수립하게 됨)

효율적인 질문 : "그렇다면 대신에 너는 무엇을 어떻게 하겠는가?"

내담자의 답변 : "우선, 선임병들을 만나면 밝은 표정으로 인사를 하겠습니다. 또 선임병에게 먼저 다가가서 제 할 일이 있는지 물어보고 실행하는 것도 좋을 것 같습니다. 그리고 이것은 어디서 배운 것인데, 제 자신을 위해서 병영생활의 기쁨거리를 하루 1가지 이상 수첩에 기록하겠습니다. 이번에는 꼭 한번 제대로 해 보겠습니다." (자기행동에 대한 내담자의 주인의식을 각성시키며, 지금-여기의 자발적인 계획수립과 다양한 아이디어 제시 및 행동실천 의지의 앙양)

[사례 2] 사격훈련에서 좋은 성적을 거두려고 하는 사례

> 김 일병은 사격성적이 좋지 않아 간부들과 소대 선임들로부터 질책과 비난을 받아왔다. 이 때문에 다가오는 부대 정기훈련을 앞두고, 행정보급관은 사격성적이 다시 나쁘게 나올까 두려워하는 김 일병을 불러 면담실에서 이야기를 나누고 있다.

(1) 단계1 - Want(바람) : 내담자에게 관여하여 그들이 무엇을 원하는지 찾기

효율적인 질문 : "바라는 일이 무엇인가?" (상담자의 가능 질문)

내담자의 답변 : 이번 정기훈련에서 사격성적이 잘 나오도록 하는 것입니다.

(2) 단계2 - Doing(전행동) : 내담자에게 그들이 현재 무엇을 하고 있는지 질문하기

효율적인 질문 : "지금까지 어떻게 해 오고 있는가?"

내담자의 답변 : 혼자 고민을 해 왔으며, 선임들에게 사격요령을 물었지만 핀잔만

들었습니다.

(3) 단계3 - Evaluation(평가) : 내담자의 현재 행동이 어떻게 잘 이루어지고 있는지에 대해 스스로 평가하도록 돕기

효율적인 질문 : "자신의 행동이 바라는 일을 실현하는데 정말 도움이 되고 있는가?"

내담자의 답변 : 별로 효과적이지 못했으며, 솔직히 현재 자신이 없습니다.

(4) 단계4 - Planning(계획수립) : 만약 내담자의 행동이 효과적이지 않았다고 평가된다면, 변화를 위한 계획을 짜고 이 계획을 수행하게 하도를 내담자를 돕기

효율적인 질문 : "그렇다면 대신에 너는 무엇을 어떻게 하겠는가?"

내담자의 답변 : 사격은 집중력에 달려있다고 하니, 집중력을 키우는 훈련을 할 계획입니다. 예를 들어 집중력 강화 실습지를 구해 연습해 볼 것입니다. 그리고 긴장이완과 집중력강화에 도움이 된다는 명상법을 배워 스스로 매일 10분씩 실천해 나가도록 하겠습니다.

[사례 3] 표면적 문제와 심층적 욕구가 분명히 드러나지 않는 상담 사례

> 아직 휴가를 갈 때가 되지 않은 ○○○일병이 중대장에게 찾아와 다음 주말에 휴가를 보내 주기를 바란다. ○○○일병은 동기들에 비해 나이가 3~4살 많은 편이며, 금지되어 있는 개인통신을 사용하여 종종 지적을 받아왔었다. 그런데, 면담과정에서 입대 전에 사귄 애인이 임신했다는 사실을 최근에 알게 되었음을 토로한다. 아직 ○○○일병의 가족들은 그 사실을 아무도 모르고 있다고 한다.

이 사례는 현실 치료적 접근법의 매력을 보여주는 사례이다. 많은 경우, 나타난 문제 - 증상 - 에 집착하여 증상 밑에 있는 실질적 욕구를 파악하지 못한다. 결과적으로 다양한 문제해결책을 제시하지만, 내담자 병사는 이런 저런 이유를 제시하면서, 그

방법은 비효과적이라는 점을 암시한다.

이 경우에, 상담자는 내담자 병사의 숨겨진 내면적 욕구가 무엇인가를 파악하는 일이 매우 중요하다. 아래 사례의 경우, 내담자 병사는 '안정의 욕구' 를 추구하고 있다. 이때, 안정의 욕구를 충족할 수 있는 방법을 제시하는 것은 효과적이다. 여기에는 다양한 방법이 있을 수 있다.

그러나, '지금은 훈련기간 중이고, 아직 순서가 되지 않았다' 는 것을 합리적으로 설명하는 경우, 내담자 병사는 끊임없이 새로운 이유를 제시하면서 부대생활 부적응 행동을 보일 것이다. 아래 사례를 살펴보자.

(1) 단계1 - Want(바람) : 내담자에게 관여하여 그들이 무엇을 원하는지 찾기

효율적인 질문 : "바라는 일이 무엇인가?" (상담자의 가능 질문)

내담자의 답변 : 다음 주말에 휴가를 간다. (X) - 일시적인 해결책
애인이 무사히 출산을 하고, 출산 후에 안정된 생활을 하도록 하겠습니다. (O)

(2) 단계2 - Doing(전 행동) : 내담자에게 그들이 현재 무엇을 하고 있는지 질문하기

효율적인 질문 : "지금까지 어떻게 해 오고 있는가?"

내담자의 답변 : 혼자 고민을 해 왔으며, 개인통신을 통해 애인의 마음을 달래 주었습니다.

(3) 단계3 - Evaluation(평가) : 내담자의 현재 행동이 어떻게 잘 이루어지고 있는지에 대해 스스로 평가하도록 돕기

효율적인 질문 : "자신의 행동이 바라는 일을 실현하는데 정말 도움이 되고 있는가?"

내담자의 답변 : 별 도움이 되지 않고 있으며, 오히려 간부들로부터 허가받지 않은

개인통신 행동에 대해 지적과 질책을 받았습니다.

(4) 단계4 - Planning(계획수립) : 만약 내담자의 행동이 효과적이지 않았다고 평가 된다면, 변화를 위한 계획을 짜고 이 계획을 수행하게 하도록 내담자를 돕기

효율적인 질문 : "그렇다면 대신에 너는 무엇을 어떻게 하겠는가?"

내담자의 답변 : 우선, 부모님께 말씀을 드리고 도움을 구해 보겠습니다. 애인의 부모님도 찾아뵙고 정식으로 청혼을 하도록 하겠습니다. 그리고 안정된 생활을 위해 부사관을 지원하는 방안도 알아보고 결정할 것입니다.

제 5 장

인간중심적 상담

> 있는 그대로의 나의 모습을 모두 말하면, 사람들이 나를 좋아할까?
> 나는 노래를 잘 부르지 못하는데….
> 나는 얼굴이 잘 생기지 않았는데….
> 나는 부자도 아닌데….
> 내가 어떤 사람인가를 왜 말하기 두려워하는가?
> 나를 사랑하기보다는 남들이 무엇을 원하는가에 초점 맞춰서 살다가, 자신의 모습을 싫어하는 사람들이 있다. 어떻게 할까?

1. 기본 철학

인간중심적 상담은 로저스에 의해서 창시된 상담이론으로 실존적 전통에 근거한 철학에서 발달한 인본주의적 접근법이다. 인간은 성장하고 자아실현을 하는 존재라는 전제에서 시작한다. 로저스는 치료자 중심에서 내담자 중심으로, 지시적인 방법보다는 비지시적인 방법을 강조하면서 내담자 중심의 접근을 강조하였다. 즉, 상담이란 내담자가 가지고 있는 잠재력과 그 성장능력을 개발해 주는 데 있다. 인간은 자아실현 경향성을 가진 존재로 독특하고 주관적인 경험을 통해 자신의 가치를 수용하고 잠재력을 발휘한다고 믿었다. 로저스의 기본가정은 사람은 본질적으로 신뢰할 수 있고 상담자의 직접적인 개입 없이도 자신을 이해하고 문제를 해결할 수 있는 능력을 가지고 있다고 보았다. 따라서 치료적 관계를 통해서 현재 진행되는 자신의 자아를 완전히 자각하고 충분히 기능하는 사람이 되도록 돕는 데 있다.

1) 발전과정

인간중심적 상담이론의 발달과정은 크게 네 시기로 구분할 수 있다.

첫째 시기는 1940년에서 1950년으로 비지시적 접근의 시기이다. 정신분석적 접근에 대한 반대로 허용적이고 비간섭적이며 비지시적인 상담 분위기를 강조하였다. 또 진단이나 진단절차는 부적절하고 오용되는 경우가 많다고 보아 검사를 활용하지 않았다. 비지시적 상담이라 불리던 이 시기에는 내담자가 자신의 감정을 인식하도록 도우며, 내담자의 언어적이고 비언어적인 표현을 반영하고 명료화시키는 데 많은 노력을 하였다.

둘째 시기는 1950년에서 1957년으로 반영적 접근의 시기이다. 로저스는 이 시기에 비지시적 접근이라는 표현보다도 내담자를 더 중요시한다는 의미에서 내담자중심 상담이라고 명명하였다. 특히 내담자의 감정을 거울에 비추듯이 반영하는 것을 강조하고 표현에서의 감정적 의미에 민감하게 반응하는 것을 중요시하였다. 내담자를 잘 이해하려면 내담자의 현상학적 세계에 초점을 두고 그의 내적 준거 체제에 의한 이해를 하는 것이 중요하다고 강조하였다.

셋째 시기는 1957년에서 1970년으로 경험적 접근의 시기이다. 이 시기는 진정한 자기가 되는 것에 관심을 두었다. 진정한 자기가 되는 것은 경험에의 개방, 자신의 유기체에 대한 신뢰, 내적 평가, 지속적인 성장의지 등이다. 특히 이 시기는 자신의 가설을 계속 연구하고 검증하면서 성격 변화의 촉매제인 상담자와 치료자와의 관계를 연구하였고 이러한 노력이 교육에도 접목되어 학생중심교육을 주장하고 일반인을 대상으로 참만남 집단도 많이 실시되었다.

넷째 시기는 1970년에서 1980년대로 공감적 접근의 시기이다. 상담자의 솔직성, 긍정적 존중과 공감적 이해를 중시하며 상담자의 공감적 태도가 내담자의 변화와 성장의 기본요인이라고 강조하였다. 이 시기는 로저스의 인본주의적인 철학이 다양한 영역에 광범위하게 적용되었다. 교육이나 산업뿐만 아니라 긴장 이완과 세계평화를 위한 노력으로 이어지면서 인간중심접근으로 불리게 되었다.

2) 인간관

로저스는 인간은 누구나 존경과 신뢰의 풍토가 조성되기만 하면 건설적이고 긍정적인 방향으로 발전할 수 있는 힘이 있다고 생각하였다. 상담자나 권위자에 의해 지시받고, 동기화되고, 가르침 받고, 처벌이나 보상을 받으며 지배되는 기본의 상담 과정에 동의하지 않는다. 인간에 대한 순수성 또는 진실성, 수용 또는 돌봄 그리고 깊은 이해를 가지고 내담자와 대화한다면 내담자들은 덜 공격적이 되어 자신과 주변세계의 경험에 보다 개방적이 된다고 보았다. 이러한 긍정적인 인간관은 개인은 부적응한 심리적 상태로부터 건강한 심리적 상태로 나아가려는 내재적인 능력을 갖고 있다는 신념 때문에 치료자는 일차적으로 내담자에게 책임을 갖게 함으로 치료의 실제에 중요한 의미를 갖게 한다. 인간은 신뢰할 수 있고 자원을 만드는 존재이고 자기 이해와 자기 지시적 능력을 갖고 있으며 건설적인 변화를 일으킬 수 있으며 효율적이고 생산적인 삶을 영위할 수 있는 존재라고 보았다. 따라서 치료자를 치료에 대해 가장 잘 아는 권위자로 보지 않으며 또한 내담자를 단지 치료자의 지시에 따르는 수동적인 존재로 생각하지 않는다.

인간관을 요약하면 다음과 같다.

첫째, 인간은 누구나 믿을 만한 존재다. 상담에서는 내담자를 믿을 만한 존재로 대우해야 하며 이를 위해 신뢰로운 관계를 맺는 것이 매우 중요하다.

둘째, 인간은 모두 자아실현을 향해 나아가는 존재이다. 자아실현 경향성은 모든 생리적 및 심리적 욕구를 포함하는 유기체의 실현화 경향성의 부분이다. 때론 신체 전체의 생리적 과정에 기인하기 때문에 긴장이 증가하기도 한다.

셋째, 모든 개인은 자아실현적 욕구와 능력을 갖고 있다. 따라서 내담자가 자신의 능력을 인정하고 수용하도록 돕는 것이 중요하다.

넷째, 인간은 개인마다 자신의 독특한 관점을 통해 세상을 감지한다. 개인의 현상학적 관점에서 세상을 이해하고 받아들이기 때문에 서로 다른 관점도 수용할 수 있어야 한다.

다섯째, 인간은 외부적인 요인과 상호작용하는 존재이다.

2. 주요 개념

1) 유기체(organism)

유기체는 전체로서의 개인이고, 개인의 모든 경험의 소재이다. 즉, 한 개인이 가지고 있는 상상이나 언행 그리고 신체적인 모두를 포함한 전 인격체로서의 개인을 의미한다. 인간은 경험하는 개인에게만 알려질 수 있는 자신의 참조 틀인 현상학적 장에 의존하여 행동하는 존재이다. 이러한 유기체는 의식적이든 무의식적이든 경험으로 구성된 현상학적 장에서 대상이나 사건을 어떻게 지각하고 이해하는가에 따라 다르게 반응하는 존재이다.

2) 자아(self)

자아는 현상학적 장 내에서 개인이 자신 혹은 자기로서 보는 부분이다. 이런 자아는 불안정하며 끊임없이 변화하는 실체이지만 항상 패턴으로 형성되고 통합되고 조직화된 특성을 가진 자아개념을 유지한다. 즉, 자아개념은 자아구조로서 각성될 수 있는 자아 지각들의 조직화된 틀이다. 특히 자기가 되고자 하는 또는 되어야 한다고 생각하는 것이 이상적 자아이다. 이런 자아개념은 후천적으로 타인의 평가나 가치의 조건화에 의해서 만들어진다. 건강한 사람은 일관된 행동양식으로 나타나지만, 문제가 있는 사람은 그렇지 않다.

3) 가치의 조건화

인간은 긍정적 자기존중의 욕구를 가지고 태어나는데 이것 때문에 가치의 조건화 태도를 형성하게 된다. 가치 조건화는 유기체가 경험을 통해 실현하려는 것들을 방해하거나 사실을 왜곡하고 부정하게 만들기도 한다. 즉, 해야 할 것과 하지 말아야 할 것들을 정하게 되고 부모와 같은 중요한 타인으로부터 긍정적 자기존중을 받기 위해 자신의 경험에 폐쇄적이 된다. 이는 실현 경향성을 방해하는 것이고 유기체가 자신의 내적 경험을 무시하게 만드는 것이며 성숙한 인간이 되는 것을 막는 것이다. 또 불안, 공포, 위협 갈등과 같은 정서적인 문제를 일으키기도 한다.

4) 충분히 기능하는 인간

자아실현을 향한 욕구를 가지고 있는 인간은 건강한 삶 또는 이상적인 삶을 사는 사람으로 충분히 기능하는 사람이라고 한다. 이런 사람은 첫째, 경험에 대한 개방성을 가지고 있다. 자신의 모든 감정과 태도에 자유로우며, 경험에 대한 경청과 수용을 할 수 있다. 둘째, 실존적인 삶을 산다. 어느 순간에나 자신에게 주어진 삶의 영역을 충분히 영위하는 삶을 사는 것이다. 셋째, 자신의 유기체에 대한 신뢰를 한다. 자신이 자신의 경험을 신뢰하듯 유기체에 대해 신뢰를 할 수 있다. 넷째, 자유의식이 있다. 제약이나 억제 없이 자신의 선택과 행동에 대한 자유, 감정에 대한 자유를 가지고 있다. 다섯째, 창조성이 있다. 풍부한 변화와 자극을 발견하고, 성공 지향적이고 발전적인 삶을 살아간다. 그러다 보면 때론 어려움에 직면하기도 한다.

5) 부적응 행동

부적응은 자아와 경험 간에 일치하지 않는 것으로 개인의 경험에 대한 지각이 왜곡된 결과이다. 이는 타인에 대한 잘못 평가된 학습의 결과로 개인의 행동과 사고를 지배하게 된다. 자아와 경험의 공통부분은 현상학적 장에서 자아의 경험과 유기체의 경험들이 일치되는 부분이다. 이 일치도가 높으면 적응적이고 일치도가 낮으면 부적응적이다. 자아 쪽은 개인의 사회적 혹은 기타 경험으로서 지각이나 상징화 과정에서 왜곡되어온 현상학적 장의 부분이다. 경험 쪽은 감각적 경험 및 내장의 경험들이 자아의 구조와 불일치하기 때문에 의식화가 거부된 경험들이다. 자아와 경험의 일치가 낮을수록, 이상적 자아와 현실적 자아의 괴리가 커질수록 심리적 갈등과 문제가 생겨나는 것이다. 즉 건강한 사람은 실제적인 자기와 이상적인 자기가 일치되어 적응적이다.

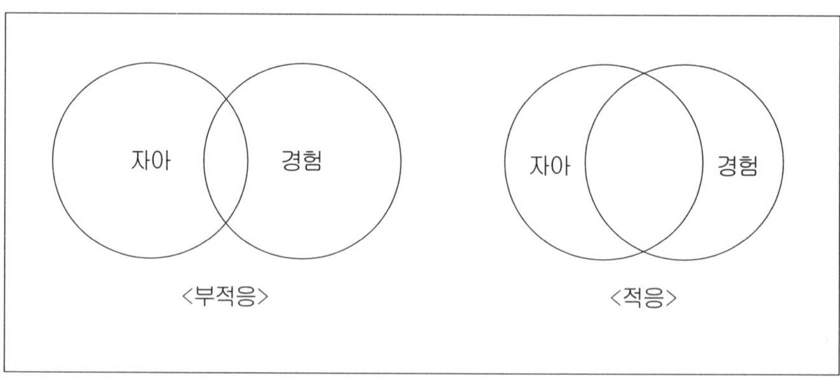

3. 상담의 목표

1) 상담의 목표

인간중심적 상담의 목표는 내담자로 하여금 자아실현을 이루며 충분히 기능하는 인간이 되도록 조건을 조성하는 것이다. 즉, 상호 신뢰적 분위기를 조성하여 적절한 자기공개를 통해서 자신의 내면세계를 이해하도록 돕는 것이다. 자아개념과 현실적 경험 간의 불일치를 제거하여 조화를 이루며, 자아의 위협을 감소시키고 자신의 환경에 대한 방어적이고 왜곡된 지각을 수정하고, 경험에 대한 개방을 통해 자기를 신뢰하며 자기 이해를 확장하도록 돕는 것이다. 구체적인 목표는 다음과 같다(한재희, 2004, 213).

① 내담자의 자아개념과 유기체적 경험 간의 불일치를 제거하도록 돕는다.

② 내담자가 느끼는 자아에 대한 위협을 감소시키며 자아의 방어적인 행동을 하게 하는 가치 조건들의 해제를 돕는다.

③ 내담자로 하여금 유기체적 경험에 대한 개방성을 증대시킬 수 있도록 돕는다.

④ 내담자의 자기 확신과 자기 이해가 더욱 확장될 수 있도록 돕는다.

2) 상담의 과정

상담관계의 수용적인 분위기 속에서 내담자 스스로 자신을 개방하고 자신을 수용하며 문제의 해결점을 찾아가며 더 나아가 충분히 기능하는 인간으로서 성장되도록 도와주는 과정이다. 상담의 진행과정은 12단계이다(이장호, 1989).

① 내담자가 상담자에게 도움을 청한다.

② 양자 간의 상담관계(도와주는 장면, 절차 등)가 정의된다.

③ 상담자가 내담자의 정서반응에 대해 반영, 명료화 등을 하고 자유스런 언어 표현을 격려한다.

④ 상담자는 내담자의 부정적 정서반응을 수용, 인정, 명료화한다.

⑤ 상담자는 내담자의 긍정적 정서반응을 수용, 명료화한다.

⑥ 내담자 쪽에서 자기평가와 정서반응 간의 이치를 탐색하고 정리한다.

⑦ 내담자는 문제행동에 대한 대안적 선택 과정을 탐색한다.

⑧ 내담자는 긍정적 사고를 하기 시작한다.

⑨ 내담자는 생활 장면에 관해 더욱 정확하고 완전한 분별을 한다.

⑩ 내담자는 보다 통정되고 긍정적인 행동이나 사고를 한다.

⑪ 내담자의 문제 증상이 감소하고 덜 불편해진다.

⑫ 내담자는 도움을 더 이상 필요로 하지 않고, 지각된 자신과 이상적 자신 간의 조화를 얻는다.

4. 치료적 관계

인간중심적 상담에서의 치료적 관계는 평등하다. 로저스는 성격변화의 필요충분 조건을 여섯 가지로 제시하였다(Corey, 조현춘 · 조현재 공역, 2004, 198).

① 두 사람이 접촉상태에 있다.

② 내담자라고 불리는 첫 번째 사람은 부조화 또는 불안을 경험하고 있다.

③ 상담자라고 불리는 두 번째 사람은 관계에서 조화롭고 통합적이다.

④ 상담자는 내담자에게 무조건적인 긍정적 관심과 수용을 경험한다.

⑤ 상담자는 내담자의 내적 준거 틀을 공감적으로 이해하고 이러한 경험을 내담자에게 전달하려고 노력한다.

⑥ 상담자의 공감적 이해와 수용이 내담자에게 어느 정도는 전달되어야 한다.

로저스는 더 이상의 조건은 필요하지 않다고 한다. 상담자가 내담자에게 관심을 가지고 내담자가 숨기고 있거나 부정적이라고 생각하고 있던 측면까지도 가치 있게 받아주는 것을 경험하게 되면 내담자도 자신의 가치와 중요성을 인정하게 되면서 변화와 성장이 일어나게 된다.

5. 상담 기법

인간중심적 상담에서는 상담에 대한 기법보다도 상담자 자신을 중요한 치료적 요인으로 보아 상담자의 철학이나 태도를 중시하였다. 특히 상담에서의 관계를 강조하면서 상담자가 갖추어야 할 세 가지 핵심적인 것들을 제시하였다.

1) 일치성(congruence)

일치성은 진실성을 의미한다. 상담자는 상담 관계에서 자신의 감정이나 태도를 진솔하게 표현하거나 인정해야 한다. 거짓 없이 내적 경험과 외적 표현이 일치해야 하고 내담자와의 관계에서 있는 모습 그대로 감정과 생각, 태도를 적절하게 공개적으로 표현할 수 있다. 일치한다는 것은 분노, 좌절, 호감, 매력 등 관계 내에서 경험하게 되는 감정들은 충동적이지 않으면서 적당한 시기에 적절하게 표현할 수 있어야 한다. 상담자가 솔직하지 못해 감정과 행동이 일치하지 않으면 치료가 제대로 일어나지 않기 때문이다. 그렇다고 상담자가 모든 감정을 내담자와 나누어야 하거나 너무 열심히 진실하려고 노력해야 한다는 것은 아니다. 상담자는 자신의 감정에 책임을 지는 것이 중요하며 완전하게 내담자와 있지 못하도록 방해가 되는 지속적인 감정은 함께 탐색하는 것이 좋다.

2) 무조건적 긍정적 관심(Unconditional Positive Regard)

상담자가 가져야 할 두 번째 태도는 한 인간으로서 내담자에게 깊고 순수한 무조건적이고 긍정적 관심을 가지는 일이다. 이 관심은 무조건적으로 내담자에게 어떤 가치를 두지 않으며 따뜻하게 수용하는 것을 의미한다. 즉 있는 그대로의 내담자에게 가치를 두며, 내담자가 자신만의 신념과 감정을 가질 권리를 승인하는 것이다. 내담자를 평가하거나 판단하지 않고 내담자가 나타내는 어떤 감정이나 행동도 수용하며 소중히 여기고 존중하는 태도이다. 특히 내담자가 무조건적 긍정적 수용을 경험하게 되면 치료의 변화가 일어날 가능성이 커진다고 로저스는 주장하였다.

3) 정확한 공감적 이해(accurate empathy)

상담자는 내담자의 경험과 감정을 순간순간의 상호작용 속에서 드러난 그대로, 민감하고 정확하게 이해하여야 한다. 공감적 이해란 상담자가 자신의 입장을 유지하면서도 내담자의 개인적 정서와 의미의 세계를 마치 자신의 것처럼 경험하고 느끼고 이해하는 것이다. 즉, 상담자가 내담자의 내적 준거 체제에 의한 깊은 주관적 이해를 통해 내담자의 주관적 세계를 공유하는 것을 의미한다. 내담자가 경험한 세계에 자유롭게 들어감으로써 상담자는 이미 내담자가 알고 있는 것을 이해하고 있음을 그에게 전달할 뿐 아니라 내담자가 모호하게 알고 있는 경험의 의미를 인식하게 돕는 것이다. 이때 상담자가 자기 자신의 정체성을 잃지 않으면서 내담자가 보고 느끼는 그대로 그의 사적인 세계를 이해할 수 있을 때 건설적인 변화가 일어날 수 있다.

상담 과정에서 공감적 이해가 중요한 이유는 다음과 같다(한국 청소년 상담원, 1996).

① 공감적 이해는 상담자가 내담자를 잘 이해하고 있음을 나타내는 것이므로 이 사실이 바로 내담자의 자아존중감을 증진시킨다.

② 경우에 따라서 공감적 이해를 통하여 내담자의 소외감을 해소시킬 수가 있다. 공감적 이해란 자신을 깊이 이해하고 있음을 전달하기 때문이다.

③ 내담자는 다른 사람과의 관계에서 경험하지 못했던 이 새로운 경험을 귀히 여기게 된다. 이를 통하여 유기체적 가치화 과정에서의 조건들을 변경할 수 있게 된다.

④ 정확한 공감적 이해는 내담자가 자기 적성을 증진시키고 더욱 깊이 있게 자기 탐색을 할 수 있도록 격려하게 된다.

6. 인간중심적 군 상담

1) 인간중심적 군 상담의 이해

인간중심적 상담에서 본 인간은 자아실현의 욕구를 지닌 선한 존재로서 무한한 가능성을 지니고 태어난다고 본다. 즉, 존중받고 신뢰로운 환경이나 풍토가 마련되면 긍정적이고 합리적이며 건설적인 존재로 성장할 수 있다. 인간이 하나의 씨앗이라면 군은 다양한 씨앗이 자라는 식물원이다. 씨앗은 내적인 성장의 힘을 지니고 있다. 씨앗이 싹이 나고 자라서 열매를 맺기 위해서는 적절한 햇빛과 양분과 물이 필요하다.

이처럼 성숙한 인간이 되기 위해서는 발달적 과정에 따른 적절한 사랑과 돌봄과 배려 등이 필요하다. 즉, 적절한 지지적 환경이 제공되어야 한다.

개인은 자신의 경험을 소중하게 생각하며 지지적인 환경 속에서 존중받기를 원하지만, 부모와 같은 의미 있는 타인이나 주변에 의한 가치의 조건화에 길들여진 환경 속에서 성장하게 된다. 그러나 개인이 가진 내적인 힘은 우리를 충분히 기능하는 인간으로서 건강하게 성장할 수 있도록 하지만 때론 제대로 발휘되지 못하여 부적응적이고 힘든 삶을 살기도 한다.

Rogers는 부적응 행동을 자기 자신의 평가와 타인의 평가 사이에서 오는 갈등의 결과, 다시 말해 이상적인 자아와 실제적인 자아 간의 불일치에서 야기된다고 한다. 자아구조와 경험이 일치할수록 적응적이고 일치하지 않을수록 부적응적이다. 군의 장면에서 살펴보면, 자아구조와 군 경험의 불일치가 부적응을 초래한다고 본다. 실제적인 군의 삶과 이상적인 군의 삶, 혹은 현실적인 자기 모습 대 이상적인 자기 모습 간의 괴리, 부대에서 요구하는 이상적 자아와 부대에 올 때 가져온 현실적 자기 모습 간의 괴리는 부대 부적응을 일으키게 된다. 이는 개인이 자신의 군 경험을 충분히 인정하지 못하거나 신뢰하지 못하기 때문이거나 군 상황을 있는 그대로 받아들이고 수용하기보다는 왜곡되게 지각하기 때문이다. 이러한 자세는 개인에게는 충분히 기능할 수 있는 인간으로 성장하지 못하게 하고, 군에는 조직의 목표달성과 효율성에 지장을 초래하게 된다. 결국 부적응 행동은 군인정신의 약화나 부재를 가져오게 된다.

<표 1> 인본주의에서 본 군 적응적 자아 상태와 부적응적 자아 상태

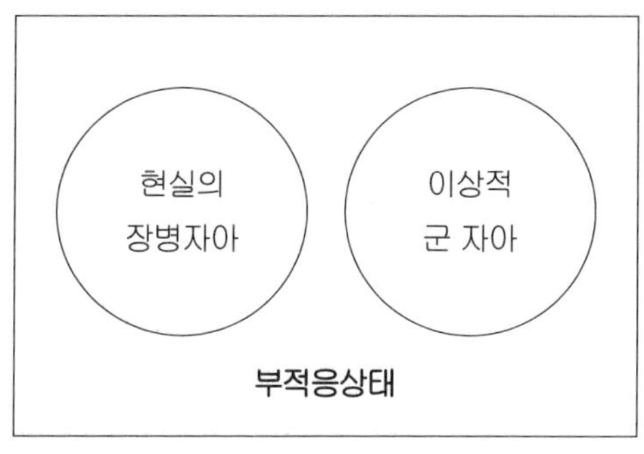

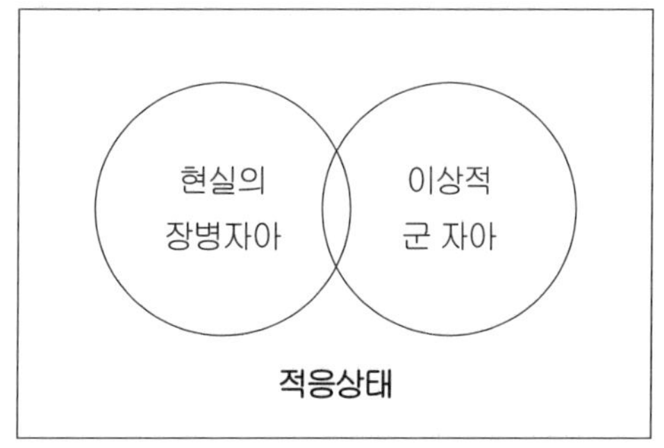

따라서 병사로 하여금 내적인 힘을 가지고 있음을 깨닫게 하고 개발시킨다면 병사는 이상적 자아와 현실적 자아를 일치하게 되고, 군 경험을 신뢰하게 되어 부대환경에 잘 적응하게 된다. 즉, 조직 내의 개인으로서 자신의 능력을 발휘하게 되고 합리적이고 건설적인 군인정신을 갖게 된다.

인간중심적 군 상담의 구체적인 목표는

① 긍정적 자아개념을 통한 자신의 군 경험을 신뢰하도록 돕는다.

② 병사가 입대 전에 가진 가치의 조건들을 탐색하고, 잘못 가치 조건화된 것을 해제하도록 돕는다.

③ 병사로 하여금 자신의 경험에 대한 긍정성과 개방성을 높이도록 돕는다.

④ 자신을 이해하고 수용하고 확신할 수 있는 힘을 기를 수 있도록 돕는다.

인간중심적 군 상담에서의 지휘관(상담자)은 병사를 행위로써 판단하지 말고 존재로서의 가치를 수용해야 한다. 또한, 상담자 자신이 중요한 치료적 요인임을 명심해야 한다. 상담자 자신이 심리적으로 건강한지, 있는 모습 그대로 수용할 수 있는지, 공감능력이 있는지, 타인의 평가에 자유로운지, 일치적이고 솔직한지, 성숙해져 가는 존재로서 기능하는지를 점검해야 한다.

병사가 효과적으로 부대 적응을 하도록 돕기 위한 상담의 과정은 다음과 같다.

(1) 지휘관은(상담자는) 병사가 내적인 자아실현 가능성이 있음을 인식한다.

비록 비자발적인 병사라 할지라도 그를 신뢰하는 것이 필요하다. Rogers는 모든 인간은 스스로 성장할 수 있는 내적 힘, 생의 추진력이 있다고 하였다. 극한 상황 속에서도 생의 추진력을 가지고, 유기체적인 자신의 삶을 선택하고 책임지려고 한다. 군이라고 하는 제한되고 통제적이며 위기적인 상황, 때론 극한적 상황 속에서도 장병들은 자신의 삶을 유지하고 성장시켜 나가기 위한 원동력을 가지고 있다. 상담자는 이러한 원동력이 있음을 깨닫도록 도와주어야 한다.

구체적으로 말하면 어려움을 이겨낸 자신만의 힘은 무엇인지, 그 힘의 주인은 누구인지 알게 한다. 처음에는 낯설고 서툴렀지만, 지금 익숙한 행동은 어떤 것들이 있는지, 무엇으로 하여금 익숙한 행동을 만들게 하였는지 깨닫게 한다. 그 힘을 자기가 가지고 있음을 확인하고, 그 힘이 군에서 어떻게 쓰이길 원하는지 알게 한다.

(2) 현실을 바라보는 병사의 조건화된 가치관을 자각하게 한다.

부대에 들어올 때는 진정한 군인의 자아를 형성해 가면서 들어오는 것이 아니라, 이미 사회에서 군에 대해 형성된 조건화된 가치관을 가지고 들어오게 된다. 군인으로서의 자아는 이미 조건화된 자아로서, 있는 그대로의 군 자아상이 아니다. 따라서 실제적인 자아상과 이상적인 자아상의 차이가 무엇인지 깨닫게 하고 그 차이를 좁히도록 한다.

(3) 부대 바깥에서 가져온 조건화된 가치관을 무장해제하고, 있는 그대로의 부대 가치를 이해하고 수용하는 자세를 육성한다.

군인이 된다는 것은 국방의 의무를 수행하는 일이다. 병사로서의 역할과 그에 따른 자신의 가치를 점검하고 수용한다. 또한, 군조직의 가치를 인정하고 자신의 이상에 맞지 않지만, 현실을 있는 그대로 수용한다. 자신의 원하는 부대 모습과 현실의 모습에서 느껴지는 문제에 대한 감정을 자유롭게 표현하도록 격려한다. 상담자는 수용적인 자세로 관심 있게 경청할 수 있어야 한다.

(4) 상담자는 병사의 부정적 요소나 부정적 감정을 수용한다.

부정적 인식 요소나 조건화된 가치관을 있는 그대로 수용하면, 병사는 자신이 생각하고 있는 부정적 견해를 두려움 없이 표현하고 인식할 수 있는 기회를 가진다.

(5) 조건화된 가치 때문에 군(자신)을 부정적으로 바라보았다는 것을 인식하게 되면 발전적인 긍정성이 드러나게 된다.

군을 있는 그대로 인식하거나, 군의 특수성을 수용하는 긍정적인 장병들은 부대적응에 어려움이 적다. 그러나 군을 경험하지도 않은 상태에서, 대다수의 장병들은 입대 전부터 군에 대한 두려움이나 공포, 막연한 부정적 가치를 가지고 입대한다. 즉, 입대 전 가치의 조건화 때문에 군인으로서 있는 그대로의 경험적이고 신뢰로운 자아를 성장시키는 데 어려움을 지닌다. 따라서 이를 정확하게 인식하게 하면 군의 긍정성을 자신의 경험으로 받아들이게 된다.

(6) 부대(자신)의 경험 속에서 긍정적 자원을 찾거나 만들어 가게 된다.

조건화된 가치관을 인식하고 해제하게 되면, 부대(자신)의 경험 속에서 발전적인 가능성이 있음을 알게 된다. 이러한 군 경험은 자신의 경험과 통합되면서 병사의 내적 자원으로 내면화되는 과정을 거쳐 새로운 자원이 된다. 군 경험은 새로운 능력을 쌓아가는 과정이다. 과거와의 단절이 아니라, 있는 그대로의 내 모습을 확장하고, 더욱 성숙해지는 시간이 되도록 구성한다.

(7) 병사는 통합되고 적극적인 적응행위를 통해 자아실현적인 삶을 살게 된다.

군 경험을 통해 사회를 미리 경험하게 되고 시너지를 창출하는 군인, 즉 충분히 기능하는 군인(fully-functional soldier)으로서의 삶을 살 수 있게 된다.

(8) 자신의 내적인 힘과 가능성을 자각하게 되면 스스로 문제를 해결할 수 있게 되어 종결하게 된다.

상담의 진행과정은 일반적으로 8단계로 이루어진다. 그러나 언제나 단계적으로 나타나지는 않는다. 상황이나 사건에 따라 유연하게 단계를 진행할 수도 있을 것이다.

2) 군 상담에서의 로저스의 무조건적 긍정적 관심

지휘관들은 상담 장면에서 부하들에게 무조건적 긍정적 관심을 보이라고 하면 의아한 표정을 짓는다. 어떻게 무조건적으로 긍정적 관심만을 줄 수 있단 말인가? 여기에 Rogers의 매력이 있다.

많은 경우, 무조건적 긍정적 관심을 무조건적으로 상대편의 행동을 수용하는 것이라고 생각한다. 그래서 '잘못하는 행동, 혹은 악한 행동조차 그대로 수용하라는 말인가?' 라는 의문을 제기한다. '나를 피해를 주는 사람의 행동도 그냥 수용을 해야 하는가?' 라는 질문 또한 자주 한다.

그러나 무조건적 긍정적 관심은 그의 입장에서 지금 그가 자신의 행동과 세계를 보는 방식 자체를 지휘관이 있는 그대로 관심을 보여주고 그의 이면의 감정을 수용하라는 것이다. 행동 자체를 수용하는 것이 아니라, 그의 입장에서 그렇게 지각하고 판단하고, 그 결과 나타나는 감정을 이해하고 수용하는 것이다.

무조건적 긍정적 관심은 두 가지 측면이 있다. 첫째는 내담자의 내적 감정에 대해 지금 여기에서 그가 경험하는 바를 있는 그대로 인정하는 것이고, 둘째는 이를 위해서는 상담자의 조건화된 가치관을 배제하라는 것이다.

조건화된 가치관을 배제하는 것은 다시 두 가지의 의미를 지닌다. 첫째는 내담자의 말이나 행동을 상담자의 조건화된 가치관으로 바라보고, 판단하지 않는 것이다. 많은 경우 상담자 자신의 역전이 현상에 의해 내담자의 행동에 대해 옳고 그름이나 선악 혹은 적절성을 분별하는 경우가 많다. 무조건적 긍정적 관심은 상담자의 가치관이 아니라 내담자의 가치관으로 바라보는 것이다.

둘째는 개인적으로는 더욱 중요하게 생각하는 것은 사전에 조건을 달아서 특정 강화행동을 보여주거나 보여 주지 않거나를 하지 말라는 것이다. 병사의 행동에 앞서 믿음과 배려의 관심을 제공하라는 것이다. 부대 간부나 지휘관에게 일반 상담에서 제공하는 적극적 경청이나 I-Message 기술을 가르쳐주면, 한두 번 사용하고는 효과가 없다거나, 그렇게 지속적으로 하지 못하는 것에 대해 죄책감을 느낀다고 말하는 사람들이 많다.

왜 그럴까? 이유는 간부들이 이런 기술을 사용할 때 조건을 따져서 사용하기 때문이다. 배운 기술을 시범적으로 사용해 보고나서, 장병들이 어떻게 달라지는가, 혹은 어떤 반응을 보이는가를 민감하게 살펴본다. 자신이 원하는 반응이 나오면 그 방법을 다시 사용한다. 그러나 원하는 반응이 나오지 않으면 금방 실망하고 두어 번 더 시도한 후 좌절한다. 그리고는 상대편이 변하지 않는다는 이유로, 더 이상의 긍정적 관심을 보이지 않는다. 표면적 이유는 준 만큼 돌아오는 것이 보이지 않기 때문이다.

그러나 무조건적이라고 하는 것은 준 만큼 돌아오지 않아도, 간부가 선제로 긍정적 관심을 제공하는 것을 말한다. 지휘관들은 부하 장병들이 어떤 행동을 보이면 그 때 적절히 보상할 것이라고 생각한다. 그러나 진정한 부하 사랑은 지휘관이 솔선수범해서 자신이 주고 싶은 것을 주는 것이다. 이를 무조건적이라고 한다. 이에 반하여 조건을 따져서, 자신이 원하는 행동이 나오면 무엇을 주겠다고 하는 것은 조건적이다.

무조건적 긍정적 관심은 어떤 점에서 헌혈과 같다. 주는 것 자체로 자부심과 기쁨을 느끼는 것이다. 그런데 헌혈을 하기 전에 '누구한테 줄까? 언제 줄까?' 고민을 하기 시작하면 어떤 기쁨도 느낄 수 없다. 그럼에도, 조건을 따지다 보면 줄 시간이 줄어들게 된다.

이 시간 동안 상대편 - 여기서는 장병 - 은 기적처럼 혹은 선물처럼, 누군가가 해결책을 가지고 나타나기를 바랄 수도 있다. 오지 않는 선물에 지치고 좌절할 때쯤이면, 누군가가 선물을 들고 나타난다. 도움을 필요로 하는 장병들이 지쳐서 어떤 기쁜 표정도 표현하지 못할 때쯤이면 지휘관이 조그마한 선물을 들고 나타나서는 어떤 표정으로 선물을 받으려고 하는지를 살펴보고, 지휘관이 원하는 표현으로 반응하지 않으면 선물을 주지 않는다.

부대에서는 간부들이 부하 장병들에게 "요즘 아이들은 감사할 줄을 모른다."라고 말할 때가 있다. 그러나 무조건적 긍정적 관심은 '묻지도 않고, 따지지도 않고' 한두 번의 기술을 적용했다고 해서, 상대편이 변할 것이라는 기대도 하지 않고 주는 관심이다.

예를 들어 부부의 경우에 남편이 어느 날, 뜬금없이 아내에게 금반지를 사다주었을 때, 아내의 반응을 생각해보면 '저 사람이 왜 저럴까?' 하면서 이유를 생각하는 아내가 있을 것이고 이유도 묻지 않고 그냥 손가락에 끼고 다니는 아내가 있을 것이다. 이와 마찬가지로 간부가 장병들을 대하는 방법에 있어서도 새로운 방법을 사용할 경우에 장병들은 간부가 변했다고 해서 당장 같이 변하겠는가? 아니면, 시간이 한참 지난 뒤에도 지속적으로 새로운 방법으로 대하는 간부의 모습을 보고서야 변하겠는가? 아마도 후자의 경우일 것이다.

이와 같이 무조건적 긍정적 관심은 지휘관이나 간부의 어떠한 반응에 대하여 그들이 원하는 모습으로 장병이 변할 것이라는 기대도 하지 않으면서 아무조건 없이 주는 관심이다.

3) 인간중심적 군 상담의 실제 사례

본 사례는 2시간의 미술치료 특강에 이미 래포형성을 한 후 개인 작업을 한 경우이다. 다른 집단원과의 비교를 통해서 다르다고 지각한 그림을 먼저 몇 개 집단원들이 선정하였다. 그 후 초청에 응한 한 집단원에 대해 인간중심이론을 기본으로 해서 공개적으로 간단히 상담한 경우이다. 인간중심 군 상담의 상담과정 8단계를 정확하게 순차적으로 표현하기 어려워서 부분적으로 흐름에 맞게 묶어서 제시해 보았다.

① 지휘관은(상담자는) 병사가 내적인 자아실현 가능성이 있음을 인식한다.

상담자 : 다른 그림과 비교해서 자신의 그림은 어떻게 보이나요?

내담자 : 조금 다르게 보입니다.

상담자 : 어떤 부분이 다르다고 생각하세요?

내담자 : 다들 색칠만 했는데 100이라는 숫자를 써 넣었습니다.

② 현실을 바라보는 병사의 조건화된 가치관을 자각하게 한다.

상담자 : 그것은 무엇을 의미합니까?

내담자 : 돈을 많이 벌고 싶었는데 돈도 벌지 못했습니다.

상담자 : 그림을 보면서 지금의 느낌은 어떠세요?

내담자 : 진짜 열심히 했습니다. 공부도 열심히 했고 돈도 벌려고 낯선 곳에 가서 무진장 노력을 했는데 아무것도 이룬 것이 없습니다.

상담자 : 지금 기분이 어떠세요?

내담자 : 아무렇지도 않습니다.

상담자 : 아무렇지도 않다고 하시는데 정말 그러세요?

내담자 : 저는 사람들을 보면 행복한지 물어봅니다. 정말로 사람들이 행복한지 궁금해집니다. 그래서 만나는 사람마다 행복하냐고 물어봅니다.

상담자 : 그래서 아까 저보고도 행복하냐고 물으셨군요.

내담자 : 네. 저도 많이 행복해지려고 노력해요.

③ 부대 바깥에서 가져온 조건화된 가치관을 무장해제하고, 있는 그대로의 부대 가치를 이해하고 수용하는 자세를 육성한다.
④ 상담자는 병사의 부정적 요소나 부정적 감정을 수용한다.

상담자 : 그럼 언제 행복하세요?

내담자 : (잠깐 침묵) 어릴 때는 많이 행복했어요. 제가 생물을 많이 좋아하거든요. 내가 생물을 채집하고 하고 싶은 것을 할 때는 정말 행복했어요. 근데 지금은 그렇지가 않은 것 같아요. 환경에 맞추어 살아야 하고 사람들이 이게 중요하다고 하는 것을 따라 가야하고, 조건도 따져야 하고. 그러다 보니 공부도 해야 하고 돈도 벌어야 하는데. 돈도 제대로 벌지도 못하고 애만 쓴 것 같고…. 그래서 100이라고 썼고 노란색으로 칠했습니다.

상담자 : 지금 말씀하시면서 목소리가 조금 떨리고 눈시울이 젖는 것 같은데,

느끼시나요?

내담자 : ….

상담자 : 지금 어떤 감정이 느껴지나요?

내담자 : 제가 불쌍하단 생각이 듭니다.

⑤ 조건화된 가치 때문에 군(자신)을 부정적으로 바라보았다는 것을 인식하게 되면 발전적인 긍정성이 드러나게 된다.

상담자 : 자신이 하고 싶은 것을 하지 못하고 주변에 맞춰 사는 자신이 불쌍하게 느껴지시는군요. 불쌍하다는 것은 무엇을 말하는 건가요?

내담자 : 열심히 살았는데 이룬 게 없다는 생각이 드니 나 자신이 참 안 되었다는 생각이 들어 불쌍하게 느껴집니다.

상담자 : 자신을 불쌍하게 느끼시는군요. 지금은 이룬 것이 없는 것 같아 불쌍하게 느껴지지만 정말 이룬 것이 없을까요?

내담자 : 앞으로 이루려고 또 열심히 살아가겠지요.

상담자 : 아, 그렇군요. 앞으로도 열심히 살면서 늘 행복하냐고 다른 사람에게 물어보면서 사실 건가요?

내담자 : 글쎄요.

상담자 : 왠지 자신이 없어 보이시네요. 자신이 애쓰고 노력한 일에 대해 얼마나 인정하신다고 생각하세요?

내담자 : 인정은 합니다. 그러나 지금까지 해놓은 것이 없다는 거지요. 공부는 했으나 돈도 제대로 못 벌고 주위에서 원하는 만큼 이루지를 못했으니까요.

⑥ 부대/자신의 경험 속에서 긍정적 자원을 찾거나 만들어 가게 된다. 조건화된 가치관을 인식하고 해제하게 되면, 발전적인 가능성이 있음을 알게 된다.

상담자 : 타인의 기대에 맞추어 사시느라 많이 힘드셨군요. 또한 자신이 주변

의 기대에 부응하지 못했기 때문에 이룬 게 없다고 생각하시는군요. 그래도 살면서 자신이나 타인이 원하는 만큼 이루어내지 못한 자신이지만 그래도 긍정성을 찾는다면 어떤 것이 있을까요?

내담자 : 글쎄요. (침묵)

상담자 : 당신이 그렇게 열심히 살았는데 결과만 가지고 자신 또한 다른 사람들처럼 자신을 판단하시는 것 같네요. 열심히 노력한 당신의 모습이나 과정 속에서 자원이나 강점이 될 만한 것은 없었나요?

내담자 : 결과가 모든 것을 말해주니까요. 제가 무슨 할 말이 있습니까.

상담자 : 그럼 당신의 삶은 여기가 끝이라고 생각하세요?

내담자 : 그건 아니지만, 지금은 그렇다는 것입니다.

상담자 : 지금과 같은 마음으로 사신다면 내가 원하는 것은 이룰 수 있나요?

내담자 : 노력해야지요.

상담자 : 어떤 노력을 하시겠어요?

내담자 : 열심히 군대 생활을 한 다음 생각해봐야지요.

상담자 : 이렇게 한 번 생각해 보시면 어떨까요? 자신이 지금까지 살아온 모든 경험과 열심히 애쓴 과정들이 앞으로의 삶을 위한 준비작업이라고 생각하면….

내담자 : 꿈보다 해몽이 좋으시네요.

상담자 : 그래도 말하시면서 웃음을 띠시네요.

내담자 : 일단 듣기는 좋으네요.

상담자 : 듣기 좋으라고 하는 말이 아닙니다. 지금은 실패한 것처럼 보이지만 그것을 소중한 자산으로 만들 수 있다는 얘길 하는 것이지요. 에디슨은 몇 번이나 실패를 한 후 전기를 발명했을까요?

내담자 : 잘 모르겠습니다.

상담자 : 9,999번의 실패를 했답니다. 남들은 다 미쳤다고 했는데 에디슨은 그렇게 생각하지 않았어요. 어떻게 생각했을까요?

내담자 : 왜 실패를 했을까 생각했을 것 같은데…. 잘 모르겠습니다.

상담자 : 에디슨은 9,999가지를 하면 안 된다는 것을 깨달았대요. 그래서

10,000번째 전기를 발명하게 되었어요. 이제 당신의 노력을 인정할 수 있는지요?

내담자 : 듣고 보니 맞습니다. 저는 정말 노력했어요. 지금까지의 노력을 너무 부정적인 쪽에서만 봤네요. 다른 사람의 기대에 어긋난 자신만을 생각하고 나 자신을 인정하지 않았네요. 나 자신에게 많이 미안한 생각이 듭니다. 다른 사람은 그렇더라도 나 자신만큼은 나를 인정해 주면 좋았을 것을…. 정말 많이 미안한 생각이 듭니다.

⑦ 병사는 통합되고 적극적인 적응행위를 통해 자아실현적인 삶을 살게 된다. 군 경험을 통해 사회를 미리 경험하게 되고 시너지를 창출하는 군인, 즉 충분히 기능하는 군인(fully-functional soldier)으로서의 삶을 살 수 있게 된다.

상담자 : 지난 일을 반성하는 것도 중요하지만 앞으로가 중요해요. 내 안에 내가 원하는 것을 이룰 수 있고 나를 성장시킬 수 있는 힘이 있다는 것을 믿으시나요?

내담자 : 네.

상담자 : 나를 사랑하고 나를 존중하는 마음을 가지고 살면 무엇이 달라질까요?

내담자 : 내가 하는 일에 더 자신이 생길 수 있을 것 같습니다.

상담자 : 그런 자신감은 부대 생활에 어떻게 영향을 미칠 수 있을까요?

내담자 : 부대 생활의 힘든 부분도 잘 이겨낼 수 있고, 여러 가지 경험을 내 인생에 소중한 자산으로 만들 수 있을 것 같습니다.

상담자 : 바로 그거에요. 그 힘은 바로 당신이 가지고 있고 당신이 만들어 내는 거예요.

내담자 : 자신감이 생기는 것 같네요.

상담자 : 지금 기분은 어떠세요?

내담자 : 많이 편안하고 좋습니다.

상담자 : 아까 행복하냐고 묻는다고 하셨잖아요. 한 가지만 물어볼게요. 당신이 정말 행복하고 싶다면 한 가지 할 수 있는 일은 무엇일까요?

내담자 : 내가 좋아하는 일을 한 가지 하겠습니다.

상담자 : 만약에 상황이나 주변의 여건 때문에 할 수 없다면 어떻게 하지요?

내담자 : 상황이 만들어질 때까지 때를 기다리거나 다른 노력을 하면서 참을 겁니다.

상담자 : 그렇군요. 나를 잃지 않으면서 주변을 살피면서 때를 기다리신다는 말이네요. 그리고 생물활동을 할 때 행복하다고 하셨는데 그 일은 어떻게 가능할까요?

내담자 : 이다음에 여가나 취미활동으로 할 수 있을지 제대해서 생각해보겠습니다.

⑧ 자신의 내적인 힘과 가능성을 자각하게 되면 스스로 문제를 해결할 수 있게 되어 종결을 하게 된다.

상담자 : 오늘 대화에서 깨달은 점을 간단히 요약해주신다면?

내담자 : 타인의 기대에 지나치게 맞추려고 노력하면서 사는 것은 행복하지 않은 것 같습니다. 그러나 세상을 살아가는 데 필요한 것이라면 나를 인정하면서 열심히 하면서 가끔은 행복한 일도 해보고 싶습니다.

상담자 : 잘 하실 수 있을 거예요. 건강하고 멋진 모습으로 제대하시길 바랍니다.

내담자 : 감사합니다.

4) 인간중심적 군 상담 TIP

인간중심적 상담은 이론이라기보다 상담철학으로 많은 상담자에게 기본적 자세로 많이 알려져 있다. 상담자의 태도인 무조건적 존중, 공감적 이해, 솔직성은 상담 초기의 관계 형성에 매우 중요하다. 먼저 감정의 반영이나 명료화, 공감 등을 어떻게 하는지 가상의 사례를 통해 이해를 돕고자 제시한다(Corey, 안창일 외 역, 1995, 152~159).

[감정 다루기]

내담자 : 저는 감정을 느끼기가 어려워요. 때때로 내가 무엇을 느끼는지도 모르겠어요.

상담자 : 순간순간 당신 내부에서 무슨 감정이 생기는지 알지 못하는군요.

내담자 : 네, 내가 무엇을 느끼는지 알기가 어려워요. 그것을 누군가에게 표현하는 것은 말할 것도 없고요.

상담자 : 그렇다면 다른 사람들이 당신에게 어떤 영향을 미치는지를 알리는 것도 어려웠겠군요.

내담자 : 글쎄요. 저는 감정들을 감추려고 애써왔어요. 감정을 표현하기가 두려워요.

상담자 : 당신이 느끼는 것이 무엇인지 모르는 것도 두렵지만 안다고 해도 두렵다는 말이군요.

내담자 : 어떤 것은…. 어렸을 때, 화를 내면 벌을 받았어요. 울면 내방으로 쫓겨 가고 울음을 그치라는 이야기만 들었죠. 행복하고 재미있었을 때에도 얌전히 있으라는 말만을 들은 것을 기억해요.

상담자 : 그래서 당신은 감정이 문제를 일으킨다는 것을 일찍 배웠군요.

내담자 : 무언가를 느끼기 시작할 때면 나는 머릿속이 텅 비거나 혼란스러워져요. 전 분노, 성적인 욕구, 즐거움, 슬픔, 뭐든지 느낄 권리가 없다고 생각해 온 것이죠. 전 오로지 맡은 일만 했고, 아무런 불평도 않고 지내왔어요.

상담자 : 당신은 아직도 감정을 표현하는 것보다 감정을 숨기는 것이 낫다고 여기고 있군요.

내담자 : 그래요, 특히 남편과 아이들에게 그래요.

상담자 : 마치 당신에게 어떤 일이 일어나고 있는지를 가족들이 모르게 해 온 것처럼 들리는데요.

내담자 : 글쎄요. 그들은 정말로 나의 감정에 관심이 없는 것처럼 보여요.

상담자 : 당신이 어떻게 느끼는지 그들이 전혀 관심이 없는 거네요.
(바로 그때 울기 시작한다) 지금 당신은 무엇인가 느끼고 있네요(내담자는 계속 울었고 잠시 침묵이 있었다).

내담자 : 저는 아주 슬프고 아주 희망이 없는 것처럼 느껴져요.

상담자 : 당신은 지금 무엇인가를 느낄 수 있고 또 그것을 나에게 이야기하고 있네요.

군 상담에서도 대화를 통해 내담자가 자신의 감정을 느낄 수 있고 다른 사람들에게 감정을 표현할 수 있다는 것을 깨닫는 것이 중요하다.

첫째, 군대는 인간이 모이는 집단이지만 감정을 용납하지 않는 편이다. 그리고 개인은 조직의 일원이지만 개인들은 감정과 접촉한다. 특히 여러 가지 문제를 가진 병사들은 감정의 지배를 받기 쉽다. 그러나 집단적 가치의 조건화에 따라 감정을 억압하거나 수용 받지 못해서 더 부적응적인 행동을 할 가능성이 있다. 따라서 자신의 감정을 인식하고 효율적으로 다룰 수 있는 방법이나 기술을 습득할 수 있도록 도와주어야 한다.

둘째, 인간은 자아실현적이고 충분히 기능할 수 있는 가능성의 존재이다. 그러나 자신을 수용 받지 못하게 되면 자신의 능력을 발휘하기 어렵다. 계급사회에서 위축되어 있고 적응하지 못할까 봐 불안해하는 신병이나 후임병들을 이해할 수 있는 문화적 풍토를 만들어야 한다. 병 상호 간에 간부와 병 간에도 지위의 서열은 있지만, 존재로서의 무조건적인 존중과 배려를 통해 자신의 능력을 발휘할 수 있도록 용기를 갖게 하는 노력이 필요하다.

셋째, 군 상담자나 군 간부는 내담자인 병사들의 감정을 수용함으로써 내담자가 자신의 감정과 접촉할 수 있도록 용기를 북돋워주어야 한다. 그래서 내담자가 자신에게 중요한 사람들에게 자기감정을 적절하게 표현할 수 있도록 도와주어야 한다. 또한, 감수성을 기르는 방법을 제공하고 서로의 감정조차도 존중하고 배려하도록 도와주어야 한다. 모 부대의 경우에는 상호 존중하는 자세를 기르고 병영문화를 개선하기 위해서 평상시에는 존중어를 사용하기도 한다.

넷째, 간부들은 병사들의 언어를 잘 파악할 필요가 있다. 감정이란 즉각적으로 드러나는 경우도 있지만 대부분은 그렇지 않다. 따라서 병사가 자신의 감정과 언어, 또는 언어와 비언어가 일치적인지 비일치적인지를 잘 살필 수 있어야 한다. 불일치는 수용과 존중의 이상신호일 가능성이 크기 때문에 그러한 병사들을 공감해주면서 그들을 이해해 주어야 한다. 나를 이해해주는 단 한 사람이 부대나 생활반에 있다면 견딜 수 있기 때문이다.

제 6 장
실존주의적 상담

1. 기본 철학

실존주의 접근은 무의식적 내적 충동에 의한 정신분석이나 외적 자극에 반응하는 존재로서의 행동주의적 관점에 대한 제 3세력으로서의 인본주의 심리학에 근거하여 출현하였다. 그래서 상담에 있어서 실존주의적 접근은 다른 접근에 비하여 죽음, 소외, 자유, 책임, 공허 등의 철학적인 면을 강조하기 때문에 상담 기술보다는 상담의 바탕이 되는 인간관에 더 많은 관심을 가지고 있다. 즉, 인간의 본질, 현재 세계에서의 인간의 존재, 그 개인에 대한 인간 존재의 의미에 관심을 두며, 그 초점을 인간의 가장 직접적인 경험인 그 자신의 존재에 두는 것이다.

실존주의적 상담은 19세기 초 키에르케고르(Kierkegaard)에서 기원하여 베르그송(H.L. Bergson), 훗설(E. Husserl), 하이데거(Heidegger), 사르트르(Sartre) 등 실존주의 철학에 근거하는데 대체로 자신의 존재를 각성한 실존을 문제 삼는다. 키에르케고르(Kierkegaard)는 인간 개체와 인간 정서의 중요성을 강조하였을 뿐만 아니라 고립된 개별 존재로서의 실존(Existenz)의 개념을 완성하였다. 또 부버나 틸리히와 같은 종교철학자의 영향을 받았다. 부버(Buber)의 '나와 너의 관계', 틸리히(Tillich)의 '존재에의 용기' 등은 실존주의적 상담에 영향을 주었다. 마지막으로 실존주의적 상담은 단일한 이론이나 접근이 아니고 실존주의 철학이나 종교철학과 같은 다양한 배경을 가진 여러 분야가 모여서 이루어진 상담으로, 대표적인 상담자는 빈스방거

(Binswanger), 보스(Boss), 프랭클(Frankl), 메이(May), 얄롬(Yalom) 등이 있다. 특히 프랭클은 빈스방거의 실존적 분석이란 용어와 혼란을 피하기 위해 의미치료(logotherapy)를 사용했다.

인간에 대한 기본적 신조는 다음과 같다(노안영, 2007, 255).

첫째, 실존은 본질에 선행한다. 즉, 우리가 하고 있는 것이 우리가 누구인가를 결정한다.

둘째, 우리는 선택할 자유가 있으며 선택한 결과에 책임이 있다.

셋째, 인간의 삶은 항상 죽음에 대한 견해를 가지고 영위된다. 우리의 진실성은 이것을 자각하고 용감하게 우리의 실존에 직면할 능력에서 비롯된다.

넷째, 우리의 실존은 결코 다른 사람과 세계의 실존으로부터 완전히 분리되어 있지 않다. 역시 세계의 실존도 우리의 실존에서 완전히 분리되어 있지 않다.

다섯째, 우리가 다른 사람의 주관적 관점에서 그를 이해하려고 노력할 때 우리의 지각이 보다 타당하다.

2. 주요 개념

1) 실존의 방식

인간은 개인으로 존재하기도 하지만 관계 속에서도 존재한다. 태어나서 가족이나 주변이라는 관계에서 형성된 세계는 개인의 실존에 영향을 준다. 그런 영향력은 다시 개인의 세계를 인식하는 데 영향을 준다. 따라서 실존의 방식은 주변세계, 공존세계, 고유세계, 영적세계로 표현된다. 고유세계는 한 개인이 자신에게 갖는 관계로 인간에게만 나타난다. 주변세계는 개인이 던져진 세계로서 개인이 접촉하는 환경이나 생물학적 세계를 의미하는데 생물학적 욕구나 추동 및 본능을 포함하는 세계이다. 공존세계는 타인과의 관계로서 만들어지는 인간관계 영역의 세계이다. 영적세계는 개인이 갖는 믿음이나 신념에 따른 영적이고 종교적인 가치와 관련된 세계로 이상적인 세계이다.

특히 프랭클은 인간을 영적인 존재로 보았다. 영적인 존재란 종교적 차원이라기보다는 사람의 진정한 인간성을 의미하는 정신적인 존재의 개념이다. 실존은 동물적인 수준에서 성자의 수준까지의 가능성의 존재방식을 말한다. 프랭클은 인간의 실존이 신체적, 심리적, 정신적 존재의 다양성에도 불구하고 실존의 전체성을 유지한다고 보았다. 이런 차원은 엉성하게 혼합된 분리층이 아닌 인간만이 가질 수 있는 고유성과 전체성 차원의 존재로 보았다.

2) 자유와 책임

인간은 환경이나 상황 속에서 선택할 수 있는 자유가 있다. 자유는 인간으로 하여금 어떤 결정이든 자기 스스로 결정할 수 있도록 하기 때문에 책임도 따르게 된다. 이런 자유는 자신의 성장이나 발전에 관계하고 선택하는 능력이지만 자유에 한계가 있고, 선택은 외부적 상황이나 요인에 의해 제한되기도 한다. 자유가 전체적인 인간 현상의 주관적인 측면이라면 책임은 그 객관적인 측면이고, 이 자유는 책임을 통해서 완성되어야 하는 것이다. 태도를 위하는 자유는 책임을 지는 자유로 변화되지 않으면 결코 완성되지 않는다는 것이다(한재희, 2004, 249).

3) 의미요법의 삼중개념

(1) 의지의 자유

인간의 자유란 어떤 상태로부터의 자유가 아니라 상태에 대한 어떤 태도를 취할 수 있는 자유이다. 한 개인은 유한한 존재이지만 의지적인 존재로서의 자유를 가진다. 환경이나 상황에 의해 결정된 존재가 아니라 자유롭게 자신의 성격을 만들어가거나 삶에 대한 책임을 지려는 의지의 자유를 가진 존재이다.

(2) 의미에의 의지

인간의 삶의 근본적인 에너지는 쾌락추구를 위한 본능적 충동에서 나오는 것이 아니라 삶의 의미를 발견하고 의미를 추구하기 위한 의지에서 나온다. 의미는 외부적 조건에 의해 형성되는 것이 아니라 개인의 탐색하는 자기초월적인 것이고 자유와 책임이 따르는 것이다.

(3) 삶의 의미

삶에 대한 의미는 개인이 창조하는 것이다. 결실 있는 노력을 향한 동기는 의미를 가지려는 의지의 표현으로 가치의 실현과 연관이 있다. 가치는 크게 자신의 사명과 구체적인 과업을 자각할 때 생기는 창조적 가치, 타인이 창조한 것의 경험을 통해 맛보는 경험적 가치, 창조도 경험도 힘든 상황에서 나타날 수 있는 태도적 가치가 있다. 프랭클은 인간이 이런 가치를 실현할 때 삶의 의미가 부여되지만, 자신의 생활에 무관심하거나 욕구가 없다면 실존적인 공허를 경험하게 된다고 하였다. 실존적 공허는 본능적 안정감을 상실하거나 전통의 상실 때문에 생기는데 더 근원적인 것은 삶의 가치와 갈등, 실존적 무의미와 같은 영적인 차원과 관련이 있다. 즉, 계속적이고 강하게 삶의 의미를 추구하게 되면 건전하지만 그렇지 못하게 되면 건전하지 못하게 된다.

4) 실존적 불안

프랭클은 인간이 삶의 의미를 발견하지 못하게 되면 겪는 불안을 실존적 불안으로 보면서, 집단적으로 발생하기 때문에 집단신경증으로 명명하였다. 이런 불안의 징후는 네 가지로 나타난다(한재희, 2004, 253).

첫째, 삶에 대한 덧없는 태도로서 장래에 대한 계획을 단념하고 뚜렷한 목표를 지닌 생활을 포기한다.

둘째, 삶에 대한 운명론적인 태도로서 현대 허무주의의 가르침에 따라서 허무주의의 범죄행위를 이곳저곳으로 옮긴다. 또 정신과 종교에 관한 모든 것을 경시하는 풍조를 만든다.

셋째, 동조주의 또는 집단주의적 사고방식으로 보통사람은 가능한 눈에 띄지 않기를 바라고 군중 속에 매몰되기를 좋아한다는 사실에 의해 증명된다고 한다.

넷째, 열광주의적 징후로서 집단주의자들이 자기 자신을 무시하는 데 반해 광신주의자들은 남의 인격을 부정하며 자신 이외의 어떤 사람의 의견도 들으려 하지 않는다.

5) 부적응

프랭클은 정서적 장애는 외상이나 추동이 약한 자아 때문에 생기는 것이 아니라 삶의 의미를 찾지 못해서 생긴다고 한다. 살아야 할 가치 있는 의미를 자각하지 못해서 실존적 공허의 상태에 이르게 된다. 이렇게 되면 자신을 무가치하게 여기고 삶이 의미가 없다고 보며 세상도 그렇게 보게 되어 부적응 행동을 보이게 된다. 삶의 무의미감을 느끼는 실존적 공허를 갖게 되는 이유는 다음과 같다(노안영, 2007, 287).

첫째, 억압이다. 실존적 좌절에 관심을 가지며 결과로서 일어나는 의미에 대한 의지의 억압에 관심을 갖게 된다.

둘째, 책임감의 회피이다. 의미의 탐구에 대한 책임감을 회피하기 위해 순응주의나 전체주의, 또는 우울, 약물중독, 공격성과 같은 어떤 기제를 사용하기 때문이다.

셋째, 환원주의이다. 심리학이나 교육의 환원주의 모델은 인간은 결정된 존재임을 믿고 유지하게 한다.

넷째, 전통과 가치의 쇠퇴이다. 이는 실존적 공허를 유지하는 데 영향을 준다.

다섯째, 자기초월에 관한 불충분한 강조와 인간의 신경증화이다. 지나친 자기위주의 물질적 행복추구와 가치상실, 정신적 공허, 무의미성의 문제와 만연된 현상 등은 부적응 행동을 유발하게 한다.

3. 치료 목표

실존치료의 중심적인 과제는 소외된 내담자로 하여금 세계와의 관계 속에 있는 자신을 보게 하고 그가 보는 것에 따라서 행동하고 선택할 수 있도록 하는 것이다. 실존치료는 내담자의 타고난 잠재력을 실현하게 하는 것이다. 즉, 내담자들이 실존적 불안을 피하지 않고 존재의 가치를 만들어내는 진실에 근거하는 행동을 할 수 있도록 하는 것을 목적으로 한다. 특히 의미치료는 의미의 실천이 일차적 관심으로 인간이 의식적으로 자신에 대한 책임감을 받아들이도록 하는 데 목표가 있다. 책임감은 의무를 내포하며 이 의무는 삶의 의미에 의해서만 이해된다.

첫째, 내담자로 하여금 자신의 삶에 대한 전반적인 의미와 가치체계를 의식시킴으로써 자신의 생을 재구성하고 직면케 한다.

둘째, 내담자로 하여금 자신의 삶을 경험할 수 있도록 격려하며 현재 상황을 초월할 수 있는 의미를 깨닫도록 한다.

셋째, 이를 통해 내담자의 불안과 신경증을 감소해 나가도록 돕는다.

4. 치료적 관계

실존치료자들은 내담자와의 관계를 매우 중요하게 생각하는데 관계 그 자체로서 중요하다. 치료의 만남 자체는 상담자나 내담자 모두에게 자기 발견의 과정이고 참 만남의 관계이다. 참 만남의 관계에서는 정직 또는 진실성이 본질적인 특징이 된다. 내담자에 대한 기본적인 태도, 정직, 성실, 용기 등의 상담자의 인격적 특성이 내담자에게 제공되어야 한다.

상담자가 인간적이 될 때 내담자도 그렇게 될 수 있으며 이런 과정을 통하여 내담자는 자신의 잠재력을 실현하며 자기성장을 이룩할 수 있다. 이런 치료관계를 깊게 하는 방법으로 진정한 관심과 공감을 표현하고, 치료관계의 핵심은 존중이다. 존중은 자신의 문제에 진실하게 대처할 수 있는 내담자의 잠재력을 믿고, 대안적인 존재 방식을 발견할 수 있는 내담자의 능력을 믿어주는 것이다. 그리고 상담자는 내담자에 대해서 완전하게 살아있는 인간적인 친구로서 존재한다(조현춘 외 공역, 2004, 175).

5. 치료 기법

1) 상담의 과정

실존주의적 상담의 목표는 내담자로 하여금 자기의 인생에서의 의미를 발견하고 발전시키도록 돕는 것이라고 할 수 있는데 이러한 목표는 일반적으로 두 가지 단계를 통하여 달성될 수 있다. 먼저 내담자는 자유인(Free agent)으로서 옳고 그름을 선택할 수 있는 조건이 자기에게 주어져 있음을 알아야 한다. 그 다음 단계에서의 실존주의적 상담의 목표는 내담자로 하여금 자기의 실존을 사실대로 경험하도록 하는 것이다.

의미치료의 상담과정은 증상확인, 의미의 자각, 태도수정, 증상의 통제, 삶의 의미 발견의 5단계로 이루어진다(강봉규, 1999, 108~114).

첫째, 증상의 확인이다. 상담의 첫 단계는 적절한 진단이다. 진단을 통해 한 개인의 심리적, 신체적, 정신적 문제들을 찾아내어 그 성질을 판단하는 것이다, 일차적 요인이 신체적 요인이면 정신병, 심리적 요인이면 신경증, 정신적 요인이면 정신적 신경증인 것이다.

둘째, 의미의 자각이다. 의미에는 삶과 죽음의 의미, 노동의 의미, 사랑의 의미가 있다.

사람들이 삶의 의미를 갖지 않고 공허할 때나 좌절감을 느낄 때 가장 공격적이 되기도 하고(노안영, 2005, 286) 문제를 일으키고, 죽음에 의미를 부여하며 삶에 대한 책임에서 벗어나려 한다. 삶에 대한 책임은 말로 나타나는 것이 아니라 행동과 행위로 나타나야 한다. 고유하고 구체적인 과제나 사명의 행함은 한 개인의 창조적 가치의 실현으로 이어져 사회관계 속의 독특성을 발휘하는 직업이나 노동에서 나타나게 된다. 직업에 의미를 부여하는 것은 직업 자체가 아닌 노동에서 요구되는 의무를 초월하는 개인의 유일성과 독자성의 표현이다. 이런 의미부여에 실패하게 되면 노동에서 회피하게 되고, 실직 시 실업신경증에 걸려 자신을 소용없는 존재라고 보면서 삶을 무의미하다고 생각하게 된다. 또한, 사랑에 대한 의미 부여이다. 사랑을 육체적인 의미만을 부여한다든지 연애와 같은 심리적인 의미만을 부여하는 것은 문제가 있다. 사랑은 삶을 의미로 채우는 하나의 방법이나 가장 훌륭한 방법은 아니다. 그러나 사랑 없이 삶의 의미가 충만한 상태로 살아가는 것도 삶의 온전한 모습은 아니다.

셋째, 태도의 수정이다. 내담자가 의미의 자각을 통해서 증상에서 벗어나고 자신의 삶에 대한 태도를 바꾸거나 책임을 지려는 노력이 나타나야 한다. 그러기 위해서는 신뢰관계를 형성하는 것이 중요하고 내담자의 노력이 따라주어야 한다. 피할 수 없는 자기 운명에 대한 내담자의 그릇된 태도를 변화시켜 새로운 사고와 통찰에 이르도록 도움으로서 결국 건강하고 긍정적인 태도를 갖도록 하는 것이 중요하다(장혁표 외 공저, 1995, 207~208).

넷째, 증상의 통제이다. 태도의 수정이 이루어지게 되면 내담자가 증상을 약화시키거나 통제할 수 있다는 확신과 그러한 사실을 받아들이도록 해야 한다.

다섯째, 삶의 의미의 발견이다. 자신의 긍정적인 미래를 향한 경험과 활동을 지지하며 삶의 의미를 발견하도록 돕는다. 그렇게 되면 내담자는 자신의 삶 속에 내재된 모든 의미를 발견할 수 있는 가능성을 탐색하고, 자신이 처한 특수한 상황에 대해 더 확장되고 풍요로운 관점을 가지게 된다.

2) 상담의 기술

실존주의적 상담은 내담자의 실존을 이해하기 위한 상담자의 자세와 태도, 철학을 강조하기 때문에 상담 기법에 대해서는 크게 관심이 없는 편이다. 또 여러 가지 면에서 인간중심적 상담의 원리와 상통하기 때문에 인간중심적 상담의 원리와 기법을 사용하는 편이나 특징적인 기법으로 역설적 의도, 방관 등이 있다.

(1) **역설적 의도** (paradoxical intention)

역설적 의도는 내담자가 갖는 예기적 불안을 제거함으로써 강박증이나 공포증과 같은 신경증적 행동을 치료할 수 있는 기술의 하나인데, 여기서 예기적 불안이란 내담자가 두려움으로 경험한 바 있는 어떤 사태가 재발할 것이라는 예상 때문에 지레 갖게 되는 불안을 말한다. 이 방법은 특히 강박증 환자들과 공포증환자들의 단기치료에 적합한데 이 방법을 적용할 시에 상담자는 내담자의 증상 자체에 초점을 둘 것이 아니라 그것에 대한 내담자 자신의 마음과 태도에 관심을 가져야 한다.

역설적 의도는 처음 시도 할 때 성공적이어야 증상 재발의 빈도를 줄일 수 있고, 증상의 재발은 역설적 의도가 너무 늦게 적용될 때, 즉 내담자가 예기 불안에 이미 사로잡혀 있을 때 가장 잘 일어난다. 또한, 신체이완 후 역설적 의도를 적용하면 효과적이다. 이완훈련이 내담자의 긴장을 이완시키고 자율신경계에 의한 증상을 안정시켜 주어 공포증이나 강박신경증의 치료에 도움이 되기 때문이다(장혁표 외 공저, 1995, 214~217).

(2) **방관** (de - reflection)

방관은 역반영이라고도 하는데 증상에 대한 과도한 관심, 의도, 자아 관찰에 초점을 두도록 적용되는 기술이다. 방관 자체는 부정적인 면과 긍정적인 면을 함께 내포하고 있는데 내담자는 이 방관을 통해 자기의 관심을 다른 곳으로 돌림으로써 문제를 극복할 수 있다.

(3) **소크라테스식 대화**

실존주의적 상담에서는 소크라테스식 대화를 사용한다. 소크라테스식 대화는 내담자가 깊은 영적인 무의식에 들어갈 수 있게 하여 자기 자신과 자신의 잠재성에 대한 평가 등을 통해 의미를 찾을 수 있다. 상담자는 치료과정에서 지나간 과거의 경험을 새롭게 자각하거나 재평가를 통해 의미부여를 하도록 돕기 위해 무의식적 결정, 억압된 희망, 받아들여지지 않은 자기 인식 등을 깨닫도록 질문을 한다. 그러면 내담자는 증상으로부터 거리를 유지하여 새로운 태도를 갖게 되고, 증상정복의 성취감에 관심을 가지면서 상담자와 공동으로 의미를 추구할 수 있게 된다. 즉, 내담자의 감정을 단순하게 이해하고 수용하기보다는 내담자로 하여금 선택을 하게 하고, 책임과 의무를 받아들이며, 작은 것일지라도 새로운 단계로 나아가면서 문제에서 벗어나도록 도전하게 하는 데 목적이 있다(장혁표 외 공저, 1995, 212). 소크라테스식 대화는 상담의 모든 단계에서 다 사용된다.

6. 실존주의적 군 상담

[빅터 프랭클의 실제 상담 사례]

어느 날 늦은 밤에 집으로 전화벨이 울렸다. 자살을 하겠다는 어느 여자의 호소에 빅터 프랭크는 여자의 자살을 어떻게든 막기 위해서 노력하였다. 그리고 노력은 헛되지 않아서, 자살을 하지 않고 다음 날 그가 근무하는 병원으로 찾아온다는 약속을 받았다. 다음 날, 면담을 가졌을 때, 빅터 프랭클은 놀라지 않을 수 없었다. 그 이유는 어제 밤에 자신과 통화해서 이 여자의 자살을 막았던 이유가 결코 자신의 감동적인 말이 아닌 그냥 자신의 얘기를 들어준 것만으로 그 여자는 자신의 존재감을 느꼈던 것이다. 단지 옆에 있어준 것만으로 말이다.

1) 실존과 군

군에서 실존한다는 것은 무슨 뜻인가? 군 생활은 그 자체로 실존이다. 삶과 죽음을 전제로 한 조건에서, 자신이 전우들과 함께 더불어 살아가면서, 의미를 찾아가는 과정이다. 아군과 적군의 행위 가운데 어느 것이 더 적합한 것인가를 논쟁할 수 있는 장소가 아니다. 최종 명령의 비합리성을 지적하고, 이를 거부하는 장소가 아니다.

군 생활은 군 생활이 개인에게 제시하는 다양한 선택권들 가운데, 자신이 선택하며, 선택한 결과를 책임지고자 하는 능동적 과정이다. 예를 들어, 대학교를 마치고 입대하는 것이 아니라, 2학년을 마치고 입대한 것은 자신이 그 시기에 입대하는 것이 더 나을 것이라는 의미를 부여했기 때문이다.

그럼에도, 많은 경우 군에는 "끌려 왔다"는 생각을 한다. 끌려왔기 때문에, 군대가 자신의 군 생활에 대한 의미를 창출해 줄 것을 바란다. 군에서 궁극적으로 추구해야 할 것이 무엇인가를, 즉, 군의 본질이 무엇인가를 알려달라고 한다. 군의 본질만 알면, 자신이 진짜 열심히 군 복무를 할 수 있다고 주장한다.

그러나 본질을 가까이 하면 실존을 망각한다. 본질이 무엇이냐를 규정하는 동안, 실존에 대한 관심은 약해진다. 심지어는 잊어버리게 된다. 실존을 망각하면 의미를 대신할 수 있는, 혹은 의미가 없는 고통을 잊기 위해 쾌락을 탐닉하게 된다.

자신의 삶에 의미를 상실하였기에, 도박이나 술, 자학적 행위 등을 통하여 자신의 의미를 찾으려고 하지만, 이것은 모두 외적인 조건에 의해 일어나는 일이기 때문에 자신의 삶이 아니다. 자신의 삶의 의미는 온전히 자신이 선택할 때, 찾을 수 있는 것이기 때문이다. 그래서 군은 자신에게 주어진 환경과 운명을 어떻게 할 수 없더라도, 자신이 스스로 선택을 하고, 의미를 창출하여, 자신의 실존을 체험해 볼 수 있는 탁월한 장소가 될 수 있다.

이런 맥락에서 실존주의적 상담은 군에서 효과적으로 적용할 수 있는 상담방법이다. 이는 장병과 군 생활의 실존에 초점을 맞추면서, 변경할 수 없는 자기 운명이 아니라, 운명에 대한 자신의 태도를 바꾸는 접근법이다. 이와 관련해서는 빅터 프랭클의 의미치료법에 주목해 볼만 한다. 그는 독일군의 강제수용소에서 수감생활을 하면서, 자신의 "의미치료"라는 독특한 치료 영역을 발전시켰다.

프랭클은 강제수용소에서 자살을 한 여인의 유품을 본 경우가 있다고 한다. 그 유품 가운데는 "운명보다 강한 것은 운명을 견디어 내는 용기(勇氣)이다."라는 말을 적은 종이가 있었다.[13)] 그는 인간적 접촉이 없이는 기술이나 지혜로는 인간을 돕는 데 한계가 있음을 지적하고 있다.

군에서도 장병에 대한 인간적 접촉이 없는 상담기술이나 인간관리기술 혹은 통제 전략으로는 장병을 돕는데 한계를 겪을 수 있다. 특히 외상 후 사건이나, 자살과 같은 극단적인 행위 - 삶의 의미 자체를 변화시키는 행위 - 에 대해서는 인간에 대한 관심과 그의 실존에 대한 관심 없이는 적절한 도움을 주기가 불가능할 수 있다.

2) 군 생활과 실존주의적 상담

실존주의적 상담은 군과 어떤 관련이 있는가? 실존주의는 군 상담과 특별한 관계를 가지고 있다. 계몽시대 이래로, 사람들은 과학이 인간을 이전 세대보다 더 행복하게 만들 것이라는 기대감이 팽배하였다.

그러나, 1차 세계대전과 2차 세계대전을 거치면서 인간을 행복하게 해 줄 것이라는 과학에 의해 오히려 인간과 문명이 더욱 파괴되는 과정을 지켜보면서, 인간의 삶과 본질에 대한 의문이 실존주의를 탄생시켰다. 모든 외적인 요소에 의지하는 것이 무너지는 상황에서, 인간의 삶과 존재, 의미에 대한 반성적 추구가 실존적 접근법을 야기하였다고 볼 수 있다.

상담학적 관점에서는 전통적인 정신분석이나 급진적 행동주의에 대한 반발로 생겨났다고 볼 수도 있다. 정신분석학에서는 인간의 자유가 무의식적인 힘, 비합리적인 충동, 과거의 사상들에 의해 제한된다고 보았다. 행동주의는 자유가 사회문화적 조건

---

13) 빅터 프랭클 (1980). 로고테라피의 이론과 실제, p 15. 분도출판사

에 의해 제한된다고 보았다.

따라서 실존주의 군 상담은 심리학적 지식보다는 철학에 가깝고, 인간을 돕는 방법보다는 인간을 보는 그 자체에 초점을 맞추게 된다. 실존주의에서 인간 본성은 인간의 존재의미는 고정된 것이 없으며, 미래에도 고정되지 않을 것이라고 주장한다. 개인은 자신의 계획에 따라 지속적으로 재창조하고, 변화하고, 발전하고, 진화한다.

실존주의적 상담에서는 군인을 단순한 지성적 존재이상으로 바라보며, 장병이 호소하는 문제 자체보다는 장병의 있는 그대로의 경험을 주된 내용으로 취급한다. 즉, 장병의 참된 존재는 인지적 경험의 대상인 "본질"이 아니라 개인적으로 매 순간 경험되는 '실존'이라고 생각한다.

실존이 본질에 앞선다는 명제는 실존주의적 상담을 극명하게 나타낸다.[14] 우리가 실존을 버리고 본질에 집착하게 될 때, 자신의 실존을 망각하게 된다. 자신의 삶이 어떠해야 하며, 그 삶에서 동떨어진 자신의 존재에 대해 실망감이나 회의를 느끼게 된다. 결과적으로 매 순간 순간 자신의 삶이 주는 의미를 망각하게 된다. 의미를 망각할 때 쾌락을 탐닉하게 되며, 이는 다시 개인으로 하여금 본질에 더욱 집착하게 만든다.

모든 장병들은 군에서 실존하면서, 자신의 의미를 각성하고자 노력한다. 그러나 실존적 좌절을 겪을 때, 장병은 쾌락을 추구한다. 자신의 존재 이유를 모르는 사람은 공허함에 술에 빠지게 된다.

마찬가지로 군에서 자신의 삶의 의미를 깨닫지 못하는 장병은 쾌락에 탐닉한다. 어떤 장병은 술에, 어떤 장병은 인터넷에, 또 어떤 장병은 도박에 빠질 것이다. 자신의 쾌락에 탐닉할 수 있는 시간이나 공간이 제한된 병사는 휴가를 기다려 자신을 해치는 행동을 할 수 있다.

쾌락에 탐닉하는 것 가운데 가장 큰 것은 자해이다. 자해가 쾌락이라는 것은 언뜻 이해하기 어렵다. 그러나 생각해 보라. 이 세상에서 자신은 가장 힘든 사람이며, 아무

14) 의자의 본질을 정의해 보라고 하면 무척 난감해 한다. 사람들이 앉는 것으로 사용하던 것(실존)이 있고 나서, 의자라고 하는 이름이 붙여지고, 그 결과 의자라는 본질이 나타나게 되는 것이다.

런 의미가 없을 때, 그런 모습을 이해할 수 있는 사람은 아무도 없다. 왜? 그가 말하지 않기 때문에. 그런데, 그런 고독한 자신의 모습을 이해할 수 있는 유일한 사람은 자신 밖에 없다. 실존적 고독으로 이 세상은 나 혼자 살아간다는 것이 아니라, 그저 외로움에 빠진 자신을 이해할 사람은 자신 밖에 없다고 믿는다.

이 세상에서 자신을 이해할 수 있는 단 한 사람인 자신이 자기를 보호해야 한다고 믿는다. 그리고 그 보호하는 방법은 다른 사람이 접근하지 못하도록 자신을 못나 보이게 하고, 까닭 없이 화내고, 자신만 마음대로 할 수 있는 자기 신체에게 상처를 내는 것이다. 극단적인 보호방식은 타인들로부터 자신을 완전히 격리시키는 행위, 자살인 것이다.

이럴 때는 어떻게 해야 하는가? 실존적 좌절을 겪을 때는 그의 존재 가치를 각성시켜 주어야 한다. 이를 위해서는 다음과 같은 사항을 인식하는 것이 도움이 된다.

(1) 장병은 자기 인식능력이 있다.

장병은 특정 조건이 아니라, 자신에게 주어진 매우 불리한 상황이나 극한적 상황 때문에 문제를 겪는 것이 아니다. 장병은 극한적인 상황에서도, 특정 행동을 행할 수 있는 능력과 행하지 않을 수 있는 능력이 있다. 주어지는 상황을 결정할 수는 없지만, 주어진 상황에 대하여 어떤 결정을 할 것인가는 개인이 선택할 수 있는 것이다.

(2) 자유와 책임능력

사람들은 선택의 자유가 있어서 운명은 자신이 결정한다. 스스로 힘이 든다거나, 죄책감을 느끼는 것은, 어떤 점에서는 고통을 느낀다는 것은 스스로 선택하지 않았고, 선택하기 위해 노력하지 않았기 때문이다.

(3) 정체감과 대인관계의 추구

우리가 느끼는 고독감이나 허무는 자신이 타인 및 세상과의 관계를 형성하지 못하기 때문이다. 이 경우에는, 자기 내면을 인식하고, 내적으로 충만한 삶을 살아가려는 존재에의 용기, 자신과의 관계를 공고히 하는 단독의 경험 등이 필요하다.

(4) 의미의 추구

빅터 프랭클은 의미치료에서 인간본성은 의지의 자유, 의미에의 의지, 삶의 의미라고 하는 세 가지 기둥 위에 세워져 있다고 주장한다. 그는 인간의 상태가 생물학적 본능이나 아동기의 갈등, 혹은 외부적 요인에 의해 결정된다는 심리학적 입장과는 반대되는 입장을 보였다. 그는 외부 조건에 의해 삶이 영향을 받지 않는 것은 아니지만(그가 아우슈비츠에서 경험한 것 처럼), 그럼에도 불구하고, 그 조건에 대응할 반응은 우리가 자유롭게 취한다고 주장한다. 우리는 외부세력에 무감각하지는 않지만, 그 힘을 다룰 입장을 정하는 것은 우리의 자유이다.

3) 실존주의적 군 상담의 과정

실존주의적 상담은 기술 자체를 중요시하지 않기 때문에, 특정 상담기술이나 과정을 논하기는 어렵다. 체험을 통하여 의미를 발견해 나가는 과정이라고 하는 것이 더 적합할 수 있다. 그러나 다양한 이론들에 공통적으로 나타나는 과정을 살펴보면 다음과 같다.

(1) 존재의 공존성, 나 - 너의 관계를 이해한다.

어느 순간 지휘관이 부하와 함께 아무런 말이 없더라도, 생사고락을 같이 하는 사람이라는 것을, 전쟁터에서 끝까지 내 옆에서 삶과 죽음에 동반해 주는 사람임을 깨달으면, 부하 장병들은 실존적 공존감을 느끼게 된다. 나와 너(I-Thou)의 관계에서 더불어 살아가는 사람이 있음을 알게 된다는 것이다.

이를 통하여 상담관계와 치료의 시작점이 마련될 것이다. 부하 장병들을 "그것(It)"으로 간주하여—생사고락을 같이 할 운명적 동반자가 아니라 나의 목적을 위해 활용할 대상으로 간주할 때—부하 장병들은 군 생활에서 진정한 의미를 찾기가 어려울 것이다. 목숨을 걸고 싸우는 전투에서, 온 몸을 지휘관에게 맡기는 이유는 국가와 부대, 그리고 지휘관이 장병들 삶의 모든 의미를 대변할 수 있기 때문이다. 즉, 장병의 삶의 의미는 충성하는 국가와 부대, 그리고 지휘관에 의해 최종적으로 발현된다.

공존성을 느끼게 하려면 지금 이 순간 상대편의 존재가 내게 주는 의미를 인식하고, 말하는 것이다. 지금 내 앞에 있는 사람에게서 기쁨이 느껴지고, 슬픔이 느껴지고, 함께 뛰고 싶고, 그 사람이 말한 것에 대해 내가 느끼는 바가 서로에게 통할 때, 우리는 상대편의 공존성을 느끼게 된다.

(2) 존재의 가치를 깨닫도록 한다.

자신에 대해 부정적인 병사들은 자신이 세상을 살아가는 의미가 없고, 자신은 암적인 존재라고 자각하는 경우가 많다. 이는 자신의 본질을 그렇게 규정하기 때문이다. 그가 있기에 누군가가 있는 것이고, 그가 있기에 세상이 있는 것이다.

예를 들어, 자신은 평범한 삶을 살아가고 있어서 아무런 의욕이 없다고 말하는 병사가 있다. 하지만, 이를 가만히 살펴보면, 이 세상에 누군가는 자신보다 앞서 가고 있고, 누군가는 뒤에서 오고 있다. 왜? 그 병사가 거기에 있기 때문에! 이 세상에서 누군가는 나보다 잘났고, 누군가는 나보다 못났다. 왜? 내가 이런 모습을 하고 있기 때문에 그러한 모든 일이 일어나는 것이다. 그래서 누구라도 이 세상에서 살아 가는 의미가 있다. 나로 인해 일어나는 일들이 있는 것이다. 그러나 이를 깨닫지 아니하거나 무시하고자 한다.

(3) 장병이 자신의 고통에 대해 책임을 지도록 초점을 맞춘다.

장병이 자신의 현재나 오늘과 같은 상황에 처한 것은 운명이라거나, 부적절한 부모의 양육태도, 잘못 태어난 집안, 경제적 환경 등이 아니라, 자신 스스로 그 상황에 대하여 책임을 져야 한다는 것을 깨달을 때 변화 동기가 나타난다.

(4) 장병으로 하여금 소망의 능력을 갖도록 한다.

장병이 하고 싶어 하는 것을 파악하고, 이를 표현하는 일이다. 아무리 극한적인 상황이라고 할 지라도, 자신이 소망하는 것이 있다. 아무 것도 소망하지 않는다는 것도 결국은 한 소망의 형태인 것이다.

(5) 장병이 결정의 능력을 갖도록 조력한다.

결정도 죽음처럼 하나의 한계상황이다. 이를 자각해야 한다. 또한, 결정에는 다른 대안들에 대한 포기이며, 그것을 포기하고 이것을 선택한다는 사실을 자각하도록 해야 한다. 삶에는 무수히 많은 선택이 있음에도, 어느 것도 선택하지 않는 경우가 많다. 그러면서도 정작에는 자신은 할 일이 없다고 말한다. 노예처럼 사는 사람도 그렇게 살 것인가, 아니면 그렇지 않을 것인가를 결정할 수 있는 선택권이 있다. 하나를 선택하면 다른 하나를 포기하는 것이다. 자신이 선택한 것에 대해서는 책임을 지도록 해야 한다.

4) 실존주의적 군 상담을 위한 TIP

먼저 정신분열증 징후로 인해 이스라엘 수용소에 2년 반이란 세월을 보낸 27세의 유대인 청년과 프랭클이 상담한 내용 중의 일부를 제시한다(강봉규, 1999, 381~382).

프랭클 : 그대의 의심은 언제부터 비롯된 것인가요?

내담자 : 이스라엘에 있는 병원에서 감금생활을 하고 있을 때부터 의심하기 시작하였습니다. 박사님도 아시다시피 경찰이 저를 잡아다가 병원 당국에 넘긴 것이죠. 그래서 저는 다른 정상적인 사람들과 다르게 저를 만든 하느님에 대하여 원망하였습니다.

프랭클 : 하지만 어떤 뜻으로나 그러한 일이라도 깊은 뜻을 담겨 있는 것이라고 상상할 수 없습니까? '요나' 라는 예언자는 어떻습니까? 그는 고래에 잡혀먹히지 않았습니까? 그 역시 '감금되었다' 고 할 수 있는데 그 이유는 무엇일까요?

내담자 : 그거야 물론 하느님이 그렇게 안배하신 거죠.

프랭클 : 그런데 고래의 뱃속에 잡혀 있는 자신을 발견하게 된 것이 요나에게 결코 즐거운 일이 될 수 없었으나 그 때만이 그는 과거에 거부하였던 삶의 과제를 인정할 수 있게 되었던 것입니다. 오늘날 고래의 뱃속에 사람을 감금한다는 것은 거의 불가능하다고 생각합니다. 그렇지 않습니까? 어쨌든 그대는 고래의 뱃속이 아닌 공립병원에 머물렀던 것입니다. 그리고 2년 반이란 감금생활을 통하여 하느님이 그대에게 직면하여야 할 과제를 주고자 하였던 것이라고 상상할 수 없겠습니까? 어쩌면 그대의 감금생활이 그대 삶의 특이한 시기에 부과된 그대의 과제일 수도 있습니다. 그런데 결과적으로 그대는 올바른 방향으로 그러한 사실을 직시하게 되지 않습니까?

내담자 : (이제 처음으로 보다 감정에 휘말리게 되어서) 박사님도 짐작하시겠지만, 그것이 바로 제가 아직도 하느님을 믿고 있는 이유입니다.

프랭클 : 좀 더 구체적으로 말씀하십시오.

내담자 : 어쩌면 하느님은 이 모든 것을 원하고 계신지도 모르고, 또 저의 회복을 원하고 계셨는지도….

프랭클 : 나는 회복만으로 끝나는 것이 아니라고 말하고 싶습니다. 회복이란 것은 업적일 수 없습니다. 그대에게서 요구하고 있는 것은 회복 이상입니다. 그대의 정신적 수준은 그대가 병들기 이전보다 높아져야 합니다. 말하자면 그대 역시 조그만 '요나' 처럼 2년 반이란 세월을 고래의 뱃속에서 보내지 않았습니까? 이제 그대는 거기서 겪어야 했던 것으로부터 해방되었습니다. '요나' 는 감금을 당하기 전에 하느님을 찬양하기를 거부하였습니다. 그러나 고래 뱃속에 나왔을 때 그는 마다하지 않았습니다. 그대는 지금부터 탈무드의 지혜를 보다 깊숙이 꿰뚫어 보게 되는 것이 좋을 것 같습니다. 나는 그대가 지금까지 하였던 것보다 더 많은 것을 공부하라고 말하고 싶지 않습니다. 그러나 그대의 연구는 더 많은 결실과 의미가 있어야 할 것입니다. 이제 시편에 쓰여 있듯이 금과 은이 용광로에서 제련되는 식으로 그대는 순화되었습니다.

내담자 : 오, 박사님! 무슨 말씀인지 알겠습니다.

프랭클 : 병원에 머물게 되었을 때 더러 울기도 했겠죠?

내담자 : 아, 그야 말할 수 없을 정도이죠!

프랭클 : 이제 실컷 쏟아 낸 그대의 눈물로 매어 있던 굴레는 제거되었을 것입니다.

실존치료는 삶의 의미를 찾으면서 자유의지를 통한 자신의 선택을 책임지게 하는 상담이론이다. 이것을 군 상담에 적용한다면 다음과 같은 강점이 있다.

첫째, 군 조직은 수직적인 상하관계 속의 만남이지만 때로는 존재 대 존재로서의 인간적인 만남을 지향할 필요가 있고 조직에서도 존재와 행위의 구별이 가능함을 학습해야 한다. 군 조직은 물론 실패를 용납할 수 없기 때문에 대부분 행위나 행동에 의해 평가되는 경향이 많다. 그러나 인간은 실수하는 존재이기 때문에 실수를 통해서 자신의 책임감을 깨달을 기회가 되도록 간부들은 병사들을 한 존재로서의 인정과 수용의 자세를 가지며 모범을 보여야 하겠다.

둘째, 인간은 환경이나 상황 속에서 선택할 수 있는 자유가 있다. 그러나 대부분 병사는 징집으로 인해 선택과 자유를 박탈당했다고 생각한다. 그러나 개인의 자유는 국가나 사회의 안위 속에서 지켜지는 것이라는 한계를 수용하도록 도울 필요가 있다. 한계를 인정하면서 군 생활 속에 던져진 자신의 삶을 통해 지나온 삶을 정리해보고 살아갈 날의 의미나 목표를 확립하면서 자신의 잠재된 능력을 시험하고 성장시킬 수 있게 도와주어야 한다.

셋째, 삶의 의미를 발견하지 못하게 되면 실존적 불안을 경험하게 된다. 병사들은 2년의 세월에서 삶의 의미를 발견할 수 없다는 부정적인 시각을 가지고 있다. 이 귀중한 경험에 의미를 가질 수 있도록 자신을 재발견하고 재창조할 수 있게 도와주어야 한다. 특히 간부인 상담자는 병사들이 외부와 단절되었다고 생각하는 이 시간 동안 자신의 내면을 성찰하고 정체성을 찾으며 인생에 대한 가치관을 확립하도록 도와야 한다. 즉, 자유의지를 갖춘 존재로서의 자신의 선택과 그것에 대한 책임을 지는 성숙한 인간으로 살아갈 수 있는 태도나 자세를 갖도록 병사들을 도와주어야 한다.

넷째, 상담자나 군 간부들은 병사들이 통제된 군 생활 속에서 현실적으로 경험하는 여러 가지 실존적 좌절이나 공허감을 이해하고 그것을 채울 수 있게 도와야 한다. 그러기 위해서 군 생활이 일의 의미와 어떻게 관련되는지, 여자 친구나 전우관계가 사랑의 의미로서 어떻게 자각이 되는지 알게 해주어야 한다. 이러한 사랑이 결국 삶의 의미를 채우는 방법의 하나임을 깨닫게 하고 귀중한 경험을 하고 있음을 인식하도록 도와야 한다.

제 7 장

게슈탈트 상담이론

1. 기본 철학

게슈탈트상담은 호나이(Horney), 라이히(Reich)와 같은 정신분석가의 영향을 받은 독일출생의 유대계 정신과 의사 펄스(Fritz Perls)에 의해 창시된 상담이론이다. 펄스는 1934년 히틀러의 탄압을 피해 남아프리카로 가서 정신분석학회를 창립하였고 1942년 정신분석을 비판하며 프로이드와 결별을 하였다. 1946년 미국으로 건너갔고 1950년 '알아차림(awareness)' 에 관한 이론을 정립하고 "뉴욕 게슈탈트 치료연구소"를 세웠다. 동기와 방어에 관한 정신분석적 이해를 하지만 많은 부분 프로이드의 이론을 반박하였다. 특히 인간의 성격에 대한 총체적인 접근을 강조하면서 현실지각을 강조하기 때문에 현상학적 관점으로 접근하였고, 인간이 무엇을 어떻게 생각하고 느끼며 행동하는지를 아는 것을 중요하게 생각하였다. 지금 그리고 여기에서의 행동방식을 중요하게 여기는 실존주의의 영향을 많이 받았다.

또한, 게슈탈트 심리학에 말하는 개체는 다음과 같은 특성을 갖는다.

첫째, 개체는 장을 전경과 배경으로 구조화하여 지각한다.

둘째, 개체는 장을 능동적으로 조직하여 의미 있는 전체로 지각하는 경향을 지니고 있다.

셋째, 개체는 자신의 현재 욕구를 바탕으로 게슈탈트를 형성하여 지각한다.

넷째, 개체는 미해결된 상황을 완결지으려는 경향을 지니고 있다.

다섯째, 개체의 행동은 개체가 처한 상황의 전체 맥락을 통하여 이해된다. 이러한 게슈탈트 심리학은 게슈탈트치료에 영향을 주었다.

한 개인이 어떻게 세상이나 사상을 받아들이고 해석하는지에 관심을 갖는다. '있는 그대로의 자신' 을 깨닫고 '있는 그대로의 자신' 으로 되는 것을 강조하며 자기자각(self - awareness)이라는 용어를 사용하였다. 매 순간 깨어 있어 자기 자신으로서의 지금 현재에 존재하는 것을 매우 중요하게 여긴다. 고전적 게슈탈트는 자기자각에 초점을 두었다면 현대의 게슈탈트는 자신과 타인 그리고 세상과의 관계에 대한 자각인 접촉에 더 초점을 두고 있다. 또 게슈탈트에서는 논의되고 있는 내용보다는 무엇이 일어나고 있는지에 대한 과정에 초점을 두어 사건보다는 현재 경험하고 있는 것과 그 과정에 관심을 보인다(김춘경 외 공역, 2006, 134).

2. 주요 개념

1) 인간관

게슈탈트 상담의 인간관은 실존주의 철학과 현상학적 이론에 근거하는데 개인은 자기 내부나 주변에서 일어나는 일에 대해 완전히 인식할 수 있으면 삶의 문제를 효과적으로 스스로 처리할 수 있고, 자신의 환경을 조절할 능력을 갖출 수 있다고 본다. 따라서 내가 아닌 다른 사람이 되려고 노력할수록 지금과 같은 모습으로 머무르게 되지만 있는 그대로의 자신을 완전히 받아들이고 자각하게 되면 변화는 가능하다.

2) 게슈탈트(Gestalt)

게슈탈트라는 말은 '전체', '형태', '모습' 등의 뜻을 지닌 독일어로서, 개체에 의해 지각된 자신의 행동동기 또는 개체에 의해 지각된 유기체의 욕구나 감정의 넓은 의미로 사용된다. 게슈탈트 심리학자들에 의하면 개체는 어떤 자극에 노출되면 그것들을 하나의 부분으로 보지 않고 완결성, 근접성, 유사성의 원리에 입각하여 자극을 하나의 의미 있는 전체 혹은 형태 즉, '게슈탈트'로 만들어 지각하려는 경향성을 가지고 있다.

3) 전경(figure)과 배경(ground)

어떤 대상을 지각할 때 관심에 따라 다르게 지각된다. 관심의 초점이 되어 지각되는 부분을 전경(前景), 관심 밖으로 물러나 있는 다른 부분을 배경(背景)이라 한다. 건강한 사람은 심리적으로 전경과 배경의 교체가 순기능적으로 잘 진행되는데(한재희, 2004, 225), 개체가 게슈탈트를 형성하여 지각한다는 것은 개체가 어느 한 순간에 가장 중요한 욕구나 감정을 전경으로 떠올린다는 의미이다. 아래의 그림은 자신이 보고자 하는 대로 보이는 그림이다. 무엇이 보이는지 다른 사람과 어떻게 다른지 비교해 보면서 전경과 배경의 차이를 알 수 있다.

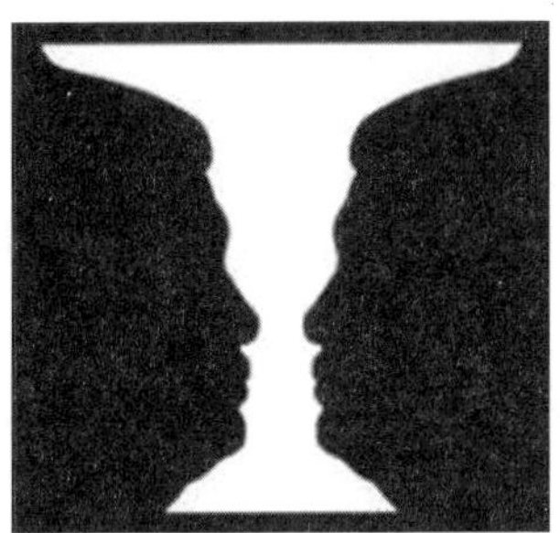

<그림1> Gleitman, 루빈의 컵

<그림2> Escher 작, Sky and Water1

4) 미해결 과제(unfinished business)

해소되지 않은 게슈탈트를 말한다. 전경과 배경의 교체가 자연스럽게 이루어지는 것이 일반적이다. 그러나 게슈탈트를 형성하지 못하거나 형성하긴 했으나 해소하는데 방해를 받게 되면 배경으로 사라지지 못하고 계속 전경으로 떠오르려고 하기 때문에 다른 게슈탈트가 확실하게 형성하고자 하는 것을 방해한다.

5) 알아차림(awareness)과 접촉(contact) 주기

알아차림은 개체가 자신의 유기체 욕구나 감정을 지각한 다음 게슈탈트로 형성하여 전경으로 떠올리는 것이고, 접촉은 전경으로 떠오른 게슈탈트를 해소하기 위해 환경과 상호작용하는 행위이다. 게슈탈트가 생성되고 해소되는 반복과정을 '알아차림 - 접촉 주기' 라고 한다.

이 주기는 전경에서 물러나 배경으로 시작하여 감각, 알아차림, 에너지 동원, 행동, 접촉의 순서로 이루어지며 반복되는데, 단절이 되면 미해결과제가 쌓여 심리적인 문제를 일으키게 된다. 또 효과적인 접촉은 변화와 성장을 위한 필연적 요소이다.

6) 환경과의 접촉장애

게슈탈트 상담에서 접촉은 변화와 성장에 필수적이다. 이런 접촉은 모든 감각과 움직임을 통해 일어난다. 개성을 상실하지 않으면서 환경과 상호작용을 하는 것이 좋은 접촉이다. 즉, 환경과 교류하면서 자신에게 필요한 것은 경계를 열어 받아들이고, 환경에서 들어오는 해로운 것에 대해서는 경계를 닫음으로써 자신을 보호한다. 그런데 이런 접촉에 문제가 생기면 접촉경계 혼란이 생기고 신경증을 가지게 되며 부적응 행동이 일어나게 된다. 접촉경계 혼란이 일어나게 되는 원인으로 내사, 투사, 융합, 반전, 자의식, 편향을 들고 있다.

(1) 내사((introjection)

인간은 환경과의 접촉을 통해 자신에게 필요한 것을 받아들이고 소화시킨다. 그러나 무비판적으로 타인의 행동이나 가치관을 자기 것으로 받아들여 동화되지 못한 채 남아있으면서 행동이나 사고방식에 악영향을 미치는 것을 의미한다. 이런 내사는 고정된 행동패턴을 개발하고 습관적으로 자동화된 행동을 반복하게 한다.

(2) 투사(projection)

자신이 받아들이기 어려운 생각이나 욕구, 감정 등을 부정하고, 타인의 것으로 지각하는 현상을 투사라고 한다. 투사를 하는 것은 자신의 욕구가 좌절되는 것보다 고통을 덜 받기 때문이다. 즉, 개체가 자기 자신과 싸우는 것보다 타인과 싸우는 것이 쉽고 우리 자신의 악과 대치하는 것보다는 악마에 대항하는 것이 더 쉽기 때문이다(강봉규, 1999, 123).

(3) 융합(confluence)

친밀한 관계에 있는 두 사람이 서로 간에 차이점이 없다고 느끼도록 합의함으로써 발생하는 접촉경계 혼란을 말한다. 이런 융합은 주로 부부 사이나 부모 자식 간에 많이 발견되지만 오랜 친구나 조직에서도 존재할 수 있다. 자신의 고유한 개체성을 희생하고 우리라는 보호막 속에 안주하려고 하기 때문에 갈등이나 불일치를 용납하지 못한다.

(4) 반전(retroflection)

개체가 환경이나 타인에 대해서 하고 싶은 행동이나 타인이 자기에게 해주기를 바라는 행동을 스스로 자기 자신에게 하는 것을 뜻한다. 즉, 타인에게 화를 내는 대신에 자기 자신에게 화를 내거나 타인의 위로 대신에 스스로 자위하는 것을 의미한다.

(5) 자의식(egotism)

개체가 자신에 대해 지나치게 의식하고 관찰하는 현상을 말한다. 타인이 자신의 행동에 대해 어떻게 반응할지에 대해 지나치게 의식하는 것을 말한다. 따라서 자신의 노력이나 결과를 만족하고 받아들이기보다 항상 관찰자의 위치에서 자신의 행동이 어떻게 보일지에 민감해서 감시하고 통제한다.

(6) **편향**(deflection)

심리적으로 힘든 내적 갈등이나 환경적 자극에 노출될 때 이런 경험으로부터 압도당하지 않기 위해 자신의 감각을 둔하게 만들어서 자신과 환경과의 접촉을 약화시키는 것을 말한다. 예를 들면 말을 길게 하거나 초점을 흩트리는 것, 대강 웃음으로 무마하려는 것을 들 수 있다. 이런 행동이 습관적으로 나타나게 되면 개체는 타인이나 환경으로부터 고립되며, 삶의 활력과 생동력이 감소되어 무기력해지게 된다.

3. 치료 목표

게슈탈트 상담의 목표는 사람으로 책임 있는 삶을 살 수 있는 성숙한 사람이 되도록 돕는 것이다. 즉, 내담자로 하여금 현실적 고뇌가 삶의 한 부분임을 수용하고 그것을 극복하도록 돕는 것이다. 따라서 자신의 인식이 있게 되면 선택이 가능하게 되어 의미 있는 존재로서의 삶을 살 수 있게 되는 것이다. 게슈탈트 상담의 보다 직접적인 목표는 자각을 얻는 것이다. 내담자가 현재 무엇을 하고 있든지 그것을 어떻게 하든지 간에 자각하게 하는 것이며 동시에 자신을 수용하고 존중하는 것을 배우게 하는 것이다. 게슈탈트 상담에서 추구하는 중요한 목표는 몇 가지가 있는데 이는 독립적이라기보다 상호보완적이다.

1) 체험확장

개체가 환경의 장에서 자신의 신체, 사고, 감정. 욕구 그리고 환경에 대한 지각을 넓히면서 자신을 표현하고 자신의 욕구를 돌보는 것이 게슈탈트 상담의 중요한 목표 중의 하나이다. 그렇게 하기 위해서는 상담자는 내담자가 자신의 방어를 해제하고 억압했던 자신의 부분들은 접촉하기 위해 다양한 체험을 통해 자신의 영역을 확장하도록 도와주어야 한다. 자신에 대한 감격이나 비판, 타인과의 즐거움 경험이나 침묵과 휴식, 희망의 감격이나 혼동과 수치, 어른의 진지함이나 아이의 장난스러움 등과 같은 활동 속에 머물러 보는 체험도 필요하다.

2) 통합

개체는 다양한 접촉경계 혼란으로 인해 전체로서 기능하지 못하고 부분으로 존재한다. 도는 감정이나 욕구를 억압함으로 인해 인격에 구멍이 뚫림으로 인해 전체로서 통합적으로 기능하지 못할 때가 많다. 따라서 상담자는 내담자가 부서지거나 소외된 유기체의 조각들을 찾아서 통합하고 유기체적인 삶을 살도록 도와야 한다.

3) 자립

게슈탈트 상담의 목표 중의 하나는 내담자가 자신의 내적인 힘을 회복하여 자립하도록 하는 것이다. 여태까지 내담자가 해오던 방식이나 노력은 타인을 조종하거나 타인을 의존했던 방식이다 따라서 상담자는 내담자가 진정한 자신의 삶을 살도록 하기 위해서는 기존방식을 포기하고 자립하도록 도와야 한다.

4) 책임자각

책임은 유기체가 환경과의 상호작용 속에서 능동적이고 자율적인 선택과 그 결과에 대해 받아들이는 능력이다. 그러나 미해결과제가 많은 개체는 상황에 능동적이고 자율적인 반응이 어렵기 때문에 책임 있는 행동을 하지 못한다. 따라서 상담자는 내담자로 하여금 타인에게 의지하거나 책임을 전가하려는 자세를 버리고 스스로 선택하고 책임질 수 있도록 도와야 한다.

5) 성장

내담자의 인격적 성장은 중요한 목표이다. 개체는 자기실현의 욕구가 있기 때문에 새로운 것을 동화시켜 변화하고 성장해야 살아갈 수 있다. 즉, 성장은 낡은 옷을 벗어버리고 새로운 옷을 입는 것에 비유할 수 있는데 이때 불안을 경험할 수 있다. 따라서 상담자는 성장을 위한 변화와 그에 따르는 불안이나 공포를 이해하고, 도전할 수 있도록 용기를 주면서 조심스럽게 다루어야 한다.

6) 실존적인 삶

미해결과제를 지닌 유기체는 오늘의 실존적인 삶을 살지 못한다. 과거는 지나가버린 오늘이고, 미래는 다가오지 않은 오늘이다. 따라서 실존적인 삶은 지금 이 순간에 진정한 자신이 되어 자신의 자연스러운 욕구에 따라 사는 것이다. 내가 '어떠어떠한 사람이 되어야 한다.' 가 아니라 진정한 자신과 접촉하면서 '나는 어떠어떠하게 있다' 를 경험하는 삶이다.

4. 치료적 관계

게슈탈트 상담에서 상담자와 내담자는 교사나 지도자가 아닌 거울과 같은 관계이다. 따라서 상담자와 내담자는 나와 너의 인격적인 관계의 맥락에서 상호작용이 일어나야 한다. 특히 상담자는 새로운 존재방식으로 내담자가 현재적 경험을 시도할 수 있도록 돕는 것이 중요하고, 미해결과제를 통찰하도록 도와주어야 한다.

짐킨은 게슈탈트의 본질을 나-너 관계와 지금-여기라고 한다. 나-너 관계는 상호 직접적이고 솔직하며 각자의 독특성이 강조되는 관계이다. 정신분석을 수직적 관계라고 본다면 게슈탈트 상담은 수평적인 관계이다. 수평적인 관계에서는 상담자와 내담자가 동등하다. 게슈탈트 상담의 입장은 상담자가 자신의 감각을 가지고 내담자와 직접적인 접촉을 하면서 합의된 과제에 집중하고 내담자의 알아차림을 확장시키는 것이다. 유능한 상담자는 그가 자신의 내적인 감정들에 주의를 기울일 때는 그것들을 알아차릴 수 있어야 하고, 자기가 원할 때에는 자연스럽게 표현할 수 있어야 한다(김정규 외2 인, 2008, 95). 그것은 내담자에게 새로운 관계를 경험하게 하고 상담자도 자신에 대해 학습하는 기회가 된다. 또한 자연적으로 발생하는 전이현상은 인정하지만 분석하거나 조장하지 않는다. 상담자가 자신의 감정을 내담자에게 분명히 표현하고 지금여기에서의 상호관계에 초점을 맞춤으로써, 내담자의 왜곡된 지각을 현재의 새로운 경험으로 통합할 수 있도록 도와준다(김정규, 1995, p105).

치료적 관계에서의 상담자의 태도는 첫째, 내담자의 존재와 삶의 이야기를 마치 자신의 이야기인 것처럼 진지하게 흥미와 관심을 가지고 신나게 들어주어야 한다. 둘째, 내담자의 존재를 있는 그대로 받아들이고 사랑해야한다. 그래서 그의 존재자체를 수용하기 위해서 그에 대한 상담자 자신의 욕심이나 기대를 포기하는 것도 필요하다. 셋째, 현상학적인 태도를 취해야 한다. 마치 산파처럼 내담자의 생명현상에 대한 흐름을 따라가야 한다. 상담자 자신의 어려움을 피하거나 자신의 방향으로 끌고 가기, 내담자에게 투사하기 등과 같은 것을 피하고 내담자가 치료주제를 선택하고 작업방향 등을 정하도록 허용해야 한다. 넷째, 상담자는 창조적 대응 능력이 있어야 한다. 내담자의 고정된 시각은 그 문제를 계속 유지해온 틀이다. 따라서 상담자는 내담자를 다른 시각으로 볼 수 있어야 하고 새로운 대안을 제시해 줄 수 있어야 한다.

5. 치료 기법

1) 상담의 진행과정

게슈탈트 상담은 내담자로 하여금 지금 여기에서의 경험을 충분히 각성하고 부적응의 행동이 어떻게 자신의 삶을 방해하여 왔는지를 알도록 도와주는 과정이다. 기본적인 절차로는 크게 여기 그리고 지금에 대한 자각, 욕구 좌절에 대한 내담자의 자각과 상담자의 촉진, 자아통합의 촉진과 실현으로 이루어진다.

첫째, 여기 그리고 지금에서는 내담자의 관심사에 관해 이야기하기보다는 감각 그 자체를 탐색한다. 순간에 대한 자각을 증진시키며 순수한 자각과 감각을 지녔던 과거

아동기의 자각을 회복할 수 있도록 한다. 또 지금 이 순간을 경험하지 않고 과거나 미래, 개인적인 경험에 대해 이야기함으로써 경험을 회피하려는 내담자의 시도를 좌절시킨다. 따라서 현재의 자각을 촉진하도록 '나는 지금을 자각하고 있다.' 라는 기본 문장을 사용하기도 한다.

둘째, 감각적 신체적 자각의 단계를 거치면 심리적 욕구좌절에 대한 자각을 경험하게 하고 촉진한다. 본격적인 상담과정은 충족되지 못한 심리적 욕구의 자각이 일어날 때 시작된다. 상담자는 내담자가 창조적인 존재로서 자신의 잠재력을 자각할 수 있도록 촉진해야 한다. 또한, 성격의 소외되었던 부분들에 대한 내담자의 자각을 회복시키기 위해 본능적인 욕망과 충동을 자각하고 수용할 수 있도록 도와야 한다. 이 자각과 수용은 행동변화의 중요한 토대가 된다.

셋째, 자아통합의 촉진과 실현

내담자는 발견, 조절, 동화의 3단계를 통해 자아통합이 일어나게 되며 자기를 실현할 수 있는 힘을 가지게 된다.

발견은 내담자가 현실을 이해하고 상황을 새로운 관점에서 보며 자신과 타인 그리고 상황에 대해 새롭게 발견하게 되는 것이다. 조절은 내담자 자신이 선택권을 가짐을 인식함으로써 새 행동을 학습하고 대처기술을 획득하면서 성공적인 경험을 하도록 지지해 나가는 과정이다. 동화는 환경을 수동적으로 받아들이는 것이 아니라 일상의 삶에서 만나는 여러 가지 문제들은 다룰 수 있는 능력이 있음을 알게 된다. 그리하여 자신의 입장에서 생각하고 행동하며 원하는 것을 선택할 수 있는 힘을 얻게 되는 것이다.

이러한 상담의 진행을 통해 미해결된 과제를 해결하고 성격이 변화되는 과정은 다섯 단계의 층으로 이루어진다.

첫째, 피상층(the cliche layer)이다. 이 단계는 형식적이고 의례적으로 만나는 단계임으로 자신이 아닌 타인의 의해 조정된 모습으로 살아가는 단계이다.

둘째, 연기층(the role-playing layer)이다. 이 단계는 공포층(the phony layer)으로

부르기도 하는데, 부모나 주의의 기대에 맞추어 역할을 하면서 살아가는 단계이다. 이런 역할은 유기체로 하여금 진정한 자신으로부터 멀어지게 하고 의존적인 삶을 살게 한다. 피상층과 공포층은 게슈탈트 형성이 잘 안 되는 단계이다.

셋째, 교착층(the impasse layer)이다. 이 단계는 역할이 무의미함을 깨닫고 포기하려고 하지만 자립하려고 하지만 심한 공포를 체험하는 단계이다. 마치 막다른 골목에 온 것처럼 오도가도 못 하는 딜레마에 빠지는 단계이다. 즉, 게슈탈트가 형성은 되나 에너지 동원이 잘 되지 않는 단계이다.

넷째, 내파층(the implosive layer)이다. 이 단계는 자신이 억압해왔던 욕구와 감정을 알아차리는 단계이나 행동으로 옮기는 것이 안 되어 게슈탈트가 완결되지 않은 상태이다.

다섯째, 폭발층(the explosive layer)이다. 이 단계는 자신의 감정과 욕구를 억압하거나 차단하지 않고 직접적으로 외부의 다른 대상에게 표현한다. 또한 자신의 게슈탈트를, 환경과의 접촉을 통해 완결하는 단계이다.

2) 상담 기법

(1) 신체적 자각

신체적 무장을 통해 무의식적 과정이 신체화된다고 펄스는 말한다. 따라서 신체자세, 호흡, 이완된 근육 등에 주의를 기울이며 언어와 보이는 행동의 불일치를 자각하게 한다.

내담자 : 나는 기분이 좋습니다.

상담자 : 인상을 쓰시면서 주먹에 힘을 주시네요.

(2) 현재 각성 기법

항상 현재를 경험하게 하기 위해 자기 각성과 환경과의 접촉에 대해 각성을 하도록 한다. 그렇게 하기 위해 감각, 느낌, 사고, 환상 등을 통해 깨닫게 한다. "당신은 지금 무엇을 경험하고 있습니까?" 와 같은 질문을 던지거나 "나는 나의 ~~을 경험하고 있습니다." 라는 문장을 사용한다.

(3) 감정에 머무르기

불쾌한 감정이나 기분을 이야기하고 도망하고 싶을 때 사용하는 기법이다. "지금 그 감정을 충분히 경험하세요. 그리고 거기에 머무르세요." 라고 촉구한다. 이는 내담자가 자신의 감정에 직면하도록 도와 미해결된 감정이나 과제를 해결하도록 돕는다.

(4) 게슈탈트 기도

펄스는 언제나 자기 자신이 되는 것을 중요한 철학으로 여겼다. 그래서 상담을 하기 전에 게슈탈트 기도를 하도록 하는데 그 내용은 다음과 같다.

> 나는 나, 당신은 당신(I am I and You are You)
> 나는 나의 일을 하며 당신은 당신의 일을 한나(I do my thing and you do your thing.).
> 내가 이 세상에 존재하는 것은 당신의 기대에 부응하기 위한 것이 아니다(I am not in this world to live up your expectation).
> 그리고 당신이 이 세상에 존재하는 것은 나의 기대에 부응하기 위한 것이 아니다(And you' re not in this world to live up to mine).
> 나는 나, 당신은 당신(I is I, You is You)
> 만약 인연이 있어서 우리가 서로 만날 수 있다면 다행이다. 만날 수 없다면 그것은 도리가 없는 것이다(If by chance we find each other, If not it can be helped).
> 아멘(Amen)

(5) 빈 의자 기법

가장 많이 쓰이는 기법의 하나로 상담현장에 없는 상대와 상호작용해야 할 필요가 있을 때 사용한다. 내담자 앞에 빈 의자를 놓고 거기에 상대가 있다고 가정하고 대화하도록 하는 것이다. 자신의 내면을 솔직하게 직접화법으로 표현하기 때문에 자신의 감정을 각성할 수 있다. 반대로 빈 의자에 내담자가 앉아 상대 역할을 경험할 수도 있다.

(6) 대화게임

내담자의 마음속 갈등을 대화로 경험하게 하는 것이다. 서로 상반된 입장의 마음을 서로 하인과 상전으로 명명하고 대화해보게 한다. 예를 들면 내담자가 애인이 아닌 다른 상대와 데이트할까 말까 망설일 때 전자는 데이트하고 싶은 하인의 입장, 후자는 데이트를 해서는 안 된다는 상전의 입장이 되어 서로 대화하게 하는 것이다.

6. 게슈탈트적 군 상담

1) 군과 게슈탈트

게슈탈트는 전체 혹은 형태라는 말로 번역된다. 이는 사람이 사물을 지각할 때, 사물의 각 부분의 합으로 인식하는 것이 아니라, 개체의 장을 능동적으로 조직하여 의미 있는 전체로 지각하는 방식을 말한다. 이는 매우 중요한 전제로서, 군 생활에서도 군과 자신을 어떤 식으로 조직하여 의미있는 전체로 지각하는냐에 따라 군 생활의 적응과 부적응이 달라질 수 밖에 없기 때문이다.

게슈탈트는 단순하게 나에게 주어진 장 자체를 말하는 것이 아니다. 군이라고 하는 전경과 개인이라고 하는 배경, 되는대로 행동하겠다는 전경과 군에 잘 적응하고 멋진 생활을 하고 싶어하는 배경이 어떻게 완전한 인격체를 만들어가느냐 하는 것은 매우 흥미로운 일이며, 군을 통하여 보다 기능적인 인간으로 성장할 수 있다.

게슈탈트 상담은 내담자의 지각의 장을 확장해 주고, 이를 통해 현실에서 경험에 대해 개방적이 되면 될수록, 책임감 있는 선택과 행동이 가능하다는 입장을 취하고 있다.

2) 게슈탈트적 군 상담의 실제

게슈탈트적 군 상담은 내담자 병사로 하여금 지금 여기에서의 경험을 충분히 각성하고 부적응의 행동이 어떻게 자신의 삶을 방해하여 왔는지를 알도록 도와주는 과정이다. 기본적인 절차로는 크게 여기 그리고 지금에 대한 자각, 욕구 좌절에 대한 내담자의 자각과 상담자(지휘관 혹은 간부)의 촉진, 자아통합의 촉진과 실현으로 이루어진다.

첫째, 여기 그리고 지금에서는 내담자의 관심사에 관에 이야기하기보다는 감각 그 자체를 탐색한다. 병사들이 신체와 심리가 분리된 것이 아님을 알게 하고, 신체감각을 자각함으로 자신의 상태를 인지하도록 할 수 있다. 신체의 모든 감각을 경험하게 함으로 자기 인식이나 자각을 할 수 있게 돕고, 이 자각의 의미를 새로운 관점에서 보고 수용할 수 있는 힘을 기르게 한다.

간부 : 지금 너의 신체 중에서 가장 불편한 곳은 어디니?
병사 : 가슴입니다.
간부 : 가슴이 어떤지 자세히 설명해줄 수 있나?
병사 : 가슴이 두근두근거립니다.
간부 : 그래. 가슴이 두근두근하는구나. 두근두근한 가슴을 가장 잘 설명하는 느낌 단어는 뭘까?
병사 : … 두렵습니다.
간부 : 지금 몹시 두려워하고 있구나. 그 두려움이 또 신체 어떤 부분에서 느껴지니?
병사 : 다리가 힘이 없어지는 것 같습니다.
간부 : 다리에 힘은 없고 가슴이 두근두근거리면서 마음 속에서는 몹시 두려워하고 있구나. 이 두려움의 정체는 뭘까?

병사 : … 잘 모르겠습니다.

간부 : 천천히 생각을 해 봐.

병사 : 내가 무슨 일을 저지르게 될까봐 걱정이 됩니다.

간부 : 조금 더 천천히 자세히 설명해봐.

병사 : 가슴이 두근거리는 게 예전에 사고를 쳤을 때와 비슷한 생각이 듭니다.

간부 : 예전의 사고라니?

병사 : 고등학교 때 나를 못살게 굴던 애를 때렸는데 이가 부러졌던 생각이….

> 둘째, 감각적 신체적 자각의 단계를 거치면 심리적 욕구좌절에 대한 자각을 경험하게 하고 촉진한다. 병사들에게 마음속의 갈등을 충분히 경험하게 함으로 자신의 감정에 솔직히 직면하게 하고 병영생활 속에서 충족하고 싶은 욕구나 충동이 무엇인지 자각할 수 있게 하고, 이것을 어떻게 조절하고 통제할 수 있는지 도울 수 있다.

간부 : 지금 무엇인가 너를 힘들게 하는 것 같은데, 무엇인지 말해줄 수 있는지?

병사 : … 사사건건 나를 걸고 넘어지는 것 같아서….

간부 : 좀 구체적으로 말해주겠니?

병사 : 애인 때문에 마음도 상해있는데 자꾸만 나를 놀리는 것 같아서 화가 납니다.

간부 : 애인 때문에 신경이 쓰이는데 옆에서 화까지 돋구는 것 같아 참기가 무척 힘들구나. 네 맘도 몰라주고 놀리기만 하고 그럴 때 어떻게 느껴지니?

병사 : 몸에 힘은 빠지는 것 같은데 심장소리는 크게 들리는 것 같습니다.

간부 : 신체적으로 서로 다르게 느껴지는데?

병사 : 몸에 힘이 없는데도 불구하고 생각은. 자꾸 이상한 생각이 들어요.

> 셋째, 자아통합의 촉진과 실현. 내담자는 발견, 조절, 동화의 3단계를 통해 자아통합이 일어나게 되며 자기를 실현할 수 있는 힘을 가지게 된다. 대화게임이나 빈 의자 같은 기법으로 내면의 상태를 외재화하여 직접적으로 보거나 대화하게 함으로 통찰이 일어나게 도울 수 있다. 빈 의자 기법을 통해 과거에 미해결된 감정을 직접적으로 해결할 수 있는 기회를 제공할 수 있고 상대방의 입장에서 그 문제를 생각하고 경험할 수 있게 함으로 욕구좌절에 대한 자각을 경험하여 극복할 수 있게 돕는다.

간부 : 그때 네 마음속에는 어떤 생각들이 일어나는가?

병사 : 사고를 한 번 칠까? 그냥 나 죽었다 하고 2년만 참어? 한 번 들이받으면 옛날 같은 일이 생길까봐 그러지도 못하고….

간부 : 한 번 들이받고 싶기도 하고, 그냥 참자하고 넘기면서 마음이 왔다 갔다 하면서 많이 힘들어 하고 있구나. 그 두 마음을 무엇에 비유할 수 있을까?

병사 : 잘 모르겠습니다. (침묵) 천사와 악마.

간부 : 그렇구나. 천사와 악마로 비유할 수도 있지. 어떤 마음이 천사이고 어떤 마음이 악마일까?

병사 : 한 번 들이받을까 하는 것이 악마라면 참아내자는 천사일 것 같습니다.

간부 : 이렇게 한 번 해보면 어떨까? 천사와 악마를 생각하며 서로 대화를 한 번 해보자.

병사 : 어떻게 하는지 모르겠습니다.

간부 : 자, 이쪽은 사고를 한 번 쳐봐하는 악마부분이고, 이쪽은 사고를 치는 것은 나쁜 것이니까 참아야 해 하는 천사부분인데. 먼저 가고 싶은 쪽을 택해 봐

병사 : 알겠습니다(사고를 쳐봐하는 쪽을 선택하면서 천천히 간다).

간부 : 자, 사고를 쳐야 하는 이유를 모두 말해 봐.

병사 : 무얼 말해야 될지를 잘 모르겠습니다.

간부 : 반대쪽에다 '무얼 말해야 될지를 잘 모르겠어.' 하고 말해봐. 그리고 하고 싶은 말을 다 해봐.

병사 : 무슨 말을 해야 될지는 모르겠지만…. 정말 상대를 죽도록 두들겨 패고 사고를 치고 싶은 마음이…. 그러나 맘은 주저하게 됩니다. 한 대 치다가 이빨이라도 나가면….

간부 : 더 하고 싶은 말은?

병사 : ….

간부 : 이번에 반대쪽으로 가서 하고 싶은 말을 해봐. 천사의 마음의 말을.

병사 : (반대쪽으로 간다) 난 내 인생을 망치고 싶지는 않아서 참을 뿐이야. 그러나 속에서는 화가 났고 정말로 죽여 버리고 싶어. 그러나 참아야해. 두들겨 패면 속은 시원할지 모르지만 내가 원하는 것은 아니야. 그것은 나쁜 짓이야,

절대로 그렇게 하면 안 돼. 그리고 내가 사고를 치면 부모님들이 날 좋아하지 않게 될지도 몰라

간부 : 누가 좋아하지 않게 될지도 모르나?

병사 : 아버지예요. 사고를 치면 그 대가를 항상 받게 되어있다고 하면서 조용히 2년을 참는 게 상책이라고 했습니다. 아버지도 속이 상했지만 큰아버지의 행동을 보면서 무조건 말도 못하고 참고 살았대요. 나중에는 큰아버지보다 아버지의 삶이 평탄했대요.

간부 : 무조건 말도 못하고 참았다니 무척 답답하게 들리네요.

병사 : 이런 내가 답답하고 한심하네요.

간부 : 아버지의 방식대로 참으려고 하니 속이 부글부글 끓으면서 군 생활이 무척 힘들구나. 무조건 참는 것이 중요할까? 아니면 이 문제를 어떻게 해결하는 것이 좋을까?

병사 : 그걸 잘 모르겠어요. 참자니 힘들고 참지 못하면 사고를 칠 것 같고.

간부 : (의자를 끌어오며) 자, 여기 나를 괴롭히는 사람이 있어. 그 동안 말도 못하면서 속을 끓였던 마음을 다 얘기해 봐라.

병사 : (한참 머뭇거리며) 그런다고 달라지나요….

간부 : 괜찮아. 안전해. 그 마음을 가지고 있는 것과 털어내는 것은 어떻게 다를까?

병사 : 지렁이도 밟으면 꿈틀한다는데. 나도 사고치고 싶은 날이 여러 번 있었다고. 네가 잘났으면 얼마나 잘 났는데. 나도 밖에 나가면 너보다 훨씬 괜찮은 놈이라구. 괜히 지가 못나서 계급으로 갈구는데….

간부 : 지금 기분은?

병사 : 조금 시원해 진 것 같네요.

간부 : 신체적 감각은 어떤가?

병사 : 가슴에서 뭐가 흘러내려간 것 같고 뚫린 기분이 드네요.

간부 : 지금 그 기분을 충분히 경험해 봐

병사 : (고개를 떨구고 있다)

간부 : 오늘 상담에서 무얼 배웠나?

병사 : 신체감각이 내 마음을 표현하는거, 두 마음을 가지고 이쪽과 저쪽을 왔다 갔

다 하면서 얘기를 하는 것이 처음엔 별로인데 말하고 나니 기분이 나아지는 것이 좋았습니다.

간부 : 그래 생활관에서 이렇게 두 마음이 들 때, 다시 해 보면서 네 행동에 책임을 지도록 해봐. '나의 감정은 나의 것이다. 그래서 그 감정에 대해서도 나에게 책임이 있다.' 라고 큰 소리로 3번 말해봐.

병사 : 네, 알겠습니다. '나의 감정은 나의 것이다. 그래서 그 감정에 대해서도 나에게 책임이 있다. 나의 감정은 나의 것이다. 그래서 그 감정에 대해서도 나에게 책임이 있다. 나의 감정은 나의 것이다. 그래서 그 감정에 대해서도 나에게 책임이 있다.'

간부 : 지금 감정은?

병사 : 참을 수 있을 것 같습니다.

간부 : 참을 수 있다는 것을 어떻게 알 수 있나?

병사 : 심장소리가 크게 안 느껴집니다. 그리고 마음도 조금 편합니다.

간부 : 마음이 편해졌구나. 마음이 편하다는 것은 무얼 뜻하지?

병사 : 군 생활을 잘 견뎌낼 수 있을 것 같습니다.

간부 : 그래. 잘 견딜 수 있다고 하니 고맙다.
정말 군생활을 잘 할 수 있지. 그만 가봐.

병사 : 단결. 감사합니다.

결론적으로 게슈탈트적 군 상담은 병사들이 여기 그리고 지금에서의 자각을 통해 마음을 빼앗기지 않고 항상 자기를 잘 통제할 수 있어 자신의 삶에 책임을 질 수 있는 성숙한 사람이 되도록 돕는 것이다. 또한 궁극적으로 어린 시절의 가족이나 주변의 특정 상황에 창조적인 적응이 잘못된 부적응 행동의 원인임을 자각하도록 돕고 자기 책임감을 갖도록 돕는 것이다.

제 8 장

교류분석(TA) 이론

> 남편이 아이 같은 마음이 생겼다. 아내에게 "양말 좀 벗겨줘…."
> 아내도 아이 같은 마음이 생겼다. 남편에게 "아휴, 우리 자기, 이리와…."
>
> 남들이 뭐라고 해도 둘은 즐겁다. 자아 상태가 일치 하면….
>
> 남편이 아이 같은 마음이 생겼다. 아내에게 "양말 좀 벗겨줘…."
> 아내는 부모 같은 마음이 생겼다. 남편에게 "당신은 몇 살인데, 아직 그러고 있어?"
>
> 남들이 뭐라고 해도 둘은 싸운다. 자아 상태가 불일치하면….

교류분석(Transactional Analysis : TA)은 Eric Berne(1910~1970)에 의해 개발된 이론으로서, 성격의 인지적, 합리적, 행동적인 면을 모두 강조하며, 내담자가 새로운 결정을 하여 삶의 과정을 바꿀 수 있도록 하기 위해 자각을 증대시켜 나간다. 이 접근법은 개인 간, 개인 내 상호작용을 분석하기 위한 구조를 제공해 주어 심리치료와 상담뿐만 아니라 교육, 경영관리 및 의사소통 훈련까지 널리 적용되고 있다.

교류분석은 개인상담, 집단상담 및 심리치료의 접근법으로 많은 이들의 관심을 받아왔다. 교류분석은 인간을 자율적이며 변화 가능한 긍정적인 존재로 설명하고 있는데, 가장 중요하고도 기본적인 개념은 세 가지 자아 상태 즉 어버이 자아(P), 어른 자아(A), 어린이 자아(C)이다. 즉 인간은 이 세 가지 자아 상태를 갖고 있으며, 이 중에서 어느 자아 상태의 에너지가 기능하느냐에 따라 개인의 성격이나 행동이 달라질 수 있다고 할 수 있다. 이러한 자아 상태를 기반으로 대인간 교류(transaction)가 이루어지며, 대표적인 교류패턴에는 상보교류, 교차교류, 이면교류의 세 가지가 있다. 또한, 인간행동은 스트로크라 부르는 인정자극을 추구하며, 심리적 게임이 없는 자타긍정(I' m OK, You' re OK)의 인생태도를 지향하고 있다. 이러한 개념과 함께 TA의 또 다른 중요한 개념인 인생각본은 생의 초기에 주 양육자에 의해 형성되는데 이는 재결단에 의해 재형성될 수 있다고 본다. 결국, 교류분석상담의 최종 목표는 자율성의 성취와 통합된 어른 자아의 확립으로 설명될 수 있다.

1. 기본 철학

교류분석은 인본주의적 철학에 기초하고 있으며(Ivey & Simek - Dowing, 1980), TA의 인간관은 반결정론적(anti - deterministic)이며 긍정적인 특징을 갖고 있다. TA에서 인간을 바라보는 확고한 철학적 가정은 다음과 같이 긍정적 존재 모델, 사고능력 모델, 재결단 모델로 설명될 수 있다.

1) 긍정적 존재 모델

Berne(1966)은 "인간은 모두 왕자 또는 공주로 태어났다."라는 표현을 통해서 인간성에 대한 긍정적인 견해를 강력히 주장하였다. 따라서 사람은 누구나 긍정적이며, 인간을 바라보는 관점이 누가 누구보다 잘나지도 못나지도 않은 "I am OK, You are OK."라는 관점을 지니고 있다. 이러한 철학은 모든 개개인은 인간으로서의 가치와 유용성, 존엄성을 갖고 있음을 의미하며, 겉으로 드러난 행동이 아니라 인간 본질의 긍정성을 내포하고 있다고 하겠다.

2) 사고능력 모델

교류분석에서는 사람들이 인생의 전환기나 일상생활에서 내리는 많은 결정이 옳든 그르든 간에 그 결정을 내리는 사람의 입장에서는 최선의 선택이라고 생각한다. 왜냐하면, 중증 뇌 손상자(severely brain - damaged)를 제외한 모든 사람은 사고능력을 갖추고 있기 때문이다. 이러한 사고능력을 바탕으로 개인이 내린 수많은 결단(decision)들에 의한 결과물이 현재의 삶을 구성한다. 그러므로 사람들이 살아가면서 내리는 많은 결정은 우리 각자의 책임이다.

3) 재결단 모델

인간의 사고방식이나 태도의 기본적인 부분은 유전적 · 체질적으로 부모로부터 받아들이는 것과 유아기의 경험에서 얻은 것에 의해 형성되며, 그것이 그 후 인생을 규정해간다는 가설이 심리학 분야에 있어서는 통설로 되어 있다. 교류분석은 이러한 가설에 입각해서 이론을 구축한 것이다. 종래(정신분석 등)는 이 유아기까지에 형성된 것을 그 후에 변화시키려고 하는 것은 매우 어렵다고 생각하는 경향이 강했지만, 교류분석은 이 같은 사고방식을 부정하고 인간의 의식적인 변혁과 행동수정을 도모해 가는 것이 교류분석의 기초가 되는 철학이며(우재현, 1995), 생애초기의 잘못된 조건형성을 초월할 수 있다고 가정한다(Corey, 1977). 즉, 인간은 자신의 과거 결단을 이해할 수 있으며, 재결단하기를 선택할 수 있다는 입장이다. 그리고 초기의 결단이 더 이상 타당하지 않다고 판단될 때 새로운 결단이 이루어질 수 있으며, 결국 인간에게는 선택권이 있다고 할 수 있는데, 이에 따라 인간은 자신의 인생 초기에 결정한 인생태도를 변화시킬 수 있는 것으로 보고 있다.

교류분석에서 의미하는 치료란 치료자의 기술이나 신념의 실현이 아니라 각 개인이 지니고 있는 긍정성이 과거로부터 물려받은 부정성을 극복하고 각본에 의해 고정된 삶을 자발적인 자유와 책임으로 재결단에 이를 수 있다고 본다. 자발성을 통한 인간성 회복이 바로 재결단을 통한 인간성장으로 보는 것이다. 또한 '지금 여기(Here and Now)' 라는 대원칙이 있다. 사람은 누구나 '지금 여기' 에 살고 있고 존재하고 있으므로 '과거의 어딘가' 에 있다고 볼 수 는 없는 것이다. 따라서 '지금 여기' 를 대단히 중요하게 여기는 관점에서 '과거와 타인은 바뀌지 않는다. 바꿀 수 있는 것은 자신뿐이다.' 라고 결론을 짓고 있다. TA의 '지금 여기' 에 살고 있다는 대원칙은 그러한 사고방식이 창조적, 생산적이지 않다는 것을 깨우쳐 주고 있을 뿐만 아니라, '지금 여기' 에서 새로운 각오와 다짐으로 새로운 출발을 할 수 있다는 것이다.

2. 주요 개념

1) 성격의 구조

교류분석의 창시자 Berne은 '자아(ego)' 의 개념을 관찰 가능한 단위로서 '자아 상태(ego state)' 라는 용어를 사용하였다. Berne(1964)에 의하면 자아 상태란 '일관된 행동유형에 상응하여 이와 직접적으로 관련되어 있는 감정과 경험의 일관적인 형태로서, 일정한 시기나 상황에서 성격의 한 부분을 드러내는 방식' 이라고 정의하고 있다. 교류분석이론에서는 〈그림 1〉과 같이 인간의 성격이 '어버이 자아 상태(Parent ego state)', '어른 자아 상태(Adult ego state)', '어린이 자아 상태(Child ego state)' 의 세 가지 자아 상태로 구성되어 있다고 본다. 이 세 가지 자아 상태는 각기 고유한 사고, 행동, 감정을 나타낸다.

〈그림 1〉 세 가지 자아 상태

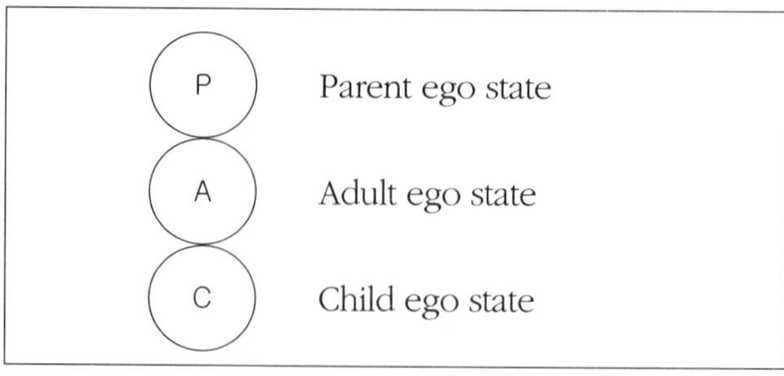

(1) 어버이 자아(P)

어버이 자아 상태(P)는 주로 부모나 형제, 기타 정서적으로 중요한 인물의 행동이나 태도로부터 영향을 받아 형성된다. 즉, 아이는 주 양육자가 말하고 행동하는 것을 보고, 들을 뿐만 아니라 모방하고 학습하면서 그 언동이 아이의 마음속에 고성능 테이프에 기록되듯이 내면화된 결과로 나타나는 것이 어버이 자아이다. 이러한 어버이 자아 상태의 형성은 무의식적이며 비판에 의한 교정 없이 바로 내면화된다는 것이다.

(2) 어른 자아(A)

어른 자아는 생의 초기에 유아의 언어 능력과 독자적 사고가 가능해짐에 따라 형성되고 발달하기 시작한다. 어른 자아는 객관적으로 현실을 파악하고자 하는 속성이 있다. 그러기 위해서 어른 자아는 외계는 물론 개체의 내적 세계와 다른 자아 상태(P, C)의 모든 원천에서 정보를 수집하고 저장하고 이용한다.

(3) 어린이 자아(C)

어린이 자아는 세 가지 자아 상태 중 가장 먼저 발달하는 자아로서 출생 후 5세 경까지의 외적인 충동과 감정 그리고 생의 초기에 경험하는 사건들에 대한 감정적 반응으로서 그러한 일에 대한 감정적 반응체계가 내면화된 것이다.

2) 구조분석

구조분석(structural analysis)이란 성격이나 일련의 교류에 대하여 자아 상태(ego state) 모델의 관점에서 분석하는 것으로, 주로 어버이(P), 어른(A), 어린이(C)의 세 가지 자아 상태가 어떻게 구성되어 있는지 분석하는 것을 의미한다(Stewart & Joines, 1987). 자아 상태의 구조분석은 교류분석상담을 받는 내담자가 자신의 현재 언동에 따른 자아 상태를 확인하는 방법을 배우게 되며, 내담자의 현재 행동의 문제를 해결하는 데 도움을 준다. 그리고 자신의 행동의 중심이 되는 자아 상태를 이해하게 됨은 물론, 어떠한 선택과 결정을 해야 할지에 대해 도움을 준다. 성격 구조와 관련된 오염(contamination)과 배제(exclusion)의 문제는 구조분석으로 이해될 수 있다.

(1) 오염

오염은 어버이 또는 어린이 자아 상태가 어른의 자아 상태 경계로 침범하여 어른의 사고와 기능을 방해하게 되는 것을 말한다. 어른 자아가 오염이 되는 경우는 세 가지로 나눌 수 있다. 첫째, 어버이 자아로부터 침범을 들 수 있으며, 이를 편견(prejudice)이라고 한다. 이때에는 사실과 사물을 판단하는 데 있어 편견이 작용하여 잘못된 신념에 빠지기 쉬우며, 현실성이 없는 자의식에 빠지기 쉽다. 둘째, 어린이 자아로부터의 침범을 들 수 있으며, 이를 망상(delusion)이라고 한다. 셋째, 어린이 자아와 어버이 자아로부터의 침범이 있다. 이를 이중오염(double contamination)이라고 한다. 이중오염의 경우 어른 자아가 제 기능을 하지 못하므로 언행의 불일치를 보이며, 감정의 억제와 표출이 상황과 맞지 않게 된다.

<그림 2> 자아 상태의 오염

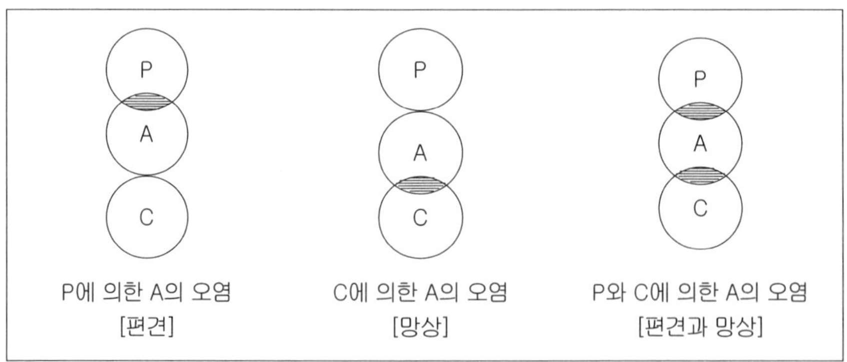

(2) 배제

배제는 자아 상태의 경계가 지나치게 경직되어 심적 에너지의 이동이 거의 불가능한 상태를 배제(exclusion)라 한다(Dusay & Dusay, 1984). 이런 사람은 하나의 자아

상태로만 반응하는 경향이 있다. 어른과 어린이가 제외된 일관된 어버이는 전형적으로 자타에 대해 지배적이고 엄격하며 권위와 체면을 내세우는 행동을 할 것이다. 그런 사람은 다른 사람에 대해 비판적이고 도덕적이며 많은 것을 요구할지 모른다. 일관된 어른은 가치와 감정이 배제됨으로써 전형적으로 의무에 충실한 과업지향적인 사람에게서 발견할 수 있다. 어른과 어버이가 배제된 일관된 어린이는 다른 사람을 의식하지 않음으로써 반사회적 행동을 한다.

<그림 3> 자아 상태의 배제

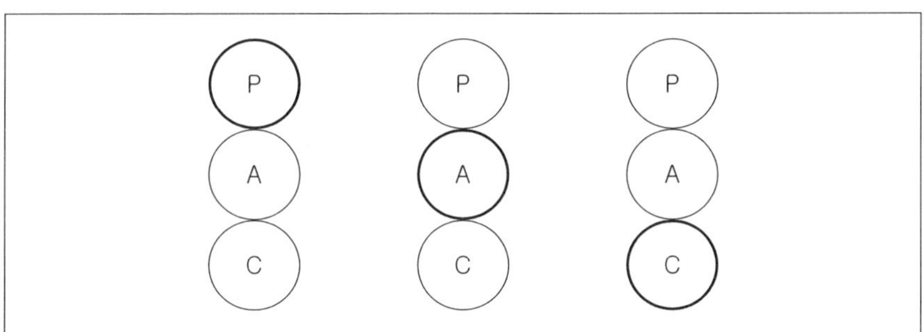

3) 기능분석

기능분석(functional analysis)이란 그 사람의 자아 상태가 실제로 어떻게 기능하는가를 알기 위한 방법이다(Stewart & Joines, 1987). 즉, 구조가 자아 상태의 내용을 말한다면, 기능은 자아 상태가 어떻게 활동 되는가를 말한다. 기능분석은 구조분석을 기능적으로 세분화하여 어버이 자아를 비판적 어버이 자아(Critical Parent : CP)와 양육적 어버이 자아(Nurturing Parent : NP)로 나누고, 어린이 자아를 자유로운 어린이 자아(Free Child : FC)와 순응적인 어린이 자아(Adapted Child : AC)로 나눈다. 그러나 어른 자아는 현재에 반응하는 객관적이고 논리적인 기능을 나타내기 때문에 세분화하여 나누지 않는다.

<그림 4> 자아 상태의 기능분석

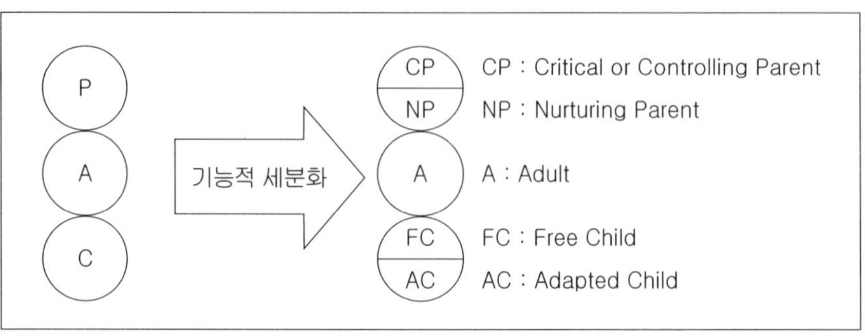

교류분석상담에서 기능적인 인간이란 이 다섯 가지 기능을 충분하게 활용하는 사람을 말한다. 이때 어느 한 기능이라도 제 기능을 하지 못하면 역기능적인 삶을 살아가게 되기 때문에 이 다섯 가지 기능이 어떻게 사용되는지를 분석하는 기능분석은 매우 중요하다.

(1) 비판적 어버이 자아(CP)

비판적 어버이 자아(CP)는 주장적이고 처벌적이며, 고집스러운 방식을 기능하고, 남을 가르치고 통제하고 비판하는 기능을 한다. CP가 다른 사람에게 나타나는 경우는 다른 사람의 행동이나 일에 대하여 비난하고 처벌하려는 상황에서 볼 수 있다. CP는 양심과 이상, 가치와 관련되어 있어 주로 비판이나 비난을 하지만, 사회 체제나 도덕, 규범을 가르쳐 적응하게 하는 데 도움을 준다. 그러나 심한 경우에는 오히려 자신의 뜻대로 인생을 살아가는 데 방해가 될 수 있으며(Bruno, 1983), 다른 사람으로부터 경원시 될 수 있다.

(2) 양육적 어버이 자아(NP)

양육적 어버이 자아(NP)는 타인을 배려하고 친절, 동정, 관용적인 태도와 격려하는 기능을 한다. NP가 잘 발달한 사람은 다른 사람을 잘 도와주는데, 이것은 건강한 성격의 중요한 요소가 된다. 그러나 NP가 지나치면 과보호적이 될 수도 있으며

(Bruno, 1983), 상대는 간섭받고 있다고 생각하기 쉬우므로 주의해야 한다.

(3) 어른 자아(A)

어른 자아(A)는 사실에 근거해서 사물을 판단하려고 하는 자아이다. A는 감정에 지배되지 않으며 지성과 이성에 깊이 관련되어 있고 합리성 · 생산성 · 적응성을 갖고 냉정한 계산에 의해 합리적 작용을 한다. 그러나 A가 지나치면 냉철하고 인간미가 없는 사람으로 비칠 수 있다.

(4) 자유로운 어린이 자아(FC)

자유로운 어린이 자아(FC)는 어른이 되어서 어린이의 자아 상태에 몰입하는 순간을 말하는 것으로, 성격 중에서 가장 타고난 부분이다. FC는 어른의 간섭과는 무관하게 행동하였던 어린이 시절처럼 자유롭게 자신의 감정을 표현하는 기능을 말한다. FC는 다른 사람을 의식하지 않고 자유롭게 기능하는 어린이 자아이므로 자기중심적이고 쾌락을 추구하며, 감정을 억제하지 않고 자유롭게 표출하는 반응을 보인다.

(5) 순응적인 어린이 자아(AC)

순응적인 어린이 자아(AC)는 외부의 규칙이나 사회적 요구에 순응하는 기능을 한다. AC는 주로 주 양육자에 의해 훈련되고, 영향을 받아 형성된 어린이 자아 상태의 한 부분이다. 그러므로 중요한 권위 인물들의 요구에 맞추려는 반응으로 나타난다. 아이가 부모나 주위 어른의 관심과 주의를 끌기 위하여 눈치를 보는 행동을 하는 경우가 해당된다. 교류분석에서는 AC의 지나침에 주의를 기울인다. AC가 지나치게 되면 FC를 억압하므로 내부적으로 스트레스를 느끼며 억압된 감정의 순간적인 표출로 타인을 당황하게 하기도 하기 때문이다.

4) 교류패턴분석

교류패턴분석(transactional pattern analysis, 대화분석)이란 구조분석에 의해서 명확해진 자아 상태, 즉 어버이 자아(P), 어른 자아(A), 어린이 자아(C) 상태의 이해를 바탕으로 하여 일상생활에서 주고받는 말, 태도, 행동 등을 분석하는 것이다. 이 같은 분석의 목적은 자신이 대인관계에서 어떤 대화 방법을 취하고 있으며, 타인은 자신에게 어떤 관계방식으로 작용하고 있는가를 학습하여 자기 자신의 자아 상태의 모습에 대해서 깊게 자각하고, 상황에 따른 적절한 자아 상태를 의식적으로 스스로 통제할 수 있도록 하려는 것이다.

교류분석에서는 의사소통을 '교류(transaction)' 라는 말로 표현한다. 사람은 P, A, C의 세 가지 기능 중 한 기능에서 메시지를 주고받는다는 것이다. 두 사람이 교류를 할 때 자극과 반응을 어떻게 주고받는가에 따라 상보교류(complementary), 교차교류(crossed transaction), 이면교류(ulterior transaction)로 나뭁 수 있다. 상보교류는 자극과 반응의 주고받음이 평형이 되는 교류를 말하는데, 여기서는 언어적인 메시지와 표정, 태도 등의 비언어적인 메시지가 일치되어 나타난다. 따라서 상보교류는 상호지지적으로 대화가 계속된다. 교차교류는 어떤 반응을 기대하여 시작한 교류에 대해 예상 밖의 반응이 되돌아오는 경우를 말하는 것으로 결과적으로 의사소통이 단절된다. 이면교류는 상대방의 하나 이상의 자아 상태를 향해서 현재적 교류와 잠재적 교류 두 가지가 동시에 작용하는 복잡한 교류를 말한다. 사회적 차원에서 메시지를 보내고 있는 것 같으나, 그 주된 요구나 의도가 이면에 숨어 있는 것이 특징이다. 예를 들면, 대화를 할 때 겉으로는 어른 자아 대 어른 자아로 대화하는 것 같지만, 그 이면에는 다른 속셈이 깔려 있는 경우를 말한다. 이러한 세 가지 교류패턴은 〈그림 5〉와 같이 설명될 수 있다.

<그림 5> 세 가지 교류패턴(대화분석)

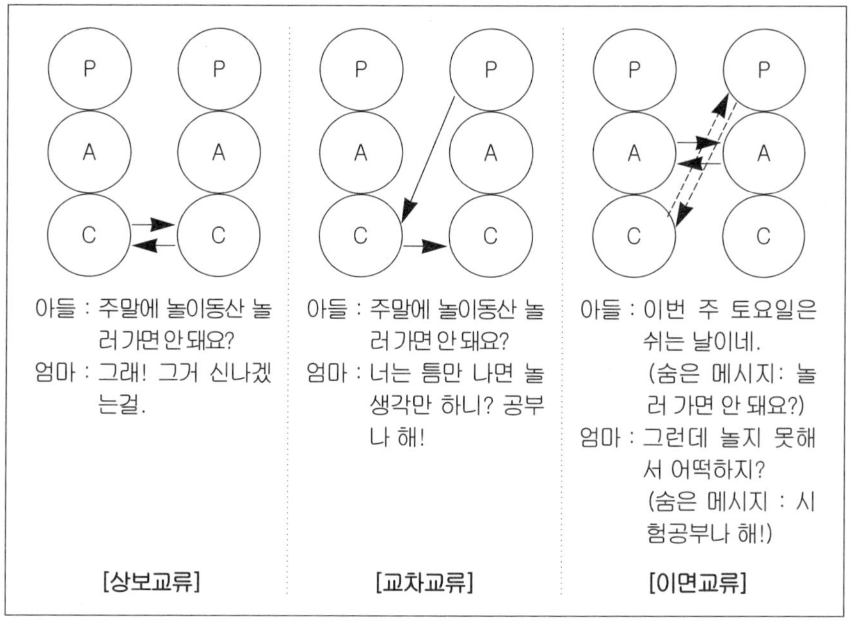

5) 스트로크

스트로크(stroke)는 피부 접촉, 표정, 태도, 감정, 언어, 기타 여러 형태의 행동을 통해 상대방에 대한 반응을 알리는 존재인지의 한 단위로서 '마음의 영양소' 이다. 인간은 누구나 타인으로부터 인정받으려는 욕구를 갖고 있는데 교류분석에서는 타인의 존재를 인정하기 위한 행동을 스트로크(stroke)라 한다. TA의 기본전제는 인간이 세상에서 자신을 사랑하기 위한 기초로 신뢰감을 발전시키기 위해 신체적 그리고 심리적인 '스트로크(stroke)' 가 필요하다는 것이다. 스트로크의 종류에는 유아기의 스킨십(skin ship)에서부터 성인의 인정에 이르기까지 다양하며, 신체적 · 언어적 · 긍정적 · 부정적 · 조건적 · 무조건적의 6가지가 있다.

6) 각본분석

각본은 어릴 때부터 형성하기 시작하는 무의식적인 인생 계획으로, 인간이 성장하면서 부모가 주는 메시지에 의해 강화되고 생활하면서 겪게 되는 경험에 의해 정당화된다(Stewart & Joines, 1987). 연극배우가 무대 위에서 각본에 따라 연기하듯 사람들은 각자 인생 각본의 결말을 향해 자기 삶을 살아간다. 이 때문에 각본분석(script analysis)은 사람들이 각자 특정한 방법으로 행동하는 것에 대해 설명해 줄 수 있다. 각본분석이란 자신의 자아 상태에 대하여 통찰함으로써 자기의 각본을 이해하고 벗어날 수 있도록 하는 것을 말한다. 그리고 각본치료란 통찰과 어른 자아(A)의 활성화를 촉진하여 재결단(redecision)을 통해 근본적으로 어린이 자아(C) 상태를 변화시키는 것이다. 각본 연명의 종류에는 승자각본, 비 승자각본, 패자각본의 세 가지 종류가 있다. 승자각본은 스스로 자신의 인생목표를 정하고 전력을 다해 이를 성취하는 사람이며, 비 승자 각본은 남과 같은 수준에 이르면 그것으로 만족하는 사람이다. 그리고 패자 각본은 인생의 목표를 달성하지 못하여 일이 잘못될 경우 그 책임을 남에게 전가하는 사람을 말한다.

7) 인생태도

아동은 어릴 때(대체로 3세 정도) 세상에 대한 인생 태도를 결정한다. 인생태도는 아동이 욕구와 감정을 최초로 표현하였을 때 부모의 반응양식에 대한 아동의 반응이자 그 반응에 따른 결정의 결과다. 그리고 이것은 개인의 인생태도를 구성하는 주요 요소다. 개인에게는 다음과 같은 네 가지 기본적인 인생태도가 있다(Woollams & Brown, 1979).

(1) 자기 긍정, 타인 긍정(I' m OK, You' re OK)

아동의 정서적, 신체적 욕구가 애정적이고 수용적인 방식으로 충족되면서 성장한 아동은 이러한 태도를 유지하고 승리자의 각본을 가지게 된다.

(2) **자기 긍정, 타인 부정**(I' m OK, You' re not - OK)

이 인생태도는 투사적 입장이다. 자신의 실수를 다른 사람에게 전가하고 희생이나 박해를 당하였다는 기분을 느낀다. 어린아이가 부모에 의해 구타당한 때, 심한 상처나 질병에서 회복되었을 때, 부모에 대하여 가지고 있던 긍정성이 부정성으로 바뀌면서 '나는 옳고 다른 사람은 옳지 않다.' 와 같은 식의 반항심이 생기게 된다. 이러한 태도를 가진 사람은 세상에 대해 비난하고 불신하고 좌절과 분노로 반응한다.

(3) **자기 부정, 타인 긍정**(I' m not - OK, You' re OK)

이 인생태도는 아이가 출생하였을 때의 상황과 관련지을 수 있다. 아이들은 어릴 때 주 양육자의 무조건적인 인정 자극을 경험하면서 동시에 자기 자신은 무능하여 다른 사람의 도움 없이는 살아갈 수 없다는 좌절감을 경험할 수 있다. 이들은 이러한 자신에 대한 무력감을 다른 사람과의 관계에서 주된 감정으로 느끼게 된다. 이것은 때로는 우울증적 자세라고 말할 수 있다. 이런 태도를 가진 사람은 공통적으로 죄의식, 우울증, 부적절감 및 공포를 경험한다. 이런 인생태도가 계속 유지되면 다른 사람과 친밀한 관계를 맺기 어렵고 퇴행, 의기소침, 자살 충동에 빠질 수 있다.

(4) **자기 부정, 타인 부정**(I' m not - OK, You' re not - OK)

아동이 성장하면서 스트로크가 심각하게 결핍되었거나 극도로 부정적일 경우, 그 아동은 자기부정 - 타인부정이라는 인생태도에 이르게 된다. 긍정적인 스트로크를 주는 사람이 없기 때문에 아동은 포기하고 희망을 잃은 것이다. 이런 태도를 가진 사람들은 심한 정신적인 문제를 가질 가능성이 크다.

8) 게임

교류분석은 심리적 게임이라는 이론을 토대로 하고 있다. Berne(1964)에 의하면 게임은 명료하고 예측 가능한 결과를 향해 진행해 가는 일련의 상보적 · 이면적 교류를 말한다. 이렇듯 게임이란 겉으로는 합리적인 대화로서 대화 내용이 어른 자아 대 어른 자아의 교류처럼 보이나 그 이면에는 다른 속셈이 깔려 있는 교류로, 한쪽 또는 양쪽 모두에게 불쾌한 라켓 감정(racket feeling)을 불러일으키는 역기능적인 의사소통을 의미한다. 게임은 자신도 모르게 진행되고 반복적으로 일어나며 항상 놀라움이나 혼돈의 순간을 포함하게 된다. 그러므로 게임에서 벗어나지 않는 한 변화나 자율성은 기대할 수 없다. 인간이 게임을 하는 이유는 첫째 애정이나 스트로크를 얻기 위한 수단이고, 둘째 시간을 구조화하는 방법의 하나이며, 셋째 각자의 기본적 감정(라켓)을 지키기 위해서 연출되고, 넷째 자신의 기본적 태도를 반복 확인하기 위해서 게임을 연출한다.

게임은 인간관계에서 심각한 손상을 초래하고 자기 성장과 발달에 심각한 장애를 일으킬 수 있다. 따라서 자기 성장을 위해서는 게임에서 자유로워야 한다.

(1) 게임의 흐름도

인생 게임의 흐름도는 〈그림 6〉과 같다. 에누리(discount)에서 시작되는 게임의 과정은 다음과 같다. 먼저, 상대를 에누리하면서 게임이 시작되면 그레이 스탬프의 수집(불쾌한 감정의 비축)이 이루어진다. 이후 불만이 점차 증대되면서 이자가 쌓이면, 결국 방아쇠를 잡고 약점을 가진 상대를 정조준하여 폭발(스탬프의 청산 교환)시키게 된다. 결국, NOT - OK라는 인생태도를 확인하면서 청산과정을 끝마치게 된다(Berne, 1964).

<그림 6> 인생 게임의 흐름도

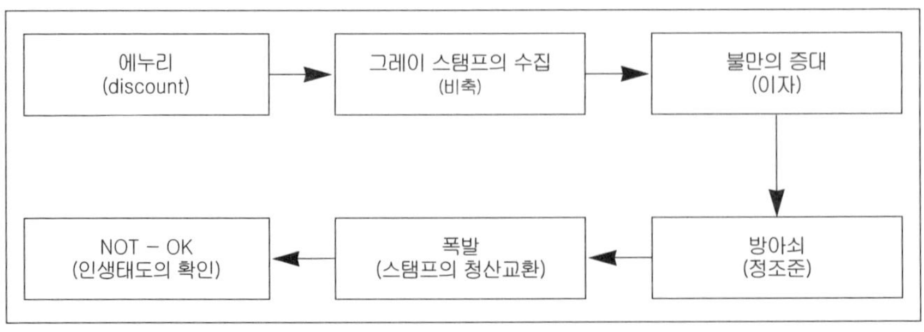

(2) 드라마 삼각형 게임

카프만(Karpman, 1968)은 심리적 게임과 연극(drama)이 여러 면에서 유사점이 있다는 데 주목하고 이를 게임을 이해하는 근거로 삼았다. 즉, 무대에서 배우의 교체가 있는 것처럼 게임에서도 연출자 간에 극적인 역할 교대가 일어난다는 것이다. 그는 이것을 역삼각형으로 도식화하여 '드라마 삼각형(drama triangle : Karpman's triangle)' 이라고 불렀다. 드라마 삼각형은 박해자(persecutor), 희생자(victim), 구원자(rescuer)의 세 가지 역할로 구성되어 있다.

박해자는 지배적인 힘을 가지고 상대의 행동을 억압하거나 지시하는 역할을 연기하며 주로 비판적 어버이 자아(CP)가 연출하는 역할이다. 희생자는 이용당하거나 인내를 강요당하는 역할을 연기하며, 주로 순응적인 어린이 자아(AC)가 관여한다. 구원자는 희생자를 돕거나 박해자를 지지하는 역할로서 중개를 하거나 관대한 태도를 보여 상대를 자기에게 의존하게 하려는 보호적인 역할을 연기한다. 주로 양육적 어버이 자아(NP)가 관여한다.

3. 치료 목표

교류분석상담의 기본 목표는 내담자가 그의 현재 행동과 삶의 방향에 대하여 새로운 결정을 내리는 것을 돕는 것이다. 내담자가 그의 삶의 위치에서 초기 결정을 따름으로써 자신의 자유를 스스로 어떻게 제한하였는가를 자각하며, 윤택하고 자율적인 삶의 방식을 선택하는 것을 배운다. 교류분석상담의 가장 좋은 점은 게임과 자기기만적인 인생 각본으로 특징짓는 생애 유형을 각성, 자발성, 친밀성으로 특징짓는 자발적인 생애 유형으로 대치하는 것이다. 내담자는 수동적으로 각본화되는 대신에 자신의 각본을 쓰는 것을 배우게 된다. 즉, 그는 자신의 각본을 다시 쓰게 되면서 삶을 통제할 수 있게 된다(Corey, 2003).

교류분석 상담의 목표를 구체적으로 살펴보면, 먼저 내담자의 자율성(autonomy) 성취와 통합된 어른 자아의 확립을 들 수 있다. 자율성을 갖기 위해서는 각성 자발성, 친밀성이 중요하다. 그리고 통합된 어른 자아의 확립이란 어른 자아가 혼합이나 배타에서 해방되어 자유롭게 기능하도록, 즉 선택의 자유를 경험하도록 하는 것이다(윤순임 외, 1995).

교류분석상담의 또 다른 목표는 내담자가 현재 그의 행동과 인생의 방향과 관련하여 새로운 결단을 내리게 하는 데 있다. 이러한 목표를 좀 더 구체화해 보면, 교류분석은 개인이 자신의 인생태도에 대한 초기의 결단을 따름으로써 선택의 자유가 얼마나 제약되었는지를 각성하고 헛된 결정론적인 생활방식을 버리도록 하는 목표를 가진다(Corey, 2003).

4. 치료적 관계

교류분석상담에서 상담자의 역할은 주로 교훈적이고 인지적인 문제에 관심을 기울이는 것이다. 해리스(Harris, 1967)는 상담자의 역할을 교사, 훈련가 그리고 깊이 관여하는 정보 제공자로 보았다. 교사로서 상담자는 구조분석, 의사교류분석, 각본분석, 게임분석과 같은 개념을 설명해 준다. 상담자는 또한 내담자가 자신의 초기 결정과 인생 계획에서 과거의 불리한 조건을 발견하도록 도우며, 새로운 전략을 발달시키도록 돕는다(Corey, 2003).

상담자는 마음의 고통을 호소하는 내담자의 심리적 문제를 해결해 주는 초연하고 무관심하며 탁월한 전문가가 아니다. 슈타이너와 같은 교류분석 상담가들은 상담자와 내담자가 서로 동등한 관계가 되어야 한다고 강조하였다. 상담자와 내담자는 상담과정에서 동반자의 위치에서 계약을 맺어야 한다. 그리고 상담자는 내담자로 하여금 상담자가 안전하고도 효과적으로 계약 목적을 성취할 수 있도록 도와줄 기술을 소유하고 있다는 확고한 믿음을 가지게 하여야 한다. 내담자는 자신을 개방함에 따라올 수 있는 상처와 지금 - 여기 상황에서 오랫동안 확고하게 자리 잡힌 상호작용 패턴을 변화시키는 모험을 감수할 수 있을 만큼 상담자를 신뢰할 수 있어야 한다. 내담자의 신뢰를 촉진한다는 것은 곧 내담자의 변화를 위한 안전한 환경을 만든다는 의미이다.

교류분석상담에서 또 다른 상담자의 역할은 내담자가 자신의 변화에 필요한 것을 얻도록 돕는 것이다. 상담자는 내담자가 상담자의 어른 자아에 의지하게 하기보다 내담자 자신의 어른 자아에 의지하도록 격려하고 가르친다. 그리고 상담자의 주요 임무는 내담자가 어린 시절에 내린 잘못된 결정에 따라 살지 않고 현재 상황에 적절한 결정을 함으로써 삶을 변화시킬 수 있는 자신의 내면적 능력을 발견하도록 돕는 것이다. 즉, 교류분석상담에서 상담자의 중요한 임무 중의 하나는 내담자가 자신의 능력을 발견하도록 돕는 것이다. 그러한 능력은 내담자가 이미 가지고 있는 것이다(Goulding & Goulding, 1979).

5. 치료 기법

교류분석상담에서 개발된 기술은 물론 다른 상담이론에서 개발된 기술도 차용한다. 특히 형태주의적 상담에서 개발된 기술을 많이 차용하고 있다. 교류분석은 집단에서 발달한 것이기 때문에 집단상담기술이 제시되고 있다(Berne, 1966; Hansen et al., 1977; Dusay & Dusay, 1984; Patterson, 1980; 이형득 외, 1984). 여기에서는 상담 분위기 조성과 관련된 기술을 언급하고자 한다.

상담분위기 조성과 관련된 기술에는 허용, 보호, 잠재력의 3가지가 있다.

(1) 허용(permission)

많은 내담자는 부모의 금지령에 따라 행동하고 있다. 따라서 상담 장면에서도 그러한 금지령 때문에 내담자의 행동이 제약을 받을 수 있다. 그래서 상담자는 내담자의 부모가 그에게 "하지 마라(not to be)."라고 한 것을 상담 장면에서는 할 수 있도록 허용적인 분위기를 마련해 주어야 한다. 이를 위해 상담자는 먼저 내담자가 상담자와 함께 효과적으로 시간을 보내도록 허락해야 한다. 이것은 폐쇄(withdrawal)와 같은 비생산적인 시간구조 절차를 사용하지 않도록 하려는 것이다. 다음은 내담자의 모든 자아 상태가 기능을 할 수 있도록 분위기를 만들어야 한다. 이렇게 되어야만 내담자는 상황에 맞게 의사거래를 할 수 있게 된다. 이렇게 되어야만 내담자는 상황에 맞게 의사거래를 할 수 있게 된다. 이렇게 해서 결국은 내담자가 게임을 하지 않고도 상담자와 대화가 가능하다는 확신을 갖도록 해 주어야 한다.

(2) 보호(protection)

내담자가 부모의 금지령을 버리고 그의 어른 자아를 사용하도록 허용받게 되면, 그의 어린이 자아는 놀랄 수 있다. 예를 들어 허용적인 분위기가 되어서 내담자가 상담자에게 "선생님, 상담을 하니 재미있어요. 히히."라고 말을 할 경우, 그의 어린이 자아는 어버이 자아(어른에게는 무조건 공손해야만 한다) 때문에 감히 그와 비슷한 말을 못했기 때문에 이러한 자신의 행동에 대해 내담자는 상당히 이상하고 놀랄 수 있다. 이때 상담자의 어른 자아가 내담자의 어린이 자아를 보호하게 되면 내담자는 보다 안정된 마음으로 상담에 임하게 된다.

(3) 잠재력(potency)

잠재력은 적절한 시기에 적절한 기술을 사용할 수 있는 상담자의 능력을 말한다. 상담자는 자아 상태, 의사거래, 게임, 각본 등과 관련된 내용과 이들을 분석하고 바람직하게 바꿀 수 있는 상담기술을 가지고 있어야 한다.

6. 교류분석적 군 상담

앞에서도 설명하였듯이, 자아상태란 '감정과 경험의 일관된 유형이며 그것은 행동의 일관된 유형과 직접 관계가 있다' 라고 정의한나. 즉 하나의 자이상태는 일련의 일관되게 관계하는 행동, 사고 그리고 감정이라고 할 수 있다. 그것은 그 사람이 어느 주어진 순간에 자신과 세상을 경험하고 그 경험을 행동으로 외부에 표시하고 체험하는 하나의 방식이다. 인간은 누구라도 그의 성격 속에 「어버이Ⓟ」자아, 「어른Ⓐ」자아, 「어린이Ⓒ」자아의 세 부분을 가지고 있다.

이를 군에 대입해 보면, 어버이 자아는 軍 어버이 자아(Military Parent ego), 어른 자아는 軍 어른 자아(Military Adult ego), 그리고 어린이 자아는 軍 어린이 자아(Military Child ego)에 각각 해당되는 것으로 예시할 수 있다. 이를 살펴보면 다음과 같다.

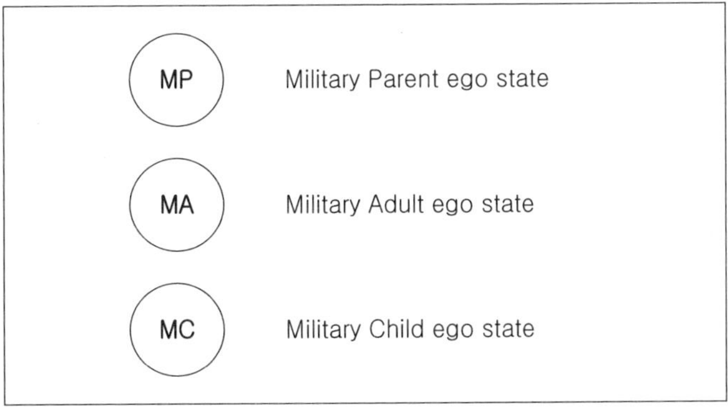

6-1. 군 자아상태(Military ego states)

1) 軍 어버이 자아(Military Parent ego)

사람이 부모나 그에게 부모와 같았던 사람으로부터 무비판적으로 빌린 방식으로 행동하고 사고하고 느낄 때 「어버이Ⓟ」자아상태에 있다고 말한다. 「어버이Ⓟ」자아상태에 있을 때 사람은 그들의 부모나 부모와 같은 사람이 가지고 있던 것과 꼭 닮은 의견을 가지며 그들과 비슷한 행동을 취한다.

마찬가지로 군에서는 장병들이 군의 상관이나 과거에 군에 다녀 온 선배 및 주변 사람들로부터 습득하거나 물려받은 정신적 유산으로 구성되어 있다고 가정하는 경우, 이를「軍 어버이Ⓟ」자아라고 말할 수 있다. 여기에는 '남자는 군에 다녀와야 진정한 남자가 된다', '군을 발전시키고 국가에 충성한다' 는 생각과 포부로 자긍심을 갖게 하는 긍정적인 측면도 있고, '군에 가면 사람을 썩게 한다', '군 생활은 시간을 낭비하는 것이다', '남자가 군에 가면 여자가 고무신을 거꾸로 신는다' 등의 편견과 선입견을 갖게 되는 부정적인 측면들도 있을 수 있다. 군과 군 생활에 대해 부정적 견해를 가지는 것은 「軍 어른Ⓐ」자아의 잘못된 정보입력(misinformation)으로 간주 할 수도 있지만, 군과 전쟁에 대한 사고와 감정은 과거 조상 때부터 전해오는 것들이 강하기 때문에 「軍 어버이Ⓟ」자아로 접근하고자 한다.

개인주의 문화 속에서 성장한 신세대 장병들은 군에 대하여 부정적인 측면을 선택할 가능성이 훨씬 높을 것이다. 병사들의 경우에는 대부분 아직 자아정체성이 미 확립된 경우가 있으며, 입시나 취업 압박에서 벗어 난지 얼마 되지 않아 군 입대라는 또 다른 거대한 새로운 환경을 받아들이고 적응해 나가는데 어려움을 경험한다. 또한 자신의 진로의 과정을 중지해야하고, 교제하는 이성과 떨어져 지내야 한다는 것이 큰 스트레스 중의 하나라고 볼 수 있다. 이들 중에는 자신의 의지와 상관없이 '군대에 끌려왔다' 고 생각하며 '군에 왜 가는지 모르겠다' 는 식으로 혼란과 답답함을 호소하는 사람도 있다.

만약 초급간부가 큰 포부와 투철한 사명감 없이, 병사로서의 입대에 따른 어려움을 간부로서 조금 쉽게 군 생활을 마쳐보려는 의도로 입대하거나, 또는 '이것도 저것도 안되니까 이거라도 해 봐야지' 하는 어중간한 심리적 상태로 군에 온다면, 이러한 초급간부는 병사와 비슷한 정신연령으로 사회경험이 없는 상태에서 병사들을 이끌어 가는 간부의 역할을 더욱 힘겹고 어렵게 감내해야 할 것이다.

이와 같은 「軍 어버이Ⓟ」자아상태에 있는 경우, 군 생활에서 지나치게 과거에 집착하여 새로운 부대환경이나 변화하는 군 전략 및 신세대 장병의 특성에 적합한 인력관리에 어려움을 겪을 수 있다. 그러므로 이들이 군 생활을 생산적이고 적응적으로 잘 하기 위해서는 먼저 군 어버이 정신을 재발견하고 「軍 어버이Ⓟ」자아를 군인정신으로 재건해야 할 것이다. 이것은 「軍 어른Ⓐ」자아를 사용하여 군 생활과 자신의 삶을 자기 주도적으로 연계하여 생각하고, 사회의 구성원으로서 국가와 사회와 개인을 총체적으로 조망하는 능력을 높여줄 때 가능한 일이다.

2) 軍 어린이 자아 (Military Child ego)

사람이 그가 어린아이였을 때 사용했던 행동과 사고와 느낌을 재연하고 있을 때 그는 「어린이Ⓒ」자아상태에 있다고 할 수 있다. 「어버이Ⓟ」자아상태의 테이프가 돌아가고 있으면 이것은 내적인「어린이Ⓒ」자아상태에 의하여 들려지며 「어린이Ⓒ」자아는 그것을 복종하거나 반항하거나 지연전술로 나가거나 또는 마음속의 메시지를 무시하거나 한다.

마찬가지로 군에서 「軍 어버이Ⓟ」자아상태의 테이프가 돌아가고 있을 때 이것에 내적인「어린이Ⓒ」자아가 반응하면 「軍 어린이Ⓒ」자아상태에 있다고 말한다. 군 조직과 상관의 Hard-Power적인 요소 - 즉, 물리적이고 강제적, 억압적, 통제적인 - 들에 대하여 유약하고 응석받이로 성장한 신세대 장병은 자칫하면 공포심이나 반항, 또는 꾀병 등의 「軍 어린이Ⓒ」자아상태로 반응할 수 있다. 그렇게 되면 군 업무가 비효율적이고 비생산적으로 이루어 질 우려가 있다. 특히 지나치게 권위주의적인 가정이나 과보호적인 가정에서 성장한 사람은 이러한 경우에 군과 상관에게 전이나 라버밴드(rubber band) 현상이 일어나 「軍 어린이Ⓒ」자아는 반감이나 수동적 의존심이 일어나기 쉬우므로 부대 적응에 심리적으로 많은 어려움을 초래할 수도 있다.

최근 사회는 기존의 Hard-Power에 해당하는 물리적, 강제적, 통제적, 억압적인 힘에서 벗어나 구성원들이 존중과 배려 속에서 비강제적이고 자율적이며, 즐거운 마음으로 신명나게 임무를 수행할 수 있도록 하는 Soft-Power를 증진시키는 것에 대한 관심이 증대되고 있다. 이러한 사회적 변화에 따라 군도 Hard-Power적인 요소들 중 가능한 것은 점차 Soft-Power적으로 지향하고 있는 추세이다(국방부, 2008). 예를 들어 구타나 폭력을 지양하는 것은 물론, 신세대장병들이 잘 적응할 수 있도록 배려하여 독서실, 컴퓨터실, 상담실, 노래방, 체력단련실, 스포츠 관련시설 등을 확충하고 생활관 내부도 개조하여 최대한 개인의 공간을 존중하고자 힘쓰고 있다. 뿐만 아니라 인터넷, 편지, 면담 등의 많은 대화의 통로를 열어 심지어는 고위간부까지도 병사들과 그 가족들에게 세심한 관심을 갖고 있다. 이러한 노력들은 모두 신세대 장병들의 「軍 어린이Ⓒ」자아의 욕구를 달래거나 충족시키는 것이라고 할 수 있다.

3) 軍 어른 자아(Military Adult ego)

사람이 지금-여기 그의 주변에서 일어나고 있는 일에 대한 반응으로 활용 가능한 모든 자원들을 사용해서 행동하고, 생각하고 느끼고 있다면 그는「어른Ⓐ」자아상태에 있다고 말할 수 있다. 「어른Ⓐ」자아상태는 청명하여 지금-여기의 사실을 객관적, 합리적, 이성적으로 생각할 수 있어야 한다. 즉「어버이Ⓟ」자아상태의 편견과 선입견에 의하여 오염되지 않아야 하고,「어린이Ⓒ」자아상태의 망상에 사로잡히지 않아야 하며, 뿐만 아니라 두 자아상태를 잘 통합하고 조절할 수 있어야 한다.

마찬가지로 「軍 어른Ⓐ」자아상태는 부대 업무 수행과 병영생활을 하는데 있어서 선입견이나 편견, 부정적인 감정에 사로잡히지 않고 지금-여기의 상황에 항상 깨어있으므로, 맡은 임무에 자신이 활용할 수 있는 모든 긍정적인 에너지와 자원을 활용하여 행동하고 생각하고 느낄 때를 말한다.

신세대 장병들의 「軍 어른Ⓐ」자아상태는 앞서 말한 것처럼 「軍 어버이Ⓟ」자아의 편견과 선입견으로 오염이 되어 있고, 또한 그것이 주는 좌절감과 두려움으로 인하여 이중 오염에 빠져있는 경우가 있을 수 있다. 이들은 군에 입대하여 생활하면서 군이 선배들에게 들은 것처럼 그렇게 지독한 곳이 아니라는 것과 자신의 의지와 노력에 따라 얼마든지 군 생활을 효과적으로 보낼 수 있다는 것을 점차적으로 깨달으면서 그 오염으로부터 벗어나기 시작한다. 그러나 여전히 부정적인 태도에 머무르고자 그러한 부정적인 신념을 끝까지 고수하고 있는 병사들도 볼 수 있다. 이것은 오래전부터 부정성(Not OK)에 병들어 있는 그의 성격적 태도에 정당성을 부여하기 위하여 구실을 찾는 것이며, 자신의 삶에 대한 책임을 군에 전가하므로 자기 자신을 스스로 희생자의 위치에 올려놓고서 군 조직에는 죄책감을 심어주고자 하는 심리적 게임과 패자 각본을 진행하고 있다고 볼 수 있다.

한편 신세대 장병들은 고 학력자들이 많고 자기중심적이며 탈 권위적이며 평등을 지향하는 문화 속에서 성장하였다. 때문에 그들의 부모의 시대에서처럼 '선생님' 이라면 무조건 존경하고 따르는 것이 아니라 예를 들어 "담탱이", "선생", "스승" 으로 나눌 정도로 나름대로의 비판을 통한 그들만의 기준을 두고 있다. 뿐만 아니라 창의력과 사고능력, 합리성, 과학성을 중시하는 교육환경에서 성장하였으므로 이들은 군에 입대하여 상관의 어떠한 명령은 비합리적이라고 판단되고 이성적으로 납득이 되지 않을 때는 군 조직에 대한 반감을 갖게 되거나 갈등을 겪기도 한다.

6-2. 군 상담 활용

1) 軍 어버이 자아의 재건

군은 특성상 상명하복의 위계질서를 생명으로 하는 조직이다. 많은 간부나 선임들이 애써 가장 우선으로 하는 것은 병사나 후임이 복종하도록 훈련하고 길들이는 것이라고 생각할 수도 있다. 이 훈련이 잔혹할 경우에는 병사의 인격을 파괴하고 말 가능성도 있다. 훈련이 애정에 밑받침되어 행해지면 그것은 따르는 사람의 자기 평가를 높이게 될 것이다. 어쩌면 그들은 "간부로서, 선임으로서 당연히 해야 할 의무를 수행하고 있다"고 할 것이다. 그들에게 '어른스러운 것, 말을 잘 듣는 병사'란 다른 말로 표현하면 '좋은 아이, 착한 아이'라는 것으로서 말대꾸를 하지 않고 자기의 두뇌로 함부로 생각하지 않으며 명령에 반항하는 일이 없는 사람이라는 의미인 것이다. 윗사람은 아랫사람에게 무시되는 것이 참기 어려우며, 아랫사람은 윗사람의 말에 복종했을 때 칭찬을 받게 된다.

한편, 로렌스 콜버그(L. Kohlberg)의 도덕성 발달의 마지막 단계에서처럼, 무엇에 의한 강압적이거나 의무적인 것을 넘어서서 진실, 정의, 아름다움, 그리고 인간의 생명의 가치와 존엄을 구하는 것을 근본으로 하는 「軍 어버이Ⓟ」자아의 테이프가 돌아가고 있다면 그의 「軍 어린이Ⓒ」자아는 진심어린 충성심과 창의적이고 자발적인 복종으로 반응하게 될 것이다. 콜버그의 도덕성 발달단계의 관점은「軍 어버이Ⓟ」자아를 군인정신으로 재건하는 방향과 과제를 설정하는데 지도(map)를 제공할 것이다(Muriel James, 1981).

제1단계는 "처벌을 받은데 대한 공포심에서의 복종"이다.

즉, 권위 있는 사람을 따르는 것이 권위자가 올바르기 때문이 아니고 그들에게 처벌하는 힘이 있기 때문인 것이다. 따라서 벌 받는 것을 피하기 위해서 "문제를 일으키지 않도록 한다"는 것이 그들에게는 중요하게 되는 것이다.

제2단계는 "자신의 욕구를 물리적인 입장에서 만족시킨다"는 것이다.

나와 나의 욕구가 최우선이며 처벌받지 않으면 법적으로 허용되지 않는다 할지라도 괜찮다는 입장이다. 또한 칭찬과 보상이 따라야 하며 자기애적이며 편의주의적 태도를 취한다. 이 두 단계는 규칙의 어떤 이유, 왜 그것이 필요하며 지켜지지 않으면 안

되는 것인가를 이해할 수 없는 나이에 취하는 전형적인 것이다.

제3단계는 "마음에 들도록 하기 위해서, 다른 사람을 기쁘게 하려고 한다"는 것이다.

즉, '착한 아이'라고 인정받기 위하여 한다. 이러한 사람은 자기주장을 할 필요가 있는 경우에도 그것을 하지 않는 사람에게서 많이 보여 지며, 결과적으로 이것이 노여움으로 변하는 경우도 적지 않다.

제4단계는 "기성의 법과 질서를 따른다"는 것이다.

이것은 의무감에서 충성을 맹세하는 것이 이 단계에서 가장 잘 보여 지는 것이다. 그가 속하는 하위 집단이나 사회의 법과 질서에 따르는 것이면 그의 행동은 바른 것이라고 간주 된다. 즉, 나라, 회사, 조합, 가족, 종교단체 등이 '이것은 올바르다', '이것은 해야 할 것이다'라고 말하는 것을 신봉하고 정해진 것을 지키는 것이 바르다고 믿는 현상유지파가 여기에 속한다고 할 수 있다.

제5단계는 "헌법에 의해 보장되고 있는 권리를 존중한다."

이것은 법적인 시스템 때문만은 아니고 법률이라는 것은 사회적 계약에 의한 상호동의로 견고하게 유지되는 것뿐만 아니라 불공평한 법률은 이성을 통하여 바뀌어 질 가능성이 있는 것으로 믿고 있기 때문에 이것을 존중한다.

제6단계는 "보편적 윤리적인 원칙에 대한 배려"로서 도덕성 발달의 최고 단계이다.

이것은 법률 시스템에 기초를 둔 것이 아니라 진실, 정의와 아름다움, 그리고 인간의 생명의 가치와 존엄을 구하는 것을 근본으로 하고 있다. 그들은 자기들의 신조를 용기를 가지고 행동으로 옮겨 전 인류의 생활을 보다 좋은 것으로 만들고자하는 보편적인 원칙에 따라서 산다. 즉, 그들은 보다 좋은 세계를 만들기 위한 투쟁에 자기 자신의 생명력을 긍정적으로 사용하며 나라나 세계의 상황이 비참하게 보일 때도 항복하거나 체념하지 않고 진리와 정의를 위해서 목숨을 걸고라도 싸운다는 자세를 가지고 있다.

우리는 군 장병들이 다양한 도덕발달단계에 머물러있는 것을 볼 수 있을 것이다. 군 복무기간 중에 여전히 제1단계에 머물러 처벌이 두려워 복종을 하는 사람이 있는가 하면, 제2단계에서처럼 자신의 욕구충족에 우선하여 적응하는 경우나, 제3단계에서처럼 인정받기 위하여 충성하는 경우와 제4단계에서처럼 군 조직의 일원으로서 당연한 의무감으로 충성을 맹세하는 경우가 있을 것이다. 또한 제5단계에서처럼 체제의 이상적인 변화를 기대하며 현 체제에 순응하는 경우도 있을 것이며, 제6단계에서처럼 국가와 민족에 대한 사랑의 마음으로 사명감을 가지고서 군에 헌신하는 경우도 있을 것이다.

이러한 점들을 고려해 볼 때, 국가를 수호하는 막중한 임무를 맡고서 젊음과 열정을 헌신하는 군 장병들에게 제6단계를 바라보며 나아가도록 조력하여야 할 것이다. 그렇게 될 때 군의 목표와 개인의 목표를 동시에 수월하게 이룰 수 있을 것이다. 이를 위하여 상담프로그램이나 교육을 통하여 '새로운 부모'의 메시지를 창출하는 자기 재양육(self reparenting)을 할 수 있도록 조력해야 한다.

새로운 부모의 메시지는 軍 어버이 정신을 재발견하여 「軍 어버이Ⓟ」를 여러 가지의 특별한 면에서 재건하며「軍 어린이Ⓒ」자아가 인생의 희열과 창조성의 잠재 능력을 더욱 발달시키도록 장려하는 것이다. 또한 주도적인 자기가 되어 군에 대한 새로운 정보를 주고, 새로운 이성적인 사고 능력이나 지금까지보다도 확고한 결단을 할 수 있는 능력으로 「軍 어른Ⓐ」자아상태를 현재에 잘 기능할 수 있도록 경신한다.

2) 통합된 軍 어른 자아(Integrated Military Adult ego)

교류분석의 궁극적인 목적은 자율성(autonomy)을 달성하는 것이고, 이것은 자각성(awareness), 자발성(spontaneity), 친화성(intimacy)의 세 가지 능력의 회복을 실제 행해보이는 것이다. 이것이 발생함에 따라 그는 통합된 「어른Ⓐ」자아상태를 발달시키고 있는 것이다. 「어버이Ⓟ」와 「어린이Ⓒ」가 제공하는 재료를 「어른Ⓐ」을 통하여 필터에 걸러서 새로운 행동패턴을 배우는 것은 통합과정의 일부이다(M. James, D. Jongeward, 1971). 이것을 군에 대입해보면 다음과 같다.

> 통합된 軍 어른 자아(Integrated Military Adult ego)는 군에서의 개인의 성장과 동시에 그 성장이 부대의 정신전력 강화로, 부대목표 달성으로 이어져야한다.
>
> ①통합을 위한 제일보는 「軍 어른Ⓐ」을 집행자로 하는 각성, 자각이다. 각성을 통하여 자신에게 일어나고 있는 부정성의 에너지를 긍정성의 에너지로 전환할 수 있다. 만약 자신이 폭군, 또는 비뚤어진 사람과 같이 행동하고 있다는 것을 자각하면, 자신의 행동에 대해 무엇을 하고 싶은가를 결정할 수 있다.
>
> ②자발성이라고 하는 것은 「軍 어버이Ⓟ」의 행동과 감정, 「軍 어른Ⓐ」의 행동과 감정, 그리고 「軍 어린이Ⓐ」의 행동과 감정의 모든 범위에서 선택하고 의사결정 하는 자유를 가리킨다. 자율적 인간은 자발적이다. 그는 유연성이 있으며, 분별없이 충동적이지 않는다. 그는 자신에게 많은 선택권이 있음을 알고 있으며, 자신의 상황과 목표에 적절하다고 판단되는 행동을 취한다.
>
> ③친화성이라고 하는 것은 “자연스런 어린이 자아”의 따뜻한 감정, 마음의 온화함과 타인에 대한 친밀감의 표현을 가리킨다. 이것은 「軍 어른Ⓟ」자아의 자각위에서 이루어지며 자기 자신의 약간의 가면을 벗어버림으로써 자기 자신을 드러낸다. 또한 마치 조각가가 큰 바위덩어리 속에 있는 아름다운 사자를 볼 수 있는 능력을 가진 것처럼 친화성의 능력은 창조적이며 순수하며 인간 그 자체의 존재와 관련되어 있다.

군 장병들에게 자율성(autonomy)이 확립되면 군 생활은 지옥이 아니라 천국이 될 것이다. 그렇게 되려면 「軍 어른Ⓐ」자아가 늘 깨어있어야 한다. 순간순간 자각성을 발휘하여 자신의 부정적인 자아상태를 긍정적인 자아상태로 전환하며, 주어진 환경과 한계상황을 인식하고 그 가운데서라도 가능성을 발견하고 목표를 설정하여 자발적이고 능동적인 결단을 실행한다. 그리고 즐거움과 정열을 가지고 때로는 전쟁놀이를 하는 것처럼 기왕이면 재미있게, 신나게 실력을 다지고, 역량을 계발하고, 목표를 이루어 보람되게 군 생활을 영위하며, 전우들과는 애정을 가지고 의리와 기쁨을 주고받을 수 있다.

❖ 자율로 가는 길

- TA이론을 가르쳐서 통찰력을 키운다.
- 軍 드라마 삼각형을 그려 심리적 게임을 확인한다.
- 軍 각본메트릭스를 통하여 직면한다.
- 준거틀에 도전하여 「軍 어른Ⓐ」자아의 「軍 어버이Ⓟ」 혹은 「軍 어린이Ⓒ」자아로부터의 오염을 해제한다.
- 「軍 어른Ⓐ」자아를 해방시킨다.
- 재결단을 한다.

(3) 군 조직의 관점에서의 접근

여기에서는 간부들의 리더십이 매우 중요하다. 병사들에게는 공포심을 조장하기보다는 서로 신뢰와 배려하는 분위기를 조성하고, 균형 잡힌 긍정적인 군 스트로크(Military Stroke)를 주므로 사기를 진작하여 병사들이 자율적으로 알아서 임무를 수행할 수 있도록 능력을 발휘 하여야 한다. 뿐만 아니라 전투력 증진과 작전수행에 있어서는 항상 현실에 깨어있어 정확한 정보를 가지고서 사고하고 식별하고 집행하고 재평가하는 기능을 잘 수행할 수 있도록 「軍 어른Ⓐ」자아를 강화해야 한다.

그리고 인류에 대한 책임감과 용감성, 성의, 충성, 신뢰성, 애정 등이 통합된 「軍 어른Ⓐ」자아 속에서 녹아나야 하며, 이러한 것들은 병사들에게 새로운 모델로 제공되어야 한다. 더 나아가 간부는 군 조직의 에너지가 건설적인 방향으로 흐를 수 있도록 조직 각본(organization script)을 전체적으로 점검하여 군 조직이 의도하는 결과를 효율적으로 성취하도록 조력할 수 있다.

❖ 군 조직의 리더로서의 과제

- 간부가 긍정적인 「軍 어버이Ⓟ」를 사용하면 병사는 긍정적으로 「순응하는 어린이(AC)」상태가 되어 자발적인 복종을 하게 된다. 그것은 만족하는「자유스런 어린이(FC)」상태로 이끌어 창의적이고 활기찬 병영생활이 되도록 고무한다.
- 간부는 평행 교류를 유지함으로써 순조롭고 편안한 의사소통의 흐름을 계속하는 방법이나 또는 교류를 교차함으로써 잠재적인「어버이Ⓟ」–「어린이Ⓒ」상태의 논쟁을 방해하는 방법을 사용한다.
- 간부는 일이 잘못 수행된 것에 대해서 단지 부정적인 스트로크를 주기 보다는 일이 잘 수행된 것에 대해서 긍정적인 스트로크를 제공한다.
- 군 스트로크(Military Stroke)의 형태를 변화시키고 긍정적인 도전에 대한 기회를 증가시키는 것은 게임의 장을 제거할 수 있도록 하고 생산성을 증가시키도록 한다.
- 일반적인 스트로크는 개인의 성장을 촉진하지만 군은 독특한 스트로크를 사용한다. 이것은 군의 전투능력과 정신전력을 강화하는 것이어야 한다.
- 부대의 조직 각본(Military Script)을 점검하여 승자각본(winning script)을 확인한다.

제 9 장

정신분석이론

1. 기본 철학

인간의 본성에 대해서 프로이드(Freud)는 결정론적인 관점을 가지고 있다. 인간 존재는 기본적으로 정신 에너지와 초기 경험에 의해 결정되어진다. 무의식적 동기나 갈등이 현재 행동의 중심이며, 프로이드(Freud)의 입장에서 보면 군인들은 제한된 환경속에서 인간의 본성에 해당되는 성적 에너지(성충동)나 공격 에너지가 활성화되기 때문에 사회에 있는 민간인에 비해 더 충동적이고 우발적이다. 즉 군인들에게 나타난 행동이나 부적응 행동은 초년기 억압된 갈등이 고착되어 나타난 문제이거나 성적에너지 및 공격적 에너지에 의해서 나타난다고 보는 입장이다.

2. 주요 개념

정신분석적 상담기법은 의식을 증가시키고, 행동에 대한 지적통찰을 얻게하며 증상의 의미를 이해하도록 하는 것이다. 그러므로 정신분석이론과 상담에 적용하는 전략을 이해하기 위해서는 기본적인 개념을 정확하게 이해할 필요가 있다. 프로이드의 주요개념을 군 상담의 입장에서 살펴보면 다음과 같다.

1) 의식, 전의식, 그리고 무의식

프로이드의 의식수준에는 의식, 전의식, 무의식이 있다. 의식이란 한 개인이 현재 각성하고 있는 모든 행위와 감정들을 포함하고 있다. 전의식은 '이용 가능한 지식'이라고도 하고, 의식의 부분은 아니지만 의식 속으로 떠올릴 수 있는 생각이나 감정들을 포함한다. 또 무의식과 의식을 연결해 준다. 무의식은 개인이 자신의 힘으로는 의식으로 떠올릴 수 없는 생각이나 감정들을 포함시키고 있고, 자신이나 사회에서 용납될 수 없는 감정, 생각, 충동들이 억압되어 있다. 프로이드는 모든 정신과정이 무의식으로부터 기원하기 때문에 무의식을 가장 중요한 의식수준이라고 본다. 일상적인 생활속에서 의식적인 행동은 자신의 전체 행동중에서 30%정도 밖에 안된다. 나머지 60%에 해당되는 부분은 전의식이나 무의식이라고 본다. 특히 무의식에 의해서 모든 행동이 이루어진다고 한다. 즉 군 생활을 하면서 자신이 어떻게 부적응행동을 하게 되었는지를 잘 모르는 경우이거나 개인의 성격이나 지적, 가정환경에 전혀 문제가 없는 병사인데 종종 문제를 일으키며, 늘 군에서 세심하게 관리해야 하는 관심병사들도 자신이 어떻게 이러한 행동을 하는지 인식하지 못한다. 이러한 것은 무의식에 의해서 이루어지기 때문에 그 무의식 해석, 꿈의 분석 등을 통해서 관심병사가 자신의 무의식을 인식할 수 있도록 함으로써 자신의 행동의 부적절성을 이해하게 된다.

2) 성격구조의 개념

군에서 근무하는 군인들의 성격의 구조는 원초아, 자아, 초자아로 구성되어 있으며, 이러한 구조들간의 갈등으로 군인들의 불안이 생긴다고 보는 입장이다. 이러한 불안을 이겨내기 위해서 방어기제가 나타난다. 그러므로 정신분석학적인 군상담을 위해서는 프로이드(Freud)의 성격의 구조, 불안, 방어기제를 살펴봐야 한다.

(1) 원초아(id)

원초아는 인간의 본능 욕구를 충족시키는 곳으로 끊임없이 맹목적이며, 요구적으로 생물학적인 측면과 생리적인 욕구가 강하게 일어나는 쾌락의 원칙이라고 할 수 있다. 이 성격은 비논리적이고 비도덕적이며, 본능적인 욕구를 충족하는 곳이다. 이 기제가 작동하면 생각하거나 사고하지 않으며 힘들고 어려움이 뒤따르는 일은 싫어하고, 고통을 피하고 긴장과 고통이 없는 균형 상태로 가기를 원한다. 사회에서 민간인으로 생활할 시에는 아무런 문제가 없었던 사람이 군에 입대함과 동시에 시간만 나면 생리적인 욕구만 충족하고자 한다. 병사들이 군 생활을 하면서 시간 있으면 어느 곳에서나 잠을 자려고 하고, 외부의 작은 자극에도 폭력적인 행동을 나타내며, 먹는 것에 대해서 집착하고, 생각하지 않고 단지 자신의 욕구가 원하는 대로 행동을 한다. 이러한 행동에 대해서 군인들은 인식하지 못한다. 그 이유는 의식에 의해서 이루어지는 것이 아니라 무의식적이기 때문이다.

(2) 자아(ego)

자아는 원초아와 초자아, 자신의 욕구와 환경조건 사이에서 갈등과 괴리를 조정하는 기능을 한다. 즉, 실제 군생활에서 자신을 지배하고, 통제하고, 조절하는 실행자로 현실의 원칙의 기능을 한다. 자아는 철저하게 현실적이고 논리적인 사고를 하며 미래에 대한 계획을 세우며, 자신의 욕구를 만족시키기 위한 구체적인 계획을 세우고 실천하려고 한다. 이 기능이 잘 발달될수록 군 생활에서 상관의 명령에 복종하고, 군에서 요구하는 목표달성이 뛰어나며, 부대원들간의 원만한 인간관계를 형성하며 적응능력도 뛰어나다.

(3) 초자아(super ego)

초자아는 원자아와 반대되는 영역이다. 초자아는 심판적인 기능을 하는 판사와 같은 부분이다. 관심사는 자신이 행하는 행위가 선한 것인지, 악한 것인지, 혹은 옳은 것인지, 그릇된 것인지, 아니면 도덕적인 것인지 아니면 비도덕적인 것인지에 대해서 구분한다. 그러나 이러한 구분이 현실적인 것이 아니라 이상을 나타낸다. 이 초자아는 어린시절부터 배우고 익혔던 부모의 가치관이나 사회규칙이나 규범이 내면화된 것으로 원초아(id)의 충동을 억제하고 도덕적이고 규범적인 기준에 맞추어서 살도록 유도한다. 즉 초자아는 인간의 본능적인 욕구인 원초아(id)의 충동을 억제하면서 자아(ego)의 현실적인 목표 대신에 도덕적 목표를 추구하려고 한다. 병사들이나 장교들이 군 생활을 하면서 적과 대처되어 있는 상황에서 적을 공격해야하는 현실적인 목표 대신에 인간을 죽이면 안 된다는 도덕적인 갈등 때문에 공격하지 못하고 갈등하게 된다. 또한, 초자아가 잘 발달된 병사들이나 장교들은 종종 군 생활에서 군의 특수적인 상황을 인정하지 못하고 도덕적인 목표에 맞추어서 양심선언을 하는 것, 최근에 있었던 촛불시위에 대해 전투 경찰이 양심선언을 한 것 등도 초자아가 발달되었기 때문이다.

3) 성격의 발달

개인의 성격발달을 인식하는 것은 군 상담에서 병사들의 갈등의 문제나 불안의 문제를 해결하는데 중요한 시사점을 준다. 군 생활중에 병사의 부적응적 행동이나 성격은 어렸을때의 경험, 특히 생후 7년이내에 경험에 의해 좌우된다는 것이다. 이 시기에 경험하는 갈등과 그 갈등을 해결하는 과정은 전형적인 경험이 되며, 이러한 경험을 통해 습득한 자신과 외부세계에 대한 관점과 태도는 나중에 성인이 되어서까지 무의식 세계속에서 유지되기 때문이다. 즉 군생활에서 일어난 부적응의 행동이나 성격은 어린시절에 형성된 무의식적인 활동에 의해서 나타난다고 보는 것이다. 이러한 성격의 발달은 성적인 에너지에 해당되는 리비도(Libido)가 어디에 집중되었느냐에 따라서 그 성적에너지의 욕구충족이 제대로 이루어졌는가, 아니면 불만족스럽게 이루어졌는가에 따라서 성격 발달이 달라진다는 것이다.

(1) 구강기

이 시기에는 모든 물건을 입으로 가져간다. 입과 입술이 성적으로 민감한 곳이며, 영유아기의 입으로 빨기, 깨물고, 씹고 등을 통해서 성적 기쁨을 충족시킨다. 이 시기에는 엄마나 타인을 통해서 본능을 만족시키며 입으로 만족과 쾌락을 느낀다. 이 시기에 수유상태에 따라서 영유아들은 구강 공격적 성격이나 구강 수동적 성격을 지닐 수 있다. 구강 공격적인 행동은 이 시기에 과다한 만족에 의해서 아이들이 성인되어서는 모든 일에 시시비비를 가려 행동하려는 논쟁적이며, 타인을 비꼬고, 타인을 이용하고 지배하려는 경향이 강하다. 이러한 병사들은 군에서 이루어지는 명령에 대해서도 불만스러운 행동과 사고로 왜 내가 해야 하는데, 다른 병사들은 하는 일도 없는데 하면서 하급자에게 일을 시키는 경우가 많다. 특히 군 생활에서 불안하면 자신도 모르게 손톱 물어뜨기, 줄담배 피우기, 과식, 껌을 씹는 행위 등이 나타난다. 구강수동은 영유아기 시기에 입을 통해서 빨기에 대한 방임이나 좌절을 겪게 되면 나타난다. 이러한 경우 군 생활에 대해서 낙천적이며, 타인에게 의존하고, 과도한 의타심을 갖게 된다. 군 생활에서 다른 병사들은 전투력 측정이나 검열에 정신없이 바쁘게 움직인데, 여기에 해당되는 병사는 내가 열심히 하지 않아도 옆에 있는 동료가 잘 하겠지, 옆에 있는 상급자나 하급자가 잘 하면 되지 하는 마음을 갖고 있다.

(2) 항문기

이 시기의 성격발달은 배변훈련에 의해서 달라진다고 보는 견해이다. 이 시기의 성적 에너지는 항문의 괄약근에 있다. 이 시기를 통해서 자기통제와 지배를 배우는 최초의 체계적인 노력이다. 이 시기의 배변훈련이 엄격한 아동들은 부적절한 장소에 배변함으로써 분노를 표현하려 할 것이다. 이로 인해서 잔임함, 부적절한 분노의 표현, 극단적인 무질서 등이 나타난다. 이러한 사람은 군 생활에서 타인과의 관계에서 폭력적이며, 주어진 시간안에 목표달성이 어려워서 늘 상급자로부터 꾸중을 들어도 크게 자극을 받지 않다가도 극단적인 방법으로 감정을 표현하는 경우가 종종 있다.

배변훈련을 할때 배변을 할때마다 칭찬을 받고 관대한 교육을 받는 아동은 질서정연하고, 탐욕, 인색함, 고집적인 특성을 나타낸다. 이러한 병사들은 군 생활시에 생활관의 사물함이 정리정돈이 아주 잘 되어 있으며, 상급자의 지시에 대해서 잘 순응하며 완벽하게 일을 수행하려고 하지만 뜻대로 잘 이루어지지 않아 상급자로부터 꾸중을 듣게 되면 심하게 힘들어하며 열등감을 느껴 자살까지도 고려한 상황에 이른다. 이러한 병사에게는 지휘관이 많은 병사들 앞에서 야단이나 꾸중을 하는 일이 없도록 하여야 한다.

(3) 남근기

이 시기의 성격발달의 성적에너지는 성기에 있다. 이 시기의 성격발달이 결정적 시기라고 한다. 이 시기의 아동은 무의식적으로 부모를 이성과 관심의 대상으로 본다. 이 시기에 아동들은 반대 성의 부모에 대해 자신이 가지고 있는 무의식적인 근친상간적 소망 때문에 갈등을 경험하게 된다. 특히 남자아동들은 엄마를 무의식적 이성대상으로 보고 어머니를 사랑의 대상으로 하면서 아버지와 경쟁의 관계를 보인다. 그러나 경쟁을 하지만 아버지를 이길 수 없다는 무의식적인 인식과 함께 자신이 엄마를 이성대상으로 했다고 해서 혹시 아버지가 자신의 성기를 잘라버리지 않을까하는 무의식적 거세불안을 갖게 된다. 그래서 이때부터 자신의 성기를 보호하고 엄마로부터 인정을 받기 위해서 엄마가 가장 좋아하는 아버지를 동일시하게 된다. 이때부터 아버지와 똑같은 행동을 하려는 동일시가 나타나기 때문에 아버지가 어떤 사람이냐, 엄마가 어떤 사람이냐에 따라서 성격이 변화된다는 것이다. 이 시기에 동일시가 잘된 아동은 성정체감의 기초가 튼튼함과 동시에 건전한 의미의 호기심을 갖게 되고, 자신에게 주어진 일을 성실하게 달성하려고 하지만, 이 시기에 고착된 남성들은 경솔하고 과장이 심하며, 야심이 강하다.

이 시기에 잘못된 군인들은 어린 시절의 동일시의 부재로 인해서 군대에서 자신에게 알맞은 역할을 제대로 수행하지 못 할 뿐만 아니라 옳고 그름에 대한 가치관의 정립이 잘 안 되어 군 생활 적응에 무척 어려움을 겪는다. 군대에서 관심병사로 관리되고 있는 병사들 중에서 이 시기에 적절한 동일시나 모델링이 이루어지지 않은 병사들이 많다. 그러므로 이러한 병사들을 지도하기 위해서는 철저한 부모 상담과 함께 역할 연습 등을 병행하는 지도방법이 중요하다.

(4) 잠복기

이 단계는 초등학교 시기로서 구강기, 항문기, 남근기에 비해서 성욕 표현이 잘 나타나지 않은 조용한 시기라고 할 수 있다. 성적인 리비도가 잘 나타나지 않은 시기로서 성적 만족의 부위가 잠재되는 시기로서 원자아(id)가 약하되고 자아(ego)와 초자아(super ego)가 강력해지는 시기이다. 성적관심은 주로 학교의 친구, 스포츠 등에 대한 관심으로 대치되고, 이 시기에 아동이 사회화하고 외부세계에 관심을 많이 가지게 된다. 이 시기에 잘못 된 군인들은 어린 시절에 친구들로부터 지지를 받지 못하였기 때문에 개인적인 목표가 부족하며 늘 열등감에 쌓여 있는 경우가 종종 있다.

(5) 생식기

이 시기는 청소년 시기에 해당되는 시기로 성적에너지가 무의식세계에서 의식세계로 나오는 시기이다. 이 시기 때부터 성욕이 이성을 향하지만 사회적인 제한 때문에 남자아이는 엄마, 여자아이는 아버지를 극도로 증오하는 시기이다. 이 시기에 성적인 에너지를 사회적으로 수용될 수 있는 활동 즉 예술이나 스포츠 활동, 장래준비 활동에 그 에너지를 소모한 청소년들은 건전한 활동과 생활을 하지만 이 시기에 성적 에너지를 잘못 관리한 청소년들은 동물적인 쾌락에 몰두하거나 자아를 지나치게 표면에 내세우는 경향으로 쾌락추구, 공격성, 야수성, 범죄행동을 나타내게 된다. 이 시기에 잘못된 군인들은 군대생활의 부적응 행동, 공격적인 행동을 종종 나타내며, 모든 행동이 자신의 쾌락만을 위해서 행동하게 되므로 이러한 군인들은 자신의 성적인 에너지를 긍정적으로 소모할 수 있도록 적절한 운동이나 승화가 이루어질 수 있는 대체 행동을 찾아주는 것이 필요하다.

4) 불안

정신분석적 접근에서 필수적인 개념이 불안에 대한 것이다. 불안은 무엇을 하기 위해 동기를 유발하며, 절박한 위험을 경고하는 긴장상태이다. 정신분석학에서의 불안은 성격구조에 해당되는 원초아(id)와 자아(ego), 초자아(superego) 간의 갈등으로 인해 적절한 대책을 세우지 않으면 자아가 전복될 위험에 있음을 자아에게 경고하는 것이다. 그러므로 불안은 갈등을 해결하기 위한 방법인 것이다.

군 생활에서 불안을 겪고 있다는 병사는 원초아와 자아, 초자아간의 갈등을 겪고 있으므로 상급자는 이 병사의 본능 즉 원초아가 무엇인지, 자아와 초자아는 무엇인지를 탐색하도록 하는 것이 가장 우선시되어야 한다. 군에서 갈등의 원천에 의해서 불안이 생긴다. 이러한 불안을 이겨내기 위해서 방어기제를 사용하는데 불안의 종류를 구체적으로 살펴보면 다음과 같다.

(1) 현실적(실제적) 불안

외부 환경에 실제로 존재하는 객관적인 위험으로서 공포와 같은 개념이다. 군에서 상급자나 동료로부터 신체적인 위협을 당하지 않을까하는 두려움이나 적에 대한 두려움, 군이라는 새로운 환경에 대한 적응에 대한 두려움 등이 현실적인 불안에 해당된다.

(2) 신경증적 불안

원초아의 충동이 의식화되어 이때 발생하는 정서적 반응을 자아가 통제할 수 없을 때 생기는 불안이나 염려를 말한다. 원초아에 해당되는 쾌락의 욕구를 현실자아가 통제하지 못해서 생기는 불안을 말한다. 즉 병사가 야간 근무들중에 잠을 자고 싶은 욕구는 원초아이며, 근무 중에 잠을 자지않고 열심히 근무에 충실히 해야한다는 것은 자아에 해당된다. 그런데 야간 근무하다가 어느 정도 시간이 지나면서 이 시간에는 순찰이 없을 것이고, 여기에 적군이 나타날 일도 없겠지 하면서 원초아와 자아가 서로 갈등을 하다가 원초아가 이겨서 야간 근무시간에 잠을 자게 된다. 깜빡 잠이 들었는데 순찰하는 소대장이나 분대장에게 발견되었다. 이때 소대장이나 분대장이 적절한 조치를 취하지 않고 그냥 지나치게 되면 이때부터 근무자는 신경증적 불안에 쌓이게 된다. 그래서 다양한 생각을 하게 되고 극단적인 생각과 행동을 하는 경우도 있다. 그러므로 이때 순찰자는 근무자가 마음의 안정을 찾고 근무에 열중할 수 있도록 정확하게 앞으로 일어날 일을 예견할 수 있도록 하는 지침을 제공하는 것이 중요하다. 아무런 조치가 없이 순찰자가 근무중에 졸면 안되지 하고 지나가게 되면 이 근무자는 신경증적인 불안속에서 갈등을 하게 된다.

(3) 도덕적 불안

자아가 초자아로부터 벌을 받을 위험이 있을 때 나타나는 정서적 반응으로서, 특히 사회적 성격을 표출 할 때 사회적 불안이라 한다. 즉 군생활에서 이루어지고 있는 모든 행동은 현실적인 자아가 통제하게 된다. 군 생활을 하다보면 병사의 양심에 해당되는 초자아의 통제에 벗어난 행동을 하게 된다. 예를 들면 국가와 국민의 생명을 지키기 위해서 공공의 적을 퇴출시키거나 사살을 해야하는 것은 자아에 해당된다. 그런데 아무리 나쁜 사람도 인간으로써 존중 받을 가치가 있다고 늘 생각하고 있는 것은 초자아에 해당된다. 그런데 군의 작전을 위해서 현실적인 자아에 따라서 작전의 임무를 충실하게 수행하고나서 자아와 초자아가 갈등하게 되고, 그때 초자아가 자아를 벌하면서 너는 나쁜놈이냐, 너는 잘못되었다라고 벌하고 양심선언을 하게되는 것이 도덕적 불안에 해당된다.

5) 방어기제

정신분석학에서 인간 성격의 근원이 되는 원자아, 자아, 초자아는 서로 담고 있는 내용과 추구하는 바가 다르다. 원 초아는 본능적 욕구를 직접적으로 충족하려하고, 자아는 현실에 비추어 이를 저지하려고 하며, 초자아는 원 자아와 자아가 도덕에 위배되는 행위를 하는지 항상 감시한다. 이러한 갈등이 정신적 갈등의 원인이 되며 이 때 중요한 것이 자아의 역할이다. 성격구조들 간의 갈등을 중재하고 조정하는 역할을 수행하는 것이 자아이기 때문이다.

자아는 정신적 갈등에 대처하기 위해 방어기제를 사용한다. 자아가 위협받는 상황에서, 무의식적으로 자신을 속이거나 상황을 다르게 해석하여, 감정적 상처로부터 자신을 보호하는 심리의식이나 행위를 말한다. 프로이드는 자아방어기제를 이드충동의 공개적 표현과 이와 대립되는 초자아의 압력으로부터 개인을 보호하기 위한 전략이라고 정의하였다. 충동이 의식을 뚫고 나타나려는 위협에 대해 자아가 반응하는 방법은 두 가지가 있는데, 첫째, 충동이 의식적 행동으로 표현되는 것을 봉쇄하는 방법, 둘째, 충동을 왜곡시켜 원래의 강도를 현저하게 감소시키거나 빗나가게 하는 방법이다.

그러므로 방어기제란 원초아속에 포함되어 있는 사회적으로 용납될 수 없는 욕구나 충동 등의 사실적 표현과 이에 맞선 초자아의 압력 때문에 발생하는 불안으로부터 자아를 보호하기 위한 자기 기만적이며 현실지각을 왜곡시키는 일종의 대항 전략을 말한다. 즉 방어기제는 기본적으로 자아의 무의식적 기능이다.

군에서 병사들이나 관심병사들은 자신들이 사용하는 방어기제가 무의식적인 기능이기 때문에 자신들의 방어기제를 잘 이해하지 못한다. 그러나 군의 상급자나 지휘관은 병사들이 사용하는 방어기제가 병사들의 쾌락적인 욕구의 충동을 의식적 행동으로 표현되는 것을 억압하고 봉쇄하려는 것이며, 충동을 왜곡시켜 원래의 강도를 현저하게 감소시키거나 빗나가게 하는 방법 즉 자아가 적응하기 위한 전략이라는 것을 인식하고 접근하여야 한다. 군에서 병사들이 사용하는 방어기제를 구체적으로 살펴보면 다음과 같다.

(1) 군 생활에 도움이 되는 방어기제

이 수준의 방어기제는 서로 원초아, 자아, 초자아 갈등하는 욕구들 사이에 적절한 균형을 유지하며 만족할 때 나타내는 방어기제이다. 이 수준의 방어기제는 문제장면에서 문제를 해결할 때 매우 적응적이고 긍정적인 기능을 한다.

① 이타주의(다른 동료 생각하기) : 군 생활에서 자신과의 갈등이나 내외적인 스트레스를 처리하기 위해서 다른 동료나 상급자 및 지휘관의 욕구에 맞게 헌신한다. 다른 동료나 상급자 및 지휘관이 만족하는 것을 보면서 진심으로 만족하고, 타인의 만족이 자신의 만족으로 인식한다.

② 자기주장 : 외부에서 주어진 자극이나 문제사태에 있어서 자신의 감정이나 생각을 적절하고 직접적인 방법으로 표현함으로써 감정적인 갈등이나 내외적인 스트레스를 처리한다. 상급자나 지휘관에게 자신의 주장을 표현한다.

③ 승화 : 자신에게 주어진 스트레스나 갈등을 해결하기 위해서 부적응적인 방법이 아닌 군대에서 용납된 행동으로 변형시켜서 표현하는 것을 말한다. 즉 군에서 사격을 못하는 병사가 스트레스를 해결하는 방법으로 축구나 운동경기에서 열심히 하여 지휘관에게 인정받고자 하는 행동을 말한다.

(2) 군 생활에서 정신적 억제수준의 방어기제

이 수준의 방어기제는 군 생활에서 나타나는 갈등이나 스트레스를 잠재적인 위협을 줄 가능성이 있는 생각이나 감정, 공포 등을 의식하지 못하도록 무의식적인 행동으로 나타내는 것을 말한다.

① 치환 : 한 대상에 대한 느낌이나 반응을 자신에게 위협을 덜 주는 대상에게 감정적 갈등이나 스트레스를 해소하는 것을 말한다. 즉 상급자로부터 꾸중을 듣고 나서는 자신의 하급자에게 화풀이를 하는 경우를 말한다. 지휘관이나 행정보급관으로부터 꾸중을 받은 병사가 지휜관이나 행정보급관이 아끼는 물건이나 사물에게 화풀이를 하는 경우도 여기에 속한다.

② 반동형성 : 자신이 싫어하고 미워하는 상급자나 지휘관에게 자신이 싫어하는 것과 미워하는 것을 숨기고 자신의 증오가 표현될까 두려워 지나치게 친절을 베풀어서 자신의 증오와 잔인성을 감추는 것을 말한다.

③ 억압 : 병사들이 자신의 괴롭고 힘든 욕구나 생각 또는 경험을 의식 밖으로 몰아냄으로써 감정적 갈등이나 내외적 스트레스를 처리한다. 이러한 병사들은 가슴이 답답하고, 불안정한 행동을 나타내지만 병사는 인식하지 못한다. 억압은 무의식적인 과정으로 다른 방어기제의 기초가 된다.

(3) 군 생활에서 잘못된 행위를 부인하는 방어기제

이 수준의 방어기제는 군 생활의 문제장면에 대해서 적당한 이유나 타인에게 잘못을 탓하여 자신의 스트레스나 충동, 감정, 생각 등을 의식하지 못하게 하는 것을 의미한다.

① 부인 : 군 생활이나 일상적인 생활이 너무나 고통스러워 마치 그런 일이 없는 것처럼 현실을 인정하지 않고 부정하는 것을 말한다. 군 생활 동안에 병사의 가정에서 어떤 사건으로 부모가 이혼을 했다는 소식을 접하고 그 병사가 그럴 일이 없다고 강력하게 부인하는 것을 말한다.

② 투사 : 사회적으로 인정받을 수 없는 자신과 생각을 마치 다른 사람의 것인 양 생각하고 남의 탓으로 외적 귀인한 것을 말한다. 즉 군의 전투력 점검에서 사격을 하기위해서 심호흡을 하고 표적을 조준하고 있는데 옆에 있는 동료가 갑자기 사격을 하는 바람에 깜짝 놀라서 사격을 하게 되어서 이번에 사격실력이 엉망이라고 말을 한다.

③ 합리화 : 정당하지 못한 자기 행동에 대해 그럴듯한 이유를 붙여 행동하는 것을 말한다. 즉 투사와 다르게 타인에게 탓을 하지 않고 적당한 이유를 말하는 것이다. 즉 전투력을 측정하는 사격대회에서 이번에 사격을 했는데 점수가 낮게 나온 이유는 내가 그 전날 소총을 제대로 관리하지 않았기 때문이다. 왜 사격하는 내 표적만 이상하게 옆으로 기울어 있어 제대로 사격을 할 수 없어서 이번에 사

격점수가 제대로 안 나왔다고 말한다.

3. 상담 목표

정신분석학에서의 상담 목표는 군 생활 속에서 수행되는 행동의 원천인 무의식을 의식화시키고, 기본 성격을 재구성한다. 초기 경험을 재경험하고 억압된 갈등을 연습하도록 하며, 지적 인식을 높임으로써, 문제 행동을 줄인다. 즉 군 생활 속에서의 무의식적 문제를 표출시킬 수 있는 정신분석적인 상담을 통해서 영유기 시기의 경험을 재구성하고, 토의하고, 해석하고, 분석하는 것이다. 성공적인 분석이 이루어지면 병사들의 성격이나 특성에 변화가 나타났다. 즉 군생활에서 문제가 되는 행동의 원인을 통찰하게 하여 새로운 행동이 가능하도록 한다.

4. 치료적 관계

일반적으로 군에 있는 병사들을 대상으로 한 정신분석 상담의 경우, 상담가가 자신을 노출시키지 않아야 내담자가 상담자에게 쉽게 투사할 수 있고, 전이를 치료할 때 생기는 저항을 감소시키고, 합리적 통제를 할 수 있도록 한다.

일반적으로 내담자는 분석을 받고 갈등을 알아내기 위해 자유연상을 하며, 대화를 통해 통찰을 얻지만, 청년의 경우, 놀이와 같은 보다 활동적인 작업이 효과적이다. 분석가는 현재 행동의 의미가 과거와 연관이 있다는 사실을 가르치기 위해 해석을 하고, 일반적으로 객관적이고 비평적인 태도를 견지하나, 병사들을 대상으로 한 경우에는 보다 친근하고 편안한 관계를 맺고 이를 통해 병사가 편안함을 느낄 수 있도록 해야 한다. 필요에 따라서는 든든한 지지자가 될 수도 있으며, 친구이자 역할 모델이 되기도 한다. 그럼에도 실제 치료에서 군에서 복무중인 내담자와 상담자 사이에 긍정적인 전이를 일으키기는 매우 어렵다. 기성세대의 가치에 대한 저항감 및 불신감, 군이라는 특수한 상황 등이 내담자와 상담자간의 관계 형성에 걸림돌이 되는 경우가 많기 때문이다.

병사를 대상으로 하는 상담에서 자발적인 병사와 비자발적인 병사인 경우 일반 민간인을 대상으로 하는 것과는 다른 역전이 문제가 부각되기도 한다. 병사들이 내담자인 경우 강한 저항감이나 공격성이 역전이를 유발시키기 쉬우며, 상담자에 대한 내담자의 과도한 기대 또한 부작용을 남길 수 있다. 군인 내담자의 경우, 상담자가 치료적 관계에 보다 헌신하고 즉각적으로 증상을 완화시켜줄 것을 강하게 바란다.

5. 치료 기법

군 상담에서 정신분석 상담기법을 가지고 상담하기에는 특별한 훈련이나 임상적인 경험이 없이 사용하기에는 어려움이 예상된다. 정신분석에서 주로 사용되는 상담기법으로는 해석, 자유연상, 꿈의 분석, 전이분석, 저항분석 등을 들 수 있는데 이 모든 것은 내담자가 자신의 무의식적 갈등에 접근할 수 있도록 짜여 있고, 무의식에의 접근은 자아가 통찰과 새로운 것을 동화할 수 있도록 해준다. 그러므로 정신분석의 기법들을 구체적으로 살펴보면 다음과 같다.

1) 해석(interpretation)

정신분석에서의 해석은 자유연상, 꿈, 저항, 전이를 분석할 때 사용되는 기본적인 절차다. 이 과정에서는 병사의 꿈, 자유연상 내용, 저항, 상담관계 자체의 의미를 지적하고, 설명하기도 하며, 가르치기도 하는 기본적인 절차이다. 해석을 통해서 무의식 속에 있는 것을 의식하지 못한 것을 이해할 수 있도록 한다. 병사의 자유연상이나 꿈,

저항 및 전이를 해석할 시에는 해석할 시기의 적절성에 주의를 하여야 하며, 병사가 소화할 수 있을 정도의 깊이까지만 해석하여야 한다. 즉 병사가 준비된 만큼만 깊이 있는 해석이 이루어져야 한다. 또한 저항이나 방어의 저변에 깔려 있는 무의식적 감정 및 갈등을 해석하기에 앞서 그 저항과 방어를 먼저 지적해 줄 필요가 있다. 특히 상담자는 병사가 표현한 감정의 대상적인 이면을 이해할 수 있어야 한다.

2) 자유연상(free association)

정신분석의 과정에서 사용되는 기술들 가운데서 가장 기본적인 기술로 내담자로 하여금 마음속에 떠오르는 것이 무엇이든지 이야기하도록 하는 방법이다. 편안한 정신분석 의자에 앉아서 병사의 통찰을 촉진하기 위해서 병사의 마음속에 저절로 떠오르는 것이 무엇이든지 말하게 하는 것으로 병사의 자유연상을 통해서 과거를 회상하고 충격적인 상황속에서 느꼈던 여러 가지 감정을 발산하게 된다. 병사가 자유연상을 통해서 병사의 무의식속에 억압되어 있는 주요자료를 찾아낸다. 병사의 마음의 미로를 통해 연상과 연쇄를 따라가면 병사의 마음속의 역사와 현재 조직을 파악할 수 있다. 이러한 주요자료를 찾아서 병사에게 설명해줌으로써 무의식속에 숨어있는 행동요인을 정확하게 이해하도록 하여 통찰이 일어나도록 하는 것이다.

3) 저항의 분석과 해석

저항현상이란 군 상담에서 병사가 상담의 진전을 방해하고 상담자에게 비협조적인 태도와 언행 등의 행위를 하는 무의식적인 행동을 말한다. 병사의 저항하는 이유는 자신의 억압된 충동이나 감정을 알아차렸을 때 느끼게 되는 불안으로부터 자아를 보호하기 위해서이다. 저항분석의 목적은 병사가 그 저항을 처리할 수 있도록 하기 위해서 저항의 이유들을 각성할 수 있도록 도우려는 것이다. 즉 병사가 보이는 가장 큰 저항에 주의를 환기시킨 다음, 병사가 수용할 수 있도록 배려하면서 해석을 한다. 즉, 저항해석의 원리는 상담가가 병사의 주의를 집중하게 하고 저항들 가운데서도 가장 분명한 저항현상을 해석하는 것이다.

4) 전이의 분석과 해석

전이는 병사가 어릴 때 어떤 중요한 인물에 대하여 가졌던 사랑이나 증오의 감정을 상담가에게 전위시킬 때 나타나는 현상이다. 즉 병사가 과거의 중요한 인물(부모, 친구, 가족)에 대해 느꼈던 감정을 상담자에게 옮기는 것을 말한다. 병사는 분석가와의 전이관계의 참된 의미를 점차로 각성하게 됨에 따라 병사들은 그들의 문제와 밀접하게 관련되고 있는 과거의 경험과 갈등들에 대해서 통찰을 획득하게 된다.

5) 꿈의 분석과 해석

꿈의 분석은 병사의 무의식적 욕구를 찾아내고 내담자가 해결되지 않은 문제들에 대한 통찰을 갖게 하는 중요한 절차이다. 꿈의 내용들은 억압된 소원들로 구성되어 있는 것으로 보아 무의식의 세계로 통하는 길이라고 생각하였다. 꿈은 잠재적 내용(latent content)과 현시적 내용(mamifest content)이 있다. 잠재적 내용은 과장되어 있으며 숨겨져 있고 상징적이며, 무의식적인 동기들로 구성되어 있다. 무의식적인 성적 및 공격적 충동들이 보다 용납될 수 있는 내용으로 변형되어 꿈으로 나타나는 것이다. 꿈의 현시적 내용이란 꿈속에 나타나는 꿈의 내용을 말한다. 상담가는 현시된 꿈의 내용이 갖는 상징들을 탐구하여 과장되어 있는 의미를 파악해서 병사가 이해할 수 있도록 한다.

6) 적용

일반적으로 군 상담에서 다음 두 이유 때문에 분석적 치료에 적합하지 않은 것으로 보인다. 군 상담의 위기 상황에의 전환이 빠르게 이루어져야 하며, 치료적인 관계에서 병사들과 상담자나 지휘관과의 협력관계에서 병사나 내담자들이 심한 저항감을 보인다. 특히 정신분석은 상담자가 높은 지적 수준이나 심도있는 임상적인 경험이 있어야한다는 전제로 하기 때문에 군 상담의 경우 제한적일 수밖에 없다. 그럼에도 정신분석적 접근은 초기 무의식적 갈등을 드러내는 병사들에게 유용하게 적용될 수 있다.

정신분석 이론에서는 부적응 행동에 대해 두 가지로 설명하고 있다. 하나는 개인이 부적응행동을 통해 유쾌감을 경험한다는 것이고, 다른 하나는 부적응의 고통스러운 결과를 피하는 능력이 모자라서 점점 더 부적응 행동에 빠진다는 것이다. 부적응 행동으로부터 쾌감을 경험한 사람은 그 결과가 파괴적이라도 남용을 하게 될 것이다. 부적응 행동의 경우 직접적인 감각적 만족보다는 불안과 갈등으로부터 해방되었다는 쾌감을 느낀다. 또한, 폭력이나 부적응 행동을 남용하게 되면 능력 상실 등의 부작용을 가져온다. 이런 부작용을 피하는 능력이 개인에게 없을 때에는 폭력성이나 부적응 행동의 반복으로 가게 된다. 이러한 해석은 문제의 원인이 개인의 인성에 있다고 보는 것이다. 정신분석 이론에 따르면 적응적 행동을 하기 위해서는 자아의 세 요소 즉, id, ego, superego가 조화롭게 기능해야 한다. 이 요소들의 기능은 심리 성적 발달 단계를 거치면서 발전하게 된다. 이 이론에서 폭력 및 기타 정신병적 행동을 이 발달단계의 장애로서 자아의 세 요소가 파괴적인 상호 작용을 하는데 있다고 본다. 정신분석 이론에서는 군 장면에서의 부적응적인 행동의 원인을 감각적 만족의 추구, 자아 요소간의 갈등, 유아기의 고착과 같은 다양한 방어기제의 사용으로 보고 있다.

(1) 감각적 만족의 추구

행동의 주요 동기는 신체적 만족이다. Freud의 리비도적 만족은 성적인 면만 아니라 감각적인 면을 가지고 있다. 감각적 만족이 결핍되었을 때 폭력이나 기타 다른 대체적 쾌감을 갈망하게 된다. 감각적 만족의 한 가지 형태는 불안으로부터의 해방이다. 신체적 혹은 정서적 불안으로부터 탈피하기 위해 폭력을 사용하거나 신체적으로 해로운 다른 행동을 추구하게 된다. 군 생활에서 불안으로부터 도피하려는 사람들은 정신분석 치료가 필요하다. 왜냐하면 강박증이나 공포증 같은 증상은 불안을 해소시킬 때 훨씬 더 적응적이 되기 때문이다. 군 생활에서 음주와 같은 알코올 중독이나 게임같은 중독성은 중앙신경체계의 기능에 손상을 입혀 그 능력을 감소시킨다. 이때 불안감에 대한 인식도가 떨어지므로 불안감을 감소시키기 위해서 군 생활에서 부적응 행동을 계속해서 사용하게 된다.

(2) 군 생활의 부적응 행동은 자아의 요소간의 갈등

자아의 요소간의 갈등으로부터 방어기제가 형성된다. 억압은 id나 superego의 욕망이 거부될 때 생기는 가장 직접적인 방어기제이다. 억압은 군 생활의 부적응자나 폭력의 자기 파괴적 결과를 거부하는 것과 같은 현실 거부로 설명될 수 있다. 좀더 복합적 방어기제로는 폭력이나 부적응 행동이나, 노름에 빠지는 것과 같은 폭력 및 부적응의 회피, 전이 등의 반동형성이 있다. 그리고 superego의 요구를 ego에 합치시키는 현상인 부모와의 동일시와 같은 방어기제도 찾아볼 수 있다. 이런 권위적 인물(부대의 상관)에 대한 적대감은 폭력이나 부적응 등의 또 다른 갈등의 원인이 되기도 하는데 이런 경우 동일시는 부적응자들의 사회적 관계를 파손시킨다.

ego가 id와 superego 간의 갈등을 화합시키지 못하면 신경증과 정신증으로 발전되기도 한다. 여기서 말하는 신경증은 ego는 그대로 있지만, 장애가 생겨서 부적응적이며, 일관성이 없는 행동을 말한다. 가끔 나타나는 알코올중독 양태를 신경증적 증상이라고도 볼 수 있다. 정신증인 경우는 ego가 압도되어 기능이 파괴된 경우로 정신분열증, 만성 우울증 등이 그 예이다. 군 생활에서 계속적인 폭력자들은 언젠가는 정신질환을 수반하게 되는 자기 파괴적 행동을 낳는다.

(3) 유아기의 고착과 같은 다양한 방어기제

인간은 원시적이고 미발달된 상태로 태어난다. Freud는 인간의 발달단계를 구강기, 항문기, 남근기, 생식기 단계로 나누었는데 어떤 단계에서의 과도한 만족이나 좌절은 다음 단계로 접어 들어갔을 때 지장을 주게 되어 미성숙한 고착 현상이 나온다.

고착과 퇴행은 적응적 행동이 훼손되었음을 의미하는 것으로 ego 기능이 원시적이거나 손상된 상태를 말한다. 이런 상태는 알코올 및 의존적 약물중독, 의존적인 폭력 등의 부적응적인 행동을 초래한다. 그러므로 군에서 병사들이 사용하는 구체적인 방어기제를 설명하고 해석하여 주어야 하며 병사들이 사용하는 방어기제를 정확하게 이해하는 것이 중요하다.

제 10 장
미술 치료를 활용한 접근법

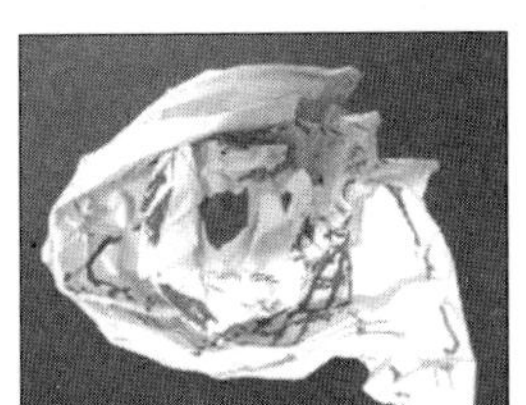

나는 집이라고 생각합니다.
어떤 사람에게는 대문만 열어주고,
어떤 사람에게는 현관문을 열어줍니다.
어떤 사람에게는 안방까지 내어 줍니다.
어떤 사람에게는 마음 문까지 열어줍니다.
"마음 문까지 열어준 사람이 있었습니까?"
"네, 그렇지만 마음에 상처만 남기고 떠났습니다.
너무 쉽게 열어주었습니다. 나를 다 보여 주었습니다.
앞으로 아무나 열어주지 않을 겁니다."
"그 사람 때문에 많이 힘들었었군요?"
"예 그렇습니다." "힘들어하는 모습을 보니 지금도 그 문제는 해결되어 보이지 않아 보이네요?"
"예, 그렇습니다." "마음의 문을 열기 위해서 어떤 노력을 해보셨습니까?"
– 침묵 –
"20살 때 아버지에게 마음 문을 열어주고 싶었습니다." "아버지는 마치 창문 하나 없는 집에서 사시는 분 같았습니다. 자기 안에 살고 있는 사람이었습니다. 어느 누구도 도울 수 없었습니다. 나는 성과 같이 큰 집에서 살고 싶습니다. 큰 창문이 있는 집에서 살고 싶습니다."
"아버지는 내가 볼 때 외로우신 분이었습니다."

군대의 특수성을 고려할 때 언어치료 이외에 다른 상담치료 기법이 함께 병행되는 것이 군 장병의 마음을 잘 표현할 수가 있다. 특히 표현예술치료의 다양한 기법 미술, 편지쓰기, 시 쓰기, 음악으로 표현하기, 동작으로 표현하기 등의 상담 기법은 병사들의 마음을 표현하는 데 유용한 방법이다.

1. 미술 치료의 이론

1 - 1. 미술 치료의 개념

미술 치료는 궁극적으로 심신의 어려움을 겪고 있는 사람을 대상으로 하여 그들의 미술작업, 다시 말하면 그림이나 조소, 디자인기법 등을 통해서 그들의 심리를 진단하고 치료하는 데 목적이 있다. 그리고 회화요법, 묘화요법, 그림요법 등으로 음악이나 놀이, 무용, 레크리에이션, 심리극, 시 등을 이용한 예술치료의 한 영역이라고 말할 수 있다. 따라서 미술 치료는 심리치료 이론을 바탕으로 미술 활동이 첨가된 새로운 심리치료의 한 분야이다(이근매, 2008).

미술 치료라는 용어는 1961년 Bulletin of Art therapy의 창간호 편집자인 Ulman의 논문에서 처음으로 사용되었다. 미술 치료는 교육, 재활, 정신치료 등 다양한 분야에서 널리 사용될 수 있으며, 어떤 영역에서 활용되고 있던 간에 공통된 의미는 시각예술이라는 수단을 이용하여 인격의 통합 혹은 재통합을 위한 시도라는 것이다.

그동안 미술 치료를 연구해 온 사람들은 미술 치료의 이론에 대한 자신이 지지하는 견해를 가지고 있다. 이 견해는 크게 세 가지로 나눌 수 있으며, 각 견해의 대표적인 사람으로 Naumburg, Kramer, Ulman을 들 수 있다. 이를테면 Naumburg는 미술치료는 심리치료과정에서 미술을 매개체로써 이용하는 방법이라고 주장하고 있다. 그러나 Kramer 등과 같은 학자는 치료사의 역할을 환자가 만든 작품을 해석하는 것이 아니라 승화와 통합과정을 도와주는 것이라고 주장하고 있다. 즉, 치료로서의 미술로 생각하고 있다. 그러나 Ulman은 미술심리치료와 치료로서의 미술이라는 입장을 통합하는 견해를 취하고 있다.

위의 어떤 입장을 취하든 간에 미술 치료는 심리치료의 이론을 바탕으로 하여 인간의 조형활동을 통해서 개인의 갈등을 조정하고, 동시에 자기표현과 승화 작용을 통해서 자아성장을 촉진할 수 있다. 또한, 자발적 미술 활동을 통해서 개인의 내적 세계와 외적 세계 간의 조화를 잘 이룰 수 있도록 도와주기도 한다. 즉, 학자에 따라서 여러 가지 의견이 있을 수 있고, 접근방법이나 적용대상에 따라 심리치료적 미술 치료, 재활 미술 치료, 레크리에이션 미술 치료 등으로 나누기도 하지만 미술 치료는 결국 이미지 표출과정에서 비언어적 커뮤니케이션 기법으로서 타치료 기법과 비교했을 때 우위를 차지하고 있다. 미술 치료를 반복적으로 시행함에 따라 지금까지 상실, 왜곡, 방어적, 억제되어 있던 언어성과 시각적 이미지로부터 보다 명확한 자기상, 자기 자신의 세계관을 재발견하여 자기동일화, 자기실현을 꾀하게 된다.

현대는 개인의 정신을 탐험하고 성장을 돕는 목적으로 미술작품을 활용하려는 노력을 하고 있으며 개인과 대중예술 간의 전통적 경계선을 재평가하는 추세다. 따라서 병원 장면도 미술 치료의 발전에 중요한 역할을 하였다. 정신과 의사들은 재활을 시켜야 하는 환자, 약물의존 환자 그리고 암, 화상 및 AIDS 환자들을 치료하는 데 미술 치료사들의 도움을 많이 받아 왔다(Malchiodi, 1999). 이들이 사용하는 미술 치료 기법을 조사한 연구를 보면, 미국에서 활약하는 미술 치료사의 21%는 치료사 스스로 '절충적(electic)' 치료방향을 갖고 있다고 하였다. 이것은 선호기법을 조사한 것 가운데 가장 높은 비율이었다(Elkins & Stovall, 2000). 그 뒤를 이어서 선호하는 기법 5가지를 보면, 정신역동적 모델(10.1%), 융 모델(5.4%), 대상관계모델(4.6%), 치료로서 미술을 적용한 모델(4.5%), 그리고 정신분석모델(3.0%)로 나타났다. 이상의 모델의 공통성은 개인 내부의 심리적 역동성을 탐색한다는 데 있다.

이상에서 현재 미국에서 행해지는 미술 치료의 추세와 치료사들이 견지하는 입장을 살펴보았다. 미술 치료사는 자신이 습득한 학문적 체계, 성장배경 그리고 종교관에 따라서 선호하는 치료 기법이 자라나기 시작한다. 그리고 이런 기법의 배경에는 심리학적 이론체계를 갖추는 소양이 필요하다. 미술 치료사는 인간이 표출하는 본능적 미술표현과 그 과정 속에 스며 있는 심리학 해석을 찾아내서 내담자가 감정적으로 또는 합리적으로 이해할 수 있도록 중재한다.

내담자의 자유로운 감정표현 및 합리적 이해는 모든 심리치료사가 공유하는 것이지만, 미술 치료사는 내담자가 스스로 활동한 작품이 있고 그 작품이 시간대별로 어떻게 변화되어 왔는지에 대해서 직면할 수 있기 때문에 자신의 감정변화를 보다 잘 이해하게 된다. 또한, 장기간 입원환자인 경우에는 미술작품을 만들면서 전문치료사에게 미술기법을 배우는 의미가 상당히 클 수도 있다. 기법에 대한 습득이 그림에 반영되고, 그림의 수준이 발전하는 것을 체감한 내담자는 개인 의지의 발현이 더욱 용이해지기 때문에 치료 효과를 증진시킬 수 있다.

미술과 심리학의 접목인 미술 치료가 확실한 자리 매김을 하기 위해서는 미술영역과 심리학 영역의 전문가들이 의식 및 무의식적 정신현상을 잘 반영시킬 수 있는 미술 활동을 체계적으로 규명하여야 할 것이다. 또한, 어떠한 미술 매체가 내담자의 방어기제를 낮추고 표현을 훨씬 자유롭게 할 수 있을지도 더 깊은 연구가 있어야 할 것이다. 이런 노력을 계속할 때 내담자의 유형에 따라서 치료 기법이나 미술 매체의 활용이 좀 더 객관화되고 정형화될 수 있을 것이다.

미술 치료를 '왜' 하며 무엇을 제공해야 할 것인가에 대한 많은 논의가 있고 또 제한점도 있으나 심리치료의 한 방법으로서 독특한 이점도 가지고 있다. 이근매(2009)는 Wadeson(1980)이 언급한 미술 치료의 장점을 참고하여 타 기법과 비교한 미술 치료의 장점을 다음과 같이 7가지로 제시하고 있다. 첫째, 미술은 심상의 표현이다. 둘째, 비언어적 수단이므로 통제를 적게 받아 내담자의 방어를 감소시킬 수 있는 이점이 있다. 셋째, 구체적 유형의 자료를 즉시 얻을 수 있다. 넷째, 자료의 영속성을 통하여 재통찰에 도움을 줄 수 있다. 다섯째, 미술은 본질적으로 공간적이며 시간적인 요소도 없다. 여섯째, 미술은 창조성과 신체적 에너지를 유발시킨다. 일곱째, 미술 활동은 즐거움과 흥미를 느끼게 한다.

1 - 2. 미술작품의 상징성과 심리이해

미술 치료는 특별한 이론이 있는 것이 아니라 심리치료이론을 바탕으로 다양한 미술 매체를 활용하여 개인의 성장 및 심신에 어려움이 있는 사람들의 심리를 치료하는 데 도움을 주는 것이다. 이러한 이론들을 바탕으로 한 이론적 접근에는 (1) 정신역동적 접근, (2) 인간중심적 접근, (3) 현상학적 접근, (4) 인지적 접근, (5) 행동주의적 접근 등이 있다(구체적인 미술 치료의 이론적 접근에 관해서는 공마리아 외 9인 공저 (2006)의 『미술 치료개론』을 참고하기 바람).

내담자의 미술작품이나 그림 속에는 의식성과 무의식성이 동시에 내포되어 있다. 여기에서 관련되는 것이 작품이나 그림의 상징성이다. 이와 같은 상징성은 인간의 마음 깊은 곳에 숨겨진 사실을 투사해 준다. 이것이 바로 그림을 통한 심리검사의 원천이 된다. 자유화나 집, 나무, 사람 그림, 가족화 등에서 무의식과정에 억압되어 있던 것이 한층 확실하게 나타난다.

심상이나 상징은 내담자가 언어로 표현할 수 없는 것, 표현하지 않은 것, 잘 표현되지 않는 성격의 단면을 포착하는 것이 가능하다. 반면에 정신분석학에서의 상징은 무의식 내에 존재하는 욕구가 자아에 받아들여지기 어렵거나 그대로 표현하는 것이 자아의 존재를 위협하는 경우 위장된 표상으로 자아에게 의식되는데 이 위장된 표상을 상징이라 한다. 이러한 상징은 꿈에 잘 나타나고 전신주나 굴뚝은 남성의 생식기를 상징하는데 조형작품에서도 이러한 상징이 표현된다. 상징은 언어로 표현하기 어려운 내용의 도식과 자아방어에 의한 위장이라는 두 가지의 심적 작용을 의미한다. 이것이 미술작품이나 그림에 의한 성격진단과 치료의 이론적 근거가 된다.

나아가서 미술 치료에서는 조형심리가 크게 작용하고 있다. 조형의 사전적 의미는 '모양을 만들다' 는 뜻으로 여러 가지 소재를 이용해서 무엇인가를 만들어 내는 것을 말한다. 무엇인가를 만들고자 하는 시도는 인간의 본질적 활동이며 자기가 생각해 낸 것을 만들어 내고 감동한 것을 그림으로 그리려는 활동을 '조형활동' 이라 할 수 있다(현대디자인용어사전. 1993).

생각이나 느낌을 조형요소를 이용하여 조형의 원리에 따라 표현하는 활동인 조형활동은 내담자의 정서나 마음의 상태를 표현할 말들을 발견하는 순간에 생겨난다. 인간의 감정세계를 구체적 형태로 나타냄으로써 감정을 부여하는 것이 예술에서의 형식에 관한 원칙이라고 할 수 있다. 조형의 요소에는 점, 선, 면, 형, 질감, 양감, 명암, 색, 색조, 공간감 등이 있으며, 조형의 원리에는 통일, 변화, 균형, 비례, 율동, 대비, 강조, 조화 등이 있다. 이와 같은 조형요소의 심리적 특성이 내담자의 무의식의 표현을 도우며 내담자의 내적 치유과정에 도움을 준다.

1 - 3. 미술 매체와 색채심리

1) 미술 매체심리

미술을 통한 전달력은 이용 가능한 매체에서뿐만 아니라 그 표현기법에 의해서도 효과적으로 작용한다. 내담자가 어떤 재료를 선택하고 선호하는가에 대한 문제는 미술 치료를 하는 데 있어 중요한 단서가 된다. 미술 치료사가 미술 활동을 적용하고 이해하려면 매체의 특성과 사용법, 매체의 장단점 등 풍부한 지식과 경험이 필요한 이유가 여기에 있다.

미술 치료사는 다양한 미술 매체들을 심리치료에 적용하며, 이러한 미술재료는 치료시간, 공간, 내담자의 성향 등에 따라 융통성 있게 적용된다. 특히 미술 치료사는 내담자가 작품이 완성되지 못하였을 때 느껴지는 미해결된 느낌이 없도록 주어진 시간에 완성될 수 있는 재료를 선별하여 제공하여야 하는 것을 잊지 말아야 한다.

일반적으로 미술 치료사는 구조화된 매체보다는 덜 구조화된 매체를 그리고 복잡한 매체보다는 단순한 매체를 선호하는 경향이 있다고 알려졌다. 그 이유는 단순하고 덜 구조화된 매체일수록 내담자의 심리적 투사에 용이하며 내담자의 감각을 자극하기 때문이다. 또한, 복잡한 매체보다는 스스로 작품을 완성할 가능성을 더 높게 해 주는 점과 그들이 작품활동을 하면서 자신감과 성취감을 느낄 수 있게 해 주는 것을 치료사가 유도하여야 하기 때문이다.

미술 치료에서 표현에 매개가 되는 미술 매체(medium)는 일반적 미술재료인 정형 매체와 미술 외적 재료인 비정형 매체로 나눌 수 있는데, 미술 치료 환경에서는 정형 매체뿐 아니라 비정형 매체도 내담자의 심리를 반영하는 데 중요한 역할을 한다. 미술 표현에 직접 쓰이는 미술재료(material)는 크게 작업 형태에 따라 1차원의 선 작업 중심인 그리기 재료, 2차원의 면 작업 중심인 채색 재료, 3차원의 입체작업 중심인 조소 재료로 구분할 수 있다. 이와 같은 미술재료와 미술 치료에서 좀 더 유기적 개념인 미술 매체는 내담자의 개별적인 심리, 발달 상태, 선호에 따라 적절하게 적용해야 한다. 즉, 내담자의 인지적 능력이나 상징화 능력에 따라 미술 매체의 적용이 달라질 수 있다. 매체는 치료의 대상이나 구성 및 다른 요소들에 따라서 목적에 부합되도록 선택한다. 그 밖에 표현하는 데 도움이 되는 기타 도구들의 준비도 중요하다.

미술 치료 시 매체의 선택에서 두 가지 중요한 고려점은 촉진과 통제이다 (Landgarten, 1987). 다시 말하면 미술 치료에서의 매체는 심리적 촉진과 통제의 기능을 가지고 있기 때문에, 자발성의 촉진에 필요한 매체와 통제에 필요한 매체를 선택해야 한다. 실존주의 미술 치료에서도 강조하듯이 미술 활동의 매체는 감정을 환기시키는 중요한 역할을 하며 내담자에게 자유를 부여하여 색채를 선택하게 하는 것도 방법상의 중요한 의미를 지니고 있다. 미술 치료 환경에서 내담자의 자발성을 촉진하려면 충분한 작업공간과 아울러 친밀감을 줄 수 있는 다양한 재료가 준비되어야 한다. 특히 내담자의 성격은 재료를 선택할 때 주의 깊게 고려해야 할 부분이다.

너무 많은 양의 재료나 도구는 내담자를 질리게 할 수 있다. 이 점에서는 내담자에 따라 서로 다르므로 치료사는 개인의 욕구에 민감하게 반응할 줄 알아야 한다. 특히 쉽게 찢어지는 종이나 잘 부서지는 분필과 같은 심리적 좌절을 유발하는 재료들은 고려되어야 한다. 연필은 쉽게 조작하지만, 물감 등의 채색재료는 기법적인 어려움을 겪는다. 물감을 마구 칠하는 것과 같은 행동은 심하게 억압된 내담자에게 활기를 불어넣을 수도 있을 것이고, 아니면 물감의 번짐이나 흐름 때문에 아주 겁에 질리게 할 수도 있다. 때때로 미술 매체를 바꿔 주는 것은 환기성을 주어 내담자를 촉진시켜 줄 수 있다. 따라서 미술 치료사는 미술 매체의 특성에 따라 어떤 효과를 낼 수 있느냐를 고려하여 선택해야 한다. 미술 치료사는 내담자에 따라 친밀감을 형성하고 흥미를 부여할 수 있는 재료, 욕구표출에 용이한 재료, 정서적 안정을 주는 재료, 자발성을 향상시키는 재료가 무엇인가를 끊임없이 탐구하여야 할 것이다.

모든 미술 매체는 미술 치료의 기법으로 활용될 수 있으나, 내담자의 상태, 증상, 연령에 따라 다양하게 활용될 수 있다. 또한, 내담자에게 적합한 미술 치료 기법의 선정은 매우 중요하다. 치료사는 다양한 미술 매체의 심리적 속성을 알고 내담자의 특성에 맞게 다양한 표현을 촉진할 수 있는 매체를 적용하여야 한다. 그뿐만 아니라 치료 상황에 맞는 시간적, 공간적, 예산 등을 고려하여 비용에 대비한 치료 기대 효과를 살펴보아야 한다.

미술 매체는 활동과정에서 내담자에게 탐구와 발견의 경험을 제시할 수 있는 긍정적 측면이 있다. 그러기 위해서 미술 치료사는 내담자들이 치료적 장면에서 미술 매체로 탐구할 때 심리적으로 안정되어야 한다. 아울러 내담자의 미술작업과정에 나타나는 표정이나 재료를 다루는 신체적 움직임, 적극성 대 신중함, 제한 대 개방 등과 같은 행동적 특징을 매체와 관련하여 생각해 볼 수 있고 이는 미술 매체가 행동과 연합되어 나타난 것으로 볼 수 있다.

2) 색채심리

색채에는 미술 치료에서 정신적인 면에 기력을 높여 주는 역할이 있어 마음먹은 대로 채색하며 표현할 때 어떤 병의 불안이나 스트레스를 풀어 주는 역할이 있다. 이것은 색채가 심리와 결합하여 개인적 삶에서 형성되는 생명력과 솔직한 심정을 강하게 나타내는 데서 인간감정이 정체되는 것을 방지하고, 마음과 몸의 에너지를 순화시켜 내적 갈등을 통찰하고 치유하게 도와주는 매우 중요한 의미를 갖고 있다는 것을 가리킨다.

미술 치료를 통한 색채치료에는 크게 두 가지 방향이 있다. 첫 번째는 자신의 심리에 적절한 색채를 드러냄으로써 치료적 효과를 거두는 방법이다. 두 번째는 다양한 색채프로그램을 통하여 진단, 평가뿐만 아니라 자아를 통찰하여 현재 상태를 직시하게 하는 방법이다.

인간이 색채를 접하는 최초의 동기는 인류문명이 시작되기 이전 자연에서 접하는 나무열매나 음식물 등에서 출발하였다고 볼 수 있다. 학계에서는 사람이 오감을 통해서 얻을 수 있는 정보 중 87%는 시각을 통하여 이루어지는데, 이 중 80%는 색채에 의한 것이며, 이러한 색채는 정서적 경험과 밀접한 관계를 맺고 있어 내면에 구축된 정서를 표현하는 것과 무관하지 않다고 본다.

의학계에서도 색채가 안전 및 위생 등의 문제와 밀접하게 관련되어 있다는 점을 인식하고 있다. 이러한 관점에서 색채심리를 근거로 한 색채치유의 근거를 보면 다음과 같다. 인간이 색채를 바라보며 그중에서 어떤 색을 선택하려고 할 때, 뇌 속에서는 어떤 흥분이 일어나는 것일까? 어떤 색에 마음이 이끌리는 것은 그 색에서 쾌감을 느끼고 있다는 것이다. 생명력의 기본에는 '쾌감 원칙' 이 움직이고 있으며, 인간은 그것을 마음속으로 잘 느끼기를 원하고 있다. 쾌감은 생명에 있어서 안전하다는 반응이며, 불쾌감은 위험한 것에 대한 반응이다.

이러한 반응에 따라 원하는 색채를 자유롭게 자율적으로 표현할 때 그 색채는 시각중추를 통해 뇌에 전달되고, 여기에 상응하는 심리적인 반응을 발생시킨다. 이때 나타나는 색채의 상징성은 의식적 · 무의식적 상태의 심신의 교감을 외부로 이끌어 내어 외부와의 교류를 도모하는가 하면, 시각적 자극을 통한 심리적 부분의 영향력으로 인체 내부의 중추 신경을 자극한다. 이 자극은 내면의 감각적 · 심리적 반응을 불러일으켜 대뇌에서 생화학적 반응이 수반되는 데서 몸의 혈액순환은 물론 β- 엔도르핀이 증가하면서 면역체계를 활성화해 질병예방 및 치료의 효과를 준다. 이러한 현상들을 활성화로 연결해 심신의 상태를 이해하고자 하는 것이 바로 '색채치유' 라고 할 수 있다.

한편, 색채는 어떤 색채를 보았을 때 머릿속에 문뜩 연상되어 떠오르는 정서적인 반응에 영향을 주어 갈등해결 및 치유에 영향을 준다. 이러한 색채에는 표현가치가 높은 일차색으로 빨강과 노랑과 파랑이 있고, 두 개의 일차색들이 혼합된 이차색인 주황, 녹색, 보라 등이 있다. 색채는 이렇게 다양한 색을 이루는 만큼 내용이 풍부하고 분화되어 있다.

색채에는 고정된 하나의 상징적인 의미를 갖고 있지 않고 긍정적인 영역과 부정적인 영역이 연합되어 있다. 즉, 각 개인이 품는 특정한 색채가 내면의 심리를 자극할 때 내면에 잠재된 어떤 사건이나 이미지가 어린 시절의 기억과 연관되어 긍정적인 의미가 있을 경우 그 색채와 관련된 기억이 즐거운 것일 수도 있고, 부정적이고 거북해 할 경우에는 어떤 슬픈 기억과 연관을 맺고 있을 가능성이 있다는 것이다.

여기서 알 수 있는 것은 하나의 색상이 각 개개인의 개별적인 경험이나 역사, 혹은 건강 상태나 생활환경 등에 따라서 다양한 의미로 표출된다는 것이다. 그러나 색의 의미를 쫓다 보면 그곳에는 개인 차이를 뛰어넘는 공통된 심리적 경향이 있다. 이것은 색이 개인적이면서도 공통적인 요소 즉, '분모색채' 이다. 이를테면 나뭇잎 색, 하늘색 등의 자연색을 말한다.

한편, 개인적인 경험, 시대의 영향 등이 정서적 관계에 복잡한 영향을 주면서 서로 연합된 심리적 반영으로 이루어진 색채심리는 '분자색채' 로 나타난다. 예를 들어 빨간색을 보았을 때 태양이 연상되는 경우가 있는가 하면, 장미를 떠올리는 경우도 있을 것이고, 혈액을 상상하는가 하면, 적색신호를 떠올리는 경우 등이다.

색채에는 이와 같은 특징을 지닌 '분모색채' 와 '분자색채' 로 정서적인 영역에 영향력을 미치며 무언의 의사소통을 이루어 나간다. 그래서 한 가지 색이라도 정서적 반응이 여러 양상으로 표출되며 다른 상징의 의미로도 나타난다. 색채는 이렇게 분모색채와 분자 색채로 심리와 결합하여 관념이나 의미를 지닌 채 정신적 내용을 구체적인 사물이나 양식(樣式)에 대입하여 무엇인가를 진술하고 또한 이중의 협력 관계뿐만 아니라 허구와 진실을 내포함과 동시에 이중의 적절성이 내포된 정서적 반응으로 표출된다.

요약하면 분노나 충격 등의 부정적인 감정을 충분히 발산하지 못했을 때 그림에도 색이 제대로 표현되지 못한다는 사실이다. 이렇게 색은 긍정적 의미든 부정적 의미든 심리적인 영역에 영향을 미치는 에너지의 하나의 역할로 생활을 둘러싸고 있음을 보여주고 있다.

2. 미술 치료의 적용

2 - 1. 미술 치료 대상자

1) 미술 치료 대상자

미술 치료는 다양한 상황에서 여러 가지 목적을 위해 미술표현을 활용하는 것을 말한다. 미술작업을 통해서 환자로 하여금 통찰을 할 수 있게 도와주는 것이 미술 치료의 목적이다. 미술 치료가 모든 사람에게 적합한 것은 아니나 전 대상에게 활용될 수 있다. 즉, 병리적 증상이 있는 환자뿐만 아니라 자기성장을 위한 내담자에게도 유용하다. 다시 말하면 환자들이 주된 대상이었던 병리적인 증상이 있는 미술 치료가 오늘날 유아에서부터 노인에게까지 전 연령층이 미술 치료 대상으로 확산되고 있다고 말할 수 있다.

2 - 2. 미술 치료에 요구되는 조건

미술 치료 시에 미술 치료사를 포함한 미술 치료실 환경과 시간구성, 미술 매체가 적절하게 작용하여야 치료의 효과를 거둘 수 있다. 이를 바탕으로 특히 미술 치료 시에 요구되는 조건을 구체적으로 제시해 보면 다음과 같다.

1) 미술 매체 및 도구

미술 매체에는 그리고, 칠하고, 모형을 만들고, 조립하는 것 등 많은 종류가 있다. 내담자는 최소한 이들 모두를 조금씩 사용할 수 있어야 하며, 그것들을 성공적으로 사용할 수 있는 도구나 바탕매체가 필요하다. 특히 독특한 표현을 최대한으로 허용하는 비구조적 매체일수록 좋다.

만일 성인이 미술 매체를 충분히 배려해 준다면 미술 매체들은 가장 쓸모 있는 것이 될 수 있을 뿐 아니라 내담자는 그것을 소중히 다루는 법을 배우게 된다. 2, 3장에서 자세히 소개되어 있으므로 참고하기 바란다.

2) 환경

미술 치료실의 크기와 공간을 포함한 치료실 환경의 설정은 미술 치료에서 매우 중요하며, 치료실 크기는 규정하는 데 어려움이 있으나 개인 미술 치료, 집단 미술 치료, 가족 미술 치료 등 미술 치료의 유형별 접근에 따라 달라질 수 있다. 이러한 점을 고려한 적당히 넓은 공간, 충분한 채광, 미술 매체와 도구 등을 갖추면 된다. 물론 조용하고 비밀을 유지할 수 있는 공간이 바람직하다. 내담자의 상태에 따라 환자의 방을 방문해서 실시할 수 있고, 환자가 편안하다고 느끼는 공간이면 가능하다.

미술 치료실은 내담자에게 특별한 공간이어야 한다. 그곳은 자유로운 치유적 공간으로서, 다른 장소와 환경에서는 행해지지 않은 일들이 가능한 안전하고 편안한 공간이어야 한다. 기본적 표현매체와 설비가 일관성이 있고 예측할 수 있는 장소에 보관되어 있으며 깨끗이 정돈되고 조직화되어 있다면 내담자는 그것을 아주 쉽게 선택할 것이다. 만약 내담자가 독립적으로 사용할 수 있는 공간이라면 지나친 간섭은 불필요할 것이다. 내담자가 그림을 그릴 때는 적절한 조명과 적당한 온도, 쾌적한 환경이 갖춰져야 한다. 미술 매체들이 정돈되어 지정된 선반 위에 놓여 있어야 하는데, 이것은 안정감을 갖게 하는 요소이다. 작품 완성 후 작품을 감상할 수 있도록 이젤이나 게시판 등을 준비하는 것도 필요하다.

3) 치료시간의 구성

미술 치료의 구성은 치료 목표나 대상, 방법에 따라서 다양하게 결정된다. 치료의 기간과 빈도, 사용될 매체, 활동내용, 치료종료 등이 시간계획에 포함된다. 내담자의 상태나 상황에 따라 달라질 수 있으나 대체로 주 1, 2회 정도의 미술 치료가 이루어진다. 첫 상담에서는 언어에 의한 접촉을 하며, 치료비, 시간계획, 도구의 선택, 그림의 주제선정 등 다양한 내용이 다루어진다. 가능한 내담자와 치료사가 라포가 형성된 뒤에 그림검사 등을 실시하는 것이 효과적이다. 치료시간에는 제한시간을 두어야 할 개인이나 집단이 있을 수 있고, 반대의 입장도 있을 수 있다. 예를 들면, 1시간 동안 가만히 있다가 끝날 무렵 자신의 내면을 표출하는 내담자는 치료 초기에 시간에 여유를 두고 진행하는 것이 바람직하다.

미술에서 시간은 흥미를 유지하고 치료과정에 개입하는 데 충분할 정도의 긴 시간을 의미한다. 만약 동일한 기본적 매체들이 대부분의 시간에 이용된다면 그들은 친숙해질 것이다. 단지 그때 내담자가 매체들을 사용할 충분한 기회를 가진다면, 그들은 진실로 숙달되고 또한 능력을 향상시킬 수 있다.

내담자는 얼마나 많은 시간을 이용할 수 있는지 알고, 끝내야 할 시점에서 내담자에게 경고해 줌으로써 도움을 줄 수 있다. 끝낸다는 것은 가끔 내담자에게는 어렵고, 우리는 그런 일들에 적응할 방법을 제공해야만 한다. 또한, 시설이나 복지관, 방문치료로 미술 치료를 할 때에는 시간이 한정된 경우가 많다. 이러한 경우에는 적절한 매체의 선정이 중요하며, 구조적 프로그램에 의하여 시간에 맞추어 실시하는 것이 중요하다.

4) 질서

미술 매체의 조직에서 질서, 명확성, 일관성, 작업공간, 시간은 도움이 될 수 있다. 그것은 거의 내적 질서를 가지지 않은 내담자에게 종종 필수적인 것이다. 그림에 몰두해 있는 시간은 아주 평화로운 가운데 체계화를 경험할 수 있는 시간이다. 심지어 집단에서조차 그러한 분위기는 가능하다.

그러한 분위기는 내담자의 신체, 작업공간, 매체, 작품을 타인의 방해로부터 보호받을 수 있도록 해 준다. 내담자의 감정은 그들의 신체나 작품만큼 존경과 관심을 필요로 하기 때문에 심리적 안정은 신체적 보호만큼 중요하다.

5) 안전

안전은 현실적인 것은 물론 기괴한 것, 진보적인 것과 퇴행적인 것, 긍정적인 것과 부정적인 것에 이르는 많은 표현 활동이 수용되는 것을 의미한다. 미술 치료실 내에서 내담자는 미술 치료사를 포함한 환경에서 안전성이 보장되어야 미술 치료의 효과를 높일 수 있다.

제한은 내담자가 자신의 충동으로부터 자신을 보호하는 것을 돕는다. 그래서 분필을 뭉개거나 파괴적 공상을 그리는 것은 안전하지만 사람을 비방하거나 소유물에 대해 파괴적으로 행동하는 것은 허용되지 않으며 안전한 것이 아니다. 내담자와 함께하는 작업에서는 내부의 심리적 위험과 마찬가지로 외부적 위험, 즉 그들의 창조성을 제한하거나 위축시키는 사람으로부터 가능한 한 언제든지 그들을 보호하는 것이 중요하다. 우리는 내담자에게 무엇을 해야 할지 어떻게 해야 할지 말하거나, 다양한 색과 많은 도구를 제공하는 치료사는 내담자의 마음은 무가치하게 하거나 왜곡시킬 수 있음을 간과해서는 안 된다.

6) 존중

미술 치료에서 내담자가 존중받는다고 느낄 때 내면탐색과 표출이 일어나며 자기통찰이 용이해진다. 특히 내담자에 대한 존중은 그들에게 참가할 것인지 아닌지에 대한 선택의 자유를 허가하는 것에서 나타난다. 피상적이고 순간적인 '흥미' 를 갖거나 깊이 열중하는 것, 자신의 매체와 주제를 선택하는 것, 혼자 또는 다른 사람과 함께 작업하는 것, 자신의 속도와 방법을 탐색하고 실험하는 것, 각 내담자의 개성에 대한 존중은 선호하는 양식, 개인적 주제, 가장 마음에 드는 방법으로 스타일을 탐색하고 발견하도록 돕는 것에서 나타난다.

내담자의 의견에 대한 존중은 과정과 작품에 대한 그의 생각과 연상을 정확히 말하도록 격려하고 경청하는 것을 의미한다. 예술가로서의 내담자에 대한 존중은 내담자로 하여금 스스로 자신의 목표와 기준을 확립하고, 자신의 성취를 평가하도록 도와주는 것을 말한다. 그리고 내담자의 미술작품을 전시하는 등, 소중하게 다루고 보관함으로써 내담자의 존중감을 증대시킬 수 있다.

7) 흥미와 즐거움

미술 매체 및 미술작업에 대한 내담자의 흥미와 즐거움은 치료사와의 라포형성에 큰 영향을 주는 것으로 치료의 성패가 달려있다고 해도 과언이 아니다. 나아가서 얼마나 빨리 미술 매체와 미술작업에 흥미를 갖느냐에 따라 치료기간을 줄일 수 있다. 만일 우리가 음성에 민감한 내담자와 작업한다면, 내담자의 개인적 탐색과 표현에 대한 관심에 성실해야 한다. 그들의 관심은 민감하면서도 조심스러운 관찰, 진지한 경청, 부드러운 언어적 개입으로 표현될 수 있다. 만일 내담자가 어른의 도움, 지지, 평가에 대한 욕구를 표현한다면, 치료사는 창조적 과정 동안에 촉진자로서 그에게 관심을 표현해야 한다. 내담자 미술 치료과정은 내담자에게 즐거움을 제공할 수 있어야 한다. 내담자가 "미술 활동을 해봐서 좋았다. 재미있었다. 즐거웠다." 라고 하는 감정을 느끼는 것도 매우 중요하다.

8) 지지

미술 치료에서 내담자에 대한 지지는 앞에 언급한 다른 조건들과 마찬가지로 내담자가 다음 단계로 나아가도록 돕는 데 아주 중요한 요소이며 보상과 함께 활용된다. 행동 치료 기법에 있어서 행동형성법, 강화, 촉구법, 용암법 등의 원리를 내담자의 욕구와 능력에 따라 적절하게 잘 활용하는 것이 효과적이다. 특히 폐쇄적이거나 고착된 내담자에 대한 지지는 사려 깊은 이해와 도움이 필요하다. 예를 들면 소심한 내담자를 위해서는 내담자와 함께 미술작업에 참여함으로써 치료사가 내담자를 인정해준다는 구체적 표현이 될 수 있다.

미술을 통하여 성장하려는 내담자의 노력을 지지한다는 것은 내담자의 표현력을 향상시키는데 가장 알맞은 내담자와의 대화패턴이다.

2 - 3. 미술 치료사의 기본태도 및 자세

이상과 같이 미술 치료에는 치료사가 내담자의 미술작품 속의 상징성을 잘 드러나게 하며 그 상징성을 잘 파악하는 것은 무엇보다도 중요하다. 이는 내담자의 갈등을 이해하고 스스로 통찰하게 하여 문제를 해결하도록 도와주는 근거가 된다. 이러한 상징성을 잘 드러나게 하기 위해서는 치료사가 다음과 같은 기본태도를 갖추어야 한다.

1) 치료사의 기본태도

치료의 시작에서 치료사와 내담자의 친화관계 형성은 무엇보다도 중요하다. 친화관계를 형성해 나가는 과정에서도 내담자가 단순히 지시하고 과제를 제시하는 것과 같은 느낌을 받지 않도록 유의해야 한다. 미술작업을 통한 상호작용이 이루어질 수 있도록 유의해야 한다.

내담자가 치료사와 함께 공유하고 함께 상호작용하고 있다고 느낌으로써 편안하게 작업에 몰두하게 되며 마음을 열게 된다. 또한, 내담자의 미술 활동 사이사이 내담자의 부분에 치우치지 말고 전체를 파악하도록 노력하며 어떤 행동과 반응에도 즉시 크게 피드백해 줄 수 있어야 한다. 다시 말하면 '놀람' 에 항시 열려 있어야 한다.

(1) 동의를 토대로 한 합의

처음부터 내담자를 무리하게 참여시키는 것보다 내담자의 참여 정도를 잘 파악하고 참여 여부에 대한 타당성을 확인한다. 내담자에게 잘 설명하고 납득을 얻는 것이 필요하며 내담자의 반응수준에 따라 서서히 참가시킨다.

(2) 임기응변적 대응

내담자의 미술작업 중 예기치 않은 상황이 발생했을 경우, 임기응변적 대응이 요구된다. 예를 들면 멋진 그림을 그린 뒤 검정으로 낙서를 하거나 칠해 버리는 경우, 또는 점토작업을 하다가 갑자기 치료사에게 던지는 경우, 목이 잘린 사람을 그리거나, 공포스러운 그림을 그리는 경우 등 내담자의 심리를 잘 파악하고 그에 따른 대응을 할 수 있어야 한다.

(3) 만족감 체험

미술 치료는 미술 활동을 통해서 내담자에게 만족감을 체험시킴으로써 그 효과를 증가시킬 수 있다. "아, 재미있었다." 등의 '순간' 체험이나 "그려 봐서 좋았다."라고 하는 만족감을 주는 종결은 치료의 진행을 원활하게 하며 빨리 상징성을 드러나게 하며 치료의 효과를 극대화한다.

이상에서 제시한 치료사의 기본태도와 아울러 미술 치료 시 유의해야 할 사항은 다음과 같다.

- 그림공간으로 전개하기 위한 배려가 필요하다.
- 한 장의 도화지를 놀이공간으로 여기게 한다.
- 치료사의 말 붙임이 그림으로 유도하는 데 도움을 준다.
- '지금 그리고 여기' 에서의 체험을 소중히 한다.
- 서로 장단을 맞추는 것이 중요하다.
- 완성보다 과정이 중요하다.

2) 미술작품을 통한 심리이해의 기본자세

치료사는 내담자의 미술 활동 후 작품 속에 드러난 상징성을 잘 파악함으로써 내담자의 현재 심리상태, 즉 갈등을 이해하고 수용함으로써 심리적 외상을 치료하고 회복할 기회를 빨리 제공할 수 있다. 그런데 그려진 그림의 액면 그대로만 그린 사람의 심리와 환경으로 이해한다면 많은 오류를 범할 수 있다. 가능한 그려진 그림이 누구 혹은 무엇을 나타내는지 그림에 대한 느낌이 어떤지, 왜 그림을 그리거나 붙이게 되었는지, 활동을 하고 난 뒤의 느낌은 어떤지에 대해서 내담자와 서로 이야기를 나누는 것이 중요하다. 그러나 언어표현이 부족하거나 말하고 싶어 하지 않는 내담자에게 무리하게 표현시키는 것은 치료사와의 신뢰형성을 방해할 수 있으므로 치료과정에 유의하여 진행한다.

이러한 유의점을 명심하고 적절한 시기에 적절한 대상에게 알맞은 기법을 적용시킨다면 우리는 더 나은 치료의 과정을 만들어 갈 수 있을 것이다. 다시 말하면 어떤 환자에게 어떤 시기에, 어떤 기법을 사용하여 심리치료를 할 것이냐 하는 것은 결국 치료사에게 달렸다고 생각한다.

개인차를 고려하고 개인 미술 치료냐 집단 미술 치료냐 가족 미술 치료냐 등을 잘 파악해서 응용해 나가면 될 것이다. 미술 활동에 사용하는 매체도 큰 변수이므로 환자의 흥미, 관심, 태도, 특성 등을 잘 파악하여 활용해야 한다. 다음은 미술작품을 통한 심리이해의 기본자세이다.

· 그림을 따뜻하고 수용하는 마음으로 보는 것이 기본자세이다.
· 비언어적(Non - verbal) 부분의 파악이 중요하다.
· 감각적이며 직관적으로 그림 전체의 인상을 파악한다.
· 그 인상으로부터 내담자의 임상적 이미지를 파악한다.
· 그림 속의 메시지를 파악한다.

임상 미술 치료에서 표현되는 그림을 파악하는 데 그림표현에 대한 의욕, 그림태도나 그림행동, 그림표현에 포함된 감정, 그림과정에서의 변화 등을 중심으로 그림을 평가할 필요가 있다.

2 - 4. 미술 치료의 도입 및 실시

미술 치료는 유 · 내담자에서부터 청소년, 성인, 노인에게까지 그 대상연령층이 넓다는 점이 우선 큰 장점이기도 하지만, 치료를 진행하는 측면에서는 다소 부담스러울 수 있다. 그중에서도 다양한 문제행동, 특히 의자에 잠시도 앉아 있지 못하고 돌아다니는 과잉행동, 충동성, 공격성을 수반한 내담자의 경우에는 더욱 부담스럽다. 또한, 타인의 말을 들은 척도 않고 혼자 떠드는 내담자, 이와는 반대로 함묵증 내담자, 무기력한 내담자, 위축하는 내담자는 어떻게 관계를 해야 할지 조심스럽다.

미술 치료가 아무리 훌륭한 심리치료라고 하더라도 내담자와 상호작용이 되어야 하며 내담자에게 적절한 미술 치료체제를 통하지 않으면 전혀 효과를 내지 못한다. 따라서 미술 치료를 하는 데 갖추어야 할 중요한 몇 가지 사항을 살펴보고자 한다.

1) 정확한 진단 평가 실시

미술 치료를 하게 내담자 및 부모를 대상으로 한 초기면접(개인 정보, 의뢰 이유(방문 목적), 생육사(발달과정)), 객관적 검사, 내담자의 행동관찰 등을 통하여 정확한 진단 및 평가가 이루어져야 한다.

2) 치료모델을 결정한다

초심자는 기존의 연구 중 성공적인 사례연구를 잘 탐색하여 자신의 내담자에 적절한 치료모델을 결정한다. 나아가서 치료에 경험이 있는 자는 자신이 경험한 내담자에 성공적인 모델과 선행연구를 참고로 하여 치료모델을 결정한다.

3) 미술 치료유형을 결정한다

미술 치료에서는 대상의 구성에 따라 개인 및 집단, 가족 미술 치료로 나누어 실시할 수 있다. 즉, 내담자의 증상, 요구, 내담자의 환경, 특히 가족관계의 영향, 치료자의 판단 등에 따라 개별, 집단, 가족 등 어떤 유형이 효과적인가를 고려하여 접근방법을 달리 실시할 필요가 있다.

· 개별 미술 치료

일반적으로 병리증상이 심하거나 대인관계에 두려움이 있는 내담자나 다루기 어려운 내담자는 집단으로 진행하기보다는 개인 미술 치료를 하는 것이 효과적이다. 예를 들면, 내담자가 매우 복잡한 위기적인 문제를 가졌거나 전반적으로 대인관계의 "실패자" 일 때 집단 앞에서 이야기하는 것에 대한 두려움이 큰 경우, 남의 인정과 주목에 대한 욕구가 너무 강하기 때문에 집단상황에 맞지 않은 경우는 집단보다는 개인 상담을 하는 것이 더욱 효과적이다(이장호, 2001).

또한, 문제행동이 심한 정서 · 행동장애 내담자나 정신지체 및 자폐성을 포함한 발달장애 내담자 등 다루기 어려운 내담자뿐만 아니라 청각장애, 뇌손상, 치매, 우울 등의 증상이 있는 내담자도 개인 미술 치료로 진행하는 것이 효과적이다. 가능한 초기에는 개인 미술 치료를 통하여 치료사와의 라포형성이 충분히 되고 내담자도 어느 정도 정서적으로 안정되어 대인관계에 대한 두려움이 어느 정도 해소된 경우에 집단 미술 치료에 참여하게 하는 것이 좋다.

· 집단 미술 치료

집단 미술 치료는 집단활동을 통해 정서적 유대감과 소속감을 경험하고 집단원과의 교류를 통해 자신의 문제를 새로운 각도에서 볼 수 있으며 사회적 기술 등을 배울 수 있다. 또한, 집단에서 다양한 참가자들과의 교류를 통해 생활의 문제점들을 새로운 각도에서 보게 되며, 사회관계에서 자신과 타인을 새롭게 받아들이는 대인관계 양식과 사회기술 양식을 학습하고 실험해 보는 경험을 하게 된다(김춘경 · 정여주, 2002).

집단 미술 치료에서 집단의 크기는 집단원 구성원의 특성과 치료 목표에 따라 달라질 수 있다. 대부분의 경우 6~12명 정도의 집단구성원을 제안하고 있다(최외선, 2007).

6명의 소집단 자체가 집단원에게 강력한 영향을 줄 수 있다고 제안한 연구자도 있다(최선남 · 김갑숙 · 전종국, 2007). 나아가서 6~7명의 집단의 크기가 모든 구성원의 원만한 상호작용을 할 수 있는 정도의 크기이며 동시에 모든 구성원이 정서적으로 집단감정을 느낄 수 있을 정도로 적절하다는 연구자도 있다(옥금자, 2007). 내담자이나, 장애 내담자의 경우에는 4명 정도가 적절하다고 집단원을 구성한 연구도 있다.

· 가족 미술 치료

가족 미술 치료는 내담자의 문제가 내담자 자신의 문제이기보다는 전 가족의 문제라는 전제하에 가족 전체를 치료받으러 오게 하여 전 가족을 대상으로 실시하는 것이다. 가족 미술 치료자는 개인이나 집단의 형태보다 가족이 치료 장면에 오게 되면 더 빠른 변화 효과를 가져올 수 있고 변화의 지속시간이 길다는 전제하에서 가족 미술 치료를 실시하게 된다(최외선 외, 2007). 전 가족이 참여하는 경우도 있지만, 한 부모 가정 어머니와 내담자, 부자가정 아버지와 내담자 등 부분으로 참여하는 경우도 있다(유옥현 · 이근매, 2006). 특히, 애착 문제가 있는 내담자의 경우에는 부모가 함께 참여하는 가족 미술 치료가 효과적이다. 나아가서 장애 내담자의 경우에는 가족지원이 매우 중요하므로 장애 내담자, 형제 · 자매, 부모 등이 함께 참여하는 가족 미술 치료 프로그램이 효과적이라는 연구도 있다(이근매, 2007).

4) 치료 목표 및 프로그램 구성

상담 및 심리치료와 마찬가지로 미술 치료에서도 내담자의 당면한 문제를 도와줄 수 있는 적절한 치료 목표의 설정과 아울러 프로그램 구성은 치료의 효과를 결정하는 중요한 영역이다. 아울러 미술 치료에서 모든 미술 매체가 미술 치료의 기법으로 활용될 수 있다. 하지만 내담자의 상태, 증상, 연령 및 선호도 등 각 내담자의 특성에 맞는 미술 매체 및 기법 활용이 무엇보다도 중요 하므로 미술 매체 및 기법 선정에 신경을 써야 한다. 특히 초기의 적절한 미술 매체의 활용은 치료 효과의 성과를 좌우한다고 말할 수 있다.

미술 치료 프로그램은 내담자가 원하는 매체를 선택해서 실시하는 비구조적 미술 치료와 사전에 치료 회기와 내담자에게 적절한 미술 매체를 미술 치료 프로그램을 구성하는 구조적 미술 치료 프로그램이 있다.

내담자의 연령, 내담자의 증상, 내담자의 환경, 가족관계의 영향 또한 개별로 진행할 것인지, 집단 또는 가족단위로 진행할 것인지에 따라 프로그램의 구성은 달라진다. 미술 치료의 실시는 미술 치료사가 지향하는 상담 및 심리치료의 이론을 배경으로 실시한다.

3. 미술 치료 기법의 활용

3 - 1. 미술 치료의 진단적 기법

내담자가 그린 그림은 내담자 자신의 경험뿐만 아니라 독특한 내면세계를 솔직하게 표현하는 특성을 지니고 있기 때문에 내담자의 그림을 분석해 봄으로써 내담자의 내면을 더욱 정확히 이해할 수 있다. 그래서 심리적 진단자료로서의 가치가 오래전부터 인정되어 왔다. 즉 내담자의 그림은 하나의 적응매체에서 내담자의 심리 심층구조를 이해하는 새로운 연구기법으로 발전하여 왔다.

<표 1> 미술 치료의 도입 및 실시 절차

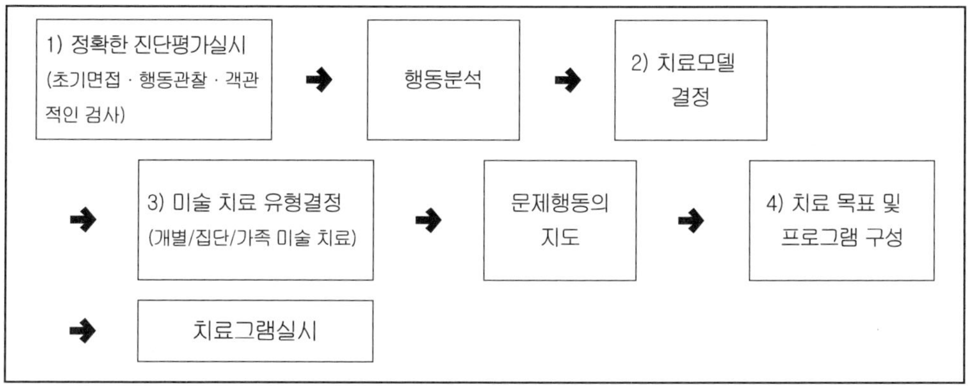

미술 치료의 기법은 그 방법이나 형식에 따라 여러 가지 관점에서 논의될 수 있다. 이를테면 앞 장에서도 제시한 바와 같이 심리상담이나 심리치료의 이론적 측면에서 볼 때는 정신역동적 미술 치료, 인간중심주의적 미술 치료, 발달적 · 행동적 · 인지적 미술 치료 등으로 구분될 수 있다. 또한, 개인치료 형태의 미술 치료와 집단 및 가족 미술 치료 형태의 미술 치료로 나눌 수도 있고 대상이나 목적에 따라 기법을 논의해 볼 수도 있다.

특히 미술 치료는 심리진단과 치료가 동시에 이루어지는 상황이므로 진단과 치료를 엄격하게 구분하기 어려우므로 융통성 있게 활용해야 한다. 진단적 기법은 자유화와 과제화로 나눌 수 있는데 일반적으로 과제화가 많이 사용된다. 다음에서 진단에 주로 많이 활용되는 기법들을 소개하고자 한다.

1) 인물화 검사(D - A - P : Drawing A Person)

인물화에 의한 성격진단검사는 Goodenough, F. L.(1926년)의 인물화에 의한 지능검사를 토대로 아동의 성격검사를 위한 투사적 기법으로 발전하게 되었다. 다른 여러 가지 투사검사 중 보다 더 깊이 있는 무의식적 심리현상을 표현할 수 있어 내담자가 자신과 타인에 대해 어떻게 지각하고 있는지를 알아보는 데 도움을 준다. Machover는 1949년에 인물화에 반대의 성을 그리는 방법을 창안했다. 이 방법은 성격검사로 널리 사용되고 있다.

아동은 물론 성인에 이르기까지 사용 가능하며 그려진 그림에서 직접 해석할 수 있다. 인물화 분석은 HTP나 가족화의 기초가 되므로 깊이 이해할 필요가 있다. 인물상은 자기의 현실상이나 이상상을 나타내며, 자기에게 있어서 의미 있는 사람, 자신의 성적 역할, 일반적 인간을 어떻게 인지하고 있는가를 나타낸다.

(1) 실시방법

A4 용지 2장, 연필 2~3자루, 지우개 등을 준비하여 다음과 같이 지시한다(A4 용지는 여러 장을 준비하여 두고 내담자가 원하면 다시 줄 수 있으며, 연필은 보통 우리가 사용하는 HB 혹은 4B 연필로 준비하고 연필 끝은 너무 뾰족하지 않도록 깎아둔다).

먼저 한 장의 종이를 세로로 제시하면서 "사람을 그려 주세요. 머리에서 발끝까지 사람 전체를 그려 주세요. 단, 만화나 막대인물상으로 그리지 말고 그릴 수 있는 한 잘 그려 주세요."라고 지시한다.

한 장의 종이에 내담자가 인물상을 다 그리고 나면 다시 A4 용지를 세로로 제시하면서 "반대되는 성의 사람을 그려 주세요. 머리에서 발끝까지 사람 전체를 그려 주세요. 역시 만화나 막대인물상으로 그리지 말고 그릴 수 있는 한 정성 들여서 잘 그려 주세요."라고 지시한다.

그림을 다 그리고 난 후 처음 그린 인물상을 제시하면서 그 인물상의 성별과 나이, 인물상에 대해 이야기를 해달라고 부탁한 후 내담자의 반응을 잘 기록한다. 두 번째 그린 인물상 또한 위와 같은 방법으로 실시한다.

유의점은 피검자에게 인물상을 그려 달라고 지시한 후 내담자가 그림을 그리기 시작할 때까지 소요되는 시간과 그림을 그리는 데 소요된 시간을 측정하고 그림을 그리면서 피검자가 보이는 정서적 반응, 태도, 그림을 그리는 방법, 순서 등을 잘 관찰하여 기록해 두어야 한다.

그림을 그리는 데 걸리는 시간은 대체로 각 인물상당 10분 정도라고 하나, 시간제한은 없으므로 내담자가 편안하게 그릴 수 있도록 배려하면 된다.

(2) 해석

먼저 묘사된 인물의 부분적인 특징과 각 신체 부분의 관계를 있는 그대로 살펴보는 것이 중요하다. 각 신체부분의 비율이 정확하게 조화되어 있는가에 대한 사실적 자료와 내담자가 처한 상황, 증상, 각 신체부분의 상징을 포함하여 사람에 대한 심리적 특성을 파악한다. 단, 아동의 경우에는 발달단계를 고려해야 한다.

① 인물화 순서

전체 피검자의 80% 이상이 자신과 동일한 성의 인물을 먼저 그린다. 그러나 간혹 반대되는 성의 인물을 먼저 그리는 경우가 있는데 이때 그려지는 인물은 자신에게 중요한 존재를 표현하는 경우가 많으며, 이것은 이성부모 또는 이성에 대한 강한 애착과 의존의 표현이기도 하다.

② 그림의 크기

종이의 크기와 비교해 볼 때 그림의 상대적 크기는 내담자와 환경과의 관계를 암시한다. 인물의 크기가 작으면 개인은 위축되고 작게 느끼고 있으며, 환경의 요구에 대해 열등감과 부적당감을 느끼는 경우가 많다. 인물의 크기가 크면 우월한 자아상, 공격적 태도로 환경과 관계를 맺는 경우라고 볼 수 있다. 인물이 자아상을 나타내지 않고 이상적 자아상 또는 부모상을 반영하기도 한다. 부모상이 투사되는 경우 큰 인물은 강하고 능력 있고 의지할 수 있는 부모상이거나 위협적이고 공격적이고 벌을 내리는 부모상을 반영한다. 이상적 자아상에서 인물의 크기가 크면 열등감을 보상하려는 시도의 표현이다(적절한 인물상의 크기는 전체 종이 크기의 1/2 이상에서 2/3 이하이다).

③ 그림의 위치

그림의 위치가 종이의 중앙보다 위에 있으면 불안정한 자아상과 연관이 있고 종이의 왼편에 있으면 자아 의식적 · 내향적 성향을 나타내며, 중앙보다 아래의 위치는 보다 안정된 상태 또는 우울감, 패배감을 나타낸다. 적절한 중앙 위치는 적응적인 자아

중심적 경향과 관계가 있다.

④ 인물의 동작

인물이 매우 활발한 움직임을 보이는 경우 운동활동에 대한 강한 충동 또는 불안정하여 안절부절못하는 상태, 정서장애의 조증상태(hypomanic state)를 나타낸다. 반대로 자세가 엄격하고 굳어 있어 움직임이 적으면 강박적 억제의 표현이며 깊이 억압되어 있는 불안이 내재해 있음을 시사하고 있다. 앉아 있거나 기댄 모습일 때는 활동력이 낮고 정서적으로 메마른 상태를 표현한다.

⑤ 왜곡이나 생략

신체부분이 왜곡되어 있거나 생략되어 있을 때 심리적 갈등이 그 부분과 관련이 있음을 나타낸다. 마찬가지로 신체의 부분이 과장되게 강조되어 있거나 흐린 모습으로 나타날 때 심리적 갈등을 시사한다.

⑥ 각 신체부분의 상징

- **머리** : 지적인 면과 자아개념과 관계가 있다. 강조되면 매우 공격적이거나 지적인 야심이 때로는 머리 부분의 신체적 고통과 관련이 되기도 한다. 머리나 얼굴이 희미하면 강한 수줍음을 나타낸다. 머리가 맨 나중에 그려지는 경우는 대인관계장애가 있음을 시사하며, 신체부분은 희미한데 머리만 뚜렷할 때는 보상적 방어책으로 공상에 의존하는 경우이다.
- **머리카락** : 성적 생동력에 대한 추구를 나타내며, 지나치게 강조되면 부적절함으로 해석되는 경우도 있다.
- **입** : 구강적 공격, 구강적 고착을 상징하며 구강적, 공격성의 한 표현으로 입이나 이빨을 강조해서 그리는 경우가 있다.
- **눈** : 눈동자가 생략되었다면 자아 중심적, 자아도취적 경향으로 해석되기도 하며, 눈이 크고 강조되어 있고 응시하는 모습일 때는 대체로 망상의 표현으로 눈을 감고 있는 경우 현실접촉의 회피, 철회를 시사하기도 한다. 흔히 정신분열증 환자는 눈을 감고 있는 모습의 인물을 많이 그린다.

- **코** : 성기의 상징이며 성적 무력감이 있을 때 코가 흔히 강조되어 그려져 있다.
- **턱** : 힘과 주도권, 사회적 · 보편적 상징이며, 자아상의 인물에서 턱이 강조되면 강한 욕구, 공격적 경향, 무력감에 대한 보상적 강조와 관계가 있다.
- **목** : 충동의 통제를 상징하는 부분이며, 가늘고 긴 목은 의존성을 나타내고 굵고 짧은 목은 충동의 통제가 어려움을 나타낸다.
- **팔과 손** : 손이 생략되어 있으면 현실접촉의 어려움, 죄책감을 엿볼 수 있다. 반면에 손이 강조되어 있다면 현실접촉의 불충분함에 대한 보상적 시도이거나 열등감에 대한 보상적 시도로 조정하는 역할을 하려는 경향을 엿볼 수 있다. 또한, 손이 희미한 경우도 대인접촉과 조정행동에서의 불안으로 해석할 수 있다. 팔의 방향이 신체에 가까이 붙어 있을수록 수동적, 방어적이며, 신체에서 외부로 향하여 뻗쳐 있을수록 외부로 향하는 공격적 방향의 표현으로 해석할 수 있다. 때로는 강박적 경향이 있거나 신체상의 문제가 있는 경우에 손톱을 자세히 그려 놓기도 한다. 대체로 주먹을 쥔 손은 억제된 공격적 충동의 상징으로 볼 수 있다.
- **발과 다리** : 보통 이동성과 관계되며 병으로 누워 지내는 사람은 다리나 발을 그리지 않거나 보이지 않게 그리는 경우가 많다. 길게 그린 다리는 자율성에 대한 욕구를 나타낸다고 하며, 검게 강조된 발은 성에 대한 관심과 공격성을 나타낸다고 한다.
- **어깨** : 체격과 체력을 나타내며, 남성적 힘과 자기과시의 욕구를 상징한다.
- **단추** : 가슴 부분에 붙은 주머니, 단추는 애정결핍과 박탈을 상징하며, 유아적이고 의존적인 성격을 드러낸다.
- **목걸이, 팔찌 등의 장식품** : 호기심, 사치를 나타내며, 여성적 호기심이 많은 여자 아동의 그림에서 흔히 발견된다.

2) 집 - 나무 - 사람(HTP : House - Tree - Person)검사

정신분석가인 Buck(1948)은 Freud의 정신분석학을 바탕으로 하여 HTP를 개발했으며 Buck과 Hammer(1969)는 집 - 나무 - 사람(House - Tree - Person) 그림을 발달적이며 투사적인 측면에서 더욱 발달시켰다. 그들은 단일과제의 그림검사보다는 집 - 나무 - 사람을 그리게 하는 것이 피험자의 성격의 이해에 보다 효과적이라고 생각하였다.

HTP 검사는 진단을 목적으로 하여 연필과 종이만을 사용하여 그렸었는데, 1948년에 Payne이 채색하는 방법을 시도했다. 나아가서, Burns는 1장의 종이에 HTP를 그리게 하고 거기에 KFD와 같이 사람의 움직임을 교시하는 K - HTP(Kinetic House - Tree - Person Drawing)를 고안했다.

高橋雅春(1967, 1974)는 Buck의 HTP법에 처음 그린 사람과 반대되는 성의 사람을 그리게 하는 『HTPP』법을 개발했다. HTP법에 Machover의 인물화를 조합한 방법이다.

(1) 실시방법

준비물은 B5 용지 4장, HB 연필, 지우개 등이며 다음과 같이 지시한다.

① B5 용지 한 장을 가로로 제시하면서 "집을 그리세요."라고 지시한다.

② 집을 다 그리고 나면 다시 B5 한 장을 이번엔 세로로 제시하면서 "나무를 그리세요."라고 한다.

③ 나무를 다 그리고 나면 그다음엔 B5 용지 한 장을 세로로 제시하면서 "사람을 그리세요. 단 사람을 그릴 때 막대인물상이나 만화처럼 그리지 말고 사람 전체를 그리세요."라고 한다.

④ 그다음엔 다시 B5 용지를 세로로 제시하며, "그 사람과 반대되는 성을 그리세요."라고 지시한다.

⑤ 다 그리고 나면 각각의 그림에 대해 20가지의 질문을 한다(유의점 : 그림을 그릴 때 소요되는 시간을 측정해 둔다).

※ 묘화 후의 질문(PDI)

: 이것을 전부 삽입하는 것은 곤란하다. 내담자가 자유롭게 말하는 것을 중요시하며, 내담자의 상태에 따라 몇 가지 질문만 한다.

집(House)그림 질문 사항
(1) 이 집은 도심에 있는 집입니까? 교외에 있는 집입니까?
(2) 이 집 가까이 다른 집이 있습니까?
(3) 이 그림에서 날씨는 어떠합니까?
(4) 이 집은 당신에게서 멀리 있는 집입니까? 가까이 있는 집입니까?
(5) 이 집에 살고 있는 가족은 몇 사람이며 어떤 사람들입니까?
(6) 가정의 분위기는 어떠합니까?
(7) 이 집을 보면 무엇이 생각납니까?
(8) 이 집을 보면 누가 생각납니까?
(9) 당신은 어떤 집에 살고 싶습니까?
(10) 당신은 이 집의 어느 방에 살고 싶습니까?
(11) 당신은 누구와 이 집에 살고 싶습니까?
(12) 당신의 집은 이 집보다 큽니까? 작습니까?
(13) 이 집을 그릴 때 누구의 집을 생각하고 그렸습니까?
(14) 이것은 당신의 집을 그린 것입니까?
(15) (특수한 집인 경우) 왜 이 집을 그렸습니까?
(16) (그림에서 이해하기 곤란한 부분에 대하여) 이것은 무엇입니까? 왜 그렸습니까?
(17) 이 그림에 첨가해서 더 그리고 싶은 것이 있습니까?
(18) 당신이 그리려고 했던 대로 잘 그려졌습니까? 어떤 부분이 그리기 어려웠고 마음에 들지 않습니까?

나무(Tree)그림 질문 사항
(1) 이 나무는 어떤 나무입니까? (불확실할 경우 상록수 혹은 낙엽수인지 질문한다)
(2) 이 나무는 어디 있는 나무입니까?
(3) 한 그루만이 있습니까? 숲 속에 있나요?
(4) 이 그림의 날씨는 어떠합니까?
(5) 바람이 불고 있습니까? 바람이 분다면 어떤 바람이 어느 방향으로 불고 있습니까?
(6) 이 나무는 몇 년쯤 된 나무입니까?
(7) 이 나무는 살아 있나요? 말라죽었다면 언제쯤 어떻게 말라죽었습니까?
(8) 이 나무는 강한 나무입니까? 약한 나무입니까?
(9) 해가 떠 있습니까? 떠 있다면 어느 쪽에 떠 있습니까?
(10) 이 나무는 당신에게 누구를 생각나게 합니까?
(11) 이 나무는 남자와 여자 중 어느 쪽을 닮았다고 봅니까?
(12) 이 나무는 당신에게 어떤 사람을 느끼게 합니까?
(13) 이 나무는 당신으로부터 멀리 있는 나무입니까? 가까이 있는 나무입니까?
(14) 이 나무에 필요한 것은 무엇입니까?
(15) 이 나무는 당신보다 큽니까? 작습니까?
(16) (상흔 등이 있으면) 이것은 무엇입니까? 어떻게 해서 생겼습니까?
(17) (특수한 나무인 경우) 왜 이 나무를 그렸습니까?
(18) 이 그림에 더 첨가해서 그리고 싶은 것이 있습니까?
(19) (그림에서 이해하기 곤란한 부분에 대하여) 이것은 무엇이며 왜 그렸습니까?
(20) 당신이 그리고자 한만큼 잘 그려졌습니까? 어떤 부분이 그리기 어려웠고, 마음에 들지 않습니까?

사람(Person)그림 질문 사항
(1) 이 사람의 나이는?
(2) 결혼했습니까? 가족은 몇 명이며, 어떤 사람들입니까?
(3) 이 사람의 직업은?
(4) 이 사람은 지금 무엇을 하고 있습니까?
(5) 지금 이 사람은 무슨 생각을 하며, 어떻게 느끼고 있습니까?
(6) 이 사람의 신체는 건강한 편입니까? 약한 편입니까?
(7) 이 사람은 친구들이 많습니까? 어떤 친구들입니까?
(8) 이 사람의 성질 어떻습니까? 장점과 단점은 무엇입니까?
(9) 이 사람은 행복합니까? 불행합니까?
(10) 이 사람에게는 무엇이 필요합니까?
(11) 당신은 이 사람이 어떻습니까? 좋습니까? 싫습니까?
(12) 당신은 이 사람처럼 되고 싶습니까?
(13) 당신은 이 사람과 함께 생활하고 친구가 되고 싶습니까?
(14) 이 사람을 그릴 때 누구를 생각하고 있었습니까?
(15) 이 사람은 당신을 닮았습니까?
(16) (특수한 인물인 경우) 왜 이 사람을 그렸습니까?
(17) (그림에서 이해하기 곤란한 부분의 경우) 이것은 무엇인가요? 왜 그렸습니까?
(18) 이 그림에 더 첨가해서 그리고 싶은 것이 있습니까?
(19) 당신이 그리고자 한만큼 잘 그려졌습니까? 어떤 부분이 그리기 어려웠고, 마음에 들지 않습니까?

(2) HTP 검사의 해석

Buck이 집, 나무, 사람 세 가지 과제를 사용한 이유는 첫째, 집, 나무, 사람은 유아뿐만 아니라 누구에게나 친밀감을 주는 것이며, 둘째, 모든 연령의 피험자가 그림대상으로 편안하게 받아들이며, 셋째, 다른 과제보다는 솔직하고 자유스러운 언어표현을 할 수 있는 자극으로 이용할 수 있기 때문이라고 하였다. 이 검사에 대한 해석은 HTP 검사와 함께 실시한 다른 심리검사들의 결과와 그림을 그린 후의 질문 등을 참작하는 동시에 피험자와의 면접 외에 행동관찰과 검사 시의 태도를 고려하여 실시한다. 즉, 그림만 가지고 성격의 단면을 추론하는 맹목적인 분석(blind analysis)에 의한 해석만을 해서는 안 된다는 것이다.

HTP 검사의 그림을 해석하는 데는 다음의 3가지 측면을 종합하여야 한다.

① 전체적 평가

전체적 평가는 그림의 전체적 인상을 중시하고 조화가 이루어져 있는가, 구조는 잘되어 있는가, 이상한 곳은 없는가에 주목하여 4장의 그림 전체를 보고 판단한다. 전체적 평가에서 밝혀야 할 것은 내담자의 적응수준, 성숙도, 신체상의 혼란 정도, 자신과 외계에 대한 인지 방법 등이다. 전체적 평가를 통한 내담자의 적응심리를 포착하려면 그림을 직관적으로 해석하는 능력이 필요하다.

② 형식 분석

구조적 분석이라고도 하며, HTP 검사의 모든 그림에 공통으로 실시하는데 집, 나무, 사람 등을 어떻게 그렸는가를 분석하는 것이다. 예를 들면 그린 시간, 그리는 순서, 위치, 크기, 절단, 필압, 선의 농담, 불연속적 선의 성질, 그림의 대칭성, 투시도, 조감도, 방향, 운동, 원근법, 음영, 상세함과 생략, 강조, 지우기 등을 살펴보며, 또한 이러한 것들을 통해서 성격의 단면을 읽어 나가는 방법이다.

③ 내용 분석

내용 분석은 무엇을 그렸는가 하는 것을 다루는 것으로 집, 나무, 사람에 있어서 이상한 부분, 형식분석의 사인 등을 참고로 하여 그림 가운데 강조된 부분을 다루며 그림의 어떤 특징적 사인이 무엇을 상징하는지를 살펴보는 것이다. 내용 분석에서는 명백하고 큰 특징을 먼저 다루되, 그림 그린 후의 질문을 피검자에게 실시하고, 피검자가 질문에 따라 연상하는 것을 묻는 것이 중요하며, 질문을 함으로써 피험자의 성격을 이해하게 되는 경우가 있다. 또한, 상징에 있어서도 동서양의 문화적 차이가 있으므로 반드시 내용분석에서는 상징의 보편적 의미와 특징적 의미를 함께 고찰하는 것이 중요하다.

· **집 그림** : 집 그림은 내담자가 성장하여 온 가정상황을 나타내며 자신의 가정생활과 가족관계를 어떻게 인지하며, 그것에 대해 어떤 감정과 태도를 가지고 있는가를 나타내는 경우가 많다. 따라서 집 그림은 피검자가 현재의 가정을 어떻게 바라보고 있는가 하는 것 외에 이상적 장래의 가정과 과거의 가정에 대한 소망을 나타내기도 한다.

집 그림을 해석함에 있어서는 그림을 전체적으로 평가함과 아울러 필수부분인 지붕, 벽, 출입문, 창문 등을 어떻게 그리는가에 주의해야 한다.

일반적으로 집 한 채를 그리는 경우가 많으며, 현재의 가정에 관심이 있거나 불만이 있는 사람은 특수한 집을 그리는 경우도 있다. 집이 그 사람의 자아를 나타내는 경우도 있기 때문에 PDI로부터 추측할 수 있다.

지붕은 정신생활에 관계한다. 너무 큰 지붕은 공상, 벽, 지붕이 없는 집은 감정의 결여를 엿볼 수 있다. 벽은 자아 강도를 나타내며, 아동은 투명한 벽(투시로)을 그리는 경우가 있으나 성인이 투시도로 그린 경우에는 부주의나 병적으로 볼 수 있다. 지저선이 없는 경우에는 불안을 나타낸다. 그 밖에 문, 창문, 굴뚝, 울타리, 길, 나무, 꽃 등을 첨가하는 경우가 있는데 내담자의 질문을 통한 연상, 상징해석 등을 참고하여 파악한다.

· **나무그림** : 나무는 땅에서부터 하늘까지 성장하고 움직이려 하는 인생의 열망을 반영한다. 따라서 그것은 가장 보편적인 상징으로서, 정신과 자기 확장의 은유를 나타내고 있다. 나무그림은 내담자의 자기상을 나타내며, 피검자가 자신의 마음상태에 대해 어떻게 느끼고 있는가를 무의식적으로 나타내며, 정신적 성숙도를 표시하고 있다. 나무그림도 나무에 대한 첫인상과 공간상징, 살아있는 유기체로서의 나무, 즉, 줄기 상태, 나무의 심장, 상흔, 수관, 가지, 나뭇잎, 열매, 기타 사물 등과 필압과 생활 상황을 참고하여 내담자를 이해해 나간다. 구체적인 해석은 나무그림검사의 해석에 따른다.

· **사람 그림** : 인물화는 그림검사 가운데서 가장 깊이 연구된 것으로 나무나 집보다 자기상을 더 잘 나타낸다. 그러나 인물화는 내담자에게 경계심을 품게 하고, 자기를 방어하려는 생각을 갖게 하기 때문에 의식적, 무의식적으로 자기의 모습을 왜곡시켜 나타내며 자기 이외의 인간을 그리는 경우가 많다. 원칙적으로 인물화는 자기의 현실상이나 이상상을 나타내며 자기에게 있어서 의미 있는 사람, 인간 일반을 어떻게 인지하고 있는가를 나타낸다.

또한, 자기상뿐만 아니라 피검자에게 의미 있는 사람을 표현하는 경우가 많다. 일반적으로 구체적 해석은 DAP에 준한다. 인물화를 그리는 순서는 얼굴을 먼저 그린 후에 몸통, 손, 발을 그려 나가는 것이 보통이다.

▲ 집

▲ 나무

▲ 사람1

▲ 사람2

<외상 후 스트레스를 겪은 성인(20대초, 남)의 HTP>

3) 동적 가족화(KFD : Kinetic Family Drawing)

1951년 Hulse는 한 명의 인물을 그리게 하는 대신에 가족을 그리게 하는 것이 유익한 정보를 얻을 수 있다고 했다. 이것이 가족화의 시작이다. 가족그림을 통해서 아동의 심리적 상태와 가족의 역동성을 진단하는 데 도움을 주는 기법으로 가족화(DAF)와 동적 가족화(KFD), 동그라미 중심가족화(FCCD), 구분할 통합가족화, 동물가족화, 물고기 가족화, 자동차 가족화 등이 있다. 일반적으로 가족화 진단기법으로 가장 많이 활용하고 있는 동적 가족화에 대해 소개해 본다.

동적 가족화는 가족화(DAF : Drawing A Family)에 움직임을 첨가한 일종의 투사화로 Burns와 Kaufman(1970)에 의해 개발되었다. 동적 가족화는 가족화가 가지는 상동적 표현을 배제하고 움직임을 더하는 것에 의해서 자기개념만이 아니고 가족관계에 따른 감정과 역동성 등을 파악하는데 더욱 용이하다.

(1) 실시방법

먼저 A4 용지, HB나 2B 연필, 지우개를 준비하여 제시하고 다음과 같이 지시한다.

"당신을 포함해서 당신의 가족 모두에 대해서 무엇인가를 하고 있는 그림을 그려 보세요. 만화나 막대기 같은 사람이 아니고 완전한 사람을 그려 주십시오. 무엇이든지 어떠한 행위를 하고 있는 그림을 그려야 합니다. 당신 자신도 그리는 것을 잊어서는 안 됩니다." 내담자가 "가족 전원이 무엇인가 하나의 일을 하고 있는 것입니까?"라고 물어볼 수 있다. 이때 검사자는 "완전히 자유입니다."라고 대답하면 된다. 검사자가 무엇인가를 암시하는 듯한 응답은 절대로 피하고, 완전히 비지시적 · 수용적 태도를 취한다. 검사상황의 종료는 내담자의 말이나 동작으로 끝났음을 표시할 때 마치게 되며 제한시간은 없다.

그림을 완성한 후, 묘사된 각 인물상에 대해서 묘사의 순위, 관계, 연령, 행위의 종류, 가족 중 생략된 사람이 있는가, 가족 외 첨가된 사람이 있는가를 확인하고 용지의 여백에 기재해 둔다.

동적 가족화는 어느 정도 신뢰가 형성되고 난 뒤 실시하는 것이 좋다(Malchiodi, 1990). 그리고 아동학대 등에서 가족에게 강한 갈등이 있는 아동이나 성인은 최초의 단계에서 KFD를 실시하는 것은 바람직하지 않다. 그리는 것을 거부하거나 단순한 표현은 가족관계를 파악할 수 없기 때문이다.

(2) 동적 가족화의 해석

동적 가족화를 해석하고자 할 때는 '단순히' 그려진 그림의 형태만을 보고 해석해서는 안 된다. 즉, 동적 가족화의 해석 방법은 전체적인 인상, 인물상, 행위의 종류, 묘화의 양식, 상징을 포함하여 총체적으로 해석한다.

① 전체인상

첫인상은 KFD에 대해도 중요하다. 가족이 일체감이 있는 정경인가, 각기 독자적인 행동을 하고 있는 분이성이 강한가에 따라 가족 전체의 역동성을 엿볼 수 있다.

② 인물상

묘사의 순서는 가정 내의 일상적 서열, 중요도가 나타난다. 크기는 인물에 대한 관심, 심리적 영향의 크기를 나타낸다. 거리는 중첩, 접촉, 접근, 먼 거리 등을 검토하며 심리적 거리를 나타낸다. 인물상의 얼굴 방향, 인물상의 생략, 타인의 묘사 등이 속한다. 인물의 해석은 인물화의 해석을 참조한다.

③ 행위의 종류

각 인물상의 행위를 중심으로 가족 내 역할 유형 등을 알 수 있다. 일반적으로 많이 나타나는 행위는 다음과 같다. 부친상은 잔디 깎기(Burns&Kaufman), 독서, TV 보기, 일, 요리, 심부름, 가사를 보기 등이다. 모친상에는 요리, 돌보기, 다림질, 청소하는 모습 등이다. 자신상은 놀기, 식사, 걷거나 타는 행위 등이다. 또한, 행위만이 아니고, 다른 사람과의 관계를 보는 것이 중요하다. 예를 들면, 경쟁 상대에게 호응하는 에너지는 공과 같은 것 안에 압축되기도 한다. 경쟁 상대가 아닌 사람은 에너지는 고정화 또는 정지한다. 다른 사람과의 갈등 상황은 상징을 사용해 그려지기도 한다. 자기를 난폭한 선으로 그려서 불안감을 드러내기로 하고, 벽을 그려 회피하고자 하는 욕구를 표현하기도 한다.

④ 양식

내담자는 그림에서 다른 인물상의 접근, 거리를 강조하기도 하고, 숨기기도 하기 때문에 의식적으로 혹은 무의식적으로 명확하거나 교묘한 여러 가지 그림의 특징을 나타낸다. 일반적으로 양식은 가족관계에서 자기의 감정과 상태, 신뢰감을 나타낸다. 양식은 일반양식, 구분, 포위, 가장자리, 인물하선, 상부의 선, 하부의 선 등 7가지로 분류할 수 있다.

- **일반양식** : 보통의 신뢰감에 가득 찬 가족관계를 체험하고 있는 내담자의 그림이다. 복잡한 혹은 명백한 장벽을 나타내지도 않고 온화한 우호적인 상호관계를 암시하는 그림을 그린다.
- **구분** : 문제가 없는 가족에서는 가족이 줄지어 있는 것이 많다. 갈등이 있는 가족에서는 몇 가지 양식이 나온다. 자기와 다른 사람을 선에 의해서 단락을 짓는다.
- **포위** : 하나 또는 그 이상의 인물을 어떤 사물이나 선으로 둘러싸는 경우이다. 위협적으로 개인을 분리하거나 치우고 싶은 요구로서 가족과의 관계에서 자기 자신이 개방적인 감정적 태도를 갖지 못할 때, 가족 구성원 혹은 자기 자신을 닫아 버리는 양식이다.
- **가장자리** : 인물상을 용지의 주변에 나열해서 그리는 경우이다. 이 양식은 상당히 방어적이며 문제의 핵심에서 좀 회피하려는 경향이 있다. 또한, 친밀한 관계를 맺는 데 대한 강한 저항을 나타낸다.
- **인물하선** : 자신 혹은 특정 가족구성원에 대해서 불안감이 강한 경우에 그 인물상의 아래에 선을 긋는 경우가 있다.
- **상부의 선** : 한 선 이상이 전체적 상단을 따라서 그려졌거나 인물상 위에 그려진 경우이다. 용지의 상부에 그린 선은 날카로운 불안 또는 산만한 걱정, 또는 공포가 존재함을 의미한다.
- **하부의 선** : 한 선 이상이 전체적 하단을 따라서 그려진 경우이다. 붕괴 직전에

놓여 있는 가정이라든가 강한 스트레스 하에 있는 아동이 안정을 강하게 필요로 하고 또 구조받고 싶은 욕구가 강할 때 나타낸다.

▲ 아버지 인물상 밑의 선

▲ 할머니와 나 (자기상 상부의 선과 그림자)

⑤ 상징

상징은 다양하게 해석할 수 있다. 일반적으로 잘 그려지는 것은 다음과 같다(가족 미술 치료, 1997).

- 공 : 에너지, 힘 등
- 불 : 화, 따뜻함(애정)에 대한 욕구
- 빛 : 애정에 대한 욕구
- 전기 : 애정, 힘에 대한 욕구
- A(성적을 나타내는) : 좋은 성적
- 침대 : 성적 또는 억울함의 테마
- 자전거 : 남성성의 강조
- 빗자루 : 정리. 모친의 통제
- 나비 : 사랑, 아름다움, 영혼
- 고양이 : 모친과의 동일시에 의한 갈등
- 익살스러운 표현 : 열등감이 있는 아이의 표현
- 유아용 침대 : 갓난아기에 대한 질투, 불안.
- 진흙 : 부정적 감정
- 드럼 : 분노
- 꽃 : 사랑과 성장 과정. 여성성. 소망.
- 쓰레기 : 가족에게 있어서 바람직하지 않은 것을 버린다.
- 다리미대 : X가 붙은 것은 모친에게의 갈등
- 줄넘기 : 포위로서도 사용된다.
- 연 : 도피와 자유
- 사다리 : 긴장이나 불안정
- 잔디 깎는 기계 : 자르는 것
- 나뭇잎 : 양육, 의존성
- 통나무 : 남자다움의 과장
- 페인트 브러쉬 : 손의 연장. 벌을 준다.
- 비 : 억울함, 스트레스
- 냉장고 : 차가움, 그에 대한 억울 반응
- 스쿠버 다이빙 : 틀어박힘, 틀어박혀 사색함
- 뱀 : 남성
- 별 : 차가움, 슬픔, 억울한 반응
- 멈춤표지 : 충동 통제의 시도
- 태양 : 따뜻함, 수용
- 열차 : 힘
- 수목 : 나무그림의 해석과 같다. 벽으로 사용되는 경우도 있다.
- 청소기 : 제어력. 빨아들이는 모친
- 물 : 억울함

⑥ 기타 특징

잘 나타나는 특징에는 다음과 같은 것이 있다.

· 내밀고 있는 팔
 - 환경의 통제, 청소 도구, 무기 등을 가지는 것과 같은 의미를 가진다.
· 높은 곳에 오르고 있는 인물
 - 지배적인 아동은 자기를 높은 곳에 그린다. 높은 곳에 있는 인물은 다른 사람보다 힘이 있다. 현실적으로 힘이 있거나, 또는 힘을 행사하고 싶은 소망을 나타낸다.
· 지우는 것
 - 지워진 그대로 그것에 대한 갈등이 있다. 몇 번이나 다시 그리는 것도 갈등이 있다. HTP의 해석과 같다.
· 도화지의 뒤에 그리는 인물
 - 도화지의 뒤에 그려진 인물도 그리는 자에 의해 어떠한 갈등이 있다고 말할 수 있다. 인물상 자체에도 왜곡이 있는 경우가 있다. 뒷모습 인물도 같은 의미가 있다.
· 매달리기
 - 인물이 위험한 장소에 매달려 있는 것 같은 상태이다. 매달리고 있는 인물은 긴장을 수반하고 있다. 넘어져 있는 상태도 긴장을 나타낸다.
· 신체 부분의 생략
 - 여러 가지 방법으로의 생략이 있다. 명확하게 왜곡되어 있거나 생략되어 있을 때는 인물상의 생략의 해석과 같다.
· 인물상의 생략
 - 실제 가족의 인물이 겉과 어디에도 그려져 있지 않을 때는 그 인물에 대한 거부를 나타낸다. 새롭게 갓난아기가 태어났을 때에 생기기도 한다.

· 피카소 그림과 같은 눈

- 다른 인물에 대한 경계나 관심, 양가적 감정이나 분노가 있을 때 피카소 그림과 같은 눈이 그려진다.

· 회전한 인물

- 회전하고 있는 인물은 다른 인물과 다르다고 하는 일을 강조하고 있다. 물구나무서기하고 있는 인물도 같은 의미가 있다.

▲ 30대 후반 남성의 KFD ▲ 30대 후반 여성의 KFD ▲ FCCD

▲ 동물가족화 ▲ 9분할통합가족화

4) 풍경구성법(LMT : Landscape Montage Technique)

풍경구성법(LMT : Landscape montage technique)은 미술 치료 혹은 그림검사법의 하나로 1969년에 中井久夫 교수에 의해 창안되었다. 이 풍경구성법은 원래는 정신분열증 환자를 주 대상으로 하여 모래 상자 요법의 적용 가능성을 결정하는 예비검사로서 고안되었으나 독자적인 가치가 인정되어 이론적으로 분석되어 치료적으로도 많이 활용되는 기법이다. 또 독일어권 표현병리, 표현요법 학회에 발표된 이후 독일, 미국 미 인도네시아에서도 시행되고 있으며, 진단도구로서 뿐만 아니라 치료과정 속에 활용되어 많은 효과를 인정받고 있다. 즉, 내담자의 내면의 이해나 치료를 위해서 널리 사용되고 있다.

中井에 의한 이 풍경구성법은 로샤검사(Rorschach test)와 같이 앞에 있는 패턴을 읽고 선택, 해석하는 투영적 표상과 대조적인 접근방법으로서 4면이 테두리로 그어져 있는 구조화된 공간에 통합적 지향성을 지닌 하나의 전체를 구성하는 구성적 표상을 기초로 하는 방법이라고 말할 수 있다.

(1) 실시방법

준비물은 A4 용지 1장, 사인펜(보통 검정 사인펜을 사용한다), 크레파스, 혹은 색연필 등이다. 처음에는 8절 도화지를 사용하였으나, 오늘날에는 A4용지를 주로 사용하고 있다. 먼저 치료사가 4면의 테두리를 그린 A4 용지와 사인펜을 내담자에게 건네준다. 그다음에 치료사가 말하는 사물, 즉 (1) 강, (2) 산, (3) 밭, (4) 길, (5) 집, (6) 나무, (7) 사람, (8) 꽃, (9) 동물, (10) 돌 등 이상 10가지 요소를 차례대로 그려 넣어서 풍경이 될 수 있게 한다. 그리고 마지막에 그려 넣고 싶은 사물이 있으면 그려 넣게 한다. 모두 다 그린 다음에 색을 칠하도록 한다. 검사 시 사용하는 언어나 행동은 치료의 흐름을 파괴하지 않도록 배려해야 한다.

(2) 해석

경구성법의 해석도 HTP등 다른 그림검사와 마찬가지로 첫인상을 포함한 전체적인 평가가 아주 중요하다. 즉, 형식분석, 묘선의 움직임이나 힘, 채색의 진함 등을 분석하는 동태분석, 내용분석, 공간분석, 계열분석, 질문분석 등을 조합하여 내담자의 심리상태를 파악한다. 다음은 각 아이템의 상징과 의미이다.

① 강

강은 일반적으로 무의식의 흐름에 비유할 수 있다. 무의식에 지배된 환자들은 흔히 물이 세차게 흐르는 큰 강을 그리고 군데군데 범람하여 물이 넘쳐흐르는 그림을 그리는 경우가 많다. 강박경향이 심한 사람이나 무의식에 대해서 자아경계가 위약한 사람은 강가를 정성껏 돌로 쌓거나, 콘크리트로 방파제를 만든 그림을 그린다. 때로는 강에서 도랑으로 분류되어 내려오는 그림을 그려서 갑작스럽게 평온한 분위기를 자아내는 경우도 있다. 분열증의 발병기에 있는 사람과 신경증 환자는 강을 너무 크게 그리거나 물의 양이 많은 강을 그리는 경우가 있다. 소위 무의식의 세계에 지배된 듯한 느낌이 강하다.

② 산

산은 그리는 사람의 주어진 상황과 앞으로의 전망을 나타내는 경우가 있으며 극복해야 할 문제의 수를 시사하는 경우도 있다. 다시 말하면 그리는 사람이 가지고 있는 어려움을 나타낼 수 있다. 눈앞에 우뚝 서 있거나, 앞길을 막고 있는 경우는 곤란이나 장애 등이 가로 놓여 있는 것을 의미하는 경우도 있다.

▲ 20대 중반 여성의 LMT
억압된 심리를 표출하는 강

▲ 40대 여성의 LMT
많은 산

③ 논

논에 모를 심고 있을 때, 벼가 푸르고 번성할 때, 벼 이삭이 돋은 것, 벼 베기, 수확한 후의 한가한 논의 모습을 그린 경우에는 그린 사람의 마음이 지향하고 있을 때를 암시하며, 때로는 발병의 시기, 즐거웠던 시절을 회상하며 때로는 미래를 암시하는 경우도 있다. 예를 들면, 곡식이 푸르게 익는 논을 그렸을 경우 풍족한 미래, 성공하는 미래, 잘 뻗어나가는 미래를 지향하고 있다는 것을 짐작하게 한다.

밭에서 일하는 사람의 모습이나 논 혹은 밭을 갈고, 정리하고, 손질하는 모습에서 학생의 경우에는 면학과의 관계를 나타낸다. 일반적으로는 과제와 의무와의 관계를 나타내는 경우도 있으며 인격이 통제된 부분으로 볼 수도 있다. 공간구성상 흔히 밭만

조감도적 구성을 취하고 있으며, 공간을 왜곡하고 이질적인 부분으로 나타내는 경우도 있다. 만일 지도 기호로 대치하는 경우는 인물화의 막대인물상 표현과 비슷하다.

반대로 벼 이삭을 한 알씩 세심하게 그려 넣거나 쌀을 한 알 한 알씩 바닥에 떨어뜨려 놓은 것은 강박경향뿐만 아니라 식물차원의 존재에 관심을 가지는 세심한 심성의 일면도 볼 수 있다. 밭에서 일하는 사람을 그리는 경우는 일반적으로 좋게 평가되나 등교 거부아, 비행 청소년에게서 많이 볼 수 있다(의식 면에서 태만의 보상일지도 모른다).

앞에서도 약간 언급했지만, 산과 강 이외의 모든 평면을 밭으로 표현하고 세심하게 분할하여 벼 한 알씩을 그려 놓은 형태의 그림은 강박경향을 최대한으로 발휘한 것이다(강박경향은 이 외에 길 양쪽에 나열해 있는 나무, 길 양쪽에 돌을 쌓아 방파제를 만든 것 등으로 표현되는 경우도 있다). 이 밭도 풍경구성법이 지닌 숨겨진 진단성의 일면이라 말할 수 있다.

④ 길

강을 무의식에 비교한 반면에 길은 의식이며, 방향을 암시하고 인생의 길로서 명확하게 의식되는 것을 표현하는 경우가 있다. 길은 한 개나 복수도 있다. 길이 강을 횡단하고 있기도 하는데 그것은 다른 세계에 가는 것을 의미한다고도 말할 수 있다. 그 길이 확실하게 강 위의 다리와 연결되어 있으면 안심할 수 있다.

그러나 일반적으로 여성의 경우에 길이 강으로 차단되어 그대로 끝나 있는 경우가 1/4이나 된다. 여성에게 강을 건넌다는 의미는 강을 건너서 다른 세계로 간다는 것, 즉 결혼을 의미한다고 한다. 남성에게 있어서는 결혼이란 다른 세계로 향한다는 정도의 큰 변화는 없다. 남성에게 있어서 강을 건넌다는 의미는 다른 뜻으로 생각된다.

▲ 길이 두드러진 LMT
(진로문제에 갈등이 있는 여성) 여러 갈래의길

▲ 집과 길이 두드러진 LMT
(가정에 대한 갈등으로 삶의 방향성에 혼란을 안고 있는 여성)

⑤ 집, 나무, 사람

HTP와 동일한 해석을 한다.

⑥ 꽃

꽃은 아름다움과 사랑을 상징한다. 꽃은 생활의 채색이며 화려함이다. 또 개화에서 결실에 이르는 최초의 단계이기 때문에 성장발달의 상징이기도 하다. 꽃은 감정과 관계하고 있다. 일반적으로 여성스러움을 의미하고 강조하는 경우에 그리는 일이 많다. 그러나 높은 산봉우리의 꽃, 장례식용 꽃, 새빨간 색으로 길가에 피어나는 꽃 등은 그대로 자신의 영혼을 공감하는 꽃이며, 양친의 죽음을 애도하는 그림에서 많이 나타난다. 꽃에 색칠을 안 한 경우는 정신분열증자에게 많이 나타나는데 이것은 감정이 실감 나지 않는다는 하나의 표현이다.

⑦ 동물

동물 그 자체가 상징성을 나타낸다. 동물의 크기가 심리적 에너지와 관계하고 있다고도 말할 수 있다. 집, 나무, 사람, 강, 산, 길을 전부 안쪽 밑에 작게 그리고 동물을 크게 그리는 내담자의 경우는 작아져 있는 현실을 보상하고 있다고 생각할 수 있다. 이 사람은 내면에 큰 에너지를 지니고 있으므로 앞으로 어떻게 이끌어 낼 것인가 하는 것이 치료 목표가 될 수 있다.

동물의 크기는 기준을 사람에게 둔다. 사람을 기준으로 하여 사람보다 크면 그 사람이 지닌 에너지의 총량이 많다. 사람보다 작으면 사람이 지닌 에너지의 총량이 적다.

▲ 우울증이 있는 20대 초반 여성의 LMT
(집을 두꺼비 집으로 그림)

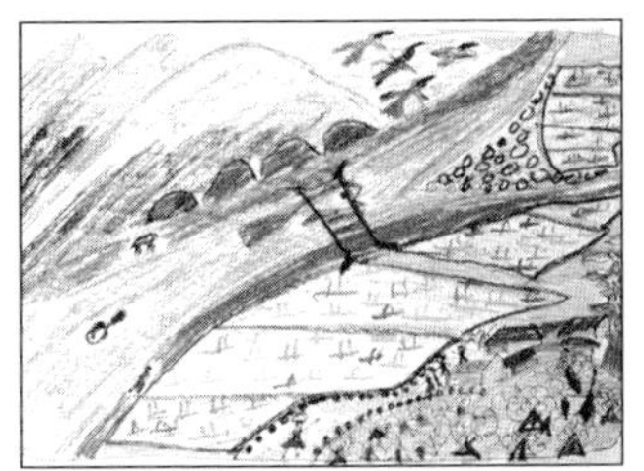
▲ 큰 물고기(상어)가 거슬러 오르는 모습의 성인 LMT

⑧ 돌

돌의 의미는 상당히 중요하다. 그 속성은 단단함, 냉함, 불변성이다. 돌은 일반적으로 눈에 띄지 않고 무수히 많은 것으로 그 존재를 알아차리기 어려운 경우가 많다. 그러나 그것이 큰 돌이나 큰 바위로서 전방을 가로막고 있으면 장애가 되고 큰 짐이 되며 어려움을 나타낸다. 그러나 큰 돌이라 하더라도 그 위치에 따라서 여러 가지 의미를 나타낸다.

▲ 돌이 두드러진 LMT

▲ 위축 청소년의 LMT

⑨ 부가물

부가물로서는 다리, 태양 등이 있다. 다리는 두 개의 세계를 묶는 것이라고 할 수 있다. 태양은 영혼, 생명력의 상징이다.

⑩ 구성포기

풍경을 구성하지 못하고 나열해서 그리는 내담자가 있는데, 이것도 심리적인 표현의 하나일 수 있다.

▲ 심한 위축 아동의 LMT

5) 발테그(Wartegg)묘화 검사

발테그(Wartegg) 묘화 검사는 발테그(Ehring Wartegg)에 의해 개발된 묘화 검사이다. 제2차 세계대전 이후 발테그의 동료인 베텔(Augst Vetter)에 의해 발테그 묘화 검사와 필적을 결합시켜 분석하는 시도가 있었고 후에 의해 계승되고 개발, 연구되었다.

(1) 실시방법

내담자에게 8개의 사각형이 그려진 용지와 연필을 건네고 "이 8개의 칸 안에 무언가를 그려주세요."라고 지시한다. 각각의 테두리 안에는 자극도가 그려져 있지만, 내담자가 이 자극도를 사용하여 그림을 그리도록 지시를 해서는 안 된다. 순서대로 그리도록 하지만 내담자가 그리기 어려운 영역은 나중에 그려도 무방하다. 또한, 제일 마지막에 그린 것은 기록해 둔다.

(2) 해석

① 자극도

· 자극도가 받아들여지고 있는가(즉, 자극도를 활용하고 그 성질에 반응하는가).

· 일반적으로 정상인은 자극도를 받아들인다.

· 자극은 외적 현실에 대응하고 있다.

· 아동은 자극도를 무시하는 일이 있다.

② 자극도의 질

· 1, 2, 7, 8은 호를 그리고 있다.

· 3, 4, 5, 6은 모나 있다.

· 자극도의 질을 무시한다며 그것은 주관성의 우위를 나타내고 있다.

③ 자극도의 주제

8개의 각 칸 안에는 다음과 같은 특정한 주제가 있다. 각 주제에 어울리게 그림을 드렸는지 살펴본다.

· 1+8 : 자아의 경험, 안심감

· 2+7 : 감정, 감수성

· 3+5 : 달성, 긴장

· 4+6 : 문제, 통합

④ 그림의 분류

별과 파도 검사의 제1단계로 행해진 것과 같은 방법으로 그림의 양식을 분류한다. 즉, 요점만의 그림, 회화적인 그림, 형식적인 그림, 상징적인 그림의 양식이 있다.

⑤ 필적의 분석

필적의 분석은 바움테스트와 마찬가지로 그려진 것에 관해서 연상이나 이야기를 서로 나누면서 상담을 진행할 수 있다.

6) 별 · 파도 그림검사

별 · 파도 그림검사(Star - Wave - Test)는 1970년대 독일 심리학자 올쥬라 · 아베 랄르멘(Ave - Lallenmant, Ursura)에 의해 창안 · 개발되었다. 또한, 랄르멘은 발테그(Wartegg)묘화 검사, 나무(Baum)검사, 글자필적과의 종합검사로서 이용하면 더욱 효과가 있다고 주장하고 있다. 3세부터 고령자까지 적용할 수 있으며 3세 무렵부터 취학 전 유아는 발달기능검사로도 사용할 수 있다.

(1) 실시방법

준비물은 성별, 그린 연월일, 생일, 연령을 기재하는 난이 있는 별도의 검사용지, HB나 2B연필, 지우개이다. 시간은 5분에서 10분 정도 소요된다.

바다의 파도 위에 별이 있는 하늘을 그리세요."라고 지시한다. 별과 파도 이외의 사물을 그려도 좋은가 라는 질문에는 자유롭게 그리라고 대답한다. 단, 유아는 다른 사물을 그려서는 안 된다고 대답한다. 이미 그려버린 아이들에게는 그대로 두게 한다. 완성된 SWT를 가지고 내담자와 대화한다. 치료자는 SWT의 해석을 가능한 한 상세히 설명한다. 그렇게 함으로써 매우 빨리 문제의 초점을 파악할 수 있다.

(2) 해석의 5단계

① 그림의 분류

어떤 착상으로 그림을 그렸는가를 분류한다.

a. 요점만 있는 양식 : 다른 사물을 그리고 있다. 이성적으로 기능 한다.

b. 회화적인 양식 : 감정적인 경험을 표현하려고 다른 사람과 공유하고자 한다.

c. 감정이 담뿍 담긴 양식 : 감각 수용적으로 감정이나 정서적인 것에 역점을 두고 있다.

d. 형식적인 양식 : 자신 일부를 보인다. 자신을 감추려는 사람이거나 거꾸로 눈에 띄고 싶어 한다.

e. 상징적인 양식 : 심적 갈등의 무의식적 표현

② 공간구조의 형식

a. 자연의 조화 : 내적 조화나 균형 등을 의미한다.

b. 배치 : 환경에 적응하려는 바람이나 의지를 의미한다.

c. 규칙성 : 내적인 규칙에 순종한다는 것을 의미한다.

d. 부조화 : 심적 갈등 또는 질서에의 반항을 의미한다.

③ 공간의 상징적인 사용법

융이 설명한 공간상징, 움직임, 방향성을 강조하는 공간 도식 등을 참조하여 상하(수직), 좌우(수평) 구조를 살펴보겠다. 그 어느 쪽이든 물리적인 공간적 배치와 내용 강조라는 2가지 측면을 모두 살펴보고 분석한다. 예를 들어 하늘 면적이 바다 면적보다 넓더라도 바다가 강조되어 그려졌다면 바다가 우선이 된다.

· 수평적 구조
- 하늘과 바다의 조화 : 지적, 정신적 측면과 감정적, 신체적 측면의 조화
- 하늘 우위 : 지적 측면의 강조
- 바다 우위 : 감정적 측면의 강조
- 수평선으로 하늘과 바다가 접촉 : 2개의 측면을 분화해서 생각하며 통합하고 있다.
- 하늘과 바다의 격리 : 2개의 측면이 분리되어 통합되지 않는다.
- 하늘과 바다 사이의 강조된 공간 : 2개의 측면이 상호 방해하고 있다.
- 별과 바다의 혼재 : 지적 측면과 감정적 측면이 분화되어 있지 않다.

· 수직 구조
- 특별한 강조 없음
- 왼쪽 강조 : 내향적인 측면을 강조, 내적 세계로의 접촉에 문제
- 오른쪽 강조 : 외향적 측면을 강조, 외부세계나 타인과의 접촉에 문제
- 중앙 강조 : 자아 · 자기를 주제로 하는 내재적 표현

④ 물체의 상징

사물의 상징이란 다양한 의미가 있기 때문에, 그린 사람과의 상담에 의해서 그 의미를 찾아내는 것이 중요하다. 또한, 아동의 SWT에 나타나는 첨가물은 풍부한 표현력으로 해석하는 경우가 많다, 예를 들면 새, 천사, 로켓, 비행기, UFO 등이 표현된다.

· **별** : 무지의 암흑세계에서 길을 안내하고 전진하려는 의지의 빛으로, 지형, 정신, 의식 등을 나타낸다(형태와, 크기, 수를 검토한다).

· **파도 :** 인간 내부의 생생한 요소를 표현한 것으로 감정, 무의식 등을 나타낸다(형태로 본다).

· **달 :** 본인의 관심이나 흥미의 방향성을 제시한다.

· **바위, 섬, 절벽 :** 장애를 나타내지만, 묘사방법에 의해서는 조난자의 피난 장소나 안전한 장소가 되기도 한다. 동시에 해변이나 해안도 방해와 안전한 장소 등 양쪽 모두를 시사한다.

· **구름, 천둥, 벼락 :** 스트레스, 피해 등을 시사한다.

· **등대 :** 인공적인 빛으로 길을 안내해 주는 것으로, 방향성을 시사한다.

⑤ 필적 분석

필적분석은 바움검사와 동일하다.

▲ 발테그(Wartegg) 묘화검사

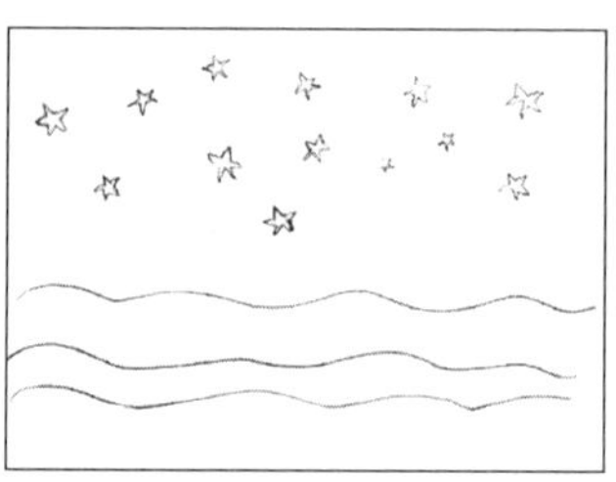

▲ 별 · 파도검사

7) 빗속의 사람 그리기

빗속의 사람 그리기(Draw - A - Person - in - The - Rain) 기법은 아놀드 에이브럼스(Arnold Abrams)와 에이브러햄 암친(Abraham Amchin)에 의해 개발된 것으로 인물화 검사를 변형한 검사이다(Hammer, 1967). 이 검사는 인물화 검사를 기본으로 하여 비가 내리는 장면을 첨부한 것으로 독특하고 풍부한 정보를 제공한다. 이 검사를 통하여 현재 겪는 스트레스의 정도와 대처능력을 파악할 수 있다.

(1) 실시방법

A4용지, 연필, 지우개를 제시하고 다음의 교시사항에 따라 그림을 그리게 한다.

교시문은 "비가 내리고 있습니다. 빗속에 있는 사람을 그려주세요. 만화나 막대기 같은 사람이 아닌 완전한 사람을 그리세요."라고 교시한다. 내담자의 질문에는 "자유입니다. 그리고 싶은 대로 하면 됩니다."라고 말하고 그림 모양이나 크기, 위치, 방법에 대해 어떠한 단서도 주어서는 안 된다. 그림을 그린 후 치료자는 그린 순서와 그림 속의 인물이 누구이며 그 사람이 무엇을 하고 있는지를 물어 기록한다. 그림을 그린 후 그림에 대해 내담자와 이야기를 나눈다. 질문내용은 정해진 내용이나 원칙이 있는 것이 아니라 인물화의 내용을 참고하여 내담자의 수준에 맞추어 적절하게 질문하는 것이 좋다.

(2) 해석

그림 속에 그려진 사람은 자화상과도 같은 역할을 하며, 구름, 웅덩이, 번개, 비는 여느 사람 그리기 검사에서처럼 자화상과도 같은 역할을 하며, 비는 어떠한 외부적 곤경이나 스트레스 환경을 상징한다. 비의 질은 그 사람이 느끼는 스트레스의 양으로 해석할 수 있다. 스트레스에 대한 대처자원은 우산, 비옷, 보호물, 장화, 표정, 인물의 크기, 인물의 위치, 나무로 상징되어 나타난다. 따라서 인물상이 비옷과 장화를 신고 있고, 우산을 쓰고 있거나 건물이나 나무 밑 등 보호물 속에 인물상을 가리고 있는 경우 그리고 인물상의 크기가 크고, 인물을 가리지 않고 드러내고 있으면서 표정이 밝고 미소를 띤 경우, 인물상의 위치가 중앙에 위치한 경우는 대처자원이 있는 것으로 생각할 수 있다(이미옥, 2008).

▲ 빗속의 사람 그리기1

▲ 빗속의 사람 그리기2

8) 기타 과제화법

인물, 가족, 친구, 집, 나무, 산, 동물, 길 등의 과제를 미리 주고 내담자가 상상화를 그리게 한다. 이상행동에 대한 내면의 욕구와 그 욕구를 저지하는 압력을 잘 알 수 있다. 인물화, 묘화완성법, 나무그림검사, 집 그림검사, 산과 해의 묘화법, 풍경구성법 등이 여기에 속하며, 산, 길, 집과 같은 특정의 과제를 부여할 수도 있다.

3 - 2. 미술 치료의 치료적 기법

미술작업을 통해서 심리상담이나 심리치료를 하는 것을 미술 치료적 행위라고 할 수 있다. 대상에 따라 다양한 기법이 적용될 수 있으며, 치료 기법이라 하더라도 진행 과정 중에 아동의 심리진단으로도 활용될 수 있다. 미술 매체영역에서도 밝혔듯이 미술 치료에서는 주위의 모든 소재가 미술 치료에 활용될 수 있다. 여기서는 진단 및 치료에 자주 활용되는 몇 가지만 소개하고자 한다.

1) 난화이야기법

미술 치료의 하나의 기법으로 진단 및 치료에 많이 활용되는 난화기법에는 여러 가지 유형이 있다. 크게 나누면 도입을 쉽게 하기 위해 단서를 주는 정형적 방법과 자유스런 난화 속에서 의미 있는 사물을 찾아 표현하는 비정형적 방법이 있다. 또한, 내담자의 수준에 따라 단지 그림으로 표현하고 끝나는 경우가 있으며, 서로 이야기를 꾸며 말로 표현하거나 문장으로 쓰게 하며 진행할 수가 있다.

(1) 두 장의 그림을 가지고 실시하는 법

· 준비물 : A4 용지, 크레파스

① 내담자와 치료사가 각자 마음에 드는 크레파스 한 색을 선택한다.

② 먼저 치료사가 종이에 테두리를 설정해 준다(그 이유는 내담자가 그림을 그리

기 쉽게 하여, 저항을 제거한다. 분열증, 다른 정신질환자, 소심한 사람, 의사표시를 안 하는 사람 등에게 유용하다).

③ 선택한 크레파스로 A4 용지에 자유롭게 낙서한 뒤 서로 교환한다.

④ 각자 연상되는 그림을 그린다.

⑤ 그림의 제목을 우측 하단에 쓴다(내담자의 상태에 따라서 치료사가 제목을 써 줘야 된다).

⑥ 서로 각자의 이야기를 꾸민다.

※ 유의점 : 내담자에 따라 연필이나 볼펜, 사인펜으로 낙서하고 그림을 그리는 것도 무방하다.

(2) 종이를 4등분 하여 실시하는 법

· 준비물 : A4 용지, 8절지, B3 용지 등 내담자의 상태에 따라 선정, 크레파스, 연필

※ 실시방법은 ①과 동일하다.

(3) 종이를 6등분 하여 실시하는 법

준비물과 실시방법은 "나"와 동일하다. 이 방법은 5칸만 그리고 한 칸은 남겨두어, 내담자가 이야기를 순서대로 꾸며 말한 것을 치료사가 빈칸에 적어 넣는다. 그러고 나서 이 이야기와 내용에 관해서 내담자와 서로 대화를 한다. 이 기법은 중학생 이상의 내담자에게 주로 사용되며, 내담자의 언어를 촉구할 수 있고 그려진 사물과 이야기의 내용을 통하여 심리진단 및 치료의 효과를 기대할 수 있다.

(4) 난화게임법

· 준비물 : 뒷면이 비치지 않는 A4 용지, 4B 연필, 크레파스

① 치료사와 아동이 연필로 각자의 종이에 서로 낙서를 하여 교환한다.

② 낙서에서 연상되는 그림을 크레파스로 그린다(채색을 하여도 무방함).

③ 한번 더 반복하여 4장의 그림을 완성한다.

④ 서로 가위, 바위, 보를 하여 이긴 사람이 4장의 종이를 보이지 않게 하여 섞은 뒤 순서를 정한다.

⑤ 치료사와 아동이 한 장씩 번갈아 가면서 4장을 연결하여 이야기를 꾸민다.

2) 계란화와 동굴화

(1) 계란화의 실시방법

① 먼저 치료사가 알 모양의 타원형을 그려 준다. (그림 1)

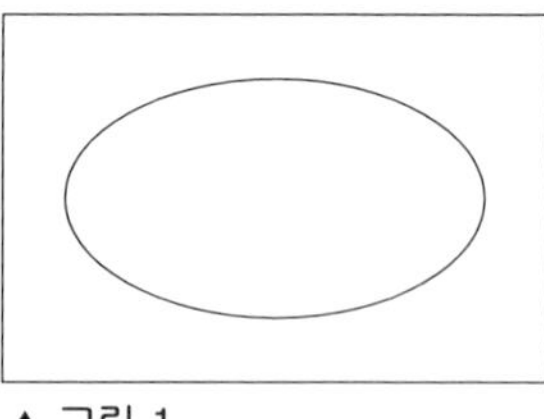
▲ 그림 1

② 내담자에게 "뭐로 보이나요?" 라고 묻는다.

③ 내담자가 "계란(혹은 알)." 이라고 대답하면 치료사가 "맞았습니다." 하고 대답한다.

④ 내담자가 "계란(혹은 알)." 이라고 대답하지 못할 경우 치료사가 "계란(혹은 알)." 이라고 가르쳐 준 뒤 내담자와 치료사가 공통인식을 한다. 그다음 치료사는 내담자에게 이 알은 부화된다. "이 알에 금을 그려서 부화되는 것을 도와주겠어요?" 하고 지시한다. (그림 2)

⑤ 내담자가 금을 그리면 "알에서 뭐가 태어나나요?" 하고 묻는다. 일반적으로는 내담자는 "병아리(혹은 뱀)." 라고 대답한다.

⑥ 이때 치료사는 내담자에게 "이 계란은 그림 계란입니다. 그래서 뭐가 태어나도 괜찮습니다. 당신이 계란으로부터 태어나기를 바라는 사물을 그려 주겠어요?" 하고 말한다.

⑦ 치료사는 새로운 종이를 건네주어 계란으로부터 뭔가 태어나는 순간을 그려 주도록 부탁한다(어떤 동물이 태어나도 괜찮다고 설명해 준다). (그림 3)

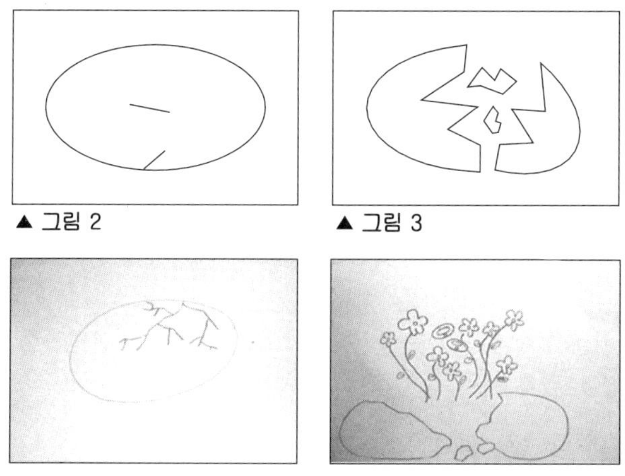

▲ 그림 2 ▲ 그림 3

<계란화의 예>

(2) 동굴화의 실시방법

① 계란화가 완성된 뒤 치료사는 "한 장 더 그려 볼까요?" 라고 말하면서 내담자에게 새로운 종이를 제시한 후 그리고 "이것은 계란이 아닙니다." 라고 말한다.

② "이것은 동굴의 입구입니다. 만약에 당신이 동굴 속에 살고 있다면 이 바깥세계는 어떤 세계일까요? 그것을 그려 줄래요?" 라고 말하며 동굴 속에서 본 풍경화(또는 바깥세계)를 그리게 한다.

③ 내담자가 치료사의 설명을 이해하고 나면 타원형 속에 풍경화를 그리게 한다.

④ 경우에 따라서는 타원형 바깥부분을 색칠하게 한다(당신이 살고 있는 벽 색깔, 혹은 좋아하는 색깔을 칠해 보겠어요?).

(3) 계란화와 동굴화의 포인트

이 두 기법의 요점은 치료사가 내담자를 위하여 도화지에 타원형을 그려 주는 데 있다.

· 준비물 : A4 용지, 연필 2자루, 24색 크레파스

<동굴화의 예>

3) 콜라주 미술 치료

콜라주 미술 치료는 일본에서 개발되어 최근 급속하게 보급되고 있는 미술 치료 기법의 하나로 잡지 등 인쇄물에서 오려낸 조각을 도화지에 붙여서 완성하는 것이다. 이 기법은 간편하고 작품의 보존이 가능하며 내담자에 대한 이해를 깊게 하는 데 도움이 되는 점에 주목하게 되었다. 오늘날 미술 치료 기법으로 활용하고 있는 잡지사진 콜라주 기법은 1972년 Burk과 Provancher이 평가기법으로서의 미국 작업치료지에 평가기법으로 개재된 한 것이 최초이며, 이후 일본의 杉浦京子(1994)에 의해 치료기법으로서 연구 개발되어 활용되어 오고 있다.

杉浦京子(1994)는 내담자에게 콜라주 미술 치료를 도입함으로써 다음과 같은 효과를 거둘 수 있다고 하였다. 첫째, 콜라주 미술 활동은 동심으로 돌아간 것 같이 시간 가는 줄 모르게 작업에 몰두하도록 해 줌으로써 카타르시스와 해방감을 느끼게 해 주었다. 둘째, 콜라주 미술 활동은 진정한 자신을 드러내도록 해 줌으로써 자신도 잘 모르던 본래의 모습을 발견하는 내면적 통찰은 물론 내담자와 치료사 간의 깊은 상호관계를 형성하게 해 주었다. 셋째, 콜라주 미술 활동은 자신의 완성된 작품을 보면서 무의식의 만족감을 느끼게 해 주었다. 넷째, 언어로써 감정표현이 어려운 사람에게 편안한 심리상태를 유지할 수 있게 해 주었다.

나아가서 콜라주 미술 치료가 심리적 안정감을 주는 또 다른 요인으로서는 이것이 선택성과 회피성 두 가지가 모두 높다는 데 기인한다. 즉 여러 도형 등 재료들을 자신의 생각대로 선택해 잘라 낼 수 있고, 또 싫으면 하지 않아도 되며 자른 이후에라도 얼마든지 버릴 수 있는 여유로움이 있기 때문이다. 최근에는 심리치료뿐만 아니라 사법 영역, 집단에서의 응용 · 발전, 재활치료 장면, 마음의 건강이나 인간적 이해 등을 주안점으로 한 개발적 카운슬링의 효과, 사회적 기술의 발달, 사회성 향상을 목적으로 한 자기개발 등 새로운 치료적 활용의 가능성이 여러 연구로부터 시사되고 있다.

(1) 콜라주 미술 치료의 종류 및 방법

콜라주 미술 치료는 작성의 스타일에 대해 정해진 방법은 없으며 내담자의 표현의 자유를 보장하는 것이 중시된다. 그 때문에 교시방법은 실시자에 의해 애매하게 되는 경향이 있다. 치료사가 각기 독자적인 방법으로 실시하고 있다. 크게 나누어 잡지 그림 콜라주법과 콜라주 박스법의 두 종류가 있다.

① 종류

· 잡지 그림 콜라주법

준비물은 화지(4절지 또는 8절지), 가위, 풀, 다양한 종류의 잡지, 신문, 광고지, 카탈로그 등이다. 도입방법은 치료사가 내담자에게 "콜라주 한번 해 볼까요? 콜라주란 자신의 마음에 드는 사진이나 그림을 자유롭게 잘라서 도화지 위에 좋아하는 위치에 풀로 붙여서 만드는 것입니다." 하고 촉구한다. 연령이나 증상을 고려하여 실시한다. 시간은 30분에서 1시간 정도 소요되며 일반적으로 작품소요시간은 40분, 전후 10분씩 언어상담을 진행한다.

작품완성 후 작품을 멀리 두고 서로 감상을 하지만 치료사는 해석적인 말을 필요로 하지 않는다. 내담자가 작품에 관한 이야기를 하며 서로 교류, 특별하게 없는 경우에는 치료사가 작품에 대해 느낀 감상을 정리해서 말하고 종료한다.

· 콜라주 박스법

사전에 잡지에서 다양한 사물을 오려서 상자 속에 넣어둔다. "상자 속에 있는 그림을 선택해서 도화지에 부쳐주세요." 라고 하며 연령이나 상태에 적절한 설명을 하여 도입한다. 필요하면 가위로 잘라도 되며, 완성된 작품을 근거로 연상되는 것을 질문하며 서로 이야기를 나눈다. 잡지그림 콜라주법과 마찬가지로 작품을 멀리 두고 서로 감상을 하지만 치료사는 해석적인 말을 필요로 하지 않는다.

이 방법은 간편하게 사용하는 것을 중시하고 있기 때문에 일반적으로 시간은 15분 정도 소요된다. 작품완성 후의 처치는 잡지그림 콜라주법과 동일하다.

② 제작방법

앞에서 제시한 잡지그림 콜라주나 콜라주 박스법 중 어느 방법을 선택하든지 다양한 제작방법이 있다. 마찬가지로 연령이나 증상을 고려하여 실시하는 것이 중요하다. 제작방법에는

· 내담자만이 작성하는 개별법
· 내담자와 치료사가 동시에 작성하는 동시제작법
· 어머니와 아이와 함께 실시하는 모자 상호법
· 가족이 동시에 각자의 작품을 작성하는 가족 콜라주법
· 그룹에서 하나의 작품을 만드는 합동법
· 자택에서 작성해오도록 과제를 제시하는 자택제작법(숙제법)
· 내담자가 잘라낸 나머지의 부분을 버리지 않고 작품의 뒤에 붙이게 하는 뒷 콜라주
· 방문면접 때에 콜라주박스를 지참하여 내담자에게 작성하게 하는 방문 콜라주
· 색지를 이용한 콜라주
· 집단에서 소그룹으로 하나의 작품을 완성하는 집단 집단법
· 집단 내에서 각자가 작품을 작성하는 집단 개인법
· 엽서에 작품을 완성하는 엽서 콜라주법 등 실시자에 의해 다양하게 고안될 수 있다.

(2) 작품의 이해 및 해석

콜라주 작품을 이해하고 해석하는 데 있어서, 융분석심리학과 정신분석, 자유화를

포함한 투사검사의 이해 및 해석기준 등을 이론적인 바탕으로 하고 있다. 콜라주 미술 치료의 작품을 이해하고 해석하는 기준을 제시해보면 다음과 같다.

즉, 형식분석, 내용분석, 계열분석 등 3가지 관점에 근거하여 내담자의 성장과정과 배경을 포함하여, 작품 후의 내담자의 현재 심리적 상태 및 욕구 등을 진단하고 내담자 스스로 다양하게 통찰해 나갈 수 있게 도와준다.

형식 분석은 반드시 형식 분석을 해야 하는 것은 아니다. 형식을 염두에 두고 분석한다. 어떻게 표현하느냐, 붙인 양의 정도(화면 상), 공간상의 배치, 공간 상징론을 고려한다. 가위로 잘랐는지, 손으로 찢었는지, 사물의 여백을 두고 잘랐는지, 사물의 선을 따라 잘랐는지, 지금 자신의 작품을 보면서 느낌이 있는지, 큰 조각을 붙였는지, 작은 조각으로 붙였는지, 여백이 어느 쪽에 많이 있는지, 화지에서 어느 쪽에 많이 붙였는지, 위아래 좌우로 나눠서 본다. 작품구성이 치우쳐져 있을 때에는 공간상징론을 참고로 한다.

내용 분석에는 무엇을 붙였는가, 사물의 상징성을 이용한다. 풍경인지, 인물인지, 먹는 것인지, 글자가 있는지, 크레파스나 다른 도구로 글씨를 썼는지 문자를 활용했는지, 어떤 내용인가를 파악한다. 상징성은 같은 사물이라도 민족, 지역, 문화에 따라 차이가 난다.

콜라주는 상담의 초기면접에 한 번으로 사용되기도 하고, 매 회기마다 콜라주를 사용해서 지속적으로 진행하여 계열 분석하기도 한다. 이것은 내담자의 마음의 흐름을 파악할 수 있다. 20회 중 5회, 10회정도(섞어서 진행하는 것, 지속적으로 진행하는 것)로 콜라주를 진행하는 것을 콜라주 계열분석이라고 한다.

작품 구성 후 다음의 순서로 내담자와 치료사가 서로 의사소통한다.

· 보고 있는 단계
· 표현물의 확인 또는 질문 단계
· 표현되었을 때의 감정에 대해 질문하는 단계
· 해석을 전달하는 단계

· 통찰한 것을 언어화하는 단계 → 상호 교류하면서 통찰

· 반복 단계로 진행하는 것이 원칙이다.

가장 바람직한 것은 치료자가 해석을 해주는 것이 아니라 자신이 통찰해 나갈 수 있도록 해주는 것이 중요하다.

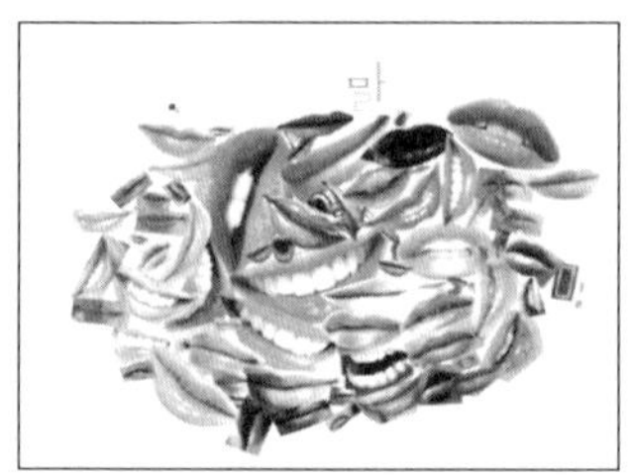

▲ 자신과 타인에 대한 의사소통에 어려움이 있는 대학생의 작품

▲ 대인관계에 어려움이 있는 대학생의 작품

4) 감정차트 만들기

도화지에 몇 개의 칸을 구분하고 최근의 감정을 그리거나 색종이로 나타내게 한다. 감정을 표현한 후에 모든 인간은 불편한 감정이 있음을 확인시킨다. 또한, 칸 없이 한 장의 종이에도 표현할 수 있다. 스펙트럼 형태의 띠로도 나타낼 수 있다.

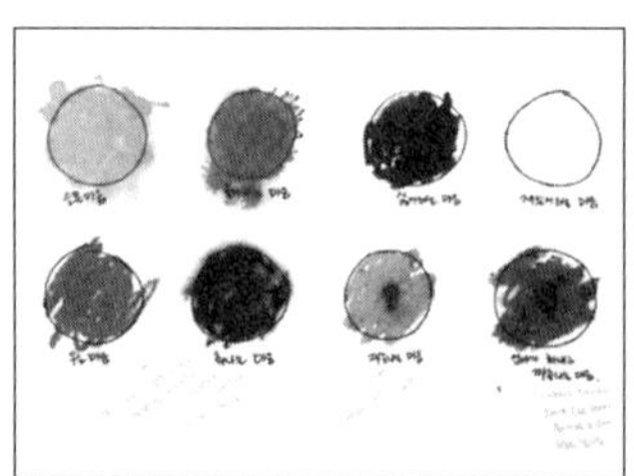

▲ 감정차트 만들기의 예

5) 벽화 그리기법

벽화 그리기법은 집단 속의 자기 이해, 집단 이해, 협동심, 등을 기른다. 특히 벽화는 공동화(협동화)를 제작할 때 소집단이 책상 위에서 그리는 것보다 거부감이 적고, 편안하며, 역동성을 더 잘 나타내 준다.

6) 만다라 그리기

개별적인 작업 또는 생활 만다라를 그리게 한다. 크레용, 크레파스 등을 이용하거나 색종이도 사용할 수 있다. 자유연상을 그려도 좋다. 그러고 나서 심상을 시로 써서 나타내기도 한다. 색채를 사용하면 좋으며, 환자의 기억과 감정을 통합하는 데 유용하다.

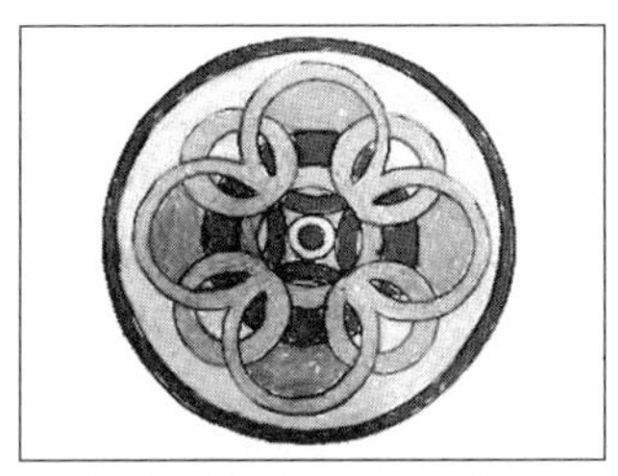

▲ 진로문제를 갖고 있는 성인 (폭발, 29, 여)

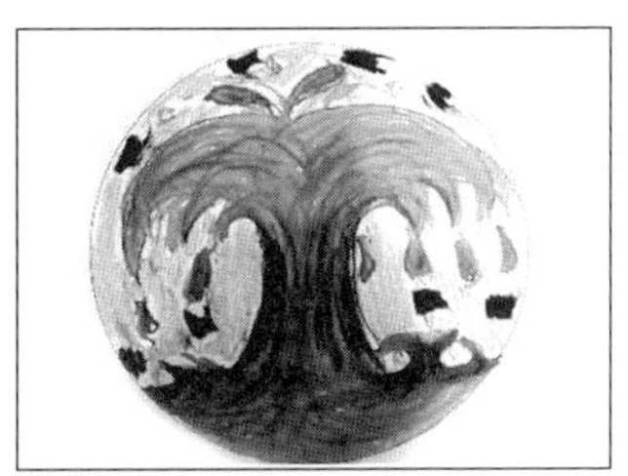

▲ 진로문제를 갖고 있는 성인 (혼란, 29, 여)

7) 생활선 그리기

생활선 그리기는 유아 시절부터 현재까지 그리고 미래에 대하여 생활선으로 표시하게 한다. 연령단계별로 높낮이, 선의 굵고 가는 정도, 색 등으로 자신의 생의 주기를 나타내도록 한다. 이것을 치료대상자가 설명하면서 자신을 발견하고 느낄 수 있게 된다.

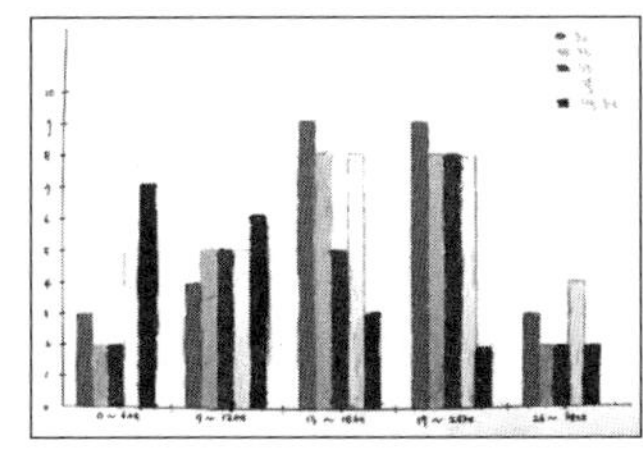

◀ 생활선 그리기(27세, 여) 감정은 분노 - 빨강, 우울 - 회색, 슬픔 - 파랑, 기쁨 - 노랑, 위축/불안 - 검정색으로 나누었다. 연령단계는 5단계로 나누어 각 단계별로 감정수치를 그래프로 표현했다. 어떤 시기에 어떤 감정을 많이 사용했는지 그래프로 표현해보니 그 당시 상황을 좀더 명확히 알 수 있었다.

8) 자기 표현하기

자신을 표현하게 하여 자신의 감정상태 및 상황을 이해시키고 나아가서 자아정체감을 확립시키는 데 도움을 준다. 다양한 매체를 통해서 작업을 하게 한 뒤 소제목을 붙이게 하고 내용에 대해서 서로 이야기를 나눈다.

▲ 자기 표현하기(26세, 남)

9) 자기 집 평면도 그리기

자기 집 평면도 그리기는 어린 시절(가능하면 유아시절)에 자기가 살았던 집의 평면도를 그려서 가장 무서웠던 곳, 비밀장소, 함께 살았던 사람 등을 설명하면서 자신의 과거를 회상하게 한다. 이를 통해 자기에게 영향을 끼친 사람, 성격 형성 등을 발견한다. 부적응행동에 대한 재인식을 하게 하여 새로운 각본을 형성하는 데 도움이 된다.

10) 추상화 그리기

그림 그리는 것에 부담이 있거나 두려움을 갖는 성인에게 유용하게 활용될 수 있다. 연필이나 크레파스 등 다양한 그리기 매체를 이용하여 도화지에 추상화를 그리게 한다. 추상화를 그리게 한 뒤 그리는 도중 혹은 끝난 뒤, 연상되는 것에 대해서 자유롭게 이야기를 나눈다.

11) 자유화 및 상상화 그리기

언어로 자신을 표현하는 데 어려움이 있거나 부담을 갖는 내담자에게 자유화 및 상상화 그리기를 통해서 자신의 내면을 표현하는 데 도움을 준다. 진행방법은 13과 동일하다.

12) 협동화

또래 또는 부모, 자녀, 가족이 하나의 종이에 함께 그림을 그리게 하여 상호작용을 촉진해주며, 준비물로는 4절, 2절, 전지, 크레파스, 물감 등이다. 경우에 따라서는 사포나 호일 등 다양한 매체를 활용할 수 있다.

사포 협동화는 연령에 제한 없이 초기 미술 치료 도입과정에 많이 활용되는 유용한 기법의 하나이다. 특히 집단 응집력을 형성하는데 도움을 준다.

실시방법은 미리 연결해 둔 사포에 하나의 그림을 그리고, 집단원들이 각각 1장씩 나누어 가진 후 그 속에 하나의 개별그림을 완성하는 방법이다. 이때 자극도형을 응용하여 그릴 수도 있고, 무시할 수도 있다. 그림 완성 후 퍼즐을 맞추듯이 하나씩 맞추어 나간다.

▲ 성인의 협동화

▲ 사포협동화

13) 스크래치

도화지 전체에 다양한 색을 자유롭게 칠한 뒤, 검은색으로 덧칠을 한다. 덧칠한 도화지 위에 이쑤시개나 송곳처럼 뾰족한 도구로 긁어서 정밀감이나 공간감을 표현하여 그리는 그림이다. 지저분하고 막 그려진 그림에서 느껴지는 짜증, 화남, 잘못한 것에 대한 불만의 마음을 해소하기 위해 덧칠하고 그 뒤에 나타나는 신비함을 활용할 수 있다. 오랜 시간 덧칠하는 것은 충동성 감소에 활용되기도 한다. 경우에 따라서는 긁어낼 수도 있다.

14) 핑거페인팅(Finger painting)

핑거페인팅은 그림치료 초기나 말기에 사용한다. 정서의 안정과 거부, 저항의 감소, 이완 등의 효과를 가진다. 또한, 작업의 촉진, 스트레스 해소에도 큰 도움이 된다. 아동에게는 성취감 형성 및 감각발달을 촉진하는 데에도 도움이 된다. 이것은 나중에 작품으로 게시해도 좋고, 크리스마스카드를 제작해서 사용할 수 있다.

물감, 아크릴판 또는 책받침, 젓가락, 물풀, 화선지 등이 필요하며, 물감과 물풀을 섞어서 손바닥으로 감촉을 느끼면서 자유롭게 그림을 그린다.

15) 조소 활동법

점토로 인물상을 만들거나 자기의 느낌을 표현케 하여 해석하게 한다. 묽은 점토는 수채물감과 같이 액체도구로서 언어화가 결핍된 내담자에게 유용하며, 과도한 언어화를 나타내는 사람에게는 감각적 요소를 강조할 때 사용한다. 특히 대상관계가 부족한 내담자의 치료에도 유용하다는 연구보고가 있으므로 현장에서 활용하면 좋을 것이다. 이 외에도 구체적인 치료 기법으로 활용되고 있는 것은 매우 많다.

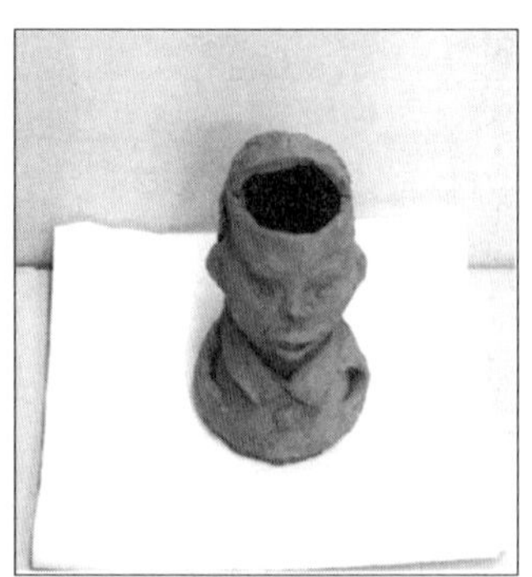

▲ 흙으로 만든 꽃병(성인)

16) 종이 찢기

종이 찢기는 내담자와의 관계 형성 및 거부감 감소, 흥미 유발, 활동의 촉진, 욕구 표출에 도움을 주며, 준비물로는 다양한 크기의 도화지, 다양한 두께의 종이, 풀 등이 있다. 치료사는 먼저 종이를 색별로 만져보게 하거나 구겨보게 하면서 내담자의 흥미를 유발한다. 자연스럽게 종이를 찢거나 뭉치면서 자신이 원하는 것을 표현하게 한다. 도화지에 풀로 자유롭게 붙이기를 한다.

※ 내담자에 따라서 찢는 활동을 거부하면서 안 할 수 있으나 치료사의 모델링에 의해서 시도하는 경우가 많다. 손에 힘이 잘 안 들어가는 무기력한 내담자는 얇은 종이에서부터 찢으면서 에너지를 발산할 수 있도록 두꺼운 종이로 점차 바꾸어 가면서 실시할 수 있다. 종이는 다양하게 준비하여 내담자가 선택하는 것이 효과적이다(예 : 꽃종이, 한지, 신문지, 주름지, 골판지, 상자 등).

◀ 학교부적응 아동(초5 여아)의 종이찢기 - 괴롭히던 친구의 머리가 '펑' 하고 터졌다.

17) 기타

그 밖에 다양한 미술 활동 즉, 자화상 꾸미기, 마블링, 프로타쥬, 물감 뿌리기, 물감 불기, 실 그림, 색 소금만들기 등도 치료 기법으로 활용될 수 있다.

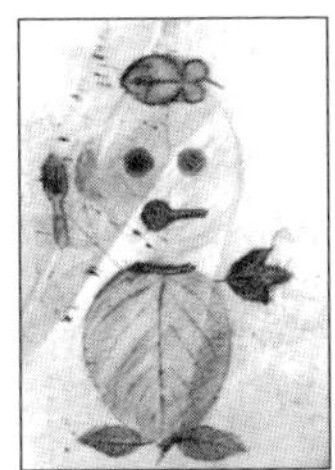

▲ 프로타쥬 기법 '자화상'

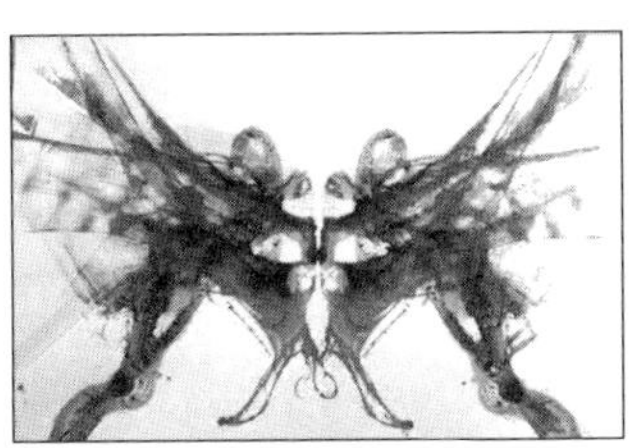

▲ 실 그림 '싸우는 나비'

제 11 장

군 KHTP 검사

1. KHTP 그림검사

1) KHTP 그림검사

심리학자들은 인간이 말로 표현하기 곤란한 자기 내면의 성격과 감정 상태를 어떤 매체(대상)에 형상화할 수 있다는 가설을 세우고 이것을 토대로 투사적 그림검사를 연구해 왔다. 1904년 S. Levenstein은 '스토리텔링' 실험을 통해 그림은 획득한 개념과 생활을 표현한다고 발표했고, 1908년 W. Stern은 언어와 그림과의 상관관계를 연구하여 그림이 뜻을 전달해 주는 언어의 표징임을 밝혔다. 그 후 학자들에 의해 그림의 투사적 기능 및 그림과 언어의 상관관계에 대해 연구된 결과, 그림은 그 투사적 기능으로 인하여 인간의 심리적인 면과 정신적 내면세계를 이해하는 진단적 도구로 사용되기에 이른다. 프로이트는 임상장면에서 정신과 환자들이 말보다는 오히려 그림을 통해 자기를 전달하는 것이 보다 쉽다는 점을 언급하였다. 즉 사람은 그림을 그릴 때 자기도 모르게 스스로 생각하고 있는 자기의 모습, 혹은 자기가 되고 싶은 모습을 드러내는 경향이 있다는 것이다.

이런 배경에서 시작된 투사적 검사는 Florance Goodenough(1929)의 아동용 지능검사 도구였던 인물화검사로부터 HTP(집 - 나무 - 사람 그림검사), KHTP 그림검사(동적 집 - 나무 - 사람 그림 검사)로까지 발전되었다. 인물화 성격 검사의 선구자라 할 수 있는 Karen Machover(1949)는 아동의 지능 측정을 목적으로 Goodenough의

도구를 사용하다가 투사적 성격검사로서의 인물화 검사체계를 개발시켰다. Machover는 선행연구의 결과를 통해서 '상징적 언어' 를 해석하기 '신체 심상(body image)의 투사' 라는 기본적 가정을 세우고 투사에 대한 연구를 진일보 시켰다. 즉, 인간의 성격은 발달 초기에 신체의 운동, 느낌, 생각을 통하여 발달되며, 투사된 신체 심상은 피검자의 충동, 불안, 갈등, 보상 등을 반영한다는 것이다. 이런 전제로 그림으로 표현된 인물은 바로 '그 사람' 이며 그려진 종이는 '환경' 을 의미하는 것으로 보았다. 다시 말하면 그림 검사의 이론적 가정은 인간이 세계를 자신에게 형성되어 있는 심상과 동일시하는 경향이 있으며, 이는 투사를 통해 나타나게 된다는 것이다.

잘 알려진 투사적 그림검사는 Buck(1948, 1966)의 HTP 그림검사와 Burns의 KHTP 그림검사이다. 전자는 정신분석에 바탕을 둔 Buck과 Hammer(1969)에 의해서 발전되었다. 그러나 Burns는 프로이트 정신분석에 바탕을 둔 HTP의 한계를 인식하고 내용과 형식적인 면에서 새로운 의미를 HTP에 더하여 내담자의 그림을 보다 더 풍부하게 했다. 내용적인 면에서 새로운 의미는 인간관과 동작성(kinetic)의 차이에서 드러난다. 형식적인 면에서 차이는 KHTP는 한 장의 종이에 그려진다는 점이다. 이 한 장의 종이에 그려진 그림은 세 장에 그려진 그림과는 여러 면에서 차이를 나타낸다. 이런 차이만큼 KHTP는 풍부한 의미를 더해준다.

2) HTP와 KHTP 그림검사

투사심리 검사법의 임상가들은 HTP 그림검사의 임상적 유용성을 인정하면서도 다음과 같은 문제점을 지적했다. 특히 번스는 이런 문제를 심각하게 인식하고 새로운 체계를 발전시켰다. 첫째, HTP는 '정신 병리학적 상황에 있는 환자들로부터' 표준화된 것이다. HTP 문헌들의 대부분이 '기질성 정신분열증' 등과 같은 정신병리적 명명의 진단적 사용에 중점을 두었다. 둘째, HTP에 대한 지시들은 각각의 종이에 집, 나무 사람을 그리도록 했다. 따라서 각각 그려진 집-나무-사람 그림들은 행동이나 상호작용을 나타낼 수 없다. 셋째 본질적으로 프로이드 학파에 기초를 둔 HTP의 해석은 프로이드학파의 정신분석학 내에서만 적합하도록 모든 자료와 상징들을 제한했다. 따라서 Burns는 HTP의 이러한 문제점 즉, HTP 그림 간에 상호작용이 나타나지 않는 문제들을 보완하기 위해서 역동성을 부여하도록 동적 집-나무-사람(Kinetic House - Tree - Person : KHTP)기법을 발전시켰다. HTP에 역동성을 도입시킨 동적 집-나무-사람 그림은 HTP 그림을 통해서 얻을 수 있는 정보의 양적 증가와 질적 향상을 가져왔다. 또한 KHTP 그림해석에 있어서 이전보다 개방적인 해석을 시도했다. 즉 KHTP 그림을 정신병리적인 관점에서만이 아닌, Maslow의 발달적 관점을 도입하여 인간의 성장과 잠재력을 투사하는 그림해석을 시도하기 시작했다.

그 결과로 Burns의 KHTP 검사와 해석은 HTP 검사에 '동작성' 과 '인간의 성장' 의 의미를 더했다. 예를 들면, 「동적 집-나무-사람 그림검사」KHTP 그림 1A의 레베카 그림에 나타난 것처럼, 집-나무-사람이 각각 그려진 HTP 그림에서 나무의 과일이 떨어지는 행동의 결과와 그 행동의 주체인 사람의 행동과는 아무 연관이 없어 보인다. 그러나 실제로 KHTP 그림에서 나무과일이 떨어지는 결과를 미치게 한 행위자는 바로 그림에 그려진 사람이다. 그런 의미에서 그림에 나타난 '동작성' 은 그림검사에서 해석을 풍부하게 만드는 중요한 정보를 제공한다. 동작성은 사람 외에 집과 나무에서도 나타난다. 또한 집-나무-사람의 각각 상호작용에서도 나타난다.

3) KHTP 그림검사 특성

본장의 그림검사 특성은 투사적 그림검사의 특성을 소개한 것이다. 따라서 KHTP의 특성만을 말한 것이 아니다. 첫째, HTP 검사는 누구에게나 친밀감을 주며, 문맹자에게도 가능한 검사이다. 일반인에게 HTP검사는 어린이에게 적용되는 검사로만 이해하는데 이는 글을 모르는 어린아이에게도 사용가능하기에 생긴 오해에서 비롯된 일이다. 둘째, 모든 연령의 피검사자에게 검사가 가능하다. 즉 어린아이부터 노인에 이르기까지 가능한 검사이다. 셋째, 검사방법이 그림이라는 간접적 방법으로 진행되기에 피검자는 검사자가 요구한 것을 알 수 없다. 즉, 무엇이 바람직한 반응이고 무엇이 바람직하지 않는 반응인지를 피검사자는 알지를 못하므로 다른 지필검사보다 솔직하고 자유로운 자극으로 반응하게 된다. 넷째, 검사반응이 제한되지 않고 자유로움으로 피검사자의 반응은 그 개인에게 있어서 중요하고 결정적인 정보들이 많게 된다. 다섯째, KHTP 검사가 Rorschach와 TAT 검사 등과 다른 점은 Rorschach와 TAT 검사가 제시된 자극을 어떻게 받아들이는가 하는 성격의 수동적 과정에 초점을 두는 반면, KHTP 검사는 적극적인 반응을 구성해 가는 성격의 표출과정을 중시한다. 여섯째, Rorschach 검사와 TAT 검사는 언어적 의사소통(Verbal Communication)으로 이뤄진다면 HTP 검사는 도식적 의사소통으로 이뤄진다. 그리하여 그림은 언어보다 더 풍부하게 성격의 내용을 표현하게 만든다. 또한 투사적 그림검사에는 Freud 정신 분석학에서 말하는 위장된 표상 즉, '상징' 이 표현되어진다. 이러한 상징은 꿈에 잘 나타나는데, KHTP 그림에서도 상징이 나타난다.

군 상담은 일반 상담에 비해서 여러 제약을 받는다. 즉 상담 장소와 상담 시간의 제약, 내담자의 심리적 부담, 상담자와 내담자의 라포 형성의 어려움 등 여러 요인이 있다. 또한 군 상담자는 상담을 통해서 군 사고예방에 기여해야하는 임무를 가지고 있다. 그리하여 상담자는 이런 제약을 해결하고 군의 요구에 부응하는데 적절한 심리검사는 도움이 된다. 특히 여러 검사도구 가운데 투사적 그림검사인 KHTP는 해석에 대한 신뢰성 지적에도 불구하고 많은 도움을 제공한다.

2. KHTP 그림검사와 군 상담

1) KHTP 그림검사 진행방법

(1) KHTP 그림검사 실시절차

① 준비물

검사지, HB연필(볼펜)과 지우개, 그림 그릴 때 사용할 받침

② 주의사항

검사자가 그림을 그릴 피검자에게 어떻게 지시를 내리느냐에 따라서 피검자의 태도와 반응이 다르게 나타날 수 있으므로 신중하게 진행해야 한다. 부대에서 실시할 경우, 병사들은 방어적인 태도를 많이 보이므로 검사자는 '그림검사전 지시사항' 을 꼭 읽어주어야 한다. 예를 들면 헌병대 간부가 검사시행을 할 경우와 군 성직자들이 시행을 할 경우와는 피검자의 반응에 차이가 나타날 수 있다. 그러므로 상담자는 그림검사에 대한 목적을 알려주고 그림검사전 지시사항과 그림검사 후 지시사항을 반드시 알려주어야 한다.

③ 그림검사 진행 단계

- 1단계 : 준비물을 확인한다.
- 2단계 : '그림검사 전 지시사항' 을 읽어준다.
- 3단계 : 그림을 그리도록 지시한다. '그림검사 지시사항' 에 따라 검사 소요시간은 10~20분 정도 소요된다.
- 4단계 : 그림을 그린 후 '그림검사 후 지시사항' 을 기록하도록 지시한다. 여기서 '그림검사 후 지시사항' 은 그림검사의 해석의 중요한 단서가 된다. 특히 여기서 드러난 동작성은 내담자의 핵심문제를 시사하는 경우가 많다. 특히 군에서 실시하는 투사검사는 집단적으로 실시하는 경우가 빈번하다. 이럴 때 내담자를 직접 면담하기는 어려운 상황이다. 그래서 그림검 사후 지시사항은 해석의 단서가 되기에 반드시 기록하도록 해야 한다.
- 5단계 : KHTP 그림검사와 군 장병 문장완성 검사(MSCT)를 병행하여 실시할 경우, 문장완성 검사를 실시한다. 상담자는 그림검사와 문장완성 검사를 상호보완적인 의미에서 비교분석 하면 KHTP 해석을 위한 많은 정보를 얻을 수 있다.
- 6단계 : 검사를 마친다. 검사를 마친 후에 잠시 휴식시간을 준다. 이 휴식시간을 활용하여 군 상담자는 면담을 할 수 있다. 상담자는 그림검사 시간에 피

검자(병사)가 그리는 그림을 관찰하여 휴식시간에 면담을 갖고 보충적 설명을 들으면 유용한 정보를 더 확보할 수 있다.

- 7단계 : 모든 절차를 마친 후, 전체 내용을 분석하여 상담철에 보관한다. 보관된 상담자료는 앞으로 진행되는 상담의 기초자료가 된다. 특히 비전캠프 대상을 선정하는 과정에서 상담기본자료는 도움이 크다.
- 8단계 : 군 상담자는 해당 부대 지휘관에게 사고 예방 및 부대 관리 차원에서 군 상담자의 견해를 말해줄 수 있다. 단, 내담자와 나눈 대화 내용을 그대로 말해주어서는 안 된다. 군 상담자는 지휘관에게 상담정보를 제공하는데 있어 내담자를 인격적으로 존중하고 보호한다는 분명한 목적에 부합해야한다. 군 상담자가 비밀유지에 대한 신뢰를 상실하게 되면 성공적인 상담을 기대하기 곤란하다.

2) KHTP 그림검사 해석

KHTP 그림검사 해석은 그림과 관련된 모든 것을 고려하여 종합적 평가로 이루어져야한다. 종합적 해석이란 피검자의 태도에서부터 그림 자체를 포함한 모든 것을 고려하여 분석하고 종합한다는 의미이다. 그런 의미에서 본다면 피검자가 그림검사에 참여하는 순간부터 해석은 시작된 것이다. 종합적 해석을 하는데 편리하도록 해석의 순서도를 소개하고자 한다. 이 순서도를 내용과 형식으로도 구분할 수 있다. 해석의 순서도를 소개하면, 1) 그림의 발달수준, 2) KHTP 형태(밀착,거리,대소), 3) KHTP의 활동내용, 4) KHTP의 표현양식, 5) KHTP의 그림에 나타난 특징, 6) KHTP의 일반적 개별적 특징이다.

(1) 발달수준

Maslow는 인간의 성장의 수준을 정의해 줄 발달적 모델을 제시했다. 번스는 그 모델을 수정 및 보완하여 그림검사에 적용시켰다. 발달수준은 1-5 인데, 수준 1-3까지는 접근과 회피 구도가 나타나며, 수준 4-5는 접근과 회피 구도가 아닌 연합으로 나타난다. 두 구도의 구분은 피검자가 처한 환경에서 자신이 나타내는 성격적 친화정도와 태도를 의미한다고 볼 수 있다. 자아와 비자아의 연합이 이루어지는 수준 4 이상에서는 이 두 구분은 없어지고 그 대신 연합으로 나타난다.

발달수준			구분	
수준 1	생존	생존, 안정, 안정욕구, 삶	접근자 (공격적)	회피자 (수동적)
수준 2	신체	신체의 수용, 신체탐닉과 잠재적 능력		
수준 3	사회	지위, 성공, 존경, 권력을 추구		
수준 4	자아와 비자아 포함	메타동기 – 정의, 돌봄, 사랑, 초월		
수준 5	살아있는 모든 것	사랑을 주고받음, 자아실현, 행운		

(2) KHTP 형태(밀착, 거리, 대소)

① 밀착

밀착의 형태는 집, 나무, 사람이 밀착된 것, 나무와 집이 밀착된 것, 나무와 사람이 밀착된 것으로 나타난다. 대부분 밀착은 피검자(화자)들이 그들의 삶의 여러 단면들을 분리시키고 해결해 나아가는 데 어려움을 반영한 것이다. 반면 집, 나무, 사람그림이 밀착되지 않고 적절한 균형을 유지하는 것은 건강한 그림 상태이다.

② 순서

집, 나무, 사람이 그려지는 순서는 피검자가 중요시하고 강조하는 내용과 일치한다. 해머(Hammer)에 의하면 경계선급의 정신질환자는 한 그림에서 다음 그림으로 넘어갈 때마다 정서반응을 나타내며 장애를 나타낸다. 예를 들면 집과 나무 그림을 그리고 사람 그림으로 진행될 때, 곤혹스러움을 느끼는 경우는 대인관계 영역에서 문제를 보이고 있음을 시사한다. 이처럼 그림 순서는 피검자에게 있어서 의미를 갖는다. 그림순서는 크게 집-나무-사람그림의 순서뿐만 아니라, 사람그림의 세부 사항까지도 의미를 갖는다. 예를 들면, 사람 그림의 경우, 전신을 그리고 난 후에 얼굴 내부를 그리면 피검자는 타인과 정서적 접촉을 즐거워하지 않는다는 점을 반영한 것이다.

③ 크기

피검자의 그림의 크기는 피검자의 자존감, 자기 확대의 욕구, 공상적인 내용에 대한 단서를 제공한다. 일반적으로 작은 그림은 자신이 환경에 부적응하며 작은 존재라는 느낌을 가지고 있는 것을 나타내며, 무력감, 열등감, 불안감을 표현하며, 폐쇄적이고 자기 억제가 강한 삶에게서 보여진다. 예를 들면 수감자 20명의 KHTP 그림검사에서 15명이 사람그림을 매우 작게 그렸다. 사람그림이 집과 나무에 비해 약 10정도 작았다. 반면, 지나치게 큰 그림은 환경에 대한 적의와 공격성이 강하며 조급하기 쉽고 화를 잘 내는 사람에게서 보여 진다. 특히 비행청소년의 그림은 일반적으로 큰데, Machover에 따르면 이것은 환경에 대한 부적응과 과잉행동을 보이는 것이라고 한다.

<표 1> KHTP형태(밀착, 거리, 대소)도표

<table>
<tr><th>밀 착</th><th>존재 여부</th><th>타인 존재</th><th>존재 여부</th><th>그림순서</th><th>의 미</th></tr>
<tr><td>집 – 나무</td><td></td><td>폭군</td><td></td><td rowspan="3">집 – 나무 – 사람
집 – 사람 – 나무</td><td rowspan="3">땅과 생존장소에 소속하려는, 신체적 욕구강박
성공이나 성공에의 경멸
보살핌을 위한 가정
창의적이고 즐거운 가정</td></tr>
<tr><td>집 – 사람</td><td></td><td>죽은 사람</td><td></td></tr>
<tr><td>사람 – 나무</td><td></td><td>부모</td><td></td></tr>
<tr><td>집 – 나무 – 사람</td><td></td><td>친구</td><td></td><td rowspan="2">나무 – 집 – 사람
나무 – 사람 – 집</td><td rowspan="2">생명력과 성장중시, 삶의 의지를 잃거나 자살자가 먼저 그리기도함</td></tr>
<tr><td>없음</td><td></td><td>영웅</td><td></td></tr>
<tr><td colspan="2" rowspan="3"></td><td>친척</td><td></td><td rowspan="3">사람 – 집 – 나무
사람 – 나무 – 집</td><td rowspan="3">지상에 속한 감정제어에 대한 걱정
신체를 숨기거나 과시
성공이나 성공에의 경멸
돌보기 좋아하는 사람
즐거움을 주고받기 좋아함
자신이외사람 – 대상에 대한 강박관념</td></tr>
<tr><td>그외</td><td></td></tr>
<tr><td colspan="2"></td></tr>
</table>

(3) KHTP 활동내용

① 집 그림에서의 활동

집은 비생명체로 직접적인 행동이 표현되지 않는다. 그렇지만 집의 형태(분리, 폐허, 기울기)그림에서 행동이 표현되어진다.

② 나무 그림에서의 활동

나무 안에서 활동성에 대한 고찰은 나뭇가지의 형태와 나무에 그려진 사람과 동물 그림에서 활동이 표현된다. 즉, ㉠나무 안에 있는 동물(피검자와 동일시) 그림 ㉡나무 자체의 에너지 표출(활동적인 가지 모습) 그림 ㉢나무와 피검자를 동일시, 즉 의인화된 나무 ㉣나무 안의 사람 등이다. ㉣번의 경우 사람의 활동(행위)을 수용하는 대상이 무엇인가 하는 점이 중요하다.

③ 사람 그림에서의 활동

사람 그림에서 활동은 다양한 활동으로 나타나는데 활동의 주체와 그 활동의 수령대상 중요하다.

(4) KHTP 표현양식

밀착 2 밀착 3	상징성, 성장방해 거미줄 인생(단순화 필요)
조감도	거리를 둠으로 불안조절 가능
구획화	분리, 뒤로물기, 거부당한 느낌이나 두려움, 중요 감정의 부정, 개방적 의사소통불가
모서리화	수동적 관여 깊은 수준연관의 거부나 방어
큰그림	나무 그림에서 흔함 권력과 지배욕망, 정착이 싫은 환상가들

둘러쌈	겁주는 사람을 고립시키거나 없애고 싶은 의사
종이아래 연장	사람 그림에서 흔함. 정착과 소속하고 싶은, 신체의 일부를 숨기려는, 죄책감과 열등감
바닥에 선, ×표	불안정한 가정시사 안정에의 욕구
검사지 위쪽 줄긋기	격심한 갈망, 확산되는 걱정이나 두려움 정서적으로 불안한 아이들
검사지 밑면 밑줄	강한 기반과 안정성 필요 스트레스 받고 불안정한 가정출신들의 특징
각각 그림에 밑줄	선이나 음영표현 – 인생의 안정 의도
거부 / 그림	첫 그림과 내용에 겁먹고 안전하게 그림

(5) 그림 상징

Buck은 HTP 그림에 나타난 변인들은 부정적인 의미와 긍정적인 의미를 가질 수 있다고 했다. 그는 HTP 그림의 상징적 해석에 있어서 일반적인 의미를 도출해 내는 것보다, 그림을 그린 사람에게 상징이 무엇을 의미하는 지가 중요하다고 지적했다. Burns와 Kaufman 역시 KHTP 그림의 상징은 피험자만이 알고 있는 독특한 의미를 이해해야 한다고 강조했다. 따라서 상징적 요소에 대한 해석은 피검자의 독특한 경험과 발달수준에 따라 해석되어야 한다. 예를 들어 '새' 그림은 피검자의 경험에 따라서 ①생존, 탈출, 안전 ②음식, 특식 ③평화의 비둘기 ④자유 등으로 해석되어 질 수 있다.

(6) 일반적, 개별적 특징

① 일반적 특징

- 검사태도와 소요시간

KHTP의 그림은 검사시에 보인 피험자의 태도에 따라 다르게 해석될 수 있다. 예를 들면 세부묘사가 불충분하고 생략된 부분이 많은 그림이라도, 피험자의 성실성 여부에 따라 그 의미가 다르다. 피험자가 특정부분에서 그리지 못하고 지체하는 것은 그 그림을 그리는 것에 대한 어떤 갈등이 있음을 보여준다. 그림 속의 어떤 부분을 지우고 고쳐 그리는 것은 그 부분에서 갈등을 나타낸 것이라 할 수 있다

- 순서

㉠ HTP 그림의 경우, 피험자는 남녀 그림을 그리는데 일반적으로 자기 성을 먼저 그린다. 다른 성을 먼저 그리는 것은 성 역할 동일시에 갈등이 있거나, 특정 이성에 대한 비중(긍정, 부정)이 큰 상태임을 암시한다.

㉡ 그림을 그려나가는 일반적인 순서에서 이탈된 경우, 이것은 해석상 중요한 단서가 된다. 인물 그림의 경우 머리부터 순서를 따라 그려나가는 것이 일반적인데, 예를 들면, 발 → 머리 → 무릎 → 다리 순서로 그린다면 사고장애의 지표로 볼 수 있다.

- 지우개의 사용

㉠ 알맞은 지우개 사용과 그에 따른 그림의 질적 향상 : 유연성 / 만족스러운 적응

㉡ 과도한 지우개 사용 : 불안정, 초조, 자신에 대한 불만, 불안, 조력에 대한 욕구, 신경증, 특히 강박장애에서 자주 보임

- 위치

㉠ 용지의 중앙 : 정상 / 안정된 사람, 정확히 중앙인 경우 : 불안정감 / 완고성-특히 대인관계의 융통성 결여, 아동의 경우 : 자기중심성 / 정서적 행동 경향

㉡ 용지의 가장자리 : 의존적 / 자신감 결여

㉢ 용지의 위쪽 : 욕구 수준 높음, 또는 에너지 수준은 낮은데 과잉보상 방어를 함,

공상을 즐김 / 야심이 높음 / 성취를 위한 투쟁 / 냉담 / 초연 / 낙천주의

㉣ 용지의 아래쪽 : 불안정감 / 부적절감 / 우울경향

이상의 일반적 특징 외에도 선의 강도, 그림의 크기, 세부묘사, 왜곡, 투명화 그림은 해석을 하는데 필요한 정보를 제공한다.

② 개별적 특징

가) House

집 그림은 피검자의 자기 자각, 가정생활, 혹은 가족 내에서의 자신에 대한 지각을 반영한다. 집 그림은 피검자의 현실의 집, 과거의 집, 원하는 집 혹은 이것들의 혼합일 수 있다. 집 그림의 해석은 그림의 전체적인 모습을 평가함과 더불어 필수요소인 지붕, 벽, 문, 창 등을 어떻게 그렸는가에 유의해야 한다.

KHTP 그림의 개별적 특성 : 집그림

· 지붕 : 정신생활, 공상 영역 상징
· 벽 : 피검자의 자아 강도에 대한 정보
· 대문 : 환경과의 직접적인 상호작용, 대인관계에 대한 태도
· 창문 : 환경과의 간접적인 접촉 및 상호작용, 인간의 눈과 같은 역할
· 굴뚝 : 가정환경의 반영, 온기, 스트레스, 삶의 활력, 성적 욕망
· 계단 : 대인관계의 심리적 사회적 접근

나) 나무

㉠ Hammer의 나무 그림 이해

피검자는 나무를 그릴 때, 수많은 기억으로부터 그가 가장 감정이입적으로 동일시했던 나무를 선택한다(Hammer, 1958). 피검자는 자신의 내적인 감정이 가는 방향으로 나무를 수정하고 재창조하면서 그림을 그려 나가게 된다. 그러므로 나무 그림은 자기 자신에 대한 무의식적이고 원시적인 자아개념의 투사와 관련이 있다. 이를 통해

피검자의 성격구조의 위계적 갈등과 방어, 정신적 성숙도 및 환경에의 적응 정도를 엿볼 수 있다. 예를 들면, 어떤 피검자는 타인과 상호작용하며 즐거움을 나누는 경험이 적어서 '가지' 를 빼고 그리기도 한다. 때로, 가지가 부러진 나무를 그림으로써 피검자가 겪은 환경적 압력으로 인한 상처를 반영하기도 한다. 이런 식으로 나무를 그리는 과정에 피검자 자신의 내적 상을 투사하게 되는 것이다

㉡ Buck의 나무 그림 이해

나무 그림의 크기는 기본적 힘과 내적인 자아 강도에 대한 피검자의 느낌을 제시하며, 가지는 환경으로부터 만족을 얻을 수 있는 능력에 대한 피검자의 느낌을 묘사하고, 그려진 나무 전체의 구조는 피검자의 대인 관계 균형감을 반영한다고 한다.

㉢ Burns의 나무 그림 이해

나무 그림을 해석할 때는 전체적, 직관적으로 파악하는 과정이 필요하다. 우선적으로 전체적인 모습을 파악함으로써 조화, 불안, 공허, 단조로움 혹은 적의, 경계 등의 인상을 받을 수 있다. 이것이 해석의 첫 단계이고, 이후 체계적인 분석을 하는 것이 필요하다.

KHTP 그림의 개별적 특성 : 나무 그림

· 주제 : 개인의 심리적 상태 반영
· 나무 기둥 : 피검자의 자아강도, 기본적인 심리적 힘
· 가지 : 타인과 접촉, 환경으로부터 만족 추구, 피검자의 자원, 사람의 팔
· 뿌리 : 피검자의 성격적 안정성, 안전욕구, 현실과 접촉강도
· 잎 : 개인적, 사회적 욕구충족
· 껍질 : 환경과의 상호작용(껍질의 상처 – 트라우마)

다) 사람

사람 그림은 '집' 이나 '나무' 보다 더 직접적으로 자기상(Self Image)을 나타낸다. 그러나 '사람' 을 그리는 것은 피검자로 하여금 방어기제를 유발하게 하는 면도 있어서, 자신의 상태를 의식적, 무의식적으로 왜곡시켜서 표현하게 만들기도 한다. 사람 그림은 자화상이 될 수도 있고 이상적 자아, 중요한 타인, 혹은 인간 일반을 어떻게 인지하고 있는지를 나타내기도 한다.

- 신체적 자아 : 자화상은 피검자가 자신에 대해서 스스로 어떨 것이라고 느끼는 점을 묘사하는 것이다. 우선 신체적인 면이 투사되는데, 생리적인 약점이나 실제적인 장애를 가지고 있는 경우에는 그러한 약점이 피검자의 자아개념에 영향을 주고 심리적인 감수성을 일으키는 경우에만 그림 속에서 재현된다. 신체적인 약점을 투사하는 것과 더불어 피검자들은 자신의 신체적인 장점도 투사한다. 넓은 어깨, 남성적 발달, 매력적인 얼굴은 예술적인 재능이 없는 피검자라 하더라도 투사되어 나타나는 경우가 많다.
- 심리적 자아 : 신체적 자아뿐만 아니라 심리적 자아의 모습도 그림 속에 투사된다. 키 큰 피검자가 팔을 무기력하게 축 늘어진 불쌍해 보이는 얼굴의 키 작은 인물을 그린다면 피검자가 신체적 자아는 위축되지 않았더라도 심리적으로는 자기 자신을 조그맣고 무기력하고, 의존적이고 남의 지지를 필요로 하는 존재라고 느끼고 있는 것이 투사되어 나타난 것일 수 있다,
- 이상적 자아 : 이상적 자아란 피검자가 이상적으로 바라는 자기상을 투사한 것이다. 이런 경우로는 홀쭉하고 편집증의 남자가 어깨가 건장한 권투선수를 그린다든지 결혼하지 않고 임신한 젊은 여성이 자신의 몸 윤곽에 대한 부끄러움 때문에 신체가 날씬하고 자유롭게 춤을 추고 있는 무희를 그리는 경우 등을 예로 들 수 있다. 또 흔히 소년들은 수영복을 입은 남성 운동선수들을 그리고, 소녀들은 드레스를 입고 있는 영화배우를 그리기도 한다.
- 중요한 타인 : '중요한 타인' 묘사는 피검자의 현재 혹은 과거의 경험과 환경으

로부터 도출된다. 중요한 타인의 그림은 청소년이나 어른보다는 아동의 그림에서 더 잘 나타나는데, 일반적으로 '부모의 모습'이 표현된다. 이렇게 아동들이 부모를 그리는 이유는 그들의 생활에서 부모가 차지하고 있는 비중이 크며, 부모는 그들이 동일시 해야 할 모델이기 때문이다.

KHTP 그림의 개별적 특성 : 사람 그림

· 사람 : 자화상의 표현–신체적 자아, 심리적 자아, 이상적 자아

· 적용 : 중요한 타인의 표현

· 머리 : 자아의 자리로서 지적, 공상적 활동, 사회적 의사소통

· 얼굴 : 상호 의사전달의 중추

· 입 : 관능적 만족의 원천

· 턱 : 힘과 결단력의 상징

· 눈 : 외부세계와의 접촉을 위한 기본적 기관

· 귀 : 사회적 비평, 사회적 정보

· 코 : 성적 상징과 연관

· 사지 : 팔 – 환경과의 접촉, 대인관계, 사회적 적응
손 – 사회적 접촉, 생산활동, 행동(죄책감)
다리 – 신체의 유지와 균형, 안정과 불안정

· 몸통 : 기본적인 충동(basic drive)과 관련

· 해부적 표현 : 현실 검증력의 판단자료

3. KHTP 그림검사와 군 상담사례

1) 부적응: 지적 수준이 낮음

(1) 양 이병의 KHTP 그림검사

양 이병의 신체조건은 169cm키에 64Kg의 몸무게로 그리 건강해 보이지 않았다. 양 훈련병은 공업고등학교에서 용접 수리를 배워 몇 년간 직장생활을 하다 군에 입대하였다. 양 이병은 무엇보다 군대임무를 하기에 지적능력이 부족하여 보인다.

양 이병은 그림검사 후 다음과 같은 질문에 답하였다.

① 당신이 그린 그림을 소재로 해서 어떠한 이야기를 만드십시오.

: 부모님을 만나고 싶은 생각이 있다.

② 집을 보면 어떤 느낌이 듭니까? : 마음이 편안하고 집에 와 있는 것 같다.

③ 나무 그림에서 나무 나이는? : 11살

- 나무 종류는? : 소나무

- 나무가 계속 자라고 있습니까? : 자라고 있다.
- 나무가 행복해 보입니까? 슬퍼 보입니까? : 슬퍼 보인다.

④ 사람 그림에서 사람의 나이는? : 10살

- 남자입니까? 여자입니까? : 남자
- 누구입니까? (자신, 애인, 부모, 친구, 기타)
- 사람이 무엇을 생각하거나 행동하고 있습니까? : 부모님 생각

(2) KHTP 해석

양 이병의 그림은 수준 3 회피적이다. 이 그림에 나타난 '동작성'은 피검자가 집으로 향하고 있는 것이다. 이런 유형의 그림은 군이라는 새로운 환경에 적응하지 못한 경우에 자주 보이는 패턴이다. 집 그림은 좌우 대칭을 이루지 못하고 입체적으로 완전하지 못하다. 뿐만 아니라 전체 그림이 수평을 이루지 못하고 약간 기울여 있다. 좌우대칭을 이루지 못하고 논리적으로 불완전한 그림(입체)은 양 이병의 지적수준이 매우 낮음을 반영한다. 피검자의 문제는 낮은 지적 수준이다. 피검자의 그림에서 자신의 나이는 11살과 10살로 표현하고 있다. 집 그림에서 보인 굴뚝의 연기는 피검자의 환경과 수준을 고려해볼 때 불안한 감정을 반영하고 있다. 나무 그림은 줄기와 가지가 구분되지 않으며 흐릿한 선으로 그려졌고 가지가 구체적으로 묘사되지 않고 흐릿한 선으로 처리되었다. 이는 피검자가 정신적으로 구체화하지 못하고 대인관계 면에서도 문제가 있음을 암시한다. 특히 나무의 연령과 사람 그림의 나이가 비슷하게 일치하여, 피검자는 자신의 무의식적 내용을 나무에 투사하고 있다. 나무는 지금 슬픈 감정을 느끼고 있는데 그래도 자라고 있다. 사람그림은 부모와 자신이다. 지금 자신에게 가장 중요한 사람은 부모이다. 군에 적응하지 못한 피검자는 부모가 있는 집이 자신에게 하나의 도피처이기에 생각만 해도 편안할 것이다. 부모 그림이나 자신의 그림에서 손과 팔이 빈약하고 발이 완전하게 그려지지 않아, 피검자는 행동수행과 안정감에서 문제를 보일 것이다.

피검자의 그림에서 또 하나의 특이할 만 한 점은 그림의 '투시성' 이다. 집안의 부모 그림이 그대로 투시되고 있다는 점이다. 이는 피검자의 현실검증능력과 관련이 되는 문제인데 심각한 수준으로 보이지는 않는다. 사람 그림 외에 다른 요소에도 그런 특성이 여러 곳에서 보일 경우에 정신 병리와 관련하여 고려해야한다. 그리고 빈약한 수준이지만 울타리가 집을 에워싸고 있어 출입구가 없는 것은 피검자의 소극적인 대인관계를 반영한다. 그리고 주변의 어린 풀들은 피검자의 유아적인 수준과 관련 있다. 전체적으로 피검자의 그림을 통해서 말할 수 있는 것은 피검자의 지적 수준이 낮아 임무수행이 정상적으로 가능한가의 여부이며, 군에 적응하려는 피검자의 동기와 의지가 집으로 향하고 있는 것이 문제이다.

(3) 군 상담과 조언

그림검사를 통해서 본 양 이병의 주요문제는 지적능력의 결여 및 행동, 소극적인 대인관계, 군 적응의 문제이다. 그는 지적 능력이 낮아, 높은 수준의 임무가 주어질 경우 곤란을 겪을 것이다. 그리고 그는 군에 적응하려는 의지를 갖기 보다는 집을 심리적 도피처로 삼고 그곳으로 향하고 있다. 그리하여 군 적응에 애로가 있을 것으로 예상된다. 군 상담자는 상담 후, 해당 부대 지휘관에게 양 이병의 임무수행에 문제가 있는가를 확인하도록 조언했다. 아울러 양 이병에게는 어려운 조건이 촉발될 경우에 적응력이 떨어질 수 있음도 조언했다.

2) 가혹행위와 군 부적응

(1) 최 이병의 KHTP 그림검사

20세인 최 이병의 KHTP이다. 최 이병의 상담사례는 최 이병 자신의 내성적 성격과 선임병들의 괴롭힘으로 병영 생활에 부적응한 경우이다. 심리적 고통으로 인해 '말더듬' 증상을 보이기까지 했다.

최 이병은 그림검사 후, 다음과 같은 질문에 답하였다.

① 당신이 그린 그림으로 어떤 이야기를 만들 수 있습니까?

: 나무를 헤치며 집으로 가고 있는 어떤 남자. 그런데 가는 게 너무 어려워 보인다.

② 집 그림에서 집은 어떻게 느껴집니까? : 따뜻하다.

③ 나무 그림에서 나무 나이는? : 50세

- 나무 종류는? : 침엽수

- 나무가 행복해 보입니까? 슬퍼 보입니까? : 슬퍼 보인다.

④ 사람 그림에서 사람의 나이는? : 21세(자신)

(2) KHTP 해석

최 이병의 KHTP 그림은 수준 3의 회피적이다. 그는 자신의 내성적 성격과 선임병의 괴롭힘으로 군 생활에 '부적응' 한 자신의 상황을 그림에 투사하였다. 그는 선임병의 괴롭힘으로 군 환경에 적응하지 못하고 집을 그리워하고 심리적 '도피처' 로 삼고 있다. 최 이병이 집으로 가려는데 '가시나무' 가 자신을 에워싸며 자신을 계속 찌른다. 그는 가지를 꺾지 않고 가려는데 가시는 계속 찌르며 괴롭힌다. 자신의 삶을 에워싸고 있는 7그루의 가시나무는 7 명의 포대 생활관 동료이다. 최 이병은 자신을 괴롭히는 생활관 동료를 가시나무로 동일시하여 투사했다. 그리고 그들이 괴롭히는 내용을 가시나무가 자신을 찌른다는 것으로 투사하였고 상담결과 실제 괴롭히는 것으로 확인하였다. 나무 그림은 일반적으로 피검자의 성장과정과 삶의 에너지를 투사한 반면, 최 이병의 나무 그림은 자신의 성장을 방해하는 '선임병들' 과 동일시했다. 여기서 주목할 점은 선임병들이 괴롭히는 환경에 대한 최 이병의 반응과 태도인데, 최 이병은 가시나무의 방해에도 불구하고 새로운 길을 모색하다가 출구를 찾지 못하고 "지금은 포기상태이다." 라는 반응을 보인 점이다. 이런 단서는 군 상담자가 즉시 내담자의 문제에 개입해야 함을 시사한다.

최 이병의 수준 3 회피의 집 그림에서 대문과 계단은 피검자의 소극적 대인관계를 반영하고 있다. 집이 자신에게 심리적 도피처로 제공되지만 대문과 계단이란 집의 요소는 피검자의 대인관계를 투사한다. 특히 창문이 한 쪽 벽면에만 위치하고 있을 뿐만 아니라 한 쪽 벽면에 구획이 만들어져 있다는 것은 환경과의 원만한 접촉을 하고 있지 못함을 나타낸다. 그리고 사람 그림에서 팔이 부자연스럽다. 팔 그림은 피검자의 인간관계(계단 그림)와 더불어 자신의 문제를 해결하는 능력을 반영한 것으로 볼 수 있다.

(3) MSCT검사

검사문장	문장완성
(19)번 내가 싫어하는 사람은	날 괴롭힌다.
(16)번 선임이나 간부가 오는 것을 보면	긴장한다.
(22)번 어리석게도 내가 가장 두려워하는 것	지금의 상황.
(30)번 가장 잊고 싶은 아픔은	괴롭힘.
(27)번 때때로 두려운 생각에 휩싸일 때	말을 더듬는다.

최 이병은 군 장병 문장완성검사에서 군 환경 항목과 인간관계 항목에서 문제를 나타내 보인다. KHTP 그림에서 가시나무 그림은 군장병 문장완성검사의 19번, 30번 답변 내용과 일치하고 있다. 그리고 집 그림의 계단 그림과 창문 그림은 16번, 22번과 일치하고 있다. 그리고 KHTP검사 최 이병이 새로운 길을 찾지 못하고 지금은 포기하고 있다고 답을 했다. 이런 문제의 결과가 문장완성검사에서 그 단서를 보이고 있다. 최 이병은 두려움이 찾아오면 "말을 더듬는다."라고 표현하고 있다.

(4) 군 상담과 조언

최 이병은 자신의 내향적인 성격과 선임병들의 괴롭힘으로 인해서 군에 적응하고 있지 못했다. 무엇보다도 지휘조언을 통해서 최 이병을 보호하는 것이 우선의 일이었다. 군 상담자는 해당부대에 적절한 조언을 했다. 그리고 당시 최 이병의 '말더듬' (Stuttering) 증상은 스스로 스트레스를 이겨내지 못하여 '이차적 보상'과 관련된 것으로 판단되었기에 그 증상이 고착되지 않도록 적절한 수준에서 근무하도록 조언하였다. 그리고 최 이병이 찾는 새로운 출구는 자신의 집이 아니라 군이란 사실을 인식하도록 도왔다. 최 이병은 스트레스 요인이 제거되고 불안이 감소하면서 차츰 적응해 갔다.

3) 내향적 성격과 우울감

(1) 안 상병의 KHTP 그림검사

대학을 휴학하고 입대한 20세 안 상병의 KHTP이다. 당시 안 상병은 신체조건은 키 178cm, 체중 70kg이었다. 그는 병영생활에서 심각한 갈등을 경험하고 있는 것을 깊은 산중에서 혼자 숨어 지내는 그림으로서 현재 자신의 삶을 투사했다. 상병의 그림이지만 이등병의 그림처럼 보여 진다.

최 이병은 그림검사 후, 다음과 같은 질문에 답하였다.

① 당신이 그린 그림으로 어떤 이야기를 만들 수 있습니까? : 나 자신이 어느 가을날 밤에 달을 쳐다보고 있다.

② 집을 보면 어떤 느낌이 듭니까? : 편안하다.

③ 나무 그림에서 나무의 나이는? : 20세

- 나무 종류는? 단풍나무. 죽어가고 있다.

④ 사람 그림에서 나이는? : 20대 초반, 남자

⑤ 사람은 누구입니까? : 자신

⑥ 사람이 무엇을 생각하고 행동하고 있습니까? : 불안하지 않은 세상

(2) KHTP 해석

안 상병의 그림은 수준 1의 회피적 구도를 보인다. 안 상병의 KHTP 그림은 전체적으로 우울하고 외로운 느낌을 준다. 가을, 어느 산골 깊은 산골에서 외롭고 힘들게 혼자 살고 있는 표현은 자신의 현재 심리적 상황을 잘 반영하고 있다. 그림에 나타난 계절인 가을과 실제 계절과 일치하지 않는다. 안 상병은 자신의 심리적 상태를 잘 반영할 수 있는 가을을 선택했다. 집 그림에서 지붕선이 약하게 그려지고, 그 대신 종적인 벽면선이 강조되고 있다. 이는 자신의 정신적 불안과 더불어 자아에 대한 방어적 태도를 보여주고 있다고 보인다. 집 그림은 가족구성원이 함께 사는 집이 아니라 자신의 심리적 안전을 보장하는 외딴집으로서 도피처 구실을 하고 있다. 굴뚝에서 연기가 나고 있는 것은, 수준 1 회피적 구도에서는 피검자의 불안감과 스트레스 상황을 반영한다.

나무 그림은 20년생 단풍나무로서 역시 현재의 자신의 삶을 반영한다. 나무는 에너지를 더 이상 공급 받지 못하고 중간에 꺾여서 성장을 멈추었다. '나무가 죽어가고 있다' 는 것은 그가 군 생활에 자신감을 잃어 가고 있고 에너지를 공급받지 못하고 있다는 것을 반영한다. 사람 그림은 매우 작고 검은색이 덧칠해져 있고 특히 집안에 숨어 앉아있다. 사람이 매우 작은 그림은 자신감에 결여되고 무능함을 느끼는 피검자에게 자주 나타나는 그림이다. 집안에 머문 사람은 어떤 조건에 의해서 상처를 경험하고서 환경에 잘 적응하지 못한 경우에 나타난 그림이다. 그리고 집안에 머물러 있었던 기간과 복무 기간이 일치하였다. 그림검사 후, 사람이 무엇을 생각하고 행동하고 있습니까? 라는 질문에 피검자는 '불안하지 않는 세상' 이라고 답변했다. 본 그림에 보여진 상징은 '달' 인데, 이는 집단속에서 혼자 외롭고 쓸쓸한 안 상병의 우울감을 반영한다.

(3) MSCT 검사

피검자 안 상병은 소속 부대원의 어느 선임으로부터 심한 스트레스와 갈등을 경험한 후, 회피적 태도로서 심리적으로 부대 안에 갇혀 있는 것으로 여겨진다. 안 상병이 불안하지 않은 어느 산골 집안으로 도피하여 그 집안에서 나오지 못하는 것은, 그 자신의 성격적인 문제도 있지만 그 자신을 괴롭히는 특정인(선임병) 때문이었다. 안 상병이 그림검사에서는 표현하지 못했지만, MSCT에서는 특정 선임에게 심한 분노의 감정을 가지고 있음이 발견된다. 그의 분노 에너지가 누구에게 향하는가가 중요한 문제이다. 그 특정 선임병에게 분노가 향할 수 있지만 피검자 자신에게로 향할 수도 있다는 점에 군 상담자는 깊은 관심을 갖어야 했다.

안 상병의 군 장병 문장완성검사에서 몇 개를 밝힌다.

검사문장	문장완성
(4)번 어리석게도 내가 두려워하는 것은	나 자신이 남을(고참) 어떻게 할까봐
(7)번 다른 친구들이 모르는 나만의 두려움은	어느 선임을 짓밟고 싶다.
(8)번 내가 싫어하는 사람은	그 고참.
(9)번 나의 야망은	그 일에 인정받는 것.

(4) 군 상담과 조언

군 상담자는 안 상병이 그린 나무 그림에서, '나무가 죽어가고 있다' 고 표현한 것에 관심을 두면서 두 가지 문제해결 방안을 가졌다. 우선 안 상병에게 심한 스트레스와 분노의 감정을 유발시키는 선임으로부터 분리시켜 분노와 불안감을 해소하는 방향으로 상담을 진행했다. 또한 군 상담자는 안 상병이 '그 일에 인정을 받는 것' 이란 긍정적인 사인을 고려하여, 안 상병이 가장 인정받고 싶고, 하고 싶은 것이 무엇인가를 물었다. 그는 '혼자하는 일을 시켜주면 무엇이든지 하겠다' 라고 답변했다. 군 상담자는 지휘관에게 조언을 구한 후, 당번병 보직을 수행하도록 협조를 받았다. 안 상병은 심리적 안정감을 회복하고 점점 적응해 갔다.

4) 정신분열증

(1) 박 이병의 KHTP 그림검사

박 이병의 신체조건은 키 179cm, 체중 68Kg이었다. 박 이병의 아버지는 알코올중독으로 박 이병이 입영하기 직전 돌아가셨다. 당시 박 이병의 형도 군대에 있고 어머니 혼자 집에 계셨다. 그는 전문대학에 입학하고도 가정형편이 어려워 직장생활을 해야 했다. 피검자는 입대 전에 손목자해, 수면제 과다복용으로 자살을 시도한 경험이 있다. 박 이병은 상담 후 정신과 진단을 받고 곧 전역 조치되었다. 이 과정에서 간과할 수 없는 일은 전입초기의 박 이병에 대한 자대간부의 오해였다. 즉, 박 이병이 자기표현을 활발하게 하는 모습을 본 간부들은 박 이병이 씩씩하게 군 생활을 잘 할 것으로 오해하였다. 이는 박 이병의 심리적 상태를 깊이 통찰하지 못한 결과로 생긴 오해였다.

박 이병은 그림검사 후 질문에서 다음과 같이 답하였다.

① 당신이 그린 그림을 소재로 어떤 이야기를 만드시오.

: 집은 나에게서 아주 먼 곳에 있다. 집에서 멀리 걸어 나와 어느 산 속의 풀밭에 누워있다. 내리는 비에 몸을 맡기고, 비가 떨어져 땅속으로 스며들 듯 나도 그 비와 하나가 되어 지표 밑으로 스며들고 싶은 마음을 가진다. 나무는 비를 맞고 있다. 그 옆의 나무 한 그루는 나의 외로움을 덜기 위해 내 옆에 서 있을 뿐이다. 산속 나무의 마음을 꺼 버린 채 혼자이고 싶다. 깊은 산속에 나무도 없는 공간에서 시간을 초월하여 편히 잠들고 싶다.

② 사람은 누구인가? : 고민하는 삶을 가졌고 마지막은 똑같다는 건 알면서도 좀 더 마지막을 멋있게 장식하려하는 노력을 하는 동물이라 생각한다.

- 무슨 생각을 하는가? : 과거 · 현재 · 미래 속으로 헤엄쳐 다니며 그 중에 하나를 선택하여 그 중에 하나를 택하기 위한 생각을 자신의 일생동안 하는 것이다.
- 무엇을 희망하는가? : 마지막을 알기에 그때까지 무엇인가를 한 가지 이루고 싶어 한다. 다시 말해 희망이란 자신을 위로하기 위해 만드는 생각의 이념이라 생각한다.

③ 그림에서 나무의 나이는? : 나무의 나이를 설정하는 것은 지금의 나에게는 무의미하다.

- 나무가 행복해 보입니까? : 행복할 수 없다. 이 나무는 슬픈 내 옆을 지켜주기 위해 어쩔 수 없이 생성된 것이기 때문이다.
- 나무가 계속자라고 있습니까? : 살았다. 이 나무가 살았는지 죽었는지를 생각하는 것이 아니다. 내가 죽은 나무를 그릴지 산 나무를 그릴지 판단해서 그린 것 인데, 나의 외로움을 지키기 위해 산 나무를 그려 놓은 것이다.

(2) KHTP 해석

박 이병의 KHTP그림은 자대배치 후 두 번째로 그린 그림이다. 이 그림은 수준 1의 회피적 태도를 보인다. 박 이병의 그림은 극도의 불안, 우울감, 정신적 혼란스러움을 보인다. '누워버린 사람 그림' 은 자아정체성의 혼란으로 인하여 더이상 자신이 지탱할 수 없음을 보여준다. 집 그림은 어느 산속에 매우 빈약하고 작다. 이는 피검자 자신의 불우했던 가정환경을 반영한다. 나무 그림의 특징은 새털 모양의 형태로 혼란스럽다. 그런 혼란스러운 형태가 구름에도 반복되고 있다.

사람 그림은 서있지 못하고 누워있는데 이는 피검자의 삶이 더 이상 지탱할 에너지와 의지가 한계상황에 직면해 있음을 투사한다. 사람 그림은 세 겹으로 감싸여져 있다. 이런 표현은 정신병의 증상을 보이거나, 과거 정신증 증상을 경험한 자에게 나타난 형태이다. 사람 그림에 나타난 이런 형태가 집 그림에서 반복 패턴을 보인다. 집 그림의 경우엔 지붕선이 여러 겹으로 그려진다. 이 그림에서 비와 구름의 상징이 나타난다. 이는 피검자의 외로움, 우울증, 불안감을 잘 반영하고 있다. 특히, 심한 비가 내리고 있는 것은 그만큼 피검자의 우울 정도가 심한 것으로 보인다. 피검자는 나무가 '버드나무' 라고 말했다. 버드나무는 우울감을 보이는 사람들에게서 자주 선택된다. 박 이병은 '비와 버드나무' 로서 자신의 우울하고 불안한 심리적 상태를 투사하였다. 본 내담자에게서 나타난 특징은 피검자가 말을 많이 했다는 것인데, 그림검사 후 질문에 대한 답변에서 보여 지듯이, 피검자는 말을 많이 했지만 사고의 비약과 공상을 나타냈다. 박 이병은 처음 면담을 하는데, 겉으론 말을 잘하는 편이었으나 말의 논리가 부족하였다.

(3) MSCT 검사

다음은 박 이병의 문장완성검사를 일부항목을 발췌한 것이다. 이 문장완성검사에서, 박 이병 자신의 가정한경이 매우 어려웠고, 특히 아버지와의 관계가 원만하지 못했음을 알 수 있다. KHTP의 집 그림과 SCT의 가정환경 항목이 일치하고 있다. 피검자는 전체적으로 SCT의 내용이 망상에 가까운 공상을 하고 있다. 이 역시 나무모양, 구름모양, 사람 그림의 '세 겹선' 과 내용적으로 일치하고 있다.

검사문장	문장완성
(7)번 다른 가정과 비교해서	우리 집은 불행의 원인이었던 아버지는 마지막 세상을 떠나실 때 나에게 용서를 구하며 떠나셨다. 난 그 마지막 모습의 아버지만을 사랑한다.
(12)번 아버지와 나는	같이 누워있었다. 그리고는 아버지의 죽음을 보았다. 그리고 연달아 내 주변 사람들이 죽음과 그 주변사람들의 아는 사람들이 죽었다. 얼마 되지 않는 기간 동안 많은 이들이 죽는걸 보았다. 나도 그중의 하나가 될 수도 있었는데 나의 운명은 좀 더 지난 후에 죽음을 맞이하라고 했다. 그것이 슬퍼 나는 많이 울었다. 그때 나도 같이 죽음을 맞이했다면 이렇게나 힘겨워하지는 않아도 됐을 것이다. 이 힘겨움을 어떻게 넘어갈지 아님 맞이할지 나 자신도 알 수 없고 지금 이순간도 많은 잡념들이 내 머리 속에 존재하고 있으며 난 나이지만 제3자의 입장에서 나의 행동들을 즐기고 있다. 그 즐기는 행위가 언제쯤 끝나게 될지 의문이다.

(4) 박 이병의 MMPI검사

타 당 도				임 상 척 도									
?	L	F	K	Hs	D	Hy	Pd	Mf	Pa	Pt	Sc	Ma	Si
	48	77	48	83	65	77	72	42	82	73	81	74	56

박 이병은 타당도 척도에서 F척도에서 보듯이 보통 사람과는 다른 가치관과 세계관을 보인다. 피검자는 무엇보다도 자아정체성으로 고민하고 있다. 사람 그림에서 서있지 못하고 '누워있는 그림' 은 자아정체성의 혼란 정도를 말해준다. 임상척도에서 신경증 척도(1, 2, 3)와 정신증 척도(6, 7, 8 척도)결과로 보면, 박 이병은 신체적 망상

을 수반한 편집증적 장애를 보인다. 이런 임상결과는 가정파탄의 정서적 과잉통제에 원인이 있다고 볼 수 있다.

박 이병의 KHTP 그림의 주요한 특징은 '누워서 잠들어 가는 사람' 이다. 이 그림은 MMPI의 임상결과와도 상당부분 일치한다. 예를 들면, 첫째, '누운 사람' 과 자아정체성 문제 둘째, 방향성이 없는 '나무모양' , 구름모양, 사람 그림의 '세 겹선' 과 SC척도(정신분열증)의 상승 셋째, KHTP그림 검사 후 질문에서 피검자가 답변한 내용과 MMPI 전체적 내용이 일치한다는 점이다.

(4) 군 상담과 조언

군 상담자는 전입병 면담시간에 박 이병을 면담하였다. 박 이병은 즉시 정신과 진단을 받아야하는 수준이었다. 그러나 해당부대에서는 박 이병이 전입초기, 말을 많이 한다는 사실을 근거로 박 이병이 군생활을 잘할 것으로 판단하고 박 이병의 문제를 심각하게 인식하지 못했다. 이후 박 이병의 증세가 갑자기 악화되고서 정신과 진단을 의뢰하게 되었다. 박 이병은 정상적으로 정신과 진료를 받지 못할 정도로 악화되었다. 그런 상황에서 군종실에 구비된 기초 심리검사자료는 유용하게 활용되었다. 이런 경우, 군 상담자는 해당부대 지휘관에게 신속하게 정확한 정보를 제공하여 바른 판단을 하도록 해야 한다. 또한 군 상담자는 박 이병이 과거 자살경험이 있다는 점을 주의하여 내담자에게 지시적 방법으로 자살예방에 개입하였다. 자살관념을 갖지 않도록 하며 구두로 약속도하였다.

제 12 장
군 진로상담

전역을 앞둔 김 병장은 요즘 고민이 많다. 전역 후에 다니던 학과로 복학을 해야 하는지, 아니면 군에 있는 동안 새롭게 알게 된 자신의 적성을 추구해 볼 것인지 갈등을 하고 있다. 김 병장이 어느 날 찾아와서, 진로 고민을 털어놓는다. 어떻게 도와줄 것인가?

전역을 결심한 김 중사는 자신의 군 경험과 기술을 바탕으로 한 직업을 찾고 싶어 한다. 그러나 사회와 자격증이 어떻게 연결되는지를 찾아볼 수 있는 장소가 마땅치 않다. 또 부대 내에서 이야기를 하려니 군 생활에 충실하게 임하지 않는다는 인상을 줄까 봐 말하기도 어색하다. 어떻게 도와줄까?

1. 군 진로상담의 필요성

군에 있는 대부분의 간부들과 장병들은 군 생활 후에 사회에서 어떤 생활을 할 것인가에 대한 진로 고민이 가장 많다. 특히 장병들의 경우 대부분이 대학생활 중에 군에 입대한 경우가 많아 이들은 제대 후에 복학할 것인가, 자신이 정말 하고 싶은 일을 다시 한번 찾아볼 것인가, 아니면 자신이 전공한 학과가 정말로 미래에 비전이 있는가 등 다양한 고민 속에서 생활을 한다고 한다. 군에서 생활하는 군인들은 이러한 고민들을 점점 더 많이 할 수밖에 없다. 그 이유는 미래사회에는 지식기반 사회가 본격화되고 있다. 지식기반 사회란 사회구성원의 합의에 의해 공동 목표를 선정하고, 경제적 발전을 이룩하며, 개인의 사회적 행위와 사회에서의 지위 확보 등에 필요한 조건으로서 '지식' 이 핵심 요소가 되어 가는 사회를 말한다. 지식기반 사회의 특징으로 지식의 급증, 국제화 · 세계화 속의 경쟁, 지식과 정보가 부가가치를 창출 등으로 인해서 2~3년간의 짧은 시간에도 많은 변화가 이루어지기 때문에 군인들은 자신의 진로와 관련한 의사결정에 고민을 할 수 밖에 없는 실정이다. 그러므로 본 장에서는 지식기반 사회의 특징을 구체적으로 살펴봄으로써 진로상담의 필요성을 알 수 있을 것으로 사료된다.

1) 지식의 급증

지식기반 사회에서는 지식의 양이 급속하게 증가할 것이다. 미래학자들은 지식기반 사회가 본격화되는 2005년이 되면 사회에서 대학 졸업장의 유효기간이 2년 정도에 불과하며, 2020년경이 되면 73일을 1주기로 지식이 2배로 증가할 것이고, 2050년이 되면 지금의 지식은 1%밖에 사용 불가할 것이라고 전망하고 있다.

앞으로 지식과 정보는 무제한으로 제공되며, 그 내용이 급격히 변화하기 때문에 군인들이 부대에서 배우는 정형화된 교육 내용만을 가지고서는 지식기반 사회에 적응하기가 어려울 것이다. 정보와 지식이 이제는 더 이상 학교나 학습하는 기관의 전유물이 아니고 사회 어디에서나 학습자의 노력에 의해 사회 어디서나 획득될 수 있기 때문에 지식을 습득하는 패러다임의 변화가 요구된다. 그러므로 군에서도 지휘관이나 지휘자들이 이끌어가는 주입식적인 교육방법을 탈피하여 병사들이 자기 주도적이고 능동적으로 지식을 재창출할 수 있는 문제해결력 및 창의력 중심의 학습이 이루어질 수 있도록 하기 위해서는 진로상담이 필요하다.

2) 직업의 종류와 유망 직종의 급속한 변화

지식기반사회에서는 지식 · 정보 · 기술이 폭증함에 따라 직업의 종류와 유망 직종도 급속하게 변화될 것이다. 문명사적 대전환기를 맞아 직업세계의 변화는 매우 빠르다. 전 세계의 직업변화를 보면, 산업혁명 당시에는 약 400여 종이던 것이 2000년에는 50,000여 종으로 증가하였다. 우리나라의 경우는 1960년대에 1,000여 종이던 것이 2000년에는 20,000여 종으로 증가하였다.

더구나 요즈음은 '노동시장의 유연화' 라는 기치 아래 우리가 많이 접하는 시장경제의 논리, 구조조정, 다운사이징 등은 모두 '경쟁력 향상' 에 초점을 맞추고 있다. 이러한 대안들이 현실로 옮겨지는 과정에서 경쟁력에서 뒤떨어지는 직종은 사라지고, 새롭게 각광받는 직업이 등장한다. 이와 같이 직업의 소멸 및 생성이 급속하게 이루어지고 있어 대부분의 직업인은 일생에 직장을 5~7회 정도 옮겨야 한다고 한다. 그렇기 때문에 앞으로는 평생직장이라는 말은 사라지고 평생직업이 존재할 전망이다. 그뿐만 아니라 앞으로의 직업세계에는 영원한 인기 직종도 없고, 영원한 비인기 직종도 없다.

이와 같은 변화의 소용돌이 속에서 병사들이나 장교들이 보통 군 생활을 2~10년 정도 한 이후에 직업세계에 진출할 경우를 고려한 진로상담이 이루어져야 한다. 즉 군 생활을 하고 있는 동안에 직업의 소멸 및 생성이 급속하게 이루어지는 점을 감안하여 군인들이 직업세계의 변화에 능동적으로 대처할 수 있도록 하기 위해서는 진로상담이 필요하다.

3) 국제화 · 세계화 속의 경쟁

지식기반 사회에서는 국제화, 세계화가 빠른 속도로 이루어질 것이다. 급속하게 변화되는 국제화, 세계화 사회에서 경쟁력을 갖추기 위해서는 필수적으로 외국어 구사 능력, 컴퓨터 조작 관리 능력, 세계문화에 대한 이해력, 시장정보 능력 등을 갖추어야 한다.

오늘날 산업 환경은 국가라는 개념보다는 하나의 시장으로 이루어져 있다고 할 수 있다. 다국적 기업들이 국내기업과 똑같은 조건으로 우리나라에서 다양한 활동 하고 있으며, 우리나라의 기업들도 소비가 있는 곳이며 국가와 지역에 관계없이 공장을 짓고 직원을 파견하며, 세계의 여러 나라 사람들이 근무를 하면서 경쟁을 한다. 이러한 경쟁체계 속에서는 외국어구사능력인 기본이며, 세계 각국에 대한 문화적인 이해와 시장에 대한 정보를 정확하게 수집하는 능력, 어떤 상황에서도 목표를 달성해야하는 의지 등이 요구된다. 그러므로 진로상담과정에서 군인들이 이러한 산업 환경의 변화에 적응하고 준비할 수 있도록 하기 위해서는 체계적인 진로상담이 필요하다.

4) 부가 가치 창출

지식기반 사회에서는 부가가치의 창출요소가 자본과 노동에서 지식 및 정보 생산요소로 전환될 것이다. 지식 · 정보의 네트워크는 기존 경제 체제에 엄청난 영향을 주고 있는데, 이것을 리히터 지진계로 표현하면 강도 10.5에 해당되는 대지진에 비유할 있다고 한다. 이러한 지식 및 정보의 가치를 보여주는 예로 야후(yahoo)사를 많이 들고 있다. 야후는 종업원 670여 명에 사옥도 없는 회사임에도 불구하고, 1999년 한국전력의 2.4배, 삼성전자의 3.8배에 해당되는 가치를 가지고 있다고 한다.

따라서 군에서의 진로상담에서도 창의력과 사고력 개발의 중요성을 강조하고, 지식 자체가 하나의 상품이 된다는 사실을 병사들에게 인식시키는 데 중점을 두어야 할 것이다. 지식기반사회에서는 모든 것을 두루 잘하는 사람보다는 어떤 한 분야에 전문적인 지식과 기술을 가진 사람이 대우받는다. 이런 현실을 군인들에게 쉽게 이해시킬 수 있는 방법은 지식기반산업에 진출하여 성공한 젊은 사업가들의 활동상이나 성공한 경제인들을 영상으로 보여주거나 군에 이런 사업가들을 강사로 초빙하여 경험담을 들려주는 방법도 적극적으로 활용하여야 한다. 이러한 지식의 변화에 적극적으로 대처할 수 있는 내적인 힘을 길러주는 진로상담이 필요하다.

2. 군 진로상담의 목표

군에서 실시하는 진로상담의 목표 또한 사회에서 실시하는 진로상담의 목표와 같다. 군이라는 특수한 상황에서 진로상담은 개인이 자신을 정확히 이해하고 주위 여건 및 맥락적인 상황을 충분히 고려하여 자신에게 적합한 진로를 계획하고 선택하도록 돕는 것이다. 군 진로상담의 궁극적인 목적은 진로상담을 통하여 군 생활에 원만한 적응과 군 생활이 사회생활에 긍정적인 영향을 미치며, 개인적으로는 자아를 실현하고, 국가적으로 인력의 효율적인 활용으로 국가발전에 기여하는 것이다. 그러므로 진로상담의 목적은 자신을 객관적으로 탐색하고, 직업세계 및 산업환경의 변화를 이해하여 합리적으로 의사결정을 하도록 하는데 도움을 주는 데 있다. 그러므로 군 진로상담의 목표는 다음과 같다.

① 자신에 대한 정확한 이해의 증진 : 한 개인이 자신의 능력 · 인간특성 · 적성 · 흥미 등에 대한 정확한 이해가 진로상담에서 요구된다. 진로상담을 통하여 정확하고 현실적인 자기 이미지를 형성하도록 돕는다.

② 산업환경 및 직업 세계에 대한 이해의 증진 : 산업환경의 변화, 일의 종류, 직업세계의 구조와 특성, 직업세계의 변화, 고용기회 및 경향 등을 이해하도록 돕는다.

③ 진로정보탐색 및 활용능력의 함양 : 진로에 대한 다양한 정보를 스스로 탐색하는 능력을 기르는 것이다. 자신의 진로선택 및 결정을 위하여 다양한 진로정보를 수집 및 활용하는 능력을 길러주어 합리적인 진로의사결정이 이루어질 수 있도록 하여야 한다.

④ 합리적인 의사결정능력의 증진 : 자신의 진로를 현명하게 계획하고 이를 추진하기 위해서는 상황을 정확히 판단하고 최선의 것을 선택할 수 있는 수준 높은 의사결정능력이 요구된다. 진로상담을 통하여 자신의 진로를 내담자가 스스로 계획을 세워 추진할 수 있는 의사결정능력을 길러준다.

⑤ 진로계획에 대한 책임감 : 인간은 자신의 진로를 스스로 계획하고 추구하여 나

갈 권리와 의무가 있음을 인식시켜 준다. 이러한 인식을 굳히기 위해서는 주기적으로 진로상담을 실시하여야 한다. 자신의 앞날을 스스로 계획함으로써 선택의 자유가 보장되고 아울러 선택의 폭이 확장된다는 점을 인식시켜야 한다.

⑥ 일에 대한 올바른 가치관 및 태도의 형성 : 일에 대한 긍정적인 태도를 형성하도록 도와 준다. 일은 자아실현 수단이므로 적극적이고 긍정적인 태도가 필요하다.

3. 군 진로상담의 기본원리

군에서의 진로상담은 자기 자신에 대한 정확한 이해와 일의 세계를 포함한 환경에 대한 체계적 · 합리적인 이해를 통하여 내담자가 진로를 계획하고 선택할 수 있도록 조력하는 활동이다. 내담자가 진로를 설계하고 선택할 수 있도록 효율적인 조력활동이 이루어지기 위한 진로상담장면에서 강조되어야 할 기본적인 원리를 제시하면 다음과 같다.

1) 군에서 효율적인 진로상담이 이루어지기 위해서는 상담자는 군에서 실시할 수 있는 일반상담능력을 갖추고 있어야 한다.

군이라는 특수한 환경속에서 이루어지는 진로상담에서 상담자는 내담자에게 신뢰감을 줄 수 있는 온화한 분위기를 만들고 문제해결을 촉진할 수 있도록 내담자와 촉진적 관계형성이 진로상담초기에는 매우 중요하다. 왜냐하면 진로상담초기에는 면접상담을 실시하여 내담자의 성장배경, 부모의 사회적 · 경제적 지위, 과거의 진로관련 활동 내용, 내담자의 진로관련 심리적 특성 등에 관한 총괄적인 정보를 수집하는 활동이 이루어져야 하기 때문이다. 상담자는 진로상담 초기에 내담자에게 무조건적 수용, 공감적 이해, 진실성 등을 통하여 촉진적 관계(rapport)를 형성하여 허용적인 상담분위기를 조성하여야 한다.

또한, 미국직업지도협회(The National Vocational Guidence Association : NVGA, 1982)에서도 진로상담자에게 요구되는 기술 영역으로 일반상담능력, 정보분석과 적응능력, 개인 및 집단검사의 실시능력, 관리능력, 실행능력, 조언능력의 6가지를 제시하고 있다. 진로상담을 효과적으로 하기 위해서는 필수적으로 일반상담에 대한 지식과 기술이 필요하다고 본 것이다. 그러므로 진로상담자는 일반상담의 원리와 기법을 잘 알고 상담에 임해야 효율적인 진로상담을 실시할 수 있을 것이다.

2) 군에서 이루어지는 진로상담은 각종 심리검사의 결과를 기초로 합리적인 결과를 이끌어낼 수 있도록 도와주어야 한다.

군이라는 제한된 환경속에서도 진로상담에 필요한 다양한 심리검사를 온라인이나 오프라인을 통해서 실행할 수 있다. 일반상담과 다르게 진로상담에서는 각종 심리검사를 통해서 개인이 자기 자신을 스스로 이해할 수 있도록 하는 것이 매우 중요하다. 특히 군 생활 중의 내담자의 진로미결정 원인이 무엇이냐에 따라 내담자에 관한 정보수집의 내용과 방법이 달라져야 한다. 진로미결정의 원인이 자아와 직업세계에 대한 정보의 부족이 원인일 경우에는 진로선택과 관련된 내담자의 심리적 특성에 관한 정보를 수집이 내담자의 바람직한 진로선택을 조력을 위해 무엇보다도 중요하다. 진로선택과 관련된 내담자의 심리적 특성을 파악하기 위하여 직업적성, 성격, 직업흥미, 직업가치관, 진로성숙도, 진로결정수준 등의 검사도구를 내담자의 특성을 고려하여 사용되어야 한다.

그리고 내담자의 심리적 부적응의 문제가 진로미결정의 중요한 원인이라면 내담자의 불안수준, 자아개념, 자아존중감, 가치관 명료도 등의 검사도구들이 사용되어질 수 있을 것이다. 이와 같은 검사를 통하여 내담자의 진로결정을 미루게 하거나 하지 못하게 하는 심리적 부적응을 밝혀서 진로미결정의 근본적인 문제를 해결할 수 있을 것이다.

또한, 표준화된 검사도구이외에도 비표준화 검사방법을 사용하여 내담자의 정보를 수집할 수 있다. 표준화 검사도구를 실시한 것만으로 내담자의 진로관련 정보를 충분히 수집하기에는 부족함을 느낄 것이다. 표준화 검사도구와 함께 관찰법, 사례연구, 자서전법, 면접상담 등의 비표준화 검사를 활용함으로써 표준화 검사도구에서 측정할 수 없는 내담자의 진로관련 정보를 수집할 수 있을 것이다.

3) 진로상담은 내담자의 진로발달 및 성숙정도를 고려하여 직업선택에 초점을 맞추어 전개되어야 한다.

내담자의 진로발달단계를 고려하여 발달수준에 따라 진로계획을 수립하고 진로선택활동을 할 수 있도록 조력하여야 한다. 상담자와 내담자의 접촉에서 일어나는 관계는 진로발달의 연속선상에서 내담자가 도달한 위치에 따라 좌우된다. 진로성숙도가 낮은 내담자는 직업준비에 중점을 두고, 진로성숙도가 높은 내담자는 정보수집과 내면화를 조력해야 한다. 진로성숙도가 낮은 내담자에게는 직업선택을 위한 상담보다는 선택을 위한 준비과정을 발달시키는 상담이 필요하다. 즉 직업행동에서 내담자가 그의 동년배나 동료들에 비해 비교적 미숙하다면 그에게는 안내와 탐색에 중점을 둔 상담을 해야 한다고 하였다. 진로성숙도가 높은 내담자는 자신의 상황에 관계되는 정보를 수집하고 분석하고 자기화 하는 것을 포함하며, 장래의 결정을 위해 이들 선택이 의미하는 바에 따라 직접 결론을 이끌어 낼 수 있도록 돕는 것을 포함한다.

4) 진로상담은 자아에 대한 이해와 직업세계에 대한 이해의 진로정보 활동을 중심으로 개인과 직업을 matching시키는 합리적인 진로선택 · 결정을 돕는 과정이다.

진로상담은 본질적으로 합리적인 과정을 통하여 진로선택과 진로결정을 할 수 있도록 내담자를 도와주는 것이다. 진로선택과 결정이 이루어지기 위해서는 자아에 대한 이해와 직업세계에 대한 이해가 선행되어야 합리적인 진로의사결정을 할 수 있다. 자아에 대한 이해는 자신에 대한 심리적 특성, 신체적 특성, 사회적 환경 등에 대하여 정확하게 인식하고 있어야 한다. 그리고 직업세계의 이해는 직업의 종류, 하는 일, 요구되는 조건, 학력정도, 신체적 제한 등과 미래의 직업세계의 변화에 민감해야 한다.

이와 같은 진로정보를 수집하는 활동이 필요하다는 것을 내담자가 스스로 느끼도록 도와주는 것이 중요하며, 상담자는 가능한 적절한 정보를 안내하는 것이 바람직하다. 상담자는 내담자가 수집된 정보를 바탕으로 진로의사결정 과정을 통하여 적절한 직업을 선택하거나 진로계획을 세울 수 있도록 도와 주어야 한다.

내담자가 진로에 관련된 합리적인 선택이 이루어질 수 있도록 하기 위하여 진로상담자가 갖추어야 할 지식은 다음과 같다(NGVA, 1982).

① 직업세계에 대한 직업과제, 기능, 보수, 요구조건, 장래전망 등에 대한 정보를 제공해 주는 교육이나 훈련, 고용현황 등에 대한 지식

② 진로발달, 진로유형 등을 포함한 진로상담에 관한 기본개념에 대한 지식

③ 진로발달과 의사결정의 이론에 대한 지식

④ 여성과 남성의 변화하는 역할과 일, 가족, 여가의 관련성에 대한 지식

⑤ 특수집단을 돕기 위해 사용하도록 고안된 상담기술과 기법에 대한 지식

⑥ 진로정보를 수집하고 보충하여 전달하는 전략에 대한 지식

5) 진로상담은 상담윤리강령에 따라 전개되어야 한다.

진로상담자는 상담자로써 갖추어야 할 전문적 능력과 인성적 능력을 갖춘 자로서 상담자 윤리강령을 준수하고 직업윤리를 지키는 범위 내에서 상담을 전개해 나가야 한다. 상담자는 상담에 대하여 책임 있는 자세가 요구되며, 전문적인 지식을 갖추고 있어야 한다. 그리고 상담은 제3자에게 피해가 가지 않는 한 비밀보장을 우선으로 보장되어야 한다.

4. 군 생활과 직업기초능력

우리는 누구나 한 가지 이상의 직업에 종사하여 성공적으로 직무를 수행함으로써 일을 통해서 자기 자신의 꿈을 실현해 나가고 있다. 그러나 성공적인 직무를 수행하기 위해서는 일정 수준 이상의 직무수행능력을 갖추고 있어야 가능한 것이다.

직무수행에 필요한 능력인 직업능력(vocational skills, competences)은 직업생활을 해나감에 있어 주어진 직무를 성공적으로 수행하는 데 요구되는 능력의 총체이다. 직업능력은 직업기초능력(key competencies)과 직무수행능력으로 나누어 구분할 수 있다. 직업기초능력은 직업능력의 하위 구성요소로서 '대부분의 직종에서 직무를 성공적으로 수행하는 데 공통적으로 요구되는 지식, 기술, 태도, 경험 등' 이고, 직무수행능력도 직업능력의 하위 구성요소로 '특정 직종 또는 직업에서 직무를 성공적으로 수행하는 데 필요한 전문적인 지식, 기술, 태도, 경험 등' 으로 정의되고 있다.

1) 직업기초능력의 필요성

21세기는 물질과 에너지를 중시하던 산업사회에서 지식과 정보가 개인, 사회 및 국가 경쟁력의 핵심요소이며 가치창출의 원천이 되는 지식기반 사회로 전환될 전망이다. 우리나라도 지식 · 정보의 폭발적인 증가, 정보통신기술의 급속한 발달, 탈산업사회화, 세계화 등의 복합적인 영향으로 지식기반 사회로의 이행이 가속화될 것이다.

지식, 기술, 정보 등의 급격한 변화를 수반하는 지식기반 사회에서는 직종의 다각적인 분화, 새로운 직종의 생성, 기존 직종의 소멸 등의 직업의 급격한 변화가 일어남으로써 산업구조의 조정과 노동시장의 변화가 활발하게 일어날 것으로 예견된다.

이와 같은 급격한 직업세계의 변화를 수반하는 지식기반 사회에서는 환경변화에 적절하게 적응할 수 있는 기본적이고 기초적인 능력을 지닌 인적자원육성이 필요하다. 선진국의 경우 빠른 속도로 변화하는 산업현장에서 근로자가 지녀야 할 능력으로 직업기초능력을 강조하고 있다.

진로교육에서 직업기초능력이 강조되고 있는 이유는 다음과 같다.

(1) 급격한 직업환경 변화에 적응할 수 있는 유연성(flexibility)이다.

직무 수행에 필요한 전문적인 지식이나 기능을 기르는 것도 필요하지만 앞으로 직업환경의 급격한 변화는 직종에서 요구하는 전문적인 지식이나 기능도 변화할 것이다. 그러므로 미래의 직업세계에 보다 유연하게 적응하기 위해서는 직업에서 공통으로 요구되는 직업기초능력을 기르는 것이 보다 요구된다.

(2) 현재 진로교육이 미래의 직업세계에서도 필요한 능력을 기를 수 있는 교육의 전이가능성이다.

앞으로의 직업세계의 변화를 정확하게 예측하는 것이 불가능하다면, 현재 진로교육에서 직업에 공통적으로 필요한 직업기초능력에 관심을 가지고 교육함으로써 급격한 변화에 적응할 수 있는 능력을 기를 수 있다는 것이다.

(3) 직업기초능력은 이직, 전직 등의 직업전환에 필요한 직업능력이다.

앞으로 우리는 평생동안 개인 및 주변여건에 따라 유사하거나 다른 직종으로 직업을 바꾸는 이직, 전직의 경험을 하게 될 것이다. 이와 같은 상황에서는 여러 직업에서 공통적으로 필요한 능력인 직업기초능력을 길러주는 것이 중요할 것이다.

2) 군 생활과 직업기초능력

미래사회의 직업 및 산업환경에 잘 적응하기 위해서는 직업기초능력의 하위 영역인 의사소통능력, 수리능력, 문제해결능력, 자기관리 및 개발능력, 대인관계능력, 자원활용능력, 정보능력, 기술능력, 조직이해능력 등 9개 영역을 갖추고 있어야 한다. 그러나 이중에서 기업에서 요구하는 필수 능력에 대한 영역이 의사소통능력, 문제해결능력, 대인관계능력, 정보활용능력, 조직이해능력 등이라고 한다. 직업기초능력의 필수영역에 해당되는 영역 중에서 기업이 신입사원들의 능력에 대한 만족도를 보면 의사소통능력, 정보활용능력에 대한 만족도는 높은 반면에 문제해결능력이나 대인관능력, 조직이해능력은 만족도가 낮다. 즉 신입사원들의 문제해결능력과 대인관계능력, 조직이해능력이 낮다는 것을 의미한다.

인간의 문제해결능력과 대인관계능력, 조직이해능력은 군 생활에서 거의 매일 주어지고, 다루어지며, 학습하는 곳이다. 이러한 군 생활을 통해서 기업에서 요구하는 문제해결능력과 대인관계능력, 조직이해능력을 증진된다면 취업시에 중요한 요인으로 작용할 것이다. 이에 군에서도 직업기초능력에 대한 체계적인 관리를 통한 자격화와, 군 생활을 통한 직업기초능력의 향상이 취업에 어느 정도 도움이 되는지에 대한 대국민적인 홍보와 기업과의 다각적인 연계 활동을 통한 직업기초능력 향상으로 기업에 도움을 주고 있음을 인식시키는 활동이 필요하다.

5. 진로상담의 과정

군에서 이루어지는 진로상담의 과정은 일반적으로 4단계로 생각해 볼 수 있다. 그러나 진로상담의 과정에서 효율적인 진로상담이 이루어지기 위해서는 무엇보다도 고려해야 할 점은 내담자의 진로결정 여부와 진로의사결정에 따른 내담자의 심리적 특성 등을 고려하여야 할 것이다. 구체적인 진로상담 과정과 그에 따른 내담자의 특성과 목표설정, 문제해결을 위한 개입방법 그리고 상담의 종결 및 추수지도 방법을 제시한다.

<그림 1> 진로상담의 과정

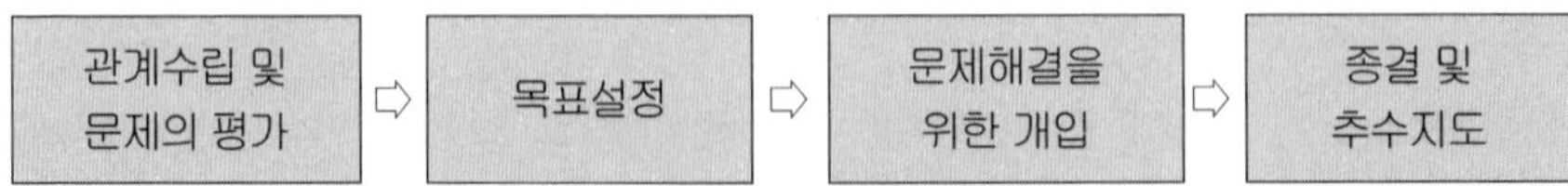

1) 관계수립 및 문제의 평가

관계수립단계에서는 상담자와 내담자간의 촉진적 관계의 형성이 필수적이다. 내담자에 대한 무조건적 수용, 공감적 반영, 진실성을 통하여 허용적 분위기에서 상담이 이루어질 수 있도록 분위기를 조성하여야 한다.

내담자의 진로선택 · 결정의 문제 평가는 내담자의 진로선택여부와 진로미결정의 원인에 따라 분류되어 진다. 일반적으로 내담자의 분류는 진로결정자, 진로미결정자로 나누어진다. 진로미결정자는 단순한 진로미결정자와 우유부단형 진로미결정자 그리고 회피형 진로미결정자로 다시 나누어 생각할 수 있다. 내담자의 변별진단의 방법을 제시하면 다음과 같다.

<표 1> 내담자 변별진단의 방법

<table>
<tr><th colspan="3">구 분</th><th>정 보</th><th>심리적 적용</th><th>상 담 방 법</th></tr>
<tr><td colspan="3">진로결정자</td><td>○</td><td>○</td><td>진로상담</td></tr>
<tr><td rowspan="3">진로 미결정</td><td colspan="2">진로미결정자</td><td>X</td><td>○</td><td>진로상담</td></tr>
<tr><td rowspan="2">우유부단</td><td>우유부단형</td><td>○</td><td>X</td><td>심리치료 + 진로상담</td></tr>
<tr><td>회피형</td><td>X</td><td>X</td><td>심리치료 + 진로상담</td></tr>
</table>

진로 결정자(the decided)는 진로선택 · 결정과 관련된 심리적 부적응의 문제도 없으며, 자아와 직업세계에 대한 정보도 상당한 정도로 가지고 있다. 또한, 자신의 흥미, 적성, 성격 등을 고려하여 적합한 직업을 선택하고 있어 진로를 선택하고 결정하는 데 어려움을 겪고 있지 않는 내담자이다. 그러나 진로결정자는 진로선택 · 결정에 대한 확신이 부족하여 자신의 선택에 대해 막연한 불안을 가지고 있어 진로상담을 통하여 자신의 진로선택에 대하여 확신이 필요한 내담자이다.

진로미결정자(the undecided)는 진로선택에 따르는 심리적 부적응의 문제는 없으나, 자아와 직업세계에 대한 정보가 부족하여 진로를 선택하거나 결정하지 못하고 미결정상태로 있는 내담자들이다. 그러나 진로관련 정보는 충분하나 적성이 높은 직업이 많고, 흥미가 다양하여 한 가지 직업을 선택하기에 갈등을 겪고 있는 내담자도 진로를 결정하지 못하고 미루어 진로미결정 상태로 남아있게 된다. 진로미결정자와 우유부단형 진로미결정자의 구분은 진로미결정의 원인이 정보의 부족으로 인하여 진로를 결정하지 못하였을 경우에는 진로미결정자로 분류되며, 심리적 부적응으로 인하여 진로를 결정하지 못하였을 경우에는 우유부단형 진로미결정자로 분류한다.

우유부단형(the indecisive) 진로미결정자는 심리적 부적응이 진로를 선택 · 결정하지 못하는 가장 중요한 원인으로 작용한다. 지나치게 타인을 의식하거나 경쟁적인 경우에 자발적인 의사결정을 하지 못한다. 또한, 자신을 신뢰하지 못하고 우울하고 실천력이 부족하며 감정의 변화가 심하여 일상생활에서도 부적응을 보이는 경우가 많은 내담자이다.

회피형(the avoidable) 진로미결정자는 진로관련 정보가 없고 심리적 부적응 상태인 내담자로 진로계획 자체가 없다.

<표 2> 내담자의 유형

유 형	내담자의 상태
진로결정자	① 자신의 선택이 잘 된 것인지 명료화하기를 원하는 내담자 ② 자신의 선택을 이행하기 위해 도움이 필요한 내담자 ③ 진로 의사가 결정된 것처럼 보이나 실제는 결정을 하지 못하는 내담자
진로 미결정자	① 자신의 모습, 직업, 의사결정을 위한 지식이 부족한 내담자 ② 다양한 능력으로 지나치게 많은 기회를 갖게 되어 진로결정을 하기 어려운 내담자 ③ 진로 결정을 하지 못하지만 성격적인 문제를 갖고 있지 않는 내담자
우유부단형	① 생활에 전반적인 장애를 주는 불안을 동반한 내담자 ② 일반적으로 문제 해결과정에서 부적응적인 성격을 지니고 있는 내담자
우유부단형	① 비적응적인 대처양식 및 태도를 보이며 진로계획 행위가 부족한 내담자 ② 자신의 문제 해결 능력을 매우 부정적으로 평가하며 특히, 진로와 관련된 문제 해결에 큰 어려움을 보이는 내담자 ③ 진로정보가 부족하여 문제해결에 더욱 어려움을 가지게 되는 내담자 ④ 의사결정을 하기 위한 도구가 부족한 내담자

2) 목표의 설정 단계

진로결정자는 무엇보다도 진로상담에서 내담자의 진로선택에 대한 확신을 갖게 하는 것이 중요하다. 진로선택에 대한 확신을 갖게 하기 위해서는 진로선택의 과정을 분석하게 하거나, 보다 더 많은 정보를 주어 자신의 선택에 확신감과 자신감을 주는 것이 필요하다.

진로미결정자는 자신에 대한 정보와 직업에 대한 정보 제공을 통하여 진로를 선택하고 결정하도록 돕는 것이 필요하다. 우유부단형 진로미결정자는 심리적 부적응에서 오는 진로미결정자이므로 심리적 치료가 우선 되어야 하고 심리적 문제를 해결하고 나서 자아 및 직업에 대한 정보를 제공하여 진로결정을 하도록 하는 것이 중요한 목표가 될 것이다.

<표 3> 내담자의 유형별 상담 목표

유 형	상담 목표
진로결정자	① 진로를 결정하게 된 과정을 탐색하는 일 ② 충분한 진로 정보를 확인하는 일 ③ 합리적인 과정으로 명백하게 내린 결정인지 확인하는 일 ④ 결정된 진로를 준비시키는 일 ⑤ 내담자의 잠재 가능성을 확인하는 일
진로 미결정자	① 진로에 대한 탐색 ② 구체적 직업정보의 활용 ③ 현재 자신의 능력에 대한 구체적인 파악 ④ 직업정보의 제공 ⑤ 의사결정의 연습
우유부단형	① 불안이나 우울의 감소 ② 불확실감의 감소 ③ 동기의 개발 ④ 기본적 생활습관의 변화 ⑤ 긍정적 자아개념의 확립 ⑥ 자아 정체감의 형성 ⑦ 타인의 평가에 대한 지나친 민감성의 극복 ⑧ 자존감의 회복 ⑨ 열등감 수준의 저하 ⑩ 가족이 기대와 내담자 능력간의 차이 인정 ⑪ 가족 갈등의 해소 ⑫ 부모나 사회에 대한 수동 – 공격성의 극복
회피형	① 비적응적인 대처양식 및 태도를 보이며 진로계획 행위가 부족하다. ② 자신의 문제 해결 능력을 매우 부정적으로 평가하며 특히, 진로와 관련된 문제 해결에 큰 어려움을 보인다. ③ 진로정보가 부족하여 문제해결에 더욱 어려움을 가지게 된다. ④ 의사결정을 하기 위한 도구가 부족하다.

3) 문제해결을 위한 개입 단계

내담자의 진로문제를 해결하기 위하여 상담자는 내담자의 유형에 따라 내담자의 진로문제에 개입하는 방법이 달라야 효과적인 진로상담이 이루어질 것이다.

진로결정자는 진로에 대한 정보를 가지고 있고, 잠정적인 진로선택을 하고 있으나 확신이 부족한 내담자이다. 순수한 진로미결정자는 진로에 대한 정보가 부족하여 진로를 선택하지 못하고 미결정의 상태에 있는 내담자이다. 그리고 우유부단형은 진로정보는 가지고 있으나 심리적인 부적응으로 진로선택을 하지 못하는 내담자이다. 즉 진로에 관심을 가지고 나름대로 수집을 하고 있으나 진로선택에 따르는 불안이나 자신감의 부족 등으로 진로미결정 상태로 있는 내담자이다. 진로미결정자의 특징을 제시하면 다음과 같다.

① 진로 계획 행위에 대해서 충분한 정보를 가지고 있으나 자신을 부정적으로 지각하기 때문에 진로의사결정을 하지 못한다.

② 동기 수준이 높고 정보를 많이 가지고 있기 때문에 좌절을 경험하기도 한다.

마지막으로 회피형은 진로관련 정보가 없고 심리적 부적응 상태인 내담자로 진로계획 자체가 없는 내담자이다. 회피형 내담자의 특징을 제시하면 다음과 같다.

① 비적응적인 대처양식 및 태도를 보이며 진로계획 행위가 부족하다.

② 자신의 문제 해결 능력을 매우 부정적으로 평가하며 특히, 진로와 관련된 문제해결에 큰 어려움을 보인다.

③ 진로정보가 부족하여 문제해결에 더욱 어려움을 가지게 된다.

④ 의사결정을 하기 위한 도구가 부족하다.

<표 4> 문제유형과 개입방법

유형	상담 목표
진로결정자	① 자신의 진로 결정을 구체적으로 준비할 수 있도록 현장 견학이나 실습의 기회를 가지게 한다. ② 결정한 목표를 향하여 더 치밀하게 정보를 수집하고 구체적인 실천방안을 모색하게 한다. ③ 진로결정을 재확인하고 구체적인 직업탐색을 할 수 있도록 한다. ④ 진로결정과정에서 따르는 불안을 줄이고 자신감을 향상시키는 개입이 이루어져야 한다. ⑤ 결정된 진로를 실천하는 과정에서 부딪히는 문제들을 해결하도록 조력한다. ⑥ 잠재된 능력을 개발해 효과적으로 진로에 적응할 수 있도록 조력한다. ⑦ 목표로 하는 직업에 도달할 수 있는 가능한 방법을 알아오게 하거나 알려주고 그것들을 실천할 수 있도록 내담자와 함께 계획을 세운다.
진로 미결정자	① 진로를 결정하지 못하는 것이 단순한 정보의 부족인지 심층적인 심리적인 문제인지를 확인한다. ② 경우에 따라 체계적인 개인상담이 수행되어야 하며 실제 결정과정을 도와준다. ③ 자기 이해 즉, 흥미와 적성 그리고 다른 필요한 정보를 수집하여 결정의 범위를 점점 좁히고 스스로 진로를 결정을 할 수 있도록 조력한다. ④ 진로결정의 필요성을 인식시키고 자신의 능력과 바람을 일깨워 줌으로써 진로의사결정을 할 수 있도록 준비시킨다. ⑤ 지나치게 많은 관심분야를 가지고 있을 때는 의사결정 기술을 익히게 한다.
우유부단형	① 추가적인 정보를 제공해도 도움을 받지 못하기 때문에 자기에 대한 부정적인 지각을 중심적으로 다룬다. ② 내담자 자신의 의사결정 과정이나 방법에 초점을 맞춘다.
회피형	① 비구조화된 개입보다는 구조화된 개입에서 도움을 제공한다. ② 문제와 관련된 심리적 장애 즉, 우울증이나 낮은 자아개념 등을 다루기 위한 심리상담을 한다. ③ 진로계획을 수립하는 일을 조력한다.

4) 종결과 추수지도 단계

(1) 종결

종결에서는 내담자와 합의한 목표를 달성하였는지를 확인하고 앞으로 부딪힐 문제를 예측하고 대비하는 것이다. 그러므로 목표의 수립이 분명하고 가시적이어야 한다는 점을 다시 강조할 필요가 있다.

① 내담자의 변화에 대한 평가

② 진로상담 과정에서 일어난 변화를 내담자 스스로 요약하고 상담자의 의견을 첨가

③ 목표 달성의 정도를 평가

④ 남아 있는 문제에 대한 예측과 논의

⑤ 종결에 대한 내담자의 태도 평가

(2) 추수 지도

추수지도는 상담 후에 내담자가 진로 선택과 의사결정에 대해 만족감을 유지하고 있는지를 확인하며, 필요한 경우 그것이 지속되도록 지도하는 것을 말한다.

① 결정한 학과를 선택했는가?

② 결정한 진로준비를 하고 있는가?

③ 진로상담이 실제의 진학이나 취업에 도움을 주었는가?

④ 의사결정을 실제 생활에서 실천하고 있는가?

6. 진로미결정자 및 우유부단자의 진로의사결정 다루기

1) 의사결정의 이해

의사결정과정이란 '일정한 목표를 달성하고, 그 목표를 달성하기 위한 몇 가지 대안을 작성하여 이를 일정한 준거와 방법에 의거하여 상호 비교함으로써 가장 합리적이고 실행 가능한 방안을 선택하는 행동' 으로 그 개념을 규정할 수 있다(이갑동, 1981).

합리적이고 실행 가능한 방안을 선택하기 위해서는 고려해야 할 많은 요인들이 있다. 합리적인 의사결정의 관련요인을 보면 개인적 요인, 환경적 요인 및 일 자체와 관련된 요인으로 나눌 수 있다.

첫째, 개인적 요인으로서는 신체적 요인(나이, 성별, 건강 등), 지적요인(지능, 적성, 실력 등) 및 정서적 · 정의 · 심리적 요인(자아개념, 가치, 흥미, 대인관계, 일에 대한 만족 등)을 들 수 있다.

둘째, 환경적 요인으로서는 사회 · 문화적 요인(개인의 사회 · 문화적 배경, 교육정도, 가족 및 주변인의 영향, 각종 대중매체 등)과 경제적 요인(수입, 경제적 안정성 등)을 들 수 있다.

셋째, 일 자체와 관련된 요인으로서는 일과 개인간의 요인(일에 대한 욕구와 인식, 일의 안정성과 결함, 일의 발전가능성과 창의성 발휘, 일터의 인간관계 등), 일과 환경간의 요인(일의 명성과 조건, 여가, 급여)을 들 수 있다.

<그림 2> 의사결정의 관련 요인

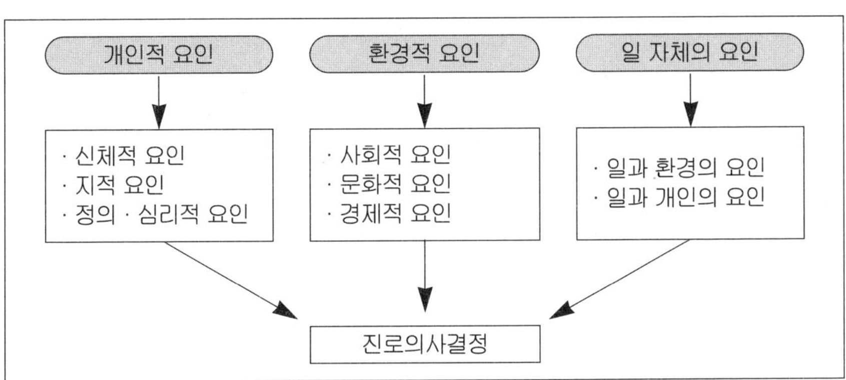

2) 의사결정의 방식

우리는 사소한 일에서부터 직업을 선택하거나 배우자를 선택하는 등의 중요한 일에 이르기까지 끊임없이 선택해야 하는 상황에 직면하게 된다. 결국은 우리의 삶이란 연속적인 의사결정 속에서 살아가고 있다.

그러나 성공적인 의사결정은 용기나 결단 또는 행운에 의해서 결정되는 것은 결코 아니다. 의사결정에서 최상의 선택을 하기 위해서는 무엇보다도 의사결정과정에서 접근방법이 얼마나 합리적이고 체계적으로 접근하느냐의 여부에 따라 그 결과가 만족스러울 수도 있고, 생각과는 다르게 불만족스러울 수도 있다.

개인의 의사결정유형에 대한 이해는 학생들의 교육이나 진로와 관련된 중요한 의사결정을 도와 주는 상담자에게는 매우 중요한 측면으로 이해되어 왔다. 의사결정유형은 개인들이 그들의 삶에서 중요한 의사결정에 접근하고 해결하는 데 활용하는 전략으로, 의사결정과제를 지각하고 그에 반응하는 개인의 특징적 유형, 또는 개인이 의사결정을 내리는 방식(Harren, 1979)이라고 정의를 내리고 있다. 또한, 의사결정자가 직업을 선택할 때 따르는 과정과 행동방식을 진로결정 방식 또는 진로결정 전략(Buck & Daniels, 1985)이다. 그러므로 의사결정유형은 개인이 어떤 결정을 내릴 때 선호하는 접근방식이라고 할 수 있다.

사람들은 직업활동에서 특정한 문제해결 접근법을 가진다는 개인차 개념을 도입하여 Dinklage(1968)은 사람들과의 면담자료를 바탕으로 의사결정 활동에 대한 특성을 분류함으로써, 의사결정에서의 개인차 연구를 최초로 시도하였다. 그 결과 계획적 결정자, 고민하는 결정자, 미루는 결정자, 충동적인 결정자, 직관적 결정자, 운명적 결정자, 의존적 결정자 등 8가지의 의사결정 행동 특성을 분류했다.

Harren(1979)는 Dinklage가 분류한 의사결정유형을 재분류하여, 개인이 의사결정을 할 때 합리적인 전략 또는 정의적인 전략을 사용하는 정도와 자신의 결정에 대한 책임을 지는 정도에 기초하여 합리적 유형, 직관적 유형, 의존적 유형이라는 세 가지로 분류하여 제시하였다(고향자, 1992).

(1) 합리적 유형

합리적 유형(rational style)은 의사결정 과정에서 논리적이고 체계적으로 접근하는 것을 의미한다. 확장된 시간조망 내에서 연속적인 결정들이 서로 관련이 있음을 인식하면, 자아(self)와 상황에 대한 정보를 가능한 객관적이고 논리적으로 평가하고 그 결과를 고려하여 의사결정을 한다. 또한 결정에 대한 책임을 수용하며, 미래의 의사결정의 필요성을 예견하고 자신 및 기대되는 상황에 대한 정보를 수집하는 등의 준비를 한다.

(2) 직관적 유형

직관적 유형(intuitive style)은 의사결정 과정에서 개인의 생각이나 느낌과 감정적인 자기인식에 의존하는 것을 의미한다. 결정에 대한 책임은 수용하지만 미래의 의사결정의 필요성에 대해 예견을 거의 하지 않고 정보탐색행동이나 대안들에 대한 논리적 평가과정도 거의 갖지 않는다. 의사결정의 기초로서 상상을 사용하고 현재의 감정에 주의를 기울이며 정서적 자각을 사용하는 특징이 있다. 선택에 대한 확신은 비교적 빨리 내려지고 그 결정의 적절성은 내적으로 느낄 뿐 설명할 수 없을 때도 있다.

(3) 의존적 유형

의존적 유형(dependent style)은 의사결정에 대한 개인적 책임을 부정하고 그 책임을 외부로 투사하려는 경향이 있다. 의사결정과정에서 타인의 영향을 많이 받으며 수동적이며 순종적이고 사회적 인정에 대한 욕구가 높으며 의사결정상황이 여러 가지로 제한을 받는다고 지각한다.

3) 의사결정의 진단

Crites(1969)는 직업선택에서 내담자의 여러 가지 문제를 해결하기 위하여 독립성이 있고 상호배타적인 진단체계를 고안하여 문제를 정의하고 분류기준을 제시하였다. 진로상담 장면에서 직업선택에서의 내담자 문제를 해결하기 위하여 적성, 흥미 그리고 직업선택 사이의 일치 여부에 따라 적응문제, 우유부단의 문제, 비현실성의 문제로 보고 다음과 같이 분류하였다.

(1) 적응문제

· 적응된 사람(adjusted) : 자신의 흥미분야와 적절한 적성수준에서 직업을 선택한다. 그는 다양한 흥미유형을 갖고 있을지 모르나, 적어도 직업선택에서는 일치한다.

· 부적응된 사람(maladjusted) : 직업선택은 그의 흥미분야나 적성수준과 일치하지 않는다. 의사결정 과정에 관련된 변인들 사이의 완전한 불일치가 문제이다.

(2) 우유부단의 문제

· 가능성이 많은 사람(multipotential) : 두 번 또는 그 이상의 선택을 하기도 하지만, 이런 선택의 각각은 그의 흥미 분야나 적성수준에서 일치한다. 그는 흥미가 다양할 수 있지만 직업선택에서는 자신의 흥미 중의 하나와 일치하는 것을 선택한다. 그러나 여러 가지 가능성이 많은 대안들 중에서 하나를 결정할 수 없다는 것이 문제이다.

· 우유부단한 사람(undecided) : 여러 흥미유형을 갖고 있을 수도 있고, 적성수준이 높거나 보통이거나 또는 낮을 수도 있다. 그러나 이런 변인들의 수준에 관계없이 직업에 대한 확신을 갖고 있지 못하다.

Goodstein(1972)에 의하면 단순한 우유부단의 주요원인은 제한적인 경험에 기인되는 자아와 일의 세계에 대한 정보의 결핍이다. 이 과정에서 불안은 우유부단의 선행원인이 아니고 후행결과이다.

<그림 3> 진로선택에서의 우유부단과 무결단성

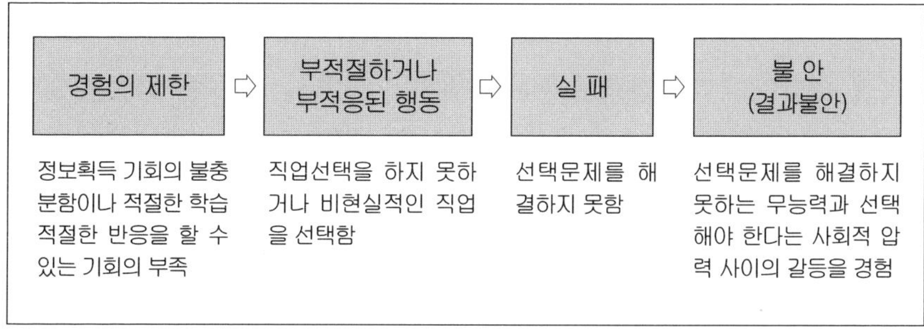

(3) 비현실성의 문제

· 비현실적인 사람(unrealistic) : 흥미분야와 일치하거나 일치하지 않는 분야를 선택한다. 그러나 그는 측정된 적성수준보다 높은 적성을 요구하는 직업을 선택한다.

· 수행불가능한 사람(unfulfilled) : 흥미분야와 일치하지만 측정된 적성수준보다 낮은 적성을 요구하는 직업을 선택한다.

· 강요된 사람(coerced) : 적절한 적성수준에서 선택을 하지만, 흥미분야와는 일치하지 않는 직업을 선택하다. 내담자의 선택이 비현실적으로 되는 이유는 그것이 적절하지 못한 흥미영역에서 이루어지기 때문이다.

<표 5> 직업선택 문제 분류 준거표

작업문제범주		적성	흥미	진로선택의 특징
		측적된 적성/ 요구된 적성	축적된 흥미/ 선택분야	
적응	적응된	일치	일치	선택
	부적응된	불일치	불일치	선택
우유부단	가능성이 많은	일치	일치	많은 선택
	우유부단한	일치 또는 불일치	일치 또는 불일치	선택하지 않음
비현실성	비현실적인	요구된 적성 > 측정된 적성	일치 또는 무관심	높은 수준의 선택
	성취하지 못한	측정된 적성 > 요구된 적성	일치 또는 무관심	낮은 수준의 선택
	강요된	일치	불일치	강요된 선택

※ 직업선택 문제 분류 준거표(Crites, 1969 : p. 300)를 재구성함.

(4) 무결단성의 경우

무결단성은 진로선택에 관한 결정과 연관되는 오래 지속된 불안에서 일어나는데, 이것은 종종 내담자의 진로선택에서 위압적이거나 지나친 요구를 하는 부모의 태도에서 비롯된다. 이 과정에서 불안은 선행원인과 후행결과 양쪽으로 작용해서, 내담자의 불안감과 부적절한 느낌을 복합적으로 만든다.

무결단성은 '선택하지 않은(no choice)' 상태로 온 내담자가 자신과 직업에 대한 정보가 주어지고 진로상담이 끝난 후에도 아직 결정하지 못했다면, 무결단성이라고 할 수 있다. 단순한 우유부단은 정보의 결핍에서 오는 것이고, 무결단성은 심리적 불안이 높아 당면한 진로문제에서 부적응적인 행동의 원인이 된 것이다.

<그림 4> 진로선택에서의 무결단성

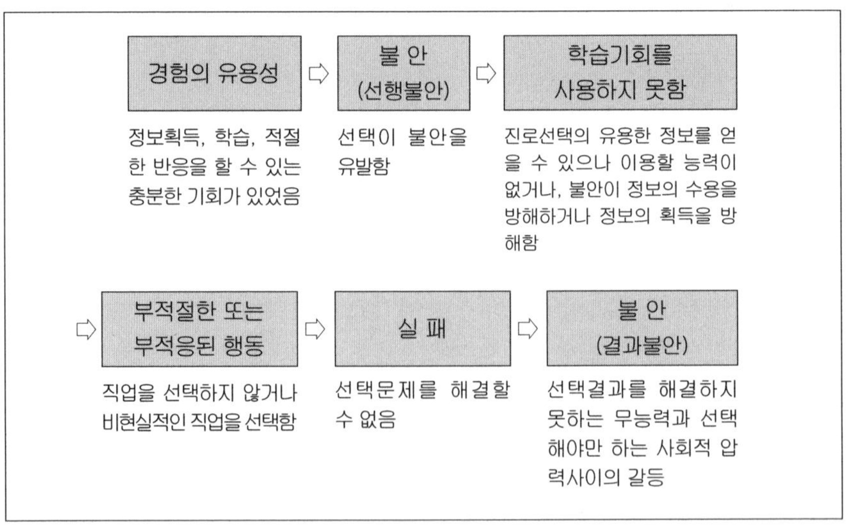

3) 의사결정의 절차

인간은 기본적으로 가장 효과적인 의사를 결정하려는 욕구를 가졌기 때문에 자신은 물론 자신을 둘러싸고 있는 환경이나 조건이나 기능들을 이해하려고 끊임없이 노력해 오고 있다. 즉, 인간은 누구나 가장 이상적인 의사결정을 위하여 나름대로 방법을 찾고 있다. 그러나 의사결정을 내리는 절차와 과정이 그렇게 쉽지는 않다. 보다 체계적인 절차와 숙련된 정신기능을 요구한다. 의사결정의 과정은 선택의 복잡성으로 인하여 결정에 이르는 과정에서 몇 가지 절차를 거치게 되는데, 이는 판단을 내리는 데 필요한 요건이 된다. 한국교육개발원(1986)에서는 의사결정의 절차를 다음과 같이 다섯 단계로 나누어 의사결정의 과정을 제시하였다.

<그림 5> 의사결정의 절차(한국교육개발원, 1986)

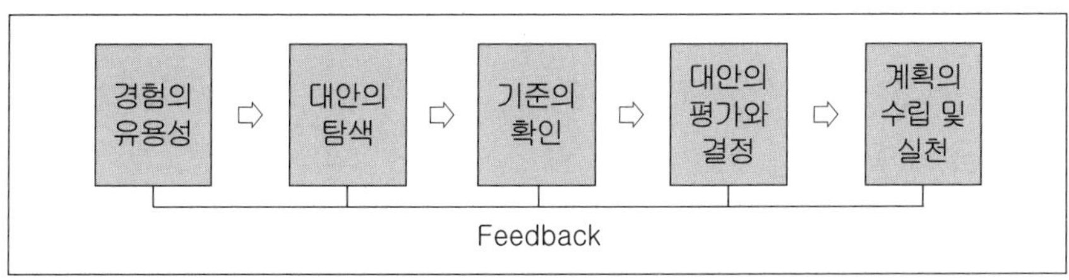

(1) 목표의 명백화

이 단계의 목적은 상황을 명백하게 함으로써 결정해야 하는 문제나 생활에 대한 올바른 이해가 전제되어야 한다. 자신이 추구하는 가치와 목표를 뚜렷하게 세우고 원하는 바를 분명하게 제시한다. 목표는 실행 가능한 것인지, 진정으로 원하는 것인지 가능한 한 구체적인 목표를 세우면 좋다.

(2) 대안의 탐색

자기가 원하는 결과를 이룩하기 위한 방법을 찾는 것이다. 자신의 과거의 경험과 다른 사람들이 겪었던 경험 등이 좋은 참고가 될 것이다. 여기서 특히 유의해야 할 점은 가능한 많은 대안(방법)을 찾아보도록 노력하는 일이다. 대안이 많을수록 가장 적합한 해결방안을 찾을 가능성이 커짐으로 가능한 한 많은 방법을 찾아보도록 노력하는 일이 중요하다.

(3) 기준의 확인

대안의 탐색 단계에서 세운 많은 대안 중에서 어떤 것을 선택하고 결정하는데 필요한 기준이 수립되어 있어야 할 것이다. 뚜렷한 선택 기준이 설정되었을 때 다음 단계에서 대안을 선택기준에 따라 합리적이고 정확한 평가와 선택이 이루어질 수 있다.

· 해결책이 충족시켜야 할 목표는 무엇인가?
· 상황을 해결할 만큼 시간이 충분한가?
· 어느 정도의 인적, 물적 자원들이 필요한가?
· 어떠한 가치가 내포되어 있는가?

(4) 대안의 평가와 결정

많은 대안을 평가하고 목표를 달성할 수 있는 가장 최선의 대안을 선택해야 하는 것이다. 이 단계에서는 무엇보다도 전 단계에서 세운 대안 선택 기준에 따라 각각의 대안을 평가하여 결정된 대안이 자신이 원하는 결과를 가능하게 해주는 대안을 선택해야 한다. 그러나 평가한 결과 제시된 대안들이 만족할 만한 것이 없다고 여겨질 때에는 새로운 대안을 탐색하여야 한다. 즉 만족할 만한 정도의 대안이 없을 경우에는 두 번째 단계인 대안의 탐색단계로 feedback 되어야 한다. 만족할 만한 정도란 의사결정자가 결과와 관련하여 얼마나 원하고 있는가를 나타내는 것이다.

(5) 계획의 수립 및 실천

마지막 단계로 자신이 결정한 대안을 실천할 수 있도록 구체적인 계획을 수립하고 실천하는 단계이다. 계획을 세울 때에는 실천가능성, 실천에 따르는 장애물, 도움을 줄만한 사람, 실천에 필요한 것 등을 고려하여 계획을 수립하여야 설정한 목표를 달성할 수 있을 것이다. 그러나 실천과정에서 자신이 계획한 것과 다를 경우 자신의 계획을 재검토해서 바꾸거나 새로운 계획을 수립해야 한다.

7. 진로상담과정 기법

1) 관계수립 및 문제의 평가 단계 기법

이 단계에서는 내담자와 관계를 수립하고, 진단과 탐색이 이루어지게 되므로, 발달적 접근법과 인간중심적 접근법을 주로 활용한다. 재진술, 상담내용과 감정에 대한 반영 등의 반응을 자주 사용함으로써, 문제의 본질과 원인이 되는 요인을 밝혀서 제거하고 반면에 촉진이 되는 요인은 찾아 격려한다.

(1) 공감적 이해(empathic understanding)

내담자의 내면세계를 상담자의 내면세계인 것처럼 내담자의 입장에서 그대로 인식한다. 상담자와 내담자가 상호작용하는 동안에 발생하는 내담자의 경험들과 감정들을 민감하고 정확하게 이해하려고 노력을 해야한다. 내담자의 말이나 행동을 진단하거나 평가적으로 대하지 않고 공감적으로 이해하는 것이 중요하다.

(2) 무조건적 수용(unconditional acceptance)

상담자는 어떤 조건도 필요로 하지 않고 무조건적으로 내담자의 말을 존중하고 수용한다. 내담자의 장점은 물론이거니와 단점도 있는 그대로 받아 들이고, 무조건적 긍정적 관심을 보여주는 수용적인 태도를 강조한다. Rogers는 내담자가 어떤 상태에 놓여 있는 존재이든 간에 그를 향한 무조건적인 긍정적 · 수용적 태도를 경험하게 되면, 치료적 변화가 일어날 가능성이 더 커진다고 주장한다.

(3) 진실성(genuineness)

상담자가 내담자와의 상담관계에서 자신의 감정이나 태도를 있는 그대로 솔직하게 인정하고, 솔직하게 표현하는 태도를 말한다. 상담자의 진실한 태도는 내담자와 더불어 탐색함이 없이 순수한 인간적 만남을 가능하게 하고, 내담자의 개방적인 자기 탐색을 촉진 · 격려하게 된다.

2) 목표설정 단계 기법

진로상담에서 이 내담자가 자신의 진로를 미결정한 이유가 무엇인지 먼저 탐색하여 내담자에게 알맞은 목표를 설정할 수 있다. 이러한 과정에서 내담자의 의사결정 유형을 살펴봐야 한다. 이 내담자가 우유부단형인지, 미결정자인지, 무결단성을 가지고 있는 내담자인지를 다각적으로 알아보기 위해서는 특성이론에 따른 내담자의 특성 진단하기, 직업세계에 대한 탐색하기, 자신의 욕구 진단하기, 의사결정 유형 알아보기, 맥락적인 환경파악 등의 기법이 사용된다.

(1) 내담자의 특성 진단하기 기법

내담자가 자신에게 알맞은 목표를 설정하지 못한 경우는 자신의 특성을 객관적으로 이해하지 못하고 있는 경우가 많다, 그러므로 심리검사나 자기 특성 탐색하기와 같은 방법을 통해서 자신의 능력과 태도를 이해할 수 있도록 하여야 한다. 심리검사를 통해서 내담자의 특성을 이해시키기 위해서 Williamson(1939)은 검사해석단계에서 다음과 같은 상담 기법들을 이용할 수 있다고 하였다.

① 직접충고(direct advising) : 이 방법은 검사결과를 토대로 상담자가 내담자에게 자신의 견해를 솔직히 표명하는 것을 말한다. Williamson은 내담자가 상담자에게 솔직한 견해를 요구할 때와 내담자가 심각한 실패와 좌절을 가져올 만한 행동이나 선택을 하려 할 때 이 방법을 사용하도록 권장한다.

② 설득(persuasion) : 이 방법은 상담자가 내담자에게 합리적이고 논리적인 방법으로 증거를 제시하는 것을 말한다. 예를 들어, 상담자는 내담자에게 진단결과가 암시하는 바를 이해시킴으로써 내담자가 자신의 문제를 해결할 수 있도록 설득할 수 있다.

③ 설명(explanation) : 이 방법은 상담자가 진단과 검사자료뿐 아니라 비검사자료

들을 해석하여, 내담자가 그 결과의 의미를 이해하고 선택 가능한 대안들과 그 대안들의 예상되는 결과들에 대해 이해할 수 있도록 돕는 것을 말한다.

(2) 직업세계에 대한 탐색하기

산업사회의 변화, 직업의 변화, 직업의 조건 등을 구체적으로 탐색하고 이에 대한 정확하고 구체적인 정보를 갖도록 하는 방법이다.

(3) 의사결정 유형 탐색하기

의사결정시 합리적, 직관적, 의존형인지를 파악하거나, 진로미결정의 유형, 우유부단형, 무결단성 등에 대해 탐색한다.

(4) 맥락적인 접근 기법

자신과 관련한 인적, 물적인 환경조사, 자신의 진로와 관련한 도움을 줄 수 있는 사람 탐색 등의 다각적인 인적 · 물적환경 탐색하기이다.

3) 문제해결을 위한 개입 단계 기법

상담자는 내담자의 직업문제 범위를 좀더 좁히고, 내담자가 자신의 문제를 모호하게 진술할 때 그 한계를 명확히 하도록 돕는다. 내담자의 문제에서 장애의 원인이 되는 요인을 명료하게 밝혀서 제거시키고 촉진이 되는 요인을 찾아 강화시키면서, 의사결정시 불안을 줄이는 방법을 위한 접근 방법이 이루어져야 한다.

추상적이고 모호한 용어는 내담자와 상담자가 상담에서 무엇을 하려고 하는지, 또는 자신들이 언제 성공을 할는지 알기 어렵게 한다(Krumboltz, Thoresen, 1969). 특히 진로미결정자나 우유부단형의 사람들은 의사결정시 불안에 대한 적극적인 접근이 이루어져야 한다. Goodstein(1972)은 불안을 제거하거나 줄이는 방법을 포함한 조건 형성 기법이 보편적으로 사용하는 기법이라고 하였다.

(1) 적응 또는 둔감화(adaptation or desensitization)

체계적 둔감화는 불안반응을 제거시키기 위해 Wolpe에 의해 개발된 행동수정의 기법이다. 체계적 둔감화 과정은 근육의 긴장이완, 불안위계표의 작성, 체계적 둔감의 3단계로 되어있다. 상담자는 적은 불안을 만드는 상황을 내담자에게 상상해 보도록 요구하고, 점차로 내담자가 불안감 없이 진로선택에 임하게 되기까지 위계를 통하여 둔감화를 실행한다.

(2) 역조건형성(countercondition)

바람직하지 못한 행동에 상반되는 바람직한 행동을 강화함으로써 바람직하지 못한 행동을 소거하거나 약화되게 하는 방법이다.

(3) 내적금지(internal inhibition)

불안생성 단서를 계속적으로 제시하여 계속적인 불안 반응을 유발한다. 계속적인 반응은 내담자를 지치게 하고 내담자 내에 또 다른 변화를 가져오게 한다. 그래서 불안야기 단서의 계속적인 제시에도 불구하고 결국 반응의 중지로 이끌게 된다.

(4) 사회적 모방과 대리학습(social modeling and vicarious learning)

다른 사람들의 진로결정행동이나 결과를 관찰함으로써 의사결정의 학습을 촉진시키는 방법이다. 비디오 테이프와 같은 매체를 사용하는 경우가 많다.

(5) 변별학습(discrimination learning)

진로선택의 여러 면을 내담자로 하여금 변별하도록 가르치는 것은 진로선택태도에 대한 학습적 성숙에 가장 큰 의미가 있다. 진로선택이나 결정능력을 검사도구나 기타 다른 것을 사용하여 변별하고 비교해 보게 하는 방법이다.

(6) 진로 자서전(career autobiography)

진로 자서전은 대학 및 학과선택, 학교교육 외의 교육훈련, 아르바이트를 통한 경험, 그 외의 다른 일상적인 결정들 등에 대해 내담자가 자유롭게 기술하도록 하는 것이다. 내담자가 과거에 어떻게 의사결정을 했는지 알아보고 재검토하는 것이다.

진로 자서전을 통하여 학과선택, 고등학교 졸업 후의 직업훈련, 시간제 일을 통한 경험, 고등학교에서 배운 지식과 기술 등의 중요한 것을 다시 생각해 볼 수 있다. 자서전은 내담자의 의사결정에 큰 영향을 주었던 '중요한 타자(친구, 부모, 교사 등)' 가 누구인지 알게 해 준다.

(7) 의사결정 일기(decisional diary)

내담자가 매일 어떻게 결정을 하는가 하는 지금 현재의 상황을 설명해 주는 것이다. 내담자가 현재 어떻게 의사결정을 하고 있는지를 알아보기 위해 내담자의 일상적인 의사결정, 즉 일상생활에서 그가 무엇을 하고 무엇을 먹고 입을 것인가 등과 같이 세세한 부분의 결정을 어떤 방식으로 내리고 있는지를 써 보게 한다. 이와 같이 세세한 부분의 결정을 자신이 어떤 방식으로 내리고 있는지를 글로 작성해 봄으로써, 자신의 의사결정유형을 이해할 수 있게 되고 자신의 의사결정 방식에 대한 지각과 민감성이 향상될 수 있게 되어, 결과적으로 직업의사결정과정에서 보다 더 분명하게 자신의 의견을 표현할 수 있게 될 것이다.

(8) 재진술, 반영, 명료화 기법

상담자는 내담자의 내용설명에는 지시적으로 반응하고, 감정표현에는 비지시적으로 반응해야 한다. 내담자의 발달적 단계에 맞게 재진술, 반영, 명료화, 요약, 해석, 직면 등의 상담 기법을 적절하게 사용한다.

4) 종결 및 추수지도 기법

상담자가 더욱 능동적이고 지시적인 태도로 내담자의 문제해결에 개입하게 된다. 그러므로 특성요인 및 행동주의적 접근법에 따른 검토나 강화의 기법을 주로 사용하여 내담자가 지속적으로 자신의 문제를 해결하고 추진할 수 있도록 한다.

(1) 강화(reinforcement)

상담자는 선택적으로 내담자에게 진로결정을 촉진하는 반응을 한다. 상담자가 내담자의 진로선택이나 결정에 대해 긍정적 또는 부정적인 반응을 보임으로써 내담자의 진로결정을 촉진시키는 방법이다.

(2) 격려와 관심갖기

내담자에게 지속적으로 관심을 갖고 내담자의 행동에 지속적인 격려를 한다.

(3) 목표달성 확인하기

2단계에서 세웠던 전략을 내담자가 이행할 수 있도록 돕는 것이다. 그리고 다른 전문가들로부터 도움을 받도록 지도한다. 이 과정에서 주장훈련(assertiveness training), 고용 전문가와 토의하기, 직업 찾기 훈련, 직업시장 조사 등과 같은 방법을 사용할 수 있다.

8. 군에서의 진로상담 적용

여기에서는 앞서 서술한 진로상담의 과정을 토대로 군에서 진로상담을 실시하는 사례를 제시해 보고자 한다. 여기에서는 병의 진로상담과 자격증 중심의 군 간부 상담을 구분하여 제시해 보고자 한다.

8 - 1. 병 진로상담

[상황]
제대를 세달 정도 남긴 김 병장이 말이 없어지고, 의기소침하며, 제대 후에 무엇을 할까로 고민하고 있어, 이를 눈여겨 본 소대장이 김 병장을 불러 면담을 하기로 하였다.

1단계 : 관계수립 및 문제의 평가

먼저 김 병장이 소대장에게 마음을 놓고 자신의 문제를 털어놓고 말할 수 있도록 온화한 분위기를 조성하고 신뢰로운 관계를 형성할 수 있도록 하기 위해서 소대장은 먼저 김 병장의 장점찾기, 격려하기, 공감하기를 한다. 여기에서는 김 병장이 자신의 문제를 소대장에게 이야기할 수 있도록 하는 단계이기 때문에, 김 병장이 마음 놓고 이야기할 수 있는 분위기 조성이 중요하다. 이러한 분위기 조성을 위해서는 소대장이 김 병장을 칭찬하거나 경청하는 자세, 개방적인 질문을 통해서 문제를 탐색한다.

김 병장 제대도 얼마 남지 않았는데도 늘 소대를 위해서 노력하는 모습이 참 아름답다(칭찬).
김 병장 요사이 제대를 얼마 남지 않았는데 앞으로 무엇을 할 것인지 나에게 말해 줄 수 없을까?(개방적 질문)
김 병장의 표정과 억양 등을 세심하게 살피면서 듣는다(경청).

[문제 탐색]

소대장님, 저는 제대 후에 복학을 해야 할지, 다시 공부를 해서 다른 학과에 진학을 해야할지 참 고민입니다. 군에 입대하기 전의 컴퓨터 공학과는 아무래도 나의 적성에 안 맞는데 부모님이 요구해서 진학했는데, 계속해야 하는지가 고민입니다.

2단계 : 목표 설정하기(A)

앞 단계에서 김 병장이 제대를 한 후 무엇을 할 것인지를 가지고 고민하고 있다.

이때 진로의 미결정이 어떤 이유인지를 알아보는 것이 중요하다. 자신의 능력과 태도의 탐색 미흡인지, 직업세계에 대한 탐색 미흡인지, 의사결정에 문제가 있는지를 알아보는 것이 중요하다. 여기에서는 심리검사를 통한 자기 탐색기법, 직업세계와 산업환경의 변화를 탐색하기, 의사결정의 유형을 알아본다.

[김 병장의 문제 탐색하기]

김 병장의 문제로 보면 첫째, 자신의 적성에 안 맞아 고민하고 있음, 둘째, 제대 후에 복학을 해야 하는지, 아니면 다른 공부를 해야 하는지에 대한 고민, 자신의 진로를 부모의 의사에 따른 의사결정에 문제다. 라고 인식하고 있다.

[김 병장에 할 수 있는 조치]

첫째, 의사결정이 어려운 이유가 자신의 능력과 태도를 제대로 이해하지 못하고 있기 때문인지를 탐색한다.

둘째, 자신의 진로에 대한 의사결정 유형이 김 병장 성격에 문제가 있어서 우유부단인지, 비현실성인지를 탐색하도록 한다.

셋째, 김 병장의 의사결정에 어려움이 직업세계에 대한 탐색의 미흡인지를 알아본다.

3단계 : 문제해결을 위한 기법

김 병장을 위해서 소대장이 문제를 해결하기 위한 기법으로 먼저 심리검사를 통한 자기탐색, 김 병장의 의사결정 유형 탐색하기, 김 병장의 성격적인 문제 때문에 의사결정에 문제가 있는지, 자신의 전체적인 맥락적인 환경 탐색하기가 이루어질 수 있도록 한다.

· 김 병장에게 "네가 진정으로 하고 싶은 일이 무엇인지를 한번 알아보자."라고 하며 김 병장의 특성을 객관적으로 알아보기 위해 심리검사를 통해서 김 병장의 능력과 태도를 한번 살펴본다.

· "김 병장, 너의 특성을 심리검사를 통해서 알아볼 수 있도록 온라인검사와 오프라인검사를 한번 해보자." 김 병장의 심리검사 결과를 해석하고, 종합적으로 이해하도록 도와준다.
· 김 병장의 진로 의사결정 유형이 미결정자인지, 우유부단인지, 비현실적인지를 탐색하고 따른다.
· 김 병장의 진로의사결정유형이 우유부단인 경우에는 성격적인 문제에 의한 것인지를 탐색한다.
· 김 병장이 가지고 있는 직업세계와 산업세계에 대한 정보와 변화에 대한 정도를 탐색한다.

4단계 : 종결 및 추수지도

김 병장이 자신의 진로를 결정하며, 그 결정에 대한 확신을 갖도록 격려하여 강화를 하고, 얼마 남지 않은 군 생활 동안 자신의 진로결정에 따라 자신이 할 수 있는 구체적인 일을 계획하고 실행할 수 있도록 도와준다.

제 13 장

군 MBTI의 활용

1. MBTI의 이해[17)]

인간의 행동은 나타나는 행태도 다르지만 원인도 다양하다. 어린 시절의 부모의 양육경험과 교육, 지나온 시간 속에 경험한 사건들과 신념, 태도, 종교관 등도 행동에 영향을 많이 준다. 그러나 인간의 행동은 성격에 의해서 잘 설명되어진다. 성격은 결정론인가 자유의지인가, 유전론인가 환경론인가, 가변적인가 불변적인가 등 다양한 관점에서 이해되는데 사회에서의 인간관계에 많은 영향을 미친다.

사람들의 성격의 차이로 힘들어한다. 그러나 똑같은 사람은 이 세상에 없다. 성격이 유사하면 유사한 대로 차이가 나면 차이가 나는 대로 이해하고 수용하는 것이 필요하다. 즉, 조화와 균형을 맞춘다면 서로 성숙하고 발전적인 관계로 살아갈 수 있을 것이다. 자신의 성격적 경향성을 알고 타인을 이해하면서 우리의 다양성에 가치를 두는 것이 바로 서로 존중하고 수용하는 것은 군 생활에 필수적이다. 자신과 타인의 성격을 알 수 있는 좋은 도구로서 MBTI 검사를 들 수 있다.

MBTI(Myers-Briggs Type Indicator)는 C.G.Jung의 심리유형론을 근거로 하여 Katharine Cook Briggs와 Isabel Briggs Myers가 보다 쉽고 일상생활에 유용하게 활용할 수 있도록 고안한 자기보고식 검사이다. 약 40개국에서 20가지 이상의 언어로 번

17) 본 원고는 김정진(2005). MBTI와 군생활에서 발췌하였음.

역되어 세계에서 가장 널리 사용되는 심리검사 중 하나로 사용되고 있다. 내담자는 MBTI를 통하여 자신의 심리특성을 이해할 수 있게 되고, 이러한 자기이해를 토대로 자신의 독특한 성격유형을 알면 타인을 이해하는 데에도 도움을 받을 수 있다.

MBTI는 인식과 판단에 대한 융의 심리적 기능이론, 그리고 인식과 판단의 향방을 결정짓는 융의 태도 이론을 바탕으로 하여 제작되었다. 또한 개인이 쉽게 응답할 수 있는 자기보고(self report) 문항을 통해 인식하고 판단할 때의 각자 선호하는 경향을 찾고, 이러한 선호경향들이 하나하나 또는 여러 개가 합쳐져서 인간의 행동에 어떠한 영향을 미치는가를 파악하여 실생활에 응용할 수 있도록 제작된 심리검사이다.

MBTI는 1900부터 1975년에 걸쳐 Katharine Cook Briggs와 Isabel Briggs Myers에 의해 계발되었다. 사람들의 차이점과 갈등을 이해하고자하는 그들의 노력은 자서전 연구를 통한 성격분류로 시작되었다. MBTI Form A, B, C, D, E를 거쳐 1962년 Form F가 미국 ETS(Educational Testing Service)에 의해 출판되었고, 그리고 1975년 form G를 개발하여 미국 CPP로부터 출판, 현재에 이르러 Form K와 Form M 등이 개발되어 있다. 이 검사를 통해서 상담 장면에서, 조직 및 공동체 장면에서, 교육장면에서 또한 연구장면에서 자신과 타인을 이해하는 유용한 도구로 사용되고 있다.

2. MBTI의 4가지 선호경향

MBTI유형은 4가지 선호지표로 크게 이루어져 있다. 4가지 선호지표란 우리가 활동에 필요한 에너지를 어디에서 얻게 되는가에 따라 외향성(Extraversion), 내향성(Introversion)의 E-I지표, 우리가 주변의 환경으로부터 어떻게 정보를 수집하고 인식하는가에 따라 감각형(Sensing), 직관형(Intuition)의 S-N지표, 우리가 수집한 정보를 어떻게 판단하고 처리하는가에 따른 사고형 (Think), 감정형(Feeling)의 T-F지표, 그리고 우리가 인식하고 판단하는 것이 생활양식에서는 어떻게 나타나는가에 따라 판단형(Judging), 인식형(Perceiving)의 J-P지표이다. 이 4가지 선호지표의 특성은 다음과 같다.

지 표	선호경향	주요활동
(E)외향성－내향성(I)	에너지의 방향은 어느 쪽인가?	주의초점
(S)감각형－직관형(N)	무엇을 인식하는가?	인식기능
(T)사고형－감정형(F)	어떻게 결정할 것인가?	판단기능
(J)판단형－인식형(P)	채택하는 생활양식은 무엇인가?	생활양식

외향성(extraversion)	내향성(introversion)
· 폭넓은 대인관계를 유지하며 사교적이고 정열적이고 활동적이다 · 자기 외부에 주의 집중 · 외부 활동과 적극성 · 정열적, 활동적 · 말로 표현 · 경험한 다음에 이해 · 쉽게 알려짐	· 깊이 있는 대인관계를 유지하며 조용하고 신중하며 이해한 다음에 경험한다. · 자기내부에 주의집중 · 집중력 · 조용하고 신중 · 글로 표현 · 이해한 다음에 경험 · 서서히 알려짐
감각형(Sensing)	**직관형(intuition)**
· 오감에 의존하고 실제의 경험을 중시하며 지금, 현재에 초점을 맞추고 정확하고 철저하게 일을 처리한다. · 지금, 현재의 초점 · 실제의 경험 · 정확, 철저한 일처리 · 사실적 사건 묘사 · 나무를 보는 경향 · 가꾸고 추수함	· 육감 내지 영감에 의존하며 미래지향적이고 가능성과 의미를 추구하며 신속, 비약적으로 일을 처리한다. · 미래 가능성에 초점 · 아이디어 · 신속, 비약적인 일처리 · 비유적, 암시적 묘사 · 숲을 보려는 경향 · 씨뿌림

1) 4가지 선호지표 그룹작업

(1) E - I 그룹작업 (친구사귀기)

구 분	E 형 (외향적)	I 형 (내향적)
친구를 사귈 때 어떻게 행동하는가?	· 말을 먼저 건넨다. · Skinship을 먼저 한다. · 일에 적극적이다. · 분위기를 리드한다. · 모임 장소에서는 그 모임에 잘 어울리고 잘 이끌어 간다.	· 많은 친구보다는 소수의 친구를 사귄다. · 친구와의 관계에서 주도적이지 않다. · 모임을 적극적으로 만들지 않고 주로 참석만 하는 편이다.

(2) S - N 그룹작업(부대 안의 약도 그리기)

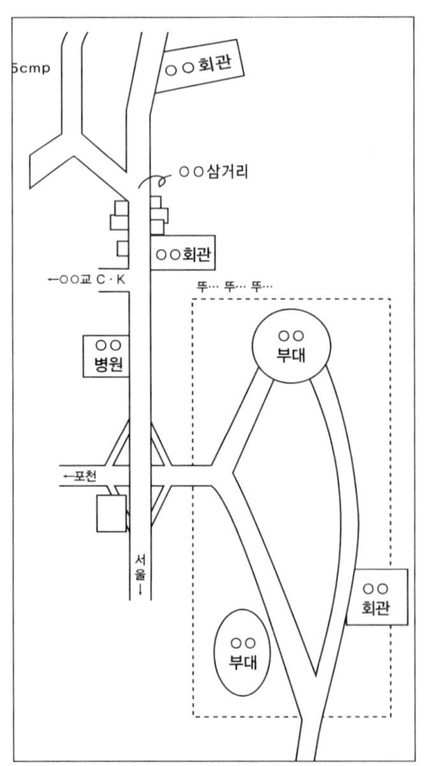

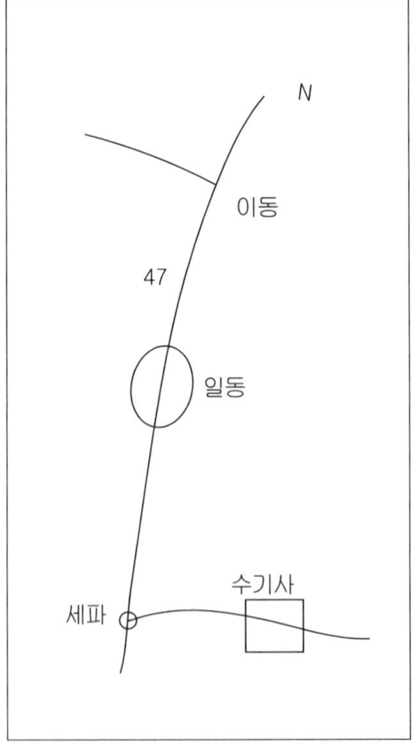

(3) T - F의 그룹작업(부대원의 미복귀사건)

'T' 4조

일직사관 보고후 인수인계를 받아 부대로 데려온다. 그다음 일직사관이 시키는 대로 따른다. 아무생각 없이…. 법대로 모든걸 해결한다.

술마시고 실수할수도 있어 징계벌을 받지 않도록 하는 방향으로 이끌어 간다. 후에 개인적으로 [illegible] 관심과 조언으로 다음번에 다시는 이런일이 없도록 교육할 것이다.

(4) J - P의 그룹작업(여행계획서)

구 분	J 형	P 형
여 행 계획서	1. 리더를 뽑는다 – 병장 ○○○ 2. 목적지를 정한다 – 지리산 3. 출발지와 집결지를 정한다 – ○○터미널 4. 교통편 – 버스편 : 10,000×6= 60,000 – 기차편 : 9,000×6= 54,000 5. 숙박 –민박 : 60,000×2= 12만원 6. 밥 – 쌀 : 10,000 – 반찬 : 30,000 등 ――――――――― 결산 – 기간 : 2박3일 – 인원 : 6명 – 비용: 27만 4000원	· 목적지: 동해안 · 출발일: ○월 ○일 · 기차를 타고 동해안에 가는 도중 마음에 드는 곳에 내려 여행한다. · 돈이 다 떨어지면 돌아온다.

3. MBTI의 주기능과 열등기능

1) 주기능의 강점

정신기능은 인식기능과 판단기능을 말한다. 즉 S - N, T - F의 4기능으로 의식과 무의식에 위치한다. 이 4 기능 중 가장 의식에 많이 올라온 기능을 주기능이라고 하고, 무의식에 가장 많이 숨겨져 있는 기능을 열등기능이라고 한다. 주기능과 열등기능은 서로 반대적이다.

사람이 정신적인 활동을 할 때 주기능을 가장 우선하고 많이 활용하게 되는 반면, 열등기능은 잘 사용하지 않게 된다. 그러나 열등기능이 부정적인 방법으로 표현될 때도 있다.

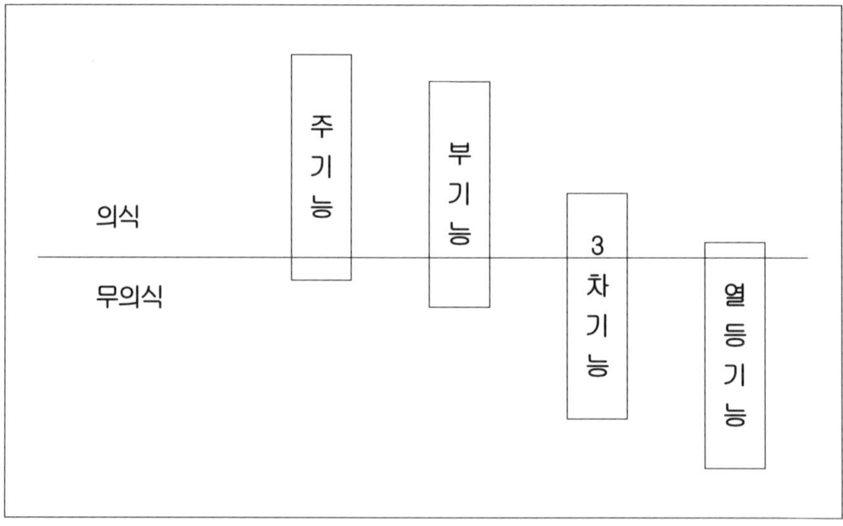

주기능 S (ISTJ, ISFJ, ESTP, ESFP)	주기능 N (INTJ, INFJ, ENTP, ENFP)
· 타당한 사실을 인정한다. · 문제에 경험을 적용한다. · 구체적인 단서를 간직한다. · 문제를 현실적으로 다룬다.	· 새로운 가능성을 인정한다. · 문제에 독창성을 발휘한다. · 미래를 준비하는 방법을 안다. · 새로운 핵심에 대해 관찰한다. · 새로운 문제에 흥미를 가지고 관찰한다.
주기능 T (ISTP, INTP, ESTJ, ENTJ)	**주기능 F (ISFP, INFP, ESFJ, ENFJ)**
· 분석을 잘한다. · 진행의 흐름을 찾는다. · 어떤 정책에 대해 일관성을 유지한다. · 법적 증거에 비중을 둔다. · 반대편에 대항해 확고한 입장을 취한다.	· 공감을 잘 한다. · 다른 사람이 어떻게 느낄지에 대해 예견한다. · 정상참작이 가능한 상황을 허용한다. · 가치를 중시한다. · 각 사람의 기여를 인정한다.

2) 열등기능의 약점

열등기능의 양상은 파괴적이고 부정적인 방법으로 나타나는 경우는 매우 지쳐있거나 스트레스를 받는 경우, 아프거나 알콜(약물)을 복용할 때, 의식적인 기능과 통제가 약해진 경우이다. 그러나 개인의 적절한 통제의 의식적인 차원에서 사용할 경우는 개인의 성장발달에 긍정적이지만 지나치게 사용하면 오히려 부적응을 초래하기도 한다.

열등기능을 개발하는 방법은 열등기능의 부정적 체험을 이해하고 수용하며 그것을 나타내는 신호를 잘 파악하여 반성적 사고를 통해 원인이나 대처스타일을 찾아보고 다음에 다시 이런 일을 겪지 않도록 노력한다. 또한 좋은 역할의 모델을 찾아 자문을 얻거나 좋은 행동을 본받도록 노력하고 다양한 활동이나 유머를 통해 개발하는 것도 도움이 된다.

열등기능 N (ISTJ, ISFJ, ESTP, ESFP)	열등기능 S (INTJ, INFJ, ENTP, ENFP)
· 부정적 관점에서 미래를 본다 · 매우 비관적이다. · 외곬으로 빠져 다른 가능한 방법을 못 본다. · 판에 박힌 행동을 한다.	· 중요하지 않은 세부사항에 대해 강박적이다. · 비관여적 사실에 열중한다. · 감각적으로 추구하는데 열중한다. · 먹고 마심, 운동을 지나치게 좋아한다.
열등기능 F (ISTP, INTP, ESTJ, ENTJ)	**열등기능 T (ISFP, INFP, ESFJ, ENFJ)**
· 과민하다. · 화를 내거나 기대하지 않은 감정을 보인다. · 매우 개인적으로 비판을 한다. · 감정을 조절 못해 폭발적 반응을 보인다.	· 과도하게 비판적이다. · 모든 것에서 대부분 결점을 발견한다. · 지나치게 오만하다. · 다른 사람의 말에 귀를 기울이지 않으며 꼬치꼬치 따지고 고집을 부린다. (비합리적 논리성)

3) 열등기능 그룹작업 사례

열등기능 S	
힘들었던 상황	**개발해야 할 점**
· 현실감이 없다. · 돈에 대한 개념이 없다. · 숫자에 대한 거부감이 있다. · 사람, 얼굴, 이름이 매치가 안 된다.	· 인상착의 특징을 메모하기 · 창의성을 살려 반복 연습하기 · S가 주기능인 배우자나 친구를 선택해서 배우기 · 스크랩 등을 해서 활용하기 · 정확한 관찰과 현실을 잘 챙기기
열등기능 N	
힘들었던 상황	**개발해야 할 점**
· 상상력이 부족하다. · 이벤트나 발명 등의 과제가 힘들다. · 시를 잘 이해하기 어려울 때도 있다. · 경험하지 않은 것은 인정하지 않는다. · 직선적으로 말해야 알아듣기 편하다. · 참신한 아이디어를 내보라는 말이 가장 무섭다.	· SF영화나 만화 등을 보고 상상력 기르기 · 일상생활에서 일탈을 꿈꿔보기 · 고정관념, 선입관 등에서 벗어나기 · 명상훈련이나 육감 훈련으로 자신을 개발하기

열등기능 T	
힘들었던 상황	개발해야 할 점
· 싸울 때 조목조목 대응하지 못함. · 내가 준비되지 않은 상황에서 논리/조직적인 것을 요구할 때 앞이 캄캄해진다. · 여러 가지 일이 겹쳤을 때 객관적인 판단이 어렵다.	· 미리 경계선을 정해놓기 · 사전에 대비 시나리오를 작성하기 · 협조자를 만들어 놓고 상황에 대비하기 · 이기려 하지 말고 마음을 비우기
열등기능 F	
힘들었던 상황	개발해야 할 점
· 차갑다/교만하다/접근금지/무자비하다는 소리를 들을 때 · 필요할 때만 전화한다. · 친근한 관계 이전에 지나친 접근이나 표현을 거북스러움(닭살돋음).	· 무뎌지자고 생각을 바꾸기 · 사람관리에 신경을 쓰기 · 따지지 말고 타인의 생각을 파악하고 이해하기 · 말하기 전에 한 번 더 생각하기 · 욕심을 줄이고 일을 줄이기 · 좀 더 상대를 배려하기

4. MBTI의 16유형

1) 16가지 유형별 대표적 표현

ISTJ 세상의 소금형	ISFJ 임금 뒷편의 권력형	INFJ 예언자형	INTJ 과학자형
ISTP 백과사전형	ISFP 성인군자형	INFP 잔다르크형	INTP 아이디어뱅크형
ESTP 수완좋은 활동가형	ESFP 사교적인 유형	ENFP 스파크형	ENTP 발명가형
ESTJ 사업가형	ESFJ 친선도모형	ENFJ 언변능숙형	ENTJ 지도자형

2) 16가지 성격유형의 설명

ISTJ 내향성 감각형	ISFJ 내향성 감각형	INFJ 내향성 직관형	INFJ 내향적 직관형
신중하고 조용하며 집중력이 강하고 매사에 철저하며 사리분별력이 뛰어나다.	조용하고 차분하며 친근하고 책임감이 있으며 헌신적이다.	인내심이 많고 통찰력과 직관력이 뛰어나며 양심적이고 화합을 추구한다.	사고가 독창적이며 창의력과 비판 분석력이 뛰어나며 내적 신념이 강하다.
ISTP 내향성 사고형	**ISFP 내향성 감정형**	**INFP 내향성 감정형**	**INTP 내향성 사고형**
조용하고 과묵하고 절제된 호기심으로 인생을 관찰하며 상황을 파악하는데 민감하다.	말없이 다정하고 온화함, 친절하고 연기력이 뛰어나며 겸손하다.	정열적이고 충실하며 목가적이고 낭만적이며 내적 신념이 강하다.	조용하고 과묵함 논리와 분석으로 문제를 해결하기를 좋아한다.
ESTP 외향성 감각형	**ESFP 외향성 감각형**	**ENFP 외향성 직관형**	**ENTP 외향성 직관형**
현실적인 문제해결에 능하며 적응력이 강하고 관용적이다.	사교적이고 활동적이며 수용적이고 친절하며 낙천적이다.	따뜻하고 정열적이고 활기에 넘치며 재능이 많고 상상력이 풍부하다.	민첩하고 독창적이며 안목이 넓으며 다방면에 관심과 재능이 많다.
ESTJ 외향성 사고형	**ESFJ 외향성 감정형**	**ENFJ 외향성 감정형**	**ENTJ 외향성 사고형**
구체적이고 현실적이며 사실적으로 활동을 조직화하고 주도해 나가는 지도력이 있다.	마음이 따뜻하고 이야기하기를 좋아하고 양심이 바르고 인화를 잘 이룬다.	따뜻하고 적극적이며 책임감이 강하고 사교성이 풍부하고 동정심이 많다.	열성이 많고 솔직하고 단호함 지도력과 통솔력이 있다.

5. 군생활과 MBTI 유형

1) 유형별 군생활의 특징

유형	특징
ISTJ	· 비상훈련 시 허둥대지 않고 과거의 훈련에 비추어 침착하게 훈련에 임한다. · 화생방 훈련 시 고통스러움에도 불구하고 꿋꿋이 상황에 대처한다. · 작업이나 기타 근무에 관한 모든 것을 철저히 준비한다. · 병영 생활에 있어서 관물 정돈이 확실하고 깔끔하다. · PT체조시 혼자만 수통에 물을 가득 채워왔다. · 훈련종료 시 자기자리는 말끔히 치웠다. · 작업집합 시 열외없이 시간 내에 집합한다. · 뽑은 잡초의 절반 가량은 이들이 뽑은 것이다. · 자기에게 시킨 일은 한자리에 앉아 끝까지 마무리 짓는다. · 작업 도구를 직접 챙기고 작업전 항상 장비를 점검한다. · 철두철미, 집중적, 책임감, 보수적, 청소부, 개미와 일벌, 신임지휘관
ISFJ	· 우왕좌왕하는 후임병들을 지도하는 역할을 한다. · 작업 중 쉬는 시간에는 다른 이의 음료수를 먼저 챙겨준다. · 먼저 남에게 작업도구를 챙길 것을 권하지 않고 자신이 마지막까지 남아 작업 도구를 원 위치 시킨다. · 내무실의 궂은 일은 자신이 도맡아 한다. · 식사추진시 솔선수범하여 배식을 한다(훈련). · 자신이 고참이라도 후임병의 감정과 사정을 고려하여 같이 작업을 한다. · 축구를 할 때, 부상을 염려하여 몸싸움은 피하지만 자신의 팀 승리를 위해 열심히 뛰어 다닌다. · 작업 시에는 친한 사람과 일하기를 좋아한다. · 천사표, 차분함, 친근함, 책임감, 헌신적, 간호사, 사회사업가

INFJ	· 작업 중 다른 생각을 하다보니 남보다 작업량이 적다. · 화생방 훈련 시 짧은 시간동안에도 어떻게 하면 조금이라도 가스를 덜 마실 수 있을까 생각한다. · 휴식시간에 담배를 피우며 바닥에 뭔가를 그리고 깊은 사색에 빠진다. · 취사장에서 자신의 일보다는 자기의 관심사에 대한 여러 가지 생각을 하다 손을 베는 경우도 있다. · 내무실에서 말다툼이 일어나면 중간에서 중재자 역할을 맡아 서로 화해할 수 있도록 유도한다. · 내무실에서 사고가 발생하면 신속하게 보고하고 대처하기 보다는 차후의 발생할 결과(상관의 의도, 사고자의 입장)를 생각하며 요모조모 따져본다. · 창의적, 동정적, 예언자형, 열정적, 아인슈타인, 지나치면 정신병
INTJ	· 훈련에 대한 전반적인 내용을 정확하게 숙지하고 있다. · 화생방 훈련시 참지 못하고 뛰어나가는 동료를 필사적으로 막는다. · 작업시 잡초제거는 뿌리 끝까지 뽑아내어 다시는 자라날 수 없도록 뿌리까지 제거한다. · 분대장급 이상 지휘관일 경우 자신의 판단을 중시하고 분대원들이 모두 따라주기를 원한다. · 훈련이나 작업시 규정에 어긋남이 없이 완벽을 원한다. · 행군시 잦은 휴식에 비효율적이라고 투덜댄다. · 자기가 하는 일에 깊이 몰두하는 성격이다. · 남의 말에 귀를 기울이기보다는 자신의 판단에 따라 결정하기 쉽다. · 과학자, 선생님, 독창적, 깔끔한 귀공자, 독불장군, 투덜이, 사리판단형
ISTP	· 초소투입 시 다른 사람에게 야전 전화기를 맡기지 않고 본인이 직접 설치한다. · 삽과 낫을 다루는 솜씨가 남들보다 탁월하다. · 다른 사람에게 작업도구 사용법을 가르켜 준다. · 훈련시 통신장비를 사용하는 역할이 적성에 맞는다. · 운동기구가 고장이 나면 뛰어난 손재주로 해결한다. · P.X 이용 시 최소한의 돈을 쓰려고 아낀다. · 자기와 상관없는 일이라면 쓸데없이 시간과 힘을 낭비하지 않는다. · 무슨 일을 성취해 놓은 후 남들에게 알리기 보다는 자신만이 흐뭇해하고 만족한다. · 우천 시 비가 새는 자신의 텐트를 나서서 비닐을 씌운다. · 조용함, 맥가이버, 기술자, 이기주의자. 현실주의자. 융통적

I S F P	· 내무실 회의 시 자기의견과 대립되는 의견이 나왔을 때 대체적으로 상대방의 의견을 따라준다. · 평소에 얘기도 안하던 동료와 작업할 때 함께 고생하면서 마음의 문을 열고 친해진다. · 부대에서 포상휴가를 받아 주위로부터 칭찬을 받아도 항상 겸손하게 받아들이고 다른 동료에게 미안해 한다. · 후임병에게 화를 잘 안내고 늘 친절하게 가르쳐 준다. · 힘들어 하는 동료를 조용히 격려하며 마음 속으로 진심으로 함께 아파한다. · 후임병으로써 고참들과 마음을 확 트고 이야기를 잘 하지 못한다. · 성인군자형, 겸손, 젠틀맨, 솜사탕, 느림보, 천사, 순종적인 어머니상
I N F P	· 지시받은 일을 잘 하려고 주변상황에 민감하면서도 상처를 가끔 받는다. · 자신의 잘못으로 사고가 나면 책임지려고 노력한다. · 유격훈련 시 조교의 밉살맞은 행위에도 참고 훈련하지만 마음이 불편하다. · 소외된 분대원에 대해 신경을 많이 쓴다. · 작업에 있어서 호 · 불호의 차이가 많다. · 엉뚱한 생각을 가끔 하면서 실천하는데 느린 편이다. · 말없고 조용하나 마음이 깊고 따뜻하다. · 잔다르크, 사회사업가, 헌신적 군종병이나 위생병
I N T P	· 작업능률을 올릴 수 있는 방법을 제시한다. · 훈련이 끝나면 미흡했던 점이 무엇인지 세밀히 분석한다. · 지나치게 다른 전우의 실수를 들추어 미움을 받기도 한다. · 훈련장 숙영지 편성 시 텐트를 가장 효율적으로 친다. · 유격장에서 밤에 달무리를 보며 내일 비가 와서 훈련이 없을지 모른다며 좋아하기도 한다. · 일의 결과가 안 좋을때 어디서부터 잘못되었는지 따져서 원인을 찾아내고야 만다. · 다른 사람이 청소한 곳을 살펴보고 잘못된 곳을 지적한다. · 자신보다 고참이라도 잘못된 것이 있으면 그냥 넘어가지 않고 지적한다. · 자유시간에 다같이 하는 운동경기보다는 혼자서 책 읽는 것을 좋아한다. · 논리적, 아이디어뱅크, 만물박사, 교수, 따로국밥, 자기판단적, 눈치가 없는

E S T P	· 체육집합시 가장 먼저 나와 몸풀기를 한다. · 유격훈련시 뛰어난 몸동작을 선보여 다른 사람에게 시범을 보인다. · 혼자 운동경기를 보는 것을 싫어하며 여러 사람과 함께 응원하며 경기 관람하는 것을 좋아한다. · 순발력이 뛰어나 누구의 질책성 질문에도 능숙하게 대처한다. · 힘든 작업이 있으면 서로 화합하여 방법을 찾고 해결하다가 안 되면 일을 저지른다(시한폭탄). · 현실적 감각을 살려 내무실과 모든 환경을 예쁘게 꾸민다. · 미래의 일보다 현실의 일에 즐거워하며 활동적이다. · 궂은 일을 보면 손쉽게 할 수 있는 방향으로 선택한다. · 축구를 하다 넘어져도 아프지 않고 축구 그 자체가 즐거울 뿐이다. · 활동가, 모험가, 연예인, 천방지축 덜렁이, 현실주의자, 재주꾼, 자극 시 행동파
E S F P	· 작업장의 지치고 처진 분위기를 웃음으로 풀어준다. · 후임병들에게 친절하게 대하여 후임병들이 그를 좋아한다. · 회의 시 가장 많은 의견을 제시한다. 그러나 그 많은 의견 중 반 이상은 실천하지 못하는 경우가 많다. · 지루한 청소를 재미있게 하기 위해 분위기를 조성하나 일 마무리가 좋지 못하다. · 생활관 오락 담당은 항상 그의 몫이다. · 장기자랑이나 부대 회식 때 분위기를 띄운다. · 훈련 내내 수다스러울 정도로 동료들과 잡담한다. · 그가 옆에 있으면 아무리 힘든 일이라도 즐겁다. · 훈련이나 회식 때 뒷정리를 하지 않아 주위로부터 따가운 시선을 받는 경우가 많다. · 주위에는 항상 친구들이 많다. · 사교와 명랑, 개방과 재주, 멋쟁이 덜렁이, 꾀돌이 먹보, 수다맨
E N F P	· 화생방 훈련 시 요령있게 호흡하는 방법을 터득한다. · 기존의 방식보다는 새로운 것을 추구하려 한다. · 일직 사관이 취하는 일상점호에는 관심이 없다. 그러나 테마별 점호에는 항상 리더로서 진행한다. · 작업 시 잡초를 뽑다 금방 싫증을 느껴 다른 작업을 찾으러 이동한다. · 선, 후임병 모두가 좋아하고 그 속에서 일어나는 갈등을 원만히 해결한다. · 여러 명의 친구를 알고 지내지만 진실한 친구는 거의 없다.

	· 반복적인 일상적인 생활보다는 늘 다른 일을 찾아 스스로 즐거워하며 항상 활기가 넘친다. · 힘든 일을 마친 뒤에도 피곤하고 힘든 기색이 보이지 않는다. · 돌출형, 스파크형, 야생마, 카멜레온, 변덕쟁이, 럭비공
E N T P	· 자신에게 주어진 작업만큼은 완벽하게 소화하지만 반복되는 작업은 허술하다. · 청소요령을 정확히 알고 있고 자신이 알고 있는 요령에 근거하여 청소를 진행한다. · 교육 집합 시 자신의 관심분야라면 능동적이고 적극적으로 참여하여 분석하고 사고한다. 그러나 미관심분야에는 흥미를 가지지 못한다. · 일상적인 근무형태에는 지루함을 느끼고 싫증내지만 자신만의 독특한 근무형태를 개발하여 근무시간 동안 지루함없이 시간을 보낸다. · 동료들이 풀기 어려운 문제를 논리와 분석으로 해결해 내기 때문에 어려운 문제에 처했을 때 동료들이 그를 찾아온다. · 과학자, 문제해결사, 정신과 의사, 비평자, 돌출적 발명가, 분석가
E S T J	· 작업을 어떻게 해야 하는지 생각해 본다. · 청소 인원이 적을 때 효율적으로 분담시켜 정리한다. · 훈련 중에 파이팅을 외쳐 동료들에게 힘을 주는 지도력있는 모습을 보여준다. · 작업이나 훈련을 할 때 남들에게 시범을 보여주는 것을 좋아한다. · 자기 표현이 강해 다른 사람들과 의견대립이 있는 경우가 있다. · 모든 일의 끝을 본다. · 축구시합 전 몸풀기 운동을 하며 자기 실력을 맘껏 뽐내 상대방의 기를 죽게한다. · 운동경기 주장을 맡으면 항상 맏형처럼 팀원을 격려해준다. · 끊고 맺음이 분명해 일하는 시간과 쉬는 시간을 정확히 구분한다. · 체계적 지도자, 정치가, 생활관 분대장, 우두머리
E S F J	· 자신의 청소구역을 다 하였어도 다른 구역 청소가 끝나지 않았으면 같이 도와준다. · 훈련 종료 후 정리정돈의 확실한 면모를 보여준다. · 작업시 작업량이 부족한 동료에게 자신의 것을 더해준다. · 잘못된 일을 보았을 시 그리 큰 일이 아니라면 그냥 눈감아준다. · 대인관계의 폭이 넓다.

	· 인간성이 좋아 전 부대원에게 호감을 주며 간혹 자신의 것을 챙기지 못할 때도 있다. · 자신이 지시한 일을 후임병이 실시하지 않았을 경우 질책을 하지는 않는 편이나 본인이 마음의 상처를 받고 끙하기도 한다. · 자선사업가. 친선도모형, 빨강머리 앤, 성직자, 홍길동
ENFJ	· 후임병의 고충을 잘 들어준다. · 동료들과 대화 중 현실에 대한 얘기보다는 미래에 대한 얘기를 자주 나눈다. · 분대장인 경우 분대원 한사람 한사람의 얘기를 잘 들어준다. · 힘든 청소를 맡아서 잘 하지만 주로 지시에 의존하려는 성향을 가지고 있다. · 훈련이 끝나기 전에 훈련이 끝나면 어떻게 정리할지를 미리 걱정한다. · 생활관이 어수선하면 후임병들에게 청소를 해야되는 이유를 정확히 설명을 해 주고 후임병들과 같이 청소한다. · 작업 후 장비 수거 및 뒷정리를 한다. · 고충처리반 직원, 상담원, 알부남 격오지 모범 분대장, 돌격대장
ENTJ	· 간혹 직설적인 표현으로 인해 사람을 무안하게 만들기도 한다. · 분대원들에게 축구시합의 중요성을 인식시키고 경기 내내 감독이 되어 지휘한다. 기회를 놓치면 상당한 문책으로 자신의 임무를 각인시킨다. · 훈련 시 훈련 진행에 중심이 되면 분대원들을 효율적으로 지시한다. · 작업이나 훈련을 할 때 업무분담을 철저히 하고 지도력이 강하다. · 장기자랑이나 기타 활동시간에 큰 두각을 나타낸다. · 요령을 피우는 동료를 하나하나 간섭한다. · 모든 훈련이나 작업에 앞장선다. 때로는 지나친 잔소리가 문제가 되기도 한다. · 지도자형 감독, 시어머니, 뛰어난 통솔력, 원칙적 독불장군

2) 유형별 화생방 훈련 시의 특징

유형	특징
ISTJ	· 화생방 훈련 전 부수기재를 철저히 점검한다. · 훈련에 몰두하고 주어진 상황에 최선을 다한다. · 계획대로 진행을 원한다. (들어갈 순서 바뀜, 우천으로 인해 화생방 교육이 연기되는 등의 계획을 싫어함) · 불평불만 없이 묵묵히 훈련에 임한다.
ISFJ	· 친한 사람이 옆에 있어야 훈련 받을 때도 맘이 편하다. · 남이 떨어뜨리고 간 방독면을 주워 나온다. · 화생방 교장에서 나와 동료들에게 휴지를 건낸다.
INFJ	· 고장난 방독면을 가진 동료에게 자신의 방독면을 준다. · 가스가 주입되는 급박한 시간에도 관심사에 대한 의문과 성찰의 시간을 갖는다. · 다른 사람이 생각 못하는 창의적인 생각으로 가스실 훈련을 견딘다.
INTJ	· 몸이 좋지 않아도 의지로 이겨내고 가스실에 들어간다. · 화생방 교육에 대해 이론적으로 박사다. · 가스실에서 토하고, 콧물을 흘리며 숨이 막혀와도 끝까지 견뎌낸다. (의지의 한국인)
ISTP	· 동료의 방독면을 손수 수리해준다. · 자신만을 위한 휴지를 챙겨와서 훈련 종료 후 혼자 사용한다. · 숨이 막히고 콧물이 흘러도 자신이 떨어뜨린 방독면을 가져오기 위해 바로 가스실에 들어간다.
ISFP	· 가스실에서 나와 자신이 아무리 힘들어도 동료들의 고통스러운 모습을 보면 도와준다. · 가스실에서 나와서도 웃는 얼굴로 동료들을 대한다. · 남들이 버리고 간 휴지를 다 줍는 등 뒷정리를 한다.

I N F P	· 빨리 훈련이 끝나고 부대복귀할 생각만 한다. · 힘든 훈련이지만 완벽함을 요한다. · 남에게 부담을 주지 않으려 한다. · 훈련 후 묵묵히 다음 훈련을 준비한다.
I N T P	· 자신의 겪을 고통에 대해 미리 생각해보고 훈련에 대처한다. · 동료들의 반응을 미리 예측해 본다. · 가스실에서 있었던 자신의 행동에 대해 정확히 기억하고 훈련 후 분석해 본다.
E S T P	· 가스실에 들어가기 전 장기자랑을 통해 동료들의 긴장을 풀어준다. · 이미 뒷주머니에 손수건을 준비하고 있어 여차하면 가스실에서 조교가 모르게 코를 막는다. · 조교가 시범 보이는 것을 비웃으며 본인이 직접 시범을 보일 가능성이 있다.
E S F P	· 동료들이 가지고 있는 가장 좋은 방독면을 무슨 수를 써서라도 자기의 것으로 만든다. · 가스실에 들어가기 전 긴장하는 동료들을 위해 폭소와 유머로 긴장을 풀어준다. · 콧물이 나고 눈물이 나도 동료들과의 고통을 나누었다는 자체로도 행복하다.
E N F P	· 자신의 독특하고 새로운 방법으로 가스와의 전쟁에서 승리한다. · 가스실에 먼저 들어갔다 나온 동료들의 고통스러워하는 모습을 보며 본인이 더 가슴 아파한다. · 교육 전 반복되는 조교의 설명에 지루해하고 차라리 빨리 가스실에 들어가고 싶어한다.
E N T P	· 가스실에 들어갔다 나와도 가장 생생하고 힘이 넘친다. · 훈련에 들어가기 전 부담을 많이 느끼나 일단 가스실에 들어가면 정열적으로 훈련에 임한다. · 새로운 방법으로 훈련에 대처한다.

E S T J	· 가스실에 들어가기 전 요령, 방법을 동료들에게 알려주고 시범을 보인다. · 가스실에 자신이 가장 먼저 들어가겠다고 손을 든다. · 견딜 수 없이 힘들면 조교들을 밀치고 가스실을 뛰쳐나갈 수도 있다. · 일단 가스실에 들어갔다 나오면 동료들에게 으시댄다.
E S F J	· 가스실에 들어가기 전 "고통이 덜 하게 해 주십시요."하고 기도한다. · 눈물을 콧물 다 본 동료들과 깊은 정을 나눈다. · 가스실에서 나와서 다른 사람의 기분 맞추기에 바쁘다.
E N F J	· 가스실에서 힘들어하는 동료들을 보면 훈련이 끝나고 동료의 몸 상태 하나하나를 체크하면서 괜찮은지 물어본다. · 가스실에 들어가기 전 동료들과 회의를 통하여 계획을 세운다. · 훈련이 끝난 후 가스실 뒷정리 청소를 자원한다.
E N T J	· 훈련 전 동료들에게 화생방 훈련을 통해 무엇을 얻을 수 있는지 목표의식을 정확히 주입시킨다. · 동료 한명의 실수로 가스실에 다시 들어가게 되면 그 동료를 심하게 질책한다. · 가스실에 같이 들어간 동료들을 인솔하고 훈련이 끝나고 힘들어 하는 동료들을 일으켜 세워 줄을 세운다.

3) 유형별 유격훈련 시의 특징

유형	특징
ISTJ	· 유격 시 준비물을 철저히 준비한다. · 유격 시 묵묵히 훈련에 몰두한다. · 계획대로 진행을 원한다. · 남들보다 집합시간에 먼저 나온다. · 자세가 좋아 모범 올빼미로 선정되어 열외 횟수가 많다.
ISFJ	· 텐트 자리를 배치해주고 친한 사람 옆에 자리를 잡는다. · 자기 분대원들을 가장 잘 챙긴다. · 남들이 쉬고 있어도 혼자 분주하다. · 둘이 공통으로 준비해야 하는 점은 본인이 다 챙긴다. · 옆 동료를 생각하여 건빵 한 봉지를 더 챙긴다.
INFJ	· 유격장에서도 꼭 수양록을 작성한다. · 유격장에서의 정신적 지도자. · 유격훈련 자체보다 과연 내가 이 훈련을 통해 무엇을 얻고 깨달을 지에 대해 생각한다.
INTJ	· 자유시간에도 낭비(취침, 휴식)을 허락하지 않는다. · 유격에 대해 이론적으로 박사다. · 아무리 힘들어도 어금니 꽉 깨물고 열외 한번 안 하는 의지의 한국인.
ISTP	· PT체조보다는 장애물 타는 것에 남들보다 탁월하다. · 텐트를 칠 때 일일이 꼼꼼히 하기 때문에 시간을 많이 허비한다. · 자신을 위한 부식을 꼼꼼히 챙겨간다(통조림, 간식거리).
ISFP	· 유격보다는 부식 추진, 취사를 담당하고 싶어한다. · 힘든 이들의 다리를 주물러 주고, 텐트 주변 청소를 한다. · 본인도 힘들지만 남들에게 힘내라고 격려해준다. · 항상 웃는 얼굴이다.

INFP	· 묵묵히 훈련에 참가한다. · 남에게 부담을 주지 않으려 노력한다. · 텐트에서 사고가 나면 본인이 직접 책임을 지고 희생한다. · 훈련이 끝나고 포상을 받는 생각을 한다. · 유격훈련에서 우리 부대가 최고가 될 수 있기를 희망한다.
INTP	· 하늘의 별자리를 보며 내일 날씨에 대해 예언해본다. · 장애물 훈련 시 실패하였을 경우 왜 실패하였는지 분석적으로 비평한다. · 행군 시 누가 낙오할지, 완주할지 예측해본다.
ESTP	· 유격훈련보다는 특공연대 지리, 저녁 자유시간에 어떻게 보낼지 생각한다. · 유격조교가 시범을 보이는 것을 비웃으며 자신이 직접 시범을 보일 가능성이 있다. · 남들보다 준비한 것이 많아 유격기간 중 걱정이 없다.
ESFP	· 유격복을 남들보다 좋은 것으로 골라 입는다. · 지친 훈련장의 분위기를 폭소와 유머로서 화기애애하게 만든다. · 행군 시 발에 물집이 잡히고, 조금 뒤쳐져도 그저 동료들과 함께 걷는 것이 행복하다. · 침구류보다도 간식거리를 더 챙겨왔다.
ENFP	· 말다툼이 일어나면, 중간에서 문제를 해결하는 해결사. · 행군에서 낙오하면 내일처럼 가슴 아파한다. · 행군 시 자신의 독특하고 새로운 방법으로 물집과의 전쟁에서 승리한다.
ENTP	· 유격훈련 후 복귀하여도 가장 힘이 넘친다. · 반복되는 PT체조는 흥미없고, 새로운 장애물 훈련이 시작되길 기대한다. · 새로운 방법으로 훈련에 대처한다.

E S T J	· 훈련 전 동료들에게 유격훈련 방법을 시범보인다. · 훈련장에서 모든 일에 솔선수범한다. · 부당한 조교의 교육에 솔직하고 화끈하게 얘기한다. · 쉬운 장애물 하나 성공하고도 으시댄다.
E S F J	· 훈련 들어가기전 다치지 말게 해달라고 기도한다. · 훈련을 통해 서먹했던 인원들과 가까워 지도록 노력한다. · 행군 시 지친 인원의 군장을 대신 매준다. · 다른 인원의 기분 맞추기에 바쁘다.
E N F J	· 훈련 때 처지는 동료들을 보면 훈련이 끝나고 불러서 상담한다. · 훈련장에서도 항상 조장으로써 맡은 바 책임을 다한다. · 훈련 전 분대원들과 회의를 통해 철저히 계획한다. · 훈련장 뒷치닥거리는 다 한다.
E N T J	· 분대원들에게 유격훈련을 통해 무엇을 얻을 수 있는지 목표를 주입시킨다. · 업무를 분담시키고 잘못하면 문책한다. · 텐트의 감독관이 된다. · 리더십으로 분대원을 이끈다.

4) 유형별 작업 시의 특징

유형	특징
ISTJ	· 한 작업을 끝내기 전엔 다른 작업을 하지 않는다. · 작업도구를 미리 챙겨온다. · 작업하면서 남들이 노는 모습을 보면 참을 수 없다. · 작업 집합하면 가장 먼저 모인다.
ISFJ	· 자신의 작업을 다하면 쉬지 않고 남의 작업을 도와준다. · 작업량에 따라 인원 편성을 효율적으로 한다. · 친한 사람과 함께 작업하는 것을 좋아한다. · 작업장에 마실 물도 가져가는 것도 이들이다.
INFJ	· 작업보다는 그 시간에 자신의 군 생활에 대해 되새겨본다. · 작업을 열심히 하여 남들에게 모범이 된다. · 작업도구를 남들과는 다른 방법으로 사용한다.
INTJ	· 최단 시간 내에 작업을 끝마친다. · 작업시간과 범위, 작업량을 직접 결정해야 마음이 놓인다. · 작업방법을 가장 잘 알고 있다.
ISTP	· 작업도구를 가장 효율적으로 사용한다. · 삽이나 낫 같은 작업도구가 부러져도 쉽게 고칠 수 있다. · 자신의 작업만 끝마치면 더 이상 일을 하지 않는다.
ISFP	· 작업할 때 후임병들에게 친절하게 작업하는 법을 알려준다. · 남들에게 작업을 열심히 하라고 강요하지 못한다. · 작업하다가 남에게 방해하지 않을까 신경을 쓴다.

I N F P	· 남들이 작업을 게을리 해도 이해해준다. · 조용히 혼자 작업하는게 제일 편하다. · 작업을 완전히 마무리해야 손을 놓을 수 있다. · 작업하며 딴 생각하는 것을 즐긴다.
I N T P	· 잡초하나를 베도 자르는 방향을 고려하고 자른다. · 작업이론은 잘 알고 있으나 실제 작업하는 것을 즐기지 않는다. · 남들 작업할 때 참견하거나 눈총을 받기도 한다.
E S T P	· 작업은 안 하지만 삽은 제일 새것을 가지고 있다. · 작업이론을 듣는 것보다 일단 시작하고 본다. · 작업량이 남아있더라도 시간만 다 되면 작업을 끝마친다.
E S F P	· 작업하면서 다른 동료들과 대화하는 것을 좋아한다. · 작업장에 온 목적은 일을 하는 것이 아니라 다른 사람들과 같이 있는 것이다. · 작업을 마무리 못해도 전혀 개의치 않는다.
E N F P	· 땅파다 잡초베고 잡초베다 가지친다. · 직업하다 서로 트러블이 생기면 나서서 화해시킨다. · 작업보다는 생각이 필요한 작업을 선호한다.
E N T P	· 일단 작업하기를 시작하면 열정적으로 한다. · 작업을 해도 남들이 쉽게 할 수 없는 작업에 도전한다. · 작업을 하는 도중 갑자기 다른 일을 할 때도 있다.

ESTJ	· 작업장의 일원이 되기보다는 작업장을 지휘하는 것이 성격에 맞다. · 후임들이 지쳐있어도 작업을 계속 시켜서 냉정하게 비춰지기도 한다. · 작업하는 법을 사람들에게 가르쳐준다. · 작업이 다 끝나기도 전에 끝났다고 단정 짓고 마무리를 소홀히 할 때도 있다.
ESFJ	· 힘든 작업도 협력하여 잘 끝마친다. · 쉬는 시간이 끝나도 다른 사람이 더 쉬고 싶어 하면 말리지 않는다. · 작업을 하면서도 친분 쌓기에 바쁘다. · 작업하기 전 사고 나지 않도록 동료들에게 주의를 준다.
ENFJ	· 후임병이 지쳐있으면 옆에 가서 다독거려 준다. · 이 사람이 작업장 지휘를 맡으면 마무리까지 시간이 오래 걸린다. · 여기저기서 작업을 도와달라고 하여 늘 바쁘다.
ENTJ	· 누가 시키지 않아도 작업장 지휘를 맡는다. · 작업병력을 효율적으로 통제한다. · 가끔 너무 독선적이기도 하여 주위 사람들에게 불평을 듣는다.

5) 간부로서의 조직에 대한 공헌[18]

ISTJ	· 꾸준히 일정에 따라 일을 완수한다. · 특히 세부사항에 강하고 세부관리에 주력한다. · 적재적소에 일과 사물을 배치한다. · 약속과 실천을 신뢰할 수 있다. · 조직체계 내에서 일을 잘한다.
ISFJ	· 부하의 실제적 욕구에 대응한다. · 조직목표의 완수에 강력한 추진력을 사용한다. · 세부사항 및 일상업무에 성실하고 책임진다. · 남에게 봉사하는데 기꺼이 노력을 경주한다. · 적재적소에 일과 사물을 배치한다.
INFJ	· 인간 욕구에 어떻게 부응할 것인가에 대해 미래지향적 통찰을 제공한다. · 위임사항에 대하여 마무리를 한다. · 성실성과 지속성을 가지고 일한다. · 혼자서 집중력이 요하는 작업을 선호한다. · 사람과 과업간의 복잡한 상호작용을 조직화한다.
INTJ	· 강력한 개념을 구축하고 기획할 능력이 있다. · 아이디어를 행동계획으로 조직화한다. · 목표달성을 위해 모든 장애를 제거하는 노력을 한다. · 시스템의 각 부분간의 복잡한 상호작용을 포함하여 그 전체성을 이해하도록 조직을 밀고 나간다. · 조직이 어떻게 될 것인가에 대한 강력한 비젼을 가지고 있다.
ISTP	· 위급 시의 요구 또는 중대사의 문제 등에 대응해서 분쟁 조정자의 역할을 한다. · 정보통의 기능을 담당한다. · 규칙에는 아랑곳하지 않고 규칙을 이유삼지 않고 일을 완수한다. · 위기에 태연하며 그래서 남에게 안정을 되찾는 효과를 낳는다. · 기술 분야에 어울리는 경향이 있다.

18) 한국심리검사연구소(1997). 기업조직에서의 MBTI 활용입문에서 발췌함(리더십 스타일도 동일).

I S F P	· 조직 내 사람들의 욕구가 무엇인지에 유의한다. · 다른 사람의 복리를 확보하려고 행동한다. · 자신의 업무에 조용한 즐거움을 불어 넣는다. · 자신의 협동적인 본성 때문에 사람들과 과제를 결합시킨다. · 조직의 인간적 측면에 주의를 기울인다.
I N F P	· 조직 내 각 개인에게 적소를 찾으려고 노력한다. · 자신의 이상에 대해 설득적이다. · 공동목적에 사람들을 끌어들인다. · 조직을 위해 새로운 아이디어와 가능성을 추구한다. · 조직적 가치를 조용히 추구한다.
I N T P	· 논리적이고 복잡한 시스템을 설계한다. · 복잡한 문제에 대처하는데 능력을 발휘한다. · 장단기적인 지적 통찰력을 가지고 있다. · 문제에 대해 논리적, 분석적, 비판적 사고를 적용한다. · 문제의 핵심을 찌른다.
E S T P	· 일이 진전되도록 하기 위해 협상하고 타협점을 찾는다. · 우선 일을 만들고 활기를 불어 넣는다. · 현실적 접근을 취한다. · 위기상황을 기꺼이 받아들인다. · 사실에 관한 정보에 주의하고 기억한다.
E S F P	· 열정과 협력을 끌어들인다. · 남에게 조직의 긍정적 이미지를 심는다. · 행동과 자극을 제공한다. · 사람과 자원을 연결시킨다. · 꾸밈없이 사람을 받아들이고 대우한다.
E N F P	· 변화에 앞장선다. · 가능성, 특히 사람에 대한 가능성에 집중한다. · 자신의 넘치는 열의로 남을 고취한다. · 프로젝트와 행동을 시발한다. · 남을 인식한다.

ENTP	· 한계를 극복해야 할 도전으로 간주한다. · 새로운 수행방법을 마련한다. · 문제에 대해 개념적 준거를 제공한다. · 주도권을 쥐고 남을 몰아친다. · 복잡한 도전을 즐긴다.
ESTJ	· 사전에 결함을 찾는다. · 프로그램을 논리적 방법으로 비평한다. · 일의 과정, 사건, 인간을 조직화한다. · 단계적이고 체계적으로 추진한다.
ESFJ	· 남과 어울려 일을 잘하며, 특히 팀을 이루어 잘한다. · 사람들의 요구와 욕구에 대해 깊은 주의를 기울인다. · 적시에 정확한 방법으로 과업을 완수한다. · 규칙과 권위를 존중한다. · 일상적 업무를 효과적으로 다룬다.
ENFJ	· 조직이 사람을 어떻게 다루어야 하는지에 대한 강력한 이상을 주장한다. · 팀을 지도하고 고무하는 것을 선호한다. · 협력을 고취한다. · 조직 가치를 전파한다. · 문제를 결실 있는 결론으로 끌어가는 것을 선호한다.
ENTJ	· 주도면밀한 계획을 개발한다. · 조직에 대해 체계를 확립한다. · 큰 목표에 맞는 전략을 구상한다. · 신속하게 착수한다. · 혼란과 비효율성으로 빚어진 문제에 직접 대응한다.

5) 간부로서의 리더십 스타일

유형	리더십 스타일
ISTJ	· 결정하기 위해 사실과 관련된 경험과 지식을 사용한다. · 책임완수를 위해 신뢰할 수 있고 안정되고 일관성있게 성과를 수립한다. · 전통적, 체계적 접근방법을 존중한다. · 업무수행 중 원칙을 준수한 자에게 포상한다. · 조직체계 내에서 일을 잘한다.
ISFJ	· 처음엔 리더쉽의 수락에 선뜻 나서지 않으나 부탁받으면 받아들인다. · 자신과 남이 조직의 필요, 체계, 계층구조에 순응하기를 바란다. · 막후에서 개인적 영향력을 행사한다. · 전통적 절차와 규칙을 성실하게 따른다. · 실질적인 결과에 도달하기 위해 세부사항에 머리를 쓴다.
INFJ	· 남과 조직을 위해 무엇이 최선인지에 대한 자신의 견해를 통해 지도한다. · 요구보다는 협조를 획득한다. · 조용하지만 확고한 행동방향을 활용한다. · 자신의 영감을 실현하려고 노력한다. · 자신의 이상으로 남을 고취시킨다.
INTJ	· 조직목표를 달성하기 위해 자신과 남을 이끌어 간다. · 아이디어 영역에서는 강력하고 강압적으로 행동한다. · 나에 대해 엄격해 질 수 있다. · 개념화, 디자인, 신모델을 구축한다. · 필요한 경우, 냉정하게 전 시스템을 재편성할 수 있다.
ISTP	· 솔선수범으로 리드한다. · 모든 사람을 동일하게 다루는 협동적인 팀 접근을 선호한다. · 계층구조 및 권위주의적 평등주의자이다. · 주위의 분쟁에 신속하게 대응한다. · 부하를 느슨하게 관리하며 최소한의 감독을 선호한다. · 모든 행동을 규제하는 대원칙에 입각하여 행동한다.
ISFP	· 평등주의를 선호하며 협조적인 팀 접근을 선호한다. · 동기부여의 수단으로써 개인적인 충성심을 활용한다. · 비판하기보다는 칭찬하는 편이다. · 가끔 분기하기도 하고 필요에 따라 적응하며 위기에 대처한다. · 다른 사람의 선의에 호소함으로써 조용히 설득해 나간다.

INFP	· 용이한 접근로를 택한다. · 보통과는 다른 독특한 리더십 역할을 선호한다. · 자신의 비젼을 향해 독자적으로 노력한다. · 남을 비판하기보다는 칭찬하는 편이다. · 자신의 이상에 따라 남이 행동하도록 고무한다.
INTP	· 문제와 목표를 개념적으로 분석함으로써 지도한다. · 논리적 시스템 사고를 적용한다. · 자신들이 자율적으로 일을 찾는 반면 다른 독립적인 유형을 지도하기를 선호한다. · 직위보다는 능력에 입각한 대인관계를 맺는다. · 감정차원보다는 지적 수준에서의 상호작용을 추구한다.
ESTP	· 위기시 기꺼이 책임을 진다. · 자신의 견해에 부하를 따르게 한다. · 솔직하고 독단적인 스타일을 가지고 있다. · 가장 편한 경로에 따라 움직인다. · 행동과 즉각적인 결과를 추구한다.
ESFP	· 호의와 팀웍의 증진을 통해 지도한다. · 위기관리에 능통하다. · 갈등요인을 공동으로 해결함으로써 긴장상황을 완화시킨다. · 당면문제에 초점을 맞춤으로서 일이 되게 한다. · 사원들간의 효과적인 상호작용을 유발한다.
ENFP	· 정열과 열의로 지도한다. · 착수단계의 책임지기를 선호한다. · 사람에 관련된 가치문제에 대해 관심이 많아 때로는 대변인이 되기도 한다. · 남을 포섭하고 지원하려고 노력한다. · 다른 사람의 동기가 무엇인지에 주의를 기울인다.
ENTP	· 조직의 요구를 제기할 이론적 시스템을 계획한다. · 다른 사람의 독립성을 고취한다. · 논리적 시스템을 적용한다. · 자기가 하려는 바를 위해 확고한 명분을 활용한다. · 사람과 사스템간의 촉매적 역할을 수행한다.

유형	특성
E S T J	· 지시적인 리더쉽을 추구하며 신속히 착수한다. · 문제해결에 과거경험을 적용, 응용한다. · 상황의 핵심에 접근함에 있어 확고하게 지시한다. · 신속하게 결심한다. · 계층구조를 존중하는 전통적인 지도자처럼 행동한다.
E S F J	· 남에 대한 개인적 관심을 통해 지도한다. · 좋은 대인관계를 통해 선의를 얻는다. · 부하에게 정보전달을 잘한다. · 힘든 일이나 끝마무리에 솔선수범한다. · 조직의 전통을 지지한다.
E N F J	· 개인적인 열의를 통해 지도한다. · 사람과 프로젝트를 관리함에 있어 참여하는 자세를 취한다. · 부하의 욕구에 민감하다. · 행동을 가치와 일치시키기 위해 조직에 도전한다. · 변화를 즐긴다.
E N T J	· 행동지향적 열성적 접근방법을 취한다. · 조직의 장기 비젼을 마련한다. · 필요한 경우 직접 관리하고 확고부동하다. · 복잡한 문제를 선호한다. · 가능한 많은 조직을 운용하려 한다.

〈부록1〉
한국 軍 상담학회 소개

한국 軍 상담학회는 2006년 4월 한국상담학회의 군상담위원회로 발족하여 국방부 능력육성 상담교육과 전군 지휘관 혁신과정을 운영하였다.

군이 21세기 인재 육성기관으로서 건강한 미래사회의 리더양성을 지원하기 위하여, 2007년 6월 23일 한국상담학회의 분과학회인 한국 軍 상담학회로 창립하였다.

2006년 5월부터 육 · 해 · 공군대학에서 대대장 및 연대장을 대상으로 '혁신교육과정' 을 운영하였고, 이후 2007년까지 육군은 1 · 3군지역, 해군과 공군장교 및 부사관을 대상으로 204개반 36,000여명에 대한 '능력육성 상담교육' 을 실시하여, 만족도 93.8%라는 성과를 달성하였고 특히, 국방부 전체 자살율 65%로 감소시키는데 기여하였다.

또한 2008년도에는 기존의 Hard power 즉, 물리적, 강제적, 통제적, 억압적인 힘에서 벗어나, 조직구성원들이 존중과 배려 속에서 비강제적이고, 즐거운 마음으로 신명나게 임무수행할 수 있는 Soft power 프로그램 즉, '선간부 의식전환 상담교육' 을 위해 전 · 후방과 서해 5도까지 방문 순회 교육을 실시하였다.

육군은 연대급 이상 130개반 55,500여명, 해군 및 해병대는 함대사령부급 이상 17개반 8,750명, 공군은 비행단급 이상 9개반 5,600여명 등 총 351개반 장교 및 부사관을 대상으로 69,850여명을 실시하였으며, 이를 위해 軍 상담학회 소속 강사는 1,400명이 투입되었다.

뿐만 아니라 신세대 장병들의 군복무를 통해 성장과 발달을 돕고, 강한 전사로 거듭나며, 상호이해와 원활한 의사소통으로 부대단결과 병영문화를 개선하는데 도움을 주는 軍 집단상담 프로그램을 개발하여 진행하였다.

2008년도 한국 軍 상담학회의 軍 집단상담 실적은,

1. 00여단은 대대와 단위부대별 간부, 부사관, 병사 대상으로 9회 1,300여명을,
2. 00사단은 0개연대와 직할대 간부, 부사관, 병사 대상으로 3회 6,000여명을,
3. 00사단은 직할대 간부, 부사관, 병사 대상으로 2,000여명을 실시하였고,
4. 00사단은 또래상담병 50명을 대상으로 軍 집단상담을 실시하였고,
5. 00부대의 리본캠프에는 주 1회 1박 2일 프로그램으로 2008년 11월 2회 30명, 12월 3회 45명을 실시하였다.
6. 특히 경기지방경찰청 전 · 의경 전문상담관 협약을 맺고, 00개 중대 중 12개 중대 1,800여명을 대상으로 집단상담을 실시하여, 선임자와 후임자 간의 원활한 의사소통과 상호이해, 자기수용, 개방으로 사고예방과 병영문화를 개선하는데 기여하였다.
7. 건양대학교 전문상담관을 양성하는 상호교류 및 협약을 체결하였다.
8. 대한민국재향군인회와 교육 협력 및 협정 체결을 하였다.
9. 보건북지가족부 위탁 중앙건강가정지원센터와 협력 협정을 체결하였다.
10. 최고의 교육을 제공하고자 한국생산성본부와 교류 및 교육 협력 협정을 체결하였다.

2006, 2007, 2008년 교육성과 분석

구 분	계	개 인 상 담			집 단 상 담	또 래 상 담 병	정 신 교 육
		능력육성	원사교육	선 간 부			
인원(명)	133,690	42,207	660	69,850	11,225	1,860	7,888
비고	–	'06: 6,095	'07년	'08년	부대: 9,425 전의경: 1,800	06: 725 07: 820 08: 1,425 09: 4,917	06: 725 07: 820 08: 1,425 09: 4,917

2009년도 한국 軍 상담학회에서는

1. 00부대의 리본캠프에는 2009년 1월 15명 등 총 90명을 실시하였고, 연간 지속으로 진행되며,
2. 0함대사령부는 또래상담병 50명을 대상으로 5회, 연 250명을 실시하여 軍 집단상담과 또래병사들과의 상담기법 교육을,
3. 00사단 또래상담병 50명에게는 2월 중에 2회차 또래병사들과의 상담기법을,
4. 전 · 의경부대는 00개 중대 약 2,000여명을 대상으로 집단상담교육을
5. 부대 요청 시 개인상담, 집단상담 및 또래상담병 상담교육을 제공할 것이다.

〈부록2〉
생명존중 서약서

생명존중 서약서

본인 ________는(은) 지금 이 자리에서 부모님으로부터 받은 생명을 귀하게 존중하고, 나 자신을 스스로 사랑할 것을 엄숙히 선서합니다. 만약에 감당할 수 없는 위기의 순간이 오면 반드시 담당관인 ____________에게 알려서 도움을 요청할 것을 서약합니다.

_____ 년 _____ 월 _____ 일

본 인	담당관
계 급 :	계 급 :
성 명 : (지문날인)	성 명 : (지문날인)

〈부록3〉
비밀보장 선언(예)

비밀보장 선언

상담은 지금까지 나의 관점에서 생각하고 고민했던 것을 드러내고 문제의 해결점을 찾는 과정입니다. 이 과정에서 상담받는 지금 이 순간에는 거리낌 없이 표현하였을지라도 나중에 괜히 말했나, 상담자가 내 이야기를 다른 사람한테 전하면 어떡하나 걱정되기도 할 것입니다. 하지만, 자신과 타인의 생명을 위협하는 행위나 군법에 위배되지는 않는 일체의 언행에 대해 비밀보장이 됨을 약속합니다.

2009년 5월 19일

상담자 : 주임원사 홍 길 동 (인)

내담자 : 상　　병 이 철 수 (인)

〈부록4〉
병사상담 신청서

병사상담 신청서

신청일 : _____ 년 _____ 월 _____ 일

입대일 : _____ 년 _____ 월 _____ 일

소　속 : ____________________

* 이　름 : ______________ * 계급 : ______________ * 성별 : 남 · 여

* 생년월일 : ____ 년 ____ 월 ____ 일 * 주민등록번호 : ______________

* 결혼여부 : 미혼 · 기혼 · 이혼 · 별거 · 기타 ______________________

* 종　교 : 기독교 · 불교 · 천주교 · 기타 __________________________

* 최종학력 : ____

* 보호자 연락처

주　소 : ____

전화번호 : 집) ______________ 휴대폰) ____________________

* 가족사항

* 지금 현재 상담을 받기 원하는 내용은 무엇입니까?

____

____

* 이전에 상담을 받아 본 적 있습니까? 예( ), 아니오( )

(있다면) 언제 : ______________ 어디서 : ______________

그만둔 이유 :______________________________

* 당신의 인생목표는 무엇입니까?

____

____

____

____

* 현재 당신에게 즐거움을 주는 것은 무엇입니까?

일(행위)의 종류 : ______________________________

사 람 : ______________________________

* 당신은 지금 자기 스스로를 한 마디로 표현해 보세요.

____

____

____

____

* 다음의 각 문제 영역을 읽으시고 현재 어려움을 겪는 정도에 V표 해 주십시오.

이 름	전혀 없다	약 간	보 통	꽤	아주 심하다
1. 가족관계					
2. 선임병 관계					
3. 동기병 관계					
4. 후임병 관계					
5. 장교 관계					
6. 부사관 관계					
7. 이성친구 관계					
8. 학업/진로					
9. 성					
10. 성격					
11. 생활습관					
12. 경제문제					
13. 정신건강					
14. 신체건강					
15. 기타 ( )					

* 건강상의 문제 : ____

(있다면) 현재 복용중인 약품 : ________________________________

〈부록5〉
병사상담 기록지

병사상담 기록지

내담자 성명 : ____________________ 상담일시 : ____________________

▷ 행동관찰

____

____

▷ 주 호소문제

____

____

▷ 호소문제 배경

____

____

____

▷ 상담개입

____

____

____

▷ 향후 과제

____

____

〈부록6〉
자살문제와 병영상담의 실제

타인의 입장에서 볼 때 자살은 문제이지만, 자살을 시도하는 사람의 입장에서 볼 때 자살은 문제가 아니고 좌절을 극복하기 위한 해결책을 찾는 과정이다. "나는 자연의 위대한 창조물이다. 나와 똑같이 걷고 말하고 움직이고 생각하는 사람은 이전에도 없었고, 현재에도 없으며, 앞으로도 없을 것이다." 이렇듯 자살은 무의식을 통해 자신의 유일한 존재 가치를 회복해 달라는 신호라고 볼 수 있다. 이러한 자살을 예방하려면 다음과 같은 능력을 갖추어야 한다.

1) 조기발견과 응급조치 능력

자살의 정서적, 인지적, 행동적 증상	1. '자살은 아무 예고 없이 갑자기 일어날 때가 많다'는 것은 자살에 대한 대표적인 오해이다. 자살을 시도하는 이들을 이해하고 도와주기 위해서는 '정서적 측면', '인지적 측면', '행동적 측면'의 증상을 파악하는 것이 중요하다. · 정서적 측면 : 예) "감정 기복이 심하다." "어떻게 해야 할지 막막하고 미칠 것 같다." "이 상병과 눈 마주치기 힘들고 더 이상 지쳐서 세상 살기 싫다." · 인지적 측면 : 예) "병사들이 배신하고 놀려 소문이 퍼질 것이다." "이렇게 살 바엔 그냥 조용히 내가 이 부대에서 사라져주면 되겠다고 생각한다." "병사들이 하는 말이 모두 내 말하는 것 같다." · 행동적 측면 : 예) "죽으려고 손목도 그어보고 견디며 참아 왔다." "동료 앞에서는 밝은 표정을 짓고 있지만, 하루하루를 거짓말로 살아간다." "동료의 말을 씹으면서 지냈다." 2. 3인 1조가 되어 워크북의 내용 (① 자살 가능성이 있는 사람을 구별하는 나만의 방법은? ② 내가 경험한, 또는 내가 전해 들은 자살 조기 발견의 미담은?)을 작성하고, 좋은 사례는 발표해 공유한다.
자살 충동 병사 발견 시 해야 할 응급조치	1. 자살 충동을 느끼는 병사를 발견했을 때 해야 할 응급조치 단계를 설명한다. 특히 자살 충동을 경험하는 병사에게 '일반적 조치'와 '전문가' 전략의 차이를 중심으로 초기 대응의 중요성을 강조한다. 2. 주어진 상황을 참고하여 3인 1조(병사, 지휘자, 관찰자)를 구성한 후, 역할극을 통해 "도움의 마음이 오히려 죽음에 이르게 하는 경우", "생명을 구할 수 있는 방법"을 알아보도록 한다. 이때 병사역을 맡은 사람은 최대한 정말로 삶을 포기한 것처럼 연기해야 하며, 관찰자는 지휘자가 상담자로서 잘 하고 있는 것을 최소한 3가지 이상 찾도록 한다. 3. 조별 관찰자가 관찰한 내용과 지휘자가 잘한 것을 중심으로 발표하여 경험을 나눌 수 있도록 한다.
조기발견과 응급조치	관심을 갖고 관찰하면 자살 충동 병사를 조기에 알아낼 수 있다. "자살할지도 모른다고 말하는 사람은 관심을 끌기 위해 그렇게 말하는 것이기 때문에 무시하는 것이 가장 좋다."라는 오해에서 벗어나, 이 시간에 공부하고 연습했던 것처럼 하면 좋은 결과가 있을 것이다.

2) 자살예방 시스템 운영 능력

자살 위험도 및 자살실행 가능성 평가	1. 자살위험도 및 자살실행 가능성의 평가를 설명한다. 특히 고민거리에 대한 해결책이 없어서 문제해결책의 하나로 자살을 선택하는 것을 이해하는 것이 중요하다. 궁극적으로 자살 가능성이 있는 병사는 현재 처해 있는 문제의 해결을 간절히 원하고 있음을 인식하는 것이 중요하다.
부대 여건에 맞는 자살예방 시스템 구축 및 운영	1. 워크북의 내용(① 우리 부대의 자살 가능성이 있는 병사 발견 시스템을 적어보자. ② 우리 부대의 자살 가능성이 있는 병사 발견 시스템의 문제점을 해결할 보완방법을 정리해 보자. ③ '자살 가능성이 있는 병사' 를 조기에 발견할 수 있는 우리 부대의 자살 예방 조기 시스템을 적어보고, 향후 구축할 수 있는 구체적인 실행계획을 세워보자)을 중심으로 5인 1조가 되어 작성할 수 있도록 한다. 2. 각 조의 대표자가 워크북의 내용을 토론하면서 정리한 내용을 종합 발표하도록 한다. 이때 다음의 사항에 대한 적절한 피드백을 제공할 수 있어야 한다. – 현 조기발견 시스템의 문제점 · 혼자 있는 시간대 (취침시간, 휴가, 휴식)의 취약한 시스템 · 감시/감독 당한다는 기분이 드는 시스템 · 지휘자(관) 혼자만의 시스템 – 향후 실행 계획 · 사전 예방적 상담활동(예 : 또래 상담, 글쓰기) · 면담철과 KMPI 활용 · 위험지역 관리(예 : 의사, 투신, 총기, 음독 등) · 사회 지지체제와 연계 · 부대 내 관리 및 보고 시스템 · 보호관심병사(예 : 전입자, 결손가정 출신 병사, 이성관계 고민 중 병사, 스트레스를 혼자 견디는 병사 등) 3. 무엇보다 중요한 것은 본 과정을 통해 계획을 세워 보았던 자살예방 시스템을 서로 의견을 나누어 보완할 수 있는 기회를 제공하고, 앞으로 부대 여건에 맞는 자살예방 시스템을 구축, 운영할 수 있도록 용기를 북돋아주는 것이 중요하다.
정리와 격려	지금 현재 최선을 다하고 있지만 본 교육을 통해 좀 더 나은 자살예방 시스템을 구축하고 운영하는 데 도움이 되었으리라 생각한다. 무엇보다 중요한 것은 정리한 것들이 부대에 뿌리내릴 수 있도록 지속적으로 점검하고 연습하는 것이다. 이로 인하여 순간적 실수로 엄청난 손실을 경험하는 일은 줄일 수 있으리라 믿는다.

우리 부대 자살의 문제, 내가 먼저 노력하면 최악의 사태를 사전에 막고 행복한 부대생활을 할 수 있도록 도와줄 수 있다.

1. 자살 가능성이 있는 사람을 구별하는 나만의 방법은?

2. 내가 경험한, 또는 내가 전해들은 자살조기 발견 후 도와 준 미담은?

자살 충동을 느끼는 병사를 발견했을 때 해야 할 응급조치 단계

1. 자살 충동을 느끼는 병사를 발견하면 최우선으로 면담의 기회를 마련한다.
2. "죽지 마라." "너 왜 그래?"하는 식의 면담이 아닌, 자살 충동자의 입장에서 그럴 수밖에 없는 사연을 들어본다.
3. 자살 충동 병사의 마음속에 있는 삶의 욕구를 발견하고, 문제가 해결될 때까지 자살을 보류하도록 한다.
4. 부대 여건에 맞는 위기상담 의뢰체제 안에서 전문적 상담을 할 수 있도록 한다.
5. 전문적 상담 이외 부대생활에서도 지속적인 관심과 지원을 받을 수 있도록 한다.

상 황

대학 입학하면서 사귀었던 여자 친구가 일병 때까지는 거의 매일 전화나 메일로 연락했었다. 서로 헤어져 있는 것에 익숙해져서 그런지 연락도 점점 안 하고, 전화를 해도 안 받을 때가 많았다. 4학년이라 취업준비를 하느라 바빠서 그렇겠지 했다. 지난 외출 때 연락도 없이 학교에 갔더니 이상한 놈하고 웃으며 식당에 앉아 있었다. 그냥 서클 선배라고 하는데, 영 이상해서 따져 물었더니 내 일에 상관하지 말라고 한다. 아무래도 내가 차인 것 같다. 화가 난다. 요새 아무런 생각이 없다. 어떻게 복수를 하면 좋을까 생각해봤는데, 내가 죽으면 제일 큰 복수가 될 것 같다. 고통 없이 죽는 방법을 생각해 봤는데, 총이 제일 좋은 것 같다. 총이 있으면 바로 할 것 같다.

일반적 조치 대 전문가 전략

일반적 조치		전문가 전략	
"죽지 마라."	설득	"아주 많이 힘들었구나."	이해
"너 왜 그래?"	원인 규명	"얼마나 힘들었으면 그런 끔찍한 생각을 했겠니? 내가 너를 너무 모르고 있었구나. 참 미안하구나. 지금부터라도 허심탄회하게 이야기해 보자."	따라 가기
"그게 전부가 아냐."	설명	"언제부터 그런 생각이 들었니?" "어떨 때 그런 생각이 들었니?"	이끌기
"너보다 어려운 사람도 잘 버티고 있어."	비교	"내가 보기에는 네가 그런 것을 이루기 힘들어 자살할 생각을 하는 것 같네." "자살 같은 극단적 방법 말고 다른 방법은 없을까?"	관 점 바꾸기
"남아 있는 사람이 얼마나 힘들겠니?"	동정심 유발	"네가 자살이 전부가 아니라는 것을 깨달았다니 내가 정말 기쁘다" "네가 원하는 것을 어떻게 하면, 이 부대에서 얻을 수 있을까?"	긍정적 마인드
"이 고비만 넘겨봐. 그럼 잘 될 거야. 내가 도와줄게."	마술	"그래. 우리 함께 노력해 보자. 내가 너를 최대한 도와줄게." "오늘 이 시간은 어제 죽어간 그 사람이 간절히 살고 싶어 했던 바로 그 시간이거든. 이제는 네가 너와 같이 힘들어 하는 동료들을 도와주는 역할을 했으면 좋겠어."	목적성 표현 하기
"앞으로 잘 할 수 있지?"	일방적 당부	"너는 이 세상에서 하나밖에 없는 유일하고 소중한 존재야. 이제 너만의 특성이 이 세상에 빛을 발휘할 수 있도록 하는 것은 너 스스로가 해야 할 몫이야." "한쪽 문이 닫히면, 반드시 다른 쪽 문이 열리게 된다네."	메타포

역할연습#1 "도움의 마음이 오히려 죽음에 이르게 하는 경우"

역할연습#2 "생명을 구할 수 있는 방법"

내가 배운 점과 앞으로 더욱 연습해야 할 점은?

우리 부대에서 자살 가능성이 있는 병사를 조기에 발견할 수 있는 시스템을 만들어 보자.

1. 우리 부대의 자살 가능성이 있는 병사 발견 시스템을 적어보자.

2. 우리 부대의 자살 가능성이 있는 병사 발견 시스템의 문제점을 해결할 보완방법을 정리해 보자.

3. '자살 가능성이 있는 병사' 를 조기에 발견할 수 있는 우리 부대의 자살 예방 조기 시스템을 적어보고, 향후 구축할 수 있는 구체적인 실행계획을 세워보자.

군 간부를 위한 병사 생활관 자살위기 개입 5단계 (예)

1) 병사가 전입 및 진급할 때 '생명존중서약서' 를 작성하고 함께 낭독하여 생명의 소중함을 작성하게 한다.
2) 자해 또는 가해의 충동을 경험하는 병사는 최소 이행하기 12시간 전에 '생명존중 박스' 에 이런 충동 사실을 알리는 쪽지를 넣도록 유도한다. 또한, 생활관에 항시 생명존중팀을 구성하여 자해 또는 가해의 충동을 경험하는 병사를 대신하여 쪽지를 넣도록 교육한다.
3) 가능한 빠른 시간 안에 '생명존중 박스' 에 접수된 위기 병사를 면담하여, 병사의 시각에서 극단적인 상황까지 이르게 하는 희망의 좌절을 보고 억울한 감정을 달래준다.
4) 평상시 군 내부와 지역사회의 생명존중 '상담지원 네트워크' 를 구성하고, 그 병사를 의뢰하여 위기개입 서비스를 받을 수 있도록 한다.
5) 자해 또는 가해의 충동을 경험하는 병사는 반복적인 심리적 문제를 안고 있으므로, 지속적인 상담서비스를 통해 건설적으로 해결할 수 있도록 지원한다.

자살 충동 병사를 위한 군간부의 Do' s and Don' ts List

Do' s	Don' ts
• 자살 충동과 관련이 있는 근원적 문제를 다루기보다 병사가 준비된 만큼만 개입하라. • 지휘자(관)이 할 수 있는 만큼 개입하고, 한 번에 한 가지씩 해결해 가도록 하라. • 병사의 시각에서 드러난 문제의 의미를 읽고, 이야기의 사실적, 감정적 측면에서 공감하고 반영하라. • 필요시 직접적으로 물어보고, 수용적 / 개방적 태도를 가지고 병사가 안정감을 느끼도록 하라. • 필요에 따라 지시적으로 이끌고 가라. • 지휘계통을 밟아 보고하되, 지원체제를 가동하라. 단, 지휘계통으로 보고할 여건이 되지 않을 경우에는 해당 지휘관에게 최단시간 내 보고하라. 상황에 따라 선 조치, 후 보고하라. • 이후에도 전문적 상담을 받을 수 있도록 구체적 연계를 마련하라. 특히 휴가 중에는 사회적 지지체제와 연계하라.	• 급한 마음에 지금 바로 자살을 막기 위해 설득하려 하지 마라. 결정적인 묘수를 가르쳐 주려고 하는 시도도 옳지 않을 때가 많다. • 자살 문제는 혼자서 해결할 수 있는 것이 아니므로 자신의 개인적 경험만을 믿고 혼자서 처리하지 마라. • 지휘자 자신의 감정에 빠져서 하지 말고, 이야기의 사실적 / 감정적 측면들을 임의로 추측하여 판단하지 마라. • 농담으로 넘어가거나 "넌 그럴 위인이 못 돼."라는 식으로 마지막 도움 요청을 거절함으로써 병사가 최악의 선택에 이르게 하지 마라. • 병사의 자살 동기를 분석하여 판단하거나, 병사가 한 그동안의 노력을 하찮게 여기지 마라. • 모든 문제를 한꺼번에 해결하려고 하지 말라. 특히 전체 성격구조의 변화와 적응력을 도우려 하지 마라. • 병사가 알아서 할 것이라 믿고 불명확하게 처리하지 말라.

생활사건으로 인한 심한 스트레스

(예 : 여자 친구와의 이별, 부모의 이혼/ 별거, 원치 않은 전출/ 전입)

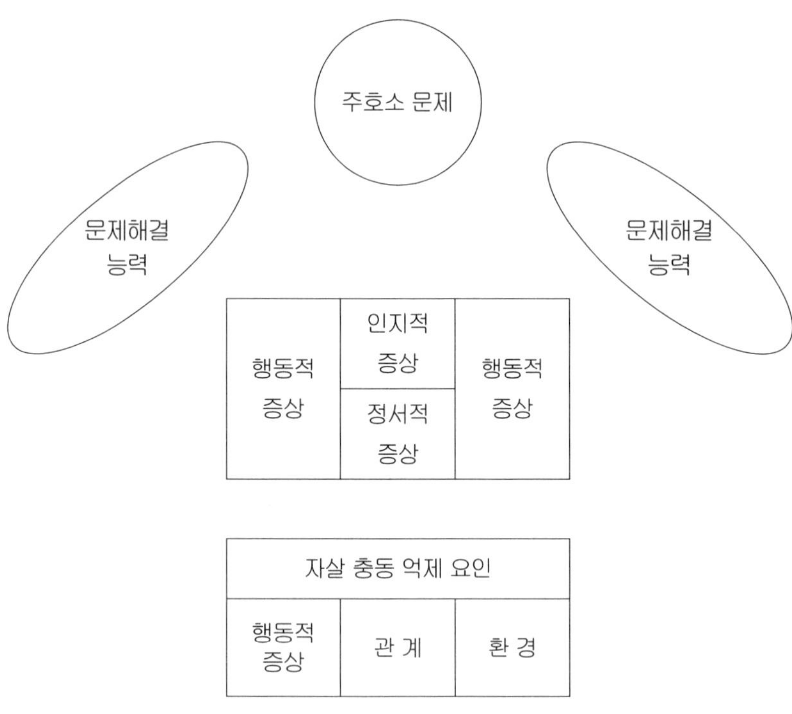

1 수 준	2 수 준	3 수 준
· 이전의 자살시도 경험 · 평상시 보이는 정신병 증상 (예 : 우울, 불안) · 가족 · 친지 · 친구 중 자살자 · 평상시 극단적인 문제해결 · 문제해결 대안의 부재	· 심한 분노와 불안으로 통제력 상실 · 고립과 소외	· 자살방법(예 : 노끈, 칼, 약물, 총기 등) 접근 가능성 · 최근 자살에 대한 소식과 뉴스

〈부록7〉 한국상담학회 회칙 및 규정

한국상담학회 회칙

제 1 장 총 칙

제 1 조 (명 칭)

본 회는 한국상담학회라 부르며(이하 '본 회' 라 부른다), 영문으로는 The Korea Counseling Association (KCA)으로 표기한다.

제 2 조 (목 적)

본 회는 상담 및 상담학의 발전을 위하여 상담의 전문성과, 상담학의 정체성 확립, 상담 문화의 확산 및 정착, 상담 현장의 활성화를 위한 다양한 사업, 회원의 상담자질과 상담기술의 향상, 상담의 학술적 연구, 회원의 권익옹호, 분과학회의 활성화를 목적으로 한다.

제 3 조 (소 재)

본 회의 사무국은 회장 재직 기관 또는 운영위원회에서 지정하는 장소에 둔다.

제 2 장 사 업

제 4 조 (사 업)

본 회의 목적을 달성하기 위하여 다음과 같은 사업을 한다.

1. 상담학 연구 사업
   가. 상담이론의 연구
   나. 상담기법 및 프로그램의 개발과 보급
   다. 학술연구발표
   라. 상담관련 전문서적, 연구보고서의 간행
   마. 학회지 및 연구지의 발간
2. 상담의 학제간 교류
3. 상담기관의 활성화를 위한 지원사업
4. 상담문화 정착을 위한 교육사업
5. 국민의 정신건강 향상을 위한 교육 및 전문적 조력
6. 회원의 자질향상을 위한 연수회 개최
7. 상담전문가 양성
8. 회원들의 권익보호를 위한 활동
9. 국가자격증 제도 도입을 위한 연구 및 실천 사업
10. 분과학회 및 지역학회의 활성화를 위한 지원 사업
11. 각 국의 관련 학회와 학술자료 및 지식의 교환을 통한 국제적 교류사업
12. 상담자 윤리기준의 확립, 유지 및 향상을 위한 사업
13. 사회문제 해결을 위한 대응방안 연구 및 실천
14. 기타 본 회의 목적달성에 필요한 사업

제 3 장 회 원

제 5 조 (회원자격)

본 회의 회원은 개인회원과 기관회원, 평생회원으로 구분한다.

1. 개인회원

가. 정회원

① 대학원에서 상담관련 분야의 학문을 전공한 자로서 석사학위 이상의 학위를 수여 받은 자

② 준회원으로서 3년 이상 자격을 유지한 자

③ 준회원으로서 2급 전문상담사 자격을 획득한 자

④ 기타 분과학회에서 정회원으로 추천하여 운영위원회에서 인정한 자

나. 준회원

① 대학에서 상담관련 분야의 학문을 전공한 자로서 학사학위 이상의 학위를 수여 받은 자

② 대학원 석사과정에서 상담관련 분야의 학문을 전공하고 있는 자

③ 학사학위 이상의 학위소지자로서 운영위원회에서 인정하는 학교 및 상담기관에서 상담에 3년 이상 종사하고 있는 자

④ 전문상담교사 자격을 취득한 자

⑤ 일반회원으로서 본 학회 및 분과학회에서 주관하는 교육을 120시간이상 받은 자

⑥ 분과학회에서 준회원으로 추천하여 운영위원회에서 인정한 자

⑦ 상담분야를 전공하여 전문학사를 취득한 자로서 학생회원을 1년 이상 유지한 자.

다. 학생회원

① 상담관련분야의 학사과정 및 전문학사과정에 재학중인 자

라. 일반회원

① 본 학회가 인정하는 상담관련대학이나 기관에서 120시간 이상의 상담교육을 받은 자

② 학사 이상의 학위와 3년 이상의 경력을 가진 성직자로서 운영위원회에서 인정한 자

③ 기타 분과학회에서 일반회원으로 추천하여 운영위원회에서 인정한 자

2. 기관회원

가. 상담관련 학과를 개설한 학부로서 운영위원회에서 인정한 대학

나. 본 학회의 정회원이 속하는 기관으로서 운영위원회가 인정한 기관

다. 대학도서관 등 공공기관으로서 운영위원회에서 인정한 기관

라. 기타 운영위원회에서 인정한 기관

3. 평생회원 : 개인회원으로서 200만원 이상의 발전기금을 출연하는 자는 평생회원이 되며 평생 연회비가 면제된다.

제 6 조 (권 리)

정회원은 임원의 선거권 및 피선거권을 갖는다. 준회원, 학생회원, 일반회원, 기관회원은 임원의 선거권 및 피선거권을 제외 한 모든 권리를 정회원과 동일하게 가진다.

제 7 조 (임 무)

회원은 회비를 납부해야 하며, 본 회의 회칙 및 결의사항을 준수해야 한다.

제 8 조 (소 속)

회원은 제18조에 정한 1개 이상의 분과학회 혹은 지역학회에 소속해야 한다.

제 9 조 (징 계)

본 회의 목적에 위배되는 행동을 하거나 본 회의 품위를 손상시킨 자 또는 정당한 이유 없이 3년 이상 연속하여 연회비 납부 의무를 이행하지 않는 자는 운영위원회의 결정에 따라 회원의 자격을 상실할 수 있다.

제 4 장 임 원

제 10 조 (임 원)

본 회는 다음과 같은 임원을 둔다.

1. 회장 1명
2. 차기회장 1명
3. 부회장 2명(학술사업 담당, 기획사업 담당)
4. 분과 학회장과 지역학회장
5. 각 위원회 위원장
6. 이사 약간명
7. 감사 2명
8. 총무이사 1명

제 11 조 (임원의 선출)

회장은 이사회의 추천에 의해 총회에서 선출한다. 차기회장은 회장 임기만료 1년 전에 선출한다. 감사는 총회에서 선출하고, 기타 임원은 회장이 지명한다. 분과학회장과 지역학회장은 각 학회의 규정에 의해 선출한다.

제 12 조 (임원의 임무)

본 회 임원의 임무는 다음과 같다.

1. 회장은 본 회를 대표하고, 본회의 업무를 총괄하며 총회와 이사회, 운영위원회의 의장이 된다.
2. 부회장은 회장을 보좌하며 학술사업담당 부회장은 자격관리위원회, 연차대회위원회, 학회지편집위원회, 학술위원회, 교육연수위원회의 업무를 총괄하며 회장유고시 잔여기간 동안 그 임무를 대행한다. 기획사업담당 부회장은 기획사업 · 홍보위원회, 기금조성위원회, 국가자격추진위원회, 국제교류위원회, 윤리위원회의 업무를 총괄한다.
3. 이사는 본 회의 위임 사항을 처리한다.
4. 감사는 본 회의 업무와 회계를 감사하여 보고한다. 업무 및 회계에 대한 의견을 제기 해야 한다고 판단한 경우, 운영위원회에 참석하여 의견을 제시 할 수 있다.
5. 총무이사는 본 회의 사무를 총괄한다.

제 13 조 (임원의 임기)

임원의 임기는 2년이고 회장은 단임제로 한다. 단 보궐 임원의 임기는 전임자의 잔임 기간으로 한다.

제 5 장 회 의

제 14 조 (총 회)

총회는 다음과 같다.

1. 정기총회는 매년 7-8월 연차대회 중에 개최하며 본 회의 임원선출, 사업, 예산 기타 중요한 사항을 심의결한다.
2. 임시총회는 회장이 필요하다고 인정하거나 이사회의 결의 및 전 회원의 3분의 1 이상의 요청에 따라 소집하며 정기총회와 같은 일을 수행 할 수 있다.

제 15조 (이사회)

이사회는 총회에서 위임받는 제반업무를 의결, 수행하고 본 회의 예산결산, 본회 회칙 개정 등을 심의한다. 이사회는 당연직 이사(회장, 차기회장, 부회장, 각 위원회 위원장, 각 분과학회장, 각지역학회장, 총무이사)와 임명직 이사로 구성하고 이사회 의장은 회장이 겸임하며, 이사의 임기는 2년으로 한다.

제 16 조 (운영위원회)

본 회에서는 다음의 운영위원회를 둔다.

1. 구 성 : 회장, 부회장, 총무이사, 차기회장, 각 위원회 위원장, 분과학회장, 지역학회장
2. 위원장 : 회장이 운영위원회 위원장을 겸직한다.

제 17 조 (의결)

총회 및 이사회의 의사결정은 참석자 과반수의 찬성에 의하여 이루어지며 동수일 경우, 회장이 결정한다.

제 18 조(위원회)

본 회에서는 다음의 상설위원회 및 특별위원회를 둔다.

1. 교육연수위원회
   가. 구성 : 위원장, 위원 약간 명
   나. 임무 : 학술발표, 세미나, 보수교육 및 제반 교육훈련, CEU 심사 · 관리
2. 자격관리위원회
   가. 구성 : 위원장, 위원 약간 명
   나. 임무 : 상담전문가 자격관리, 자격시험 및 심사업무 관리
3. 학회지 편집위원회
   가. 구성 : 위원장, 위원 약간 명
   나. 임무 : 학회지 기획 및 편집
4. 학술위원회
   가. 구성 : 위원장, 위원 약간 명
   나. 임무 : 학술논문상, 저술상, 상담관련전문서적 및 연구보고서의 기획 및 간행
5. 연차대회위원회
   가. 구성 : 위원장, 위원 약간 명
   나. 임무 : 상담전문가 자격관리, 자격시험 및 심사업무 관리
6. 기획사업 · 홍보위원회
   가. 구성 : 위원장, 위원 약간 명
   나. 임무 : 학회발전을 위한 기획업무, 학회 및 회원의 권익보호를 위한 대외협력 및 홍보
7. 기금조성위원회
   가. 구성 : 위원장, 위원 약간 명
   나. 임무 : 기금조성
8. 국가자격추진위원회

가. 구성 : 위원장, 위원 약간 명

나. 임무 : 국가자격추진 계획수립, 정부부처와 협의, 국가자격증화 추진

9. 국제교류위원회

가. 구성 : 위원장, 위원 약간 명

나. 임무 : 국제적 교류 기획 및 실천

10. 윤리위원회

가. 구성 : 위원장, 위원 약간 명

나. 임무 : 상담자 윤리강령 제정, 회원의 상담윤리 의식 고취

11. 특별위원회 : 학회의 발전을 위하여 필요하다고 판단될 경우 이사회에서 특별위원회를 설치할 수 있다.

12. 위원회 운영

가. 각 위원회 위원장은 회장이 추천하고 이사회의 인준을 받아야 하며 임기는 2년으로 하되, 연차대회위원장은 1년으로 한다.

나. 각 위원회는 회장과 협의하여 운영세칙 또는 업무계획을 수립하고 이사회의 승인을 받아 집행하며 그 결과를 년 1회 이상 이사회에 보고한다.

다. 각 위원회의 업무수행에서 발생되는 재정은 본회에 귀속된다.

제 6 장 분과학회 및 지역학회

제 19 조 (분과학회 및 지역학회)

본 학회의 상담 각 분야의 전문성 및 지역별 모임을 감안하여 분과학회 및 지역학회를 둘 수 있다.

1. 분과학회 및 지역학회(이하 동일)의 명칭은 "한국상담학회 00상담학회" 로 한다.

2. 분과학회 및 지역학회의 설치 및 폐지는 운영위원회의 발의에 의해 이사회의 의결을 거쳐 행한다.
3. 분과학회 및 지역학회의 회칙은 이사회의 인준을 받아야 하며, 본 회칙에 반드시 첨부되어야 한다.
4. 분과학회 및 지역학회의 운영에 관한 세부사항은 분과학회 및 지역학회에서 정한다.
5. 각 분과학회 및 지역학회의 회원자격은 모학회의 회원자격기준에 준하도록 한다.
6. 분과학회 및 지역학회는 회장의 요청에 따라 활동 및 사업에 대해 이사회에 보고해야하며 정기총회에서는 구두와 서면으로 1년간의 분과학회 및 지역학회 활동과 상황을 보고해야 한다.
7. 모 학회는 분과학회 및 지역학회의 활동을 지원한다.

제 20 조 (연구회)

분과학회 및 지역학회의 설립요건에 해당하지는 않으나 회원의 필요에 따라 연구회를 결성할 수 있으며 모 학회는 연구회의 활성화를 위하여 지원한다.

제 7 장 자 격 관 리

제 21 조 (자격관리)

본 회는 상담전문가 자격규정을 두어 운영한다.

1. 본 회는 상담전문가자격규정을 두어 운영하고 자격증을 발급하며 이에 대한 세부 사항은 별도의 시행세칙에 따른다.
2. 각 분과학회에서는 본 회의 전문가 자격취득을 위해 규정한 검정 교과목 외에

별도의 연수교육을 실시할 수 있으며 시행세칙에 규정한 연수평점이상을 취득한 자는 각 분과학회의 요청에 따라 세부전공을 적시할 수 있다. 이에 대한 세부 사항은 별도의 운영세칙에 따른다.

3. 자격증의 종류는 수련감독 전문상담사, 1급 상담전문가와 2급 상담전문가로 한다.

제 8 장 재 정

제 22 조 (재 정)

본 회의 재정은 회원들의 입회비, 연회비, 기타 찬조금으로 충당한다.

1. 회원의 입회비, 연회비는 본 회에 납부한다.
2. 회원의 회비는 시행세칙이 규정하는 바에 따른다.
3. 정당한 이유없이 2년간 연회비를 납부하지 않는 회원의 자격은 회비납부 시까지 정지된다. 단 2년 이상 연회비를 납부하지 않은 자는 당해년도 회비를 포함하여 3년 동안의 연회비를 납부하면 회원 자격을 회복할 수 있다.
4. 본 회는 이사회에서 정하는 비율에 따라 연회비의 일정부분을 분과학회 및 지역 학회의 운영을 위하여 제공해 주어야 한다.
5. 이에 대한 자세한 사항은 별도의 시행세칙을 따른다.

제 23 조 (기금)

본 회는 기금을 기부받을 수 있다.

1. 명칭 : 본 회의 기금은 발전기금이라 칭한다.
2. 목적 : 본 회 기금의 목적은 국가자격증 추진과 안정적인 학회 운영의 재정적 토대를 마련하는데 있다.

3. 보고 : 본회에 기부된 기금은 운영위원회에 보고한다.

4. 관리 : 기금 관리는 본회 사무국에서 한다.

제 9장 사 무 국

제 24 조 (사무국설치)

1. 본 회의 사무를 처리하기 위해 사무국을 둔다.

2. 사무국에는 사무국장과 약간명의 직원을 둘 수 있다.

제 25 조 (사무국장 및 직원의 임명)

1. 사무국장은 운영위원회의 인준을 얻어 회장이 임명한다.

2. 사무국장 이외의 직원은 사무국장의 재청으로 회장이 임명한다.

제 26 조 (사무국의 직제)

사무국의 직제는 운영위원회에서 정한다.

부 칙

제 1 조 (회칙변경)

본 회칙의 변경은 총회에서 행한다.

제 2 조 (회칙시행)

본 회칙은 2000년 정기총회일(6월 3일)로부터 시행한다(변경된 회칙은 이사회의 인준을 얻어 총회에서 통과된 날로부터 시행한다).

제 3 조

이 개정안은 2002년 8월 20일부터 시행한다.

제 4 조

이 개정안은 2003년 8월 19일부터 시행한다.

한국상담학회 윤리강령 개정안 (2008. 8)

전 문

한국상담학회는 교육적, 학문적, 전문적 조직체이다. 상담자는 각 개인의 가치, 잠재력 및 고유성을 존중하며, 다양한 조력활동을 통하여 내담자의 전인적 발달을 촉진한다. 상담자는 내담자의 신체적, 정신적, 사회적, 영적 안녕을 유지?증진하는데 헌신한다. 이러한 역할을 수행하는 과정에서 상담자는 내담자의 복지를 가장 우선시한다. 상담자는 내담자와의 관계에서 의사소통의 자유를 갖되, 그에 대한 책임을 지며 내담자의 성장과 사회 공동선을 위하여 최선을 다한다. 이를 위해 상담자는 다음의 윤리규준을 준수한다.

1. 사회관계

가. 상담자는 자기가 속한 기관의 목적 및 방침에 모순되지 않는 활동을 할 책임이 있다. 만일 그의 전문적 활동이 소속기관의 목적과 모순되고, 윤리적 행동기준에 관하여 직무 수행 과정에서의 갈등을 해소할 수 없을 경우에는 그 소속 기관과의 관계를 종결해야 한다.

나. 상담자는 사회윤리 및 자기가 속한 지역사회의 도덕적 기준을 존중하며, 사회공익과 자기가 종사하는 전문직의 올바른 이익을 위하여 최선을 다한다.

다. 상담자는 자기가 실제로 갖추고 있는 자격 및 경험의 수준을 벗어나는 인상을 타인에게 주어서는 안 되며, 타인이 실제와 다른 인식을 가지고 있을 경우

이를 시정해줄 책임이 있다.

2. 전문적 태도

가. 상담자는 상담에 대한 이론적 지식, 전문적 실습, 교수, 상담활동, 연구를 향상시키기 위해 지속적인 노력으로 전문성을 발달시키도록 해야 한다.

나. 상담자는 내담자를 보다 효과적으로 도울 수 있는 방법에 관하여 꾸준히 연구 노력하고, 내담자의 성장촉진과 문제의 해결 및 예방을 위하여 최선을 다한다.

다. 상담자는 자기의 능력 및 기법의 한계를 인식하고, 전문적 기준에 위배되는 활동을 하지 않는다. 만일, 자신의 개인 문제 및 능력의 한계 때문에 도움을 주지 못하리라고 판단될 경우에는 다른 동료 전문가 및 관련기관에 의뢰한다.

3. 정보의 보호

가. 상담자는 사생활과 비밀유지에 대한 내담자의 권리를 최대한 존중해야 할 의무가 있다.

나. 상담자는 내담자에 대한 상담 기록 및 보관을 윤리 규준에 따라 시행한다. 또한 상담자는 녹음 및 기록에 관해 내담자의 동의를 구해야한다.

다. 상담자는 아래와 같은 내담자 개인 및 사회에 임박한 위험이 있다고 판단될 때 매우 조심스러운 고려 후에, 내담자에 관한 정보를 적정한 전문인 혹은 사회 당국에 제공한다. 이런 경우 상담 시작 전에 이러한 비밀보호의 한계를 알려준다.

1) 내담자의 생명이나 사회의 안전을 위협하는 경우

2) 내담자가 감염성이 있는 치명적인 질병이 있다는 확실한 정보를 가졌을 경우

3) 법적으로 정보의 공개가 요구되는 경우

라. 상담자는 내담자에 대한 정보를 동료상담자 혹은 수퍼바이저에게 제공할 경우 사실적이고 객관적인 정보로 구성하며, 내담자의 구체적 신분에 대해 파악할 수 없도록 할 책임이 있다. 더 많은 사항을 밝히기 위해서는 사적인 정보의 공개에 앞서 내담자에게 알린다.

마. 내담자에 관한 정보를 교육 및 연구의 목적으로 사용할 경우에는 내담자와 합의를 거쳐야 하며, 그의 신분이 전혀 노출되지 않도록 해야 한다.

4. 내담자의 복지

가. 상담자는 상담활동의 과정에서 소속 기관 및 비전문인과의 갈등이 있을 경우, 내담자의 복지를 우선적으로 고려하고 자신의 전문적 집단의 이익은 부차적인 것으로 간주한다.

나. 내담자에게 적절한 전문적인 도움을 주는 것이 어렵다고 판단되면 상담자는 상담관계를 시작하지 말아야 하며, 이미 시작된 상담관계인 경우는 즉시 종결하여야 한다. 이 경우 상담자는 내담자에게 적절한 다른 대안을 제시해 주어야 한다.

다. 상담자는 상담의 목적에 위배되지 않는 경우에 한하여 검사를 실시하거나 내담자 이외의 관련 인물을 면접한다.

5. 상담관계

가. 상담자는 내담자와의 친밀한 관계를 인식하고, 내담자에 대한 존중감을 유지하며 내담자를 이용하여 상담자 개인의 필요를 충족하고자 하는 활동 및 행동을 해서는 안 된다.

나. 상담자는 상담 전에 상담관계에 영향을 줄 수 있는 상담의 목표, 기술, 규칙, 한계 등에 관해서 내담자에게 알려 주어야 한다.

다. 상담자는 객관성과 전문적인 판단에 영향을 미칠 수 있는 이중 관계를 피해야 한다. 단, 내담자의 복지를 위해 상담자와 내담자가 사전 동의를 한 경우와 그에 대한 자문이나 감독이 병행될 때는, 상담관계를 맺을 수도 있다.

라. 상담자는 내담자와 어떤 형태의 성적 관계도 가져서는 안된다. 상담자는 내담자와 성적 관계를 맺었거나 유지하는 경우 상담 관계를 형성해서는 안된다. 특히 상담관계가 종결된 이후에도 최소 2년 내에는 내담자와 성적 관계를 맺지 않는다.

6. 상담연구

가. 상담연구자는 연구의 결과가 상담의 이론과 실제에 바람직한 기여를 하도록 노력해야 하고, 연구로 인한 문제에 대해 책임을 져야 한다.

나. 상담연구자는 피험자에게 연구의 필요성을 포함하여 연구에 관한 전반적인 사항에 대해 상세히 설명하여 동의를 얻어야 하며, 그들이 자발적으로 연구에 참여하도록 해야 한다.

다. 연구결과를 발표할 때에는 그 결과와 관련된 모든 정보를 정확하게 서술해야 하며, 객관적이고 공정한 발표가 되게 하고, 연구결과가 다른 상담자의 연구를 위한 자료가 될 수 있도록 해야 한다.

7. 심리검사

가. 상담자는 내담자의 환경(사회적, 문화적, 상황적 특성 등)과 개별적 특성을 고려한 후, 내담자를 조력하기 위한 목적에 적합한 심리검사를 선택해야 한다.

나. 심리검사를 실시할 때에는 자격이 있는 사람이 표준화된 절차에 따라 실시해야 하며, 그 과정을 경시해서는 안 된다.

다. 상담자는 내담자에게 심리검사 결과를 수치만을 알리거나 제3자에게 알리는 등 검사 결과가 잘못 통지되지 않도록 해야 한다.

8. 타 전문직과의 관계

가. 상담자는 상호 합의한 경우를 제외하고는 타 전문인으로부터 도움을 받고 있는 내담자를 대상으로 상담을 하지 않는다. 공동으로 도움을 줄 경우에는 타 전문인과의 관계와 조건에 관하여 분명히 할 필요가 있다.

나. 상담자는 자기가 아는 전문?비전문인의 윤리적 행동에 관하여 중대한 의문을 발견했을 경우, 그러한 상황을 시정하는 노력을 할 책임이 있다.

다. 상담자는 자신의 전문적 자격이 타 전문분야에서 오용되는 것에 적절하게 대처하며, 자신의 이익을 위해 타 전문직을 손상시키는 언어 및 행동을 삼간다.

9. 윤리문제 해결

가. 상담자는 본 윤리강령 및 시행세칙을 숙지하고 이를 실천할 의무가 있다.

나. 상담자는 본 학회의 윤리 강령뿐만 아니라 상담관련 타 전문기관의 윤리 규준에 대해서도 충분히 이해하고 있어야 한다. 상담자에게 주어진 윤리적 책임에 대한 지식의 결여와 이해 부족이 상담자의 비윤리적 행위에 대한 면책 사유가 되지 않는다.

다. 상담자가 윤리적인 문제에서 의구심을 유발하는 근거가 있을 때, 윤리위원회는 본 윤리강령 및 시행세칙에 따라 적절한 조치를 취할 수 있다.

라. 상담자는 윤리강령을 위반한 것으로 지목되는 사람에 대해 윤리위원회의 조사, 요청, 소송절차에 협력한다. 또한 자신이 연루된 사안의 조사에도 적극 협력해야 한다. 아울러 윤리문제에 대한 불만접수로부터 불만사항 처리가 완료될 때 까지 본 학회와 윤리 위원회에 협력하지 않는 것 자체가 본 윤리강령의 위반이며, 위반 시 징계 등 상응하는 조치를 취할 수 있다.

사단법인 한국상담학회 윤리강령 시행세칙

개정안(2008. 6)

제 1 조 (목적)

이 시행세칙은 한국상담학회의 윤리강령을 실행하는데 필요한 윤리위원회의 조직, 기능 및 활동에 관한 제반사항을 규정함을 목적으로 한다.

제 2 조 (위원회의 구성)

1. 윤리위원회는 위원장을 포함하여 5~7명의 위원으로 구성된다. 윤리위원회는 필요시 산하 분과 위원회를 둘 수 있다.

2. 위원장은 학회장이 선임하며 임기는 2년으로 하되, 연임할 수 있다.

3. 위원장은 나머지 윤리위원을 학회장의 동의를 받아 선임하며 위원의 임기는 2년이다. 단 동시에 윤리위원이 교체되는 것을 피하기 위한 고려가 있어야 한다.

4. 위원장은 위원직에 공석이 생길 경우 위와 동일한 방법으로 학회장의 동의를 받아 선임하며, 이 경우 위원은 남은 임기를 채운다.

제 3 조 (위원회의 기능)

윤리위원회는 다음 각호의 사항을 수행한다.

1. 학회 윤리강령의 교육과 연구
2. 학회 윤리강령과 시행세칙의 심의 · 수정

3. 다음 각 호에 해당되는 윤리강령 위반 행위에 대한 접수 · 처리 · 의결
   가. 현재 본 학회의 회원
   나. 위반혐의 발생 당시 본 학회 회원
   다. 본 학회에 등록된 기관 회원 혹은 단체

제 4 조 (제소 건 처리절차)

1. 제소인의 서명이 있는 문서화된 제소 건만을 접수한다.

2. 제소된 문건은 학회 또는 윤리위원회로 보내져야 하며, 문건에는 제소인 · 피소인, 그 외 관련자 등의 인적사항, 제소 내용 등이 포함되어야 한다.

3. 피소인의 신분을 확인한 후 정식 제소장의 사본을 제소인에게 보낸다. 피소인이 회원이 아닐 경우에는 제소인에게 그 사실을 통지해 준다.

4. 위원장은 제소 내용의 사실 여부, 사실일 경우 윤리강령의 위반 여부와 적절한 결정의 가능 여부를 결정한다. 만약 제소 건이 윤리 강령을 위반하지 않았다고 판단되거나, 제소 내용이 인정되어도 적절한 결정이 불가능하다고 판단될 경우, 이 사실을 제소인에게 통지해준다.

5. 정보가 불충분하여 제소 건의 처리 · 결정이 불가능할 경우, 필요한 정보를 더 요청할 수 있다. 이 때 제소인과 관련자들은 요청일로부터 15일 내에 응답해야 한다.

6. 제소인의 서명이 있는 정식 제소장이 접수되면 피소인에게 피소통지서를 발송한다. 여기에는 윤리강령, 시행세칙, 기타 증거자료들이 포함된다. 피소인은

피소통지서를 받고 15일 이내에 서면으로 제소 건에 관련된 증거자료를 제출해야 한다.

7. 위원회는 피소인으로 부터 회답을 받은 30일 이내에 회의를 소집하고, 제소 내용과 답신, 관련자료 등을 검토하여 윤리강령 위반 사실의 여부를 결정한다. 위원회는 심의 후에 해당 제소 건의 기각 여부를 결정할 수 있다.

8. 제소 건과 관련해 다른 어떤 형식의(민사 또는 형사) 법적 조치가 취해졌을 경우 제소인이나 피소된 회원은 위원회에 통지해야 하고, 그 제소 건에 관한 모든 법적 조치가 취해 질 때까지 심의는 보류된다.

제 5 조 (징계의 절차 및 종류)

1. 징계회의에는 윤리위원장을 포함한 전체 재적 윤리위원의 2/3 이상이 참석해야 한다.

2. 윤리위원장은 징계회의에서 제소 내용, 제소에 따른 조사 및 절차, 결과 등을 보고한다.

3. 징계 결정은 다음의 절차를 따른다

가. 제소 내용, 조사 내용, 청문 결과 등을 토대로 자유토론 후 징계여부와 징계 내용을 결정한다.

나. 징계 여부와 징계 내용에 대한 만장일치가 이루어지지 않을 경우 무기명 자유투표를 실시하며, 그 결과 출석위원 2/3 이상이 찬성한 안을 채택한다.

다. 징계 내용 중 영구 자격박탈은 참석한 위원의 만장일치 합의로 결정되며, 자격의 일시정지는 자격 회복의 요건, 방법, 절차 등을 동시에 결정하여야 한다.

4. 윤리위원장은 제소의 내용, 조사의 진행절차 및 결과, 윤리강령 위반 항목, 징계결정의 취지 등을 포함한 징계내용을 7일 내에 한국 상담 학회장에게 보고해야 한다.

5. 제소 건에 관련된 위원회의 기록에 대해서는 철저히 비밀을 유지하며, 특히 청문회를 개최한 경우에는 필히 녹음된 자료를 5년간 보관한다.

6. 징계의 종류는 아래와 같으며 다음 사항을 준수해야 한다.
   가. 경고 시, 학회와 제소인에게 구두, 서면으로 사과할 의무가 있다.
   나. 견책 시, 학회가 인정하는 상담자에게 최소 6개월 동안 10회 이상의 개인 상담을 받아야 한다.
   다. 자격 정지 2년 이상일 경우, 학회가 인정하는 상담자에게 최소 1년 동안 20회 이상의 개인 상담을 받아야 한다.
   라. 자격 영구박탈

제 6 조 (결정사항 통지)

1. 위원회는 사건처리 종료 후 15일 내에 위원회의 결정사항과 피소자의 재심 청구 권리에 관한 내용을 공증 받아서 각 당사자에게 우편으로 발송한다.

2. 최종결정이 내려진 후 위원장은 학회장에게 피소인에 대한 징계 종류를 보고한다. 경징계의 경우에는 학회장에게만 보고하고, 자격정지 또는 자격박탈의 중징계인 경우에는 학회장에게 보고 후 위반한 윤리 강령의 조항과 제재 내용을 본 학회 홈페이지, 관련학회, 유관기관 등에 통보 하거나 발표하도록 건의한다.

제 7 조 (재심 청구)

1. 위원회가 조사의 절차 및 방침을 위반한 경우나, 위원회가 제소인과 피소인으로 부터 제공된 자료에 근거하지 않고 임의로 결정한 경우에 각 당사자는 재심을 청구할 수 있다.

2. 위항에 해당되는 피소인은 위원회의 결정을 통지받은 후 15일 내에 위원회에 서면으로 재심을 청구할 수 있다. 피소인이 재심청구를 포기한 경우 위원회는 재심청구기간 만료와 동시에 그 결정을 확정한다.

3. 재심을 청구한 날부터 재심이 종료될 때까지 위원회의 결정은 자동적으로 유예된다.

4. 재심 위원들은 기존의 심사과정에서 사용된 모든 자료들을 검토하여 15일 내에 재심위원 2/3 이상의 찬성으로 결정한다.

5. 재심위원회는 제소인과 피소인에게 그 내용을 서면으로 통지하고, 필요한 경우 제소인과 피소인에게 추가정보를 요청할 수 있다.

제 8 조 (징계 말소 및 자격회복 절차)

1. 견책 및 2년 이상의 자격정지 처분을 받은 상담자가 자격회복을 신청하는 경우에는 자격 회복을 위한 소정양식(신청서, 상담자의 소견서 등)을 윤리위원회에 제출하여 심사를 받아야 한다.

2. 윤리위원회의 심사결과 재적 위원의 2/3 이상 출석과 출석 위원 2/3 이상의 찬성으로 자격을 회복할 수 있다.

한국상담학회 연구윤리규정

(2007년 10월 1일 제정)

전 문

한국상담학회(이하 본 학회라 칭함)는 상담 및 상담학의 발전을 위하여 상담의 전문성과 상담학의 정체성 확립, 상담문화의 확산 및 정착, 상담 현장의 활성화를 위한 다양한 사업, 회원의 상담자질과 상담기술의 향상, 상담의 학술적 연구, 회원의 권익 옹호, 분과학회의 활성화를 목적으로 하는 학술단체이다. 본 연구윤리규정(이하 윤리규정이라 칭함)은 본 학회 회원(이하 회원이라 칭함)이 이러한 역할을 수행하는 과정에서 지켜야 할 연구윤리의 원칙과 기준을 규정한다.

회원들은 학술연구 수행 및 연구논문 발표 시 연구윤리를 준수하고 연구가치를 서로 인정하며 연구결과를 공유할 수 있어야 하며 상담학 분야의 학술발전을 위해 노력해야 한다.

이에 본 학회 회원들이 연구 논문의 작성과 평가, 학술지의 편집과정에서 준수해야 할 연구윤리규정을 다음과 같이 제정하였다.

제 1 장 연구 관련 윤리규정

제 1 절 연구자의 윤리규정

제 1 조 표절

연구자는 연구의 결과 발표에서 진실성을 지키며 변조, 표절을 하지 않는다. 연구자는 표절에 대하여 숙지하고 다른 연구자의 공개된 학술 자료를 인용할 경우에는 타인의 학술 활동 결과를 정확하게 기술하도록 하고 반드시 그 출처를 명확히 밝혀야 한다.

1. 출판된 자료, 출판되지 않은 자료, 전자저작물 등 모든 자료를 사용할 때는 출처를 명확히 밝히고, 다른 연구자의 연구 결과를 자신의 연구 결과물인 것처럼 발표하지 않는다.

2. 문자로 쓰인 저작물이 아니더라도 다른 사람의 연구결과물을 사용할 때에는 이를 고지하고 참고문헌에 명시한다.

제 2 조 출판업적

연구자는 자신이 실제로 행하거나 공헌한 연구에 대해서만 저자로서의 책임을 지며, 논문이나 출판물의 저자를 명시함에 있어 각각의 기여를 정확히 인정한다.

1. 연구자는 연구를 직접 수행한 경우나 연구에 과학적 혹은 전문적으로 직접적인 기여를 한 경우에만 저자로 명시한다.

2. 논문이나 기타 출판 업적의 저자(역자)나 저자의 순서는 상대적 지위에 관계없이 연구에 기여한 정도에 따라 정확하게 명기되어야 한다.

3. 학생의 학위논문이 학술지에 출판되는 경우에는 일반적으로 저자가 된다.

제 3 조 연구물의 중복 및 중복 게재 금지

1. 연구자는 국내외를 막론하고 이전에 출판된 자신의 연구물(게재 예정이거나 심사 중인 연구물 포함)을 새로운 연구물인 것처럼 중복 출판(투고)하지 않는다.

2. 연구자가 다른 학술지에 혹은 다른 언어로 이미 출판을 한 연구 결과를 다시 출판하고자 할 때는 학술지 발간 기간과 소속 연구기관에 이전 출판에 대한 정보를 제공하고 중복 게재나 이중 출판에 해당되는지 여부를 확인하여야 한다.

제 4 조 인용 및 참고 표시

1. 공개된 학술자료를 인용할 경우에는 정확하게 기술하도록 노력하고, 상식에 속하는 자료가 아닌 한 반드시 그 출처를 밝혀야 한다. 논문이나 연구 계획서의 평가 시 또는 개인적인 접촉을 통하여 얻은 자료의 경우에는 그 정보를 제공한 연구자의 동의를 받은 후에만 인용할 수 있다.

2. 다른 사람의 글을 인용하거나 아이디어를 차용(참고)할 경우에는 반드시 각주(후주)를 통하여 인용 여부 및 참고 여부를 밝혀야 하며, 이러한 표기를 통하여 어떤 부분이 선행연구의 결과이고 어떤 부분이 본인의 독창적인 생각, 주장, 해석인지를 독자가 알 수 있도록 해야 한다.

제 5 조 논문의 수정

저자는 논문 평가 과정에서 제시된 편집위원과 심사위원의 의견을 가능한 한 수용하여 논문에 반영되도록 노력하여야 하고, 이들의 의견에 동의하지 않을 경우에는 그 근거와 이유를 상세히 적어서 편집위원(회)에게 알려야 한다.

제 6 조 연구윤리 준수 노력

연구자는 연구와 관련된 모든 활동에서 본 윤리규정의 내용을 숙지하고 이에 따라 윤리적인 문제에 대응하고 검토하여야 한다.

제 2 절 편집위원의 윤리규정

제 7 조 편집위원의 책임윤리

편집위원은 투고된 논문의 게재 여부를 결정하는 모든 책임을 지며, 저자의 인격과 학자로서의 독립성을 존중해야 한다.

제 8 조 공정한 관리

편집위원은 학술지 게재를 위해 투고된 논문을 저자의 성별, 나이, 소속 기관은 물론이고 어떤 선입견이나 사적인 친분과도 무관하게 논문의 질적 수준과 투고규정에 근거하여 공평하게 취급하여야 한다.

제 9 조 논문의 심사의뢰

1. 편집위원은 투고된 논문의 평가를 해당 분야의 전문적 지식과 공정한 판단 능력을 지닌 심사위원에게 의뢰해야 한다.
2. 심사 의뢰 시 저자와 지나치게 친분이 있거나 지나치게 적대적인 심사위원을 피함으로써 가능한 객관적인 평가가 이루어질 수 있도록 한다. 단, 동일한 논문에 대한 평가가 심사위원간에 현격하게 차이가 날 경우에는 해당 분야 제3의 전문가에게 자문을 받을 수 있다.

제 10 조 논문 내용의 비공개

편집위원은 투고된 논문의 게재가 결정될 때까지는 심사자 이외의 사람에게 저자에 대한 사항이나 논문의 내용을 공개하지 말아야 한다.

제 11 조 중복출판 논문의 거부

편집위원회는 심사 중이거나 혹은 출판이 결정된 논문이 이미 다른 학술지에 출판된 적이 있는 논문에 대해 출판을 거부하고 투고자에게 불이익을 줄 수 있다.

1. 편집위원회는 위와 같이 중복출판 논문의 경우, 저자들 및 소속 기관에 중복출판 사실을 알리고 출판된 적이 있는 학술지 발간 기관에도 고지한다.
2. 편집위원회는 심사 받을 논문이 중복 제출된 것이라 하더라도 저자 및 소속기관, 기 출판된 학술지 발간과 협의가 된 경우 출판을 결정할 수 있으며, 이 경우 중복 출판임을 반드시 밝힌다.

제 12 조 부정행위 조사

편집위원은 저자, 심사자, 편집요원, 편집자에 의한 부정행위를 발견하였을 경우, 출판된 논문, 출판 되지 않은 논문 모두에서 적법한 절차에 의한 조사를 실시할 의무가 있다. 어떤 이유에서건 조사가 불가능 할 경우, 편집자는 문제 해결 및 수정을 위해 결의를 이끌어야 한다.

제 13 조 출판물에 대한 책임

편집위원은 학술지에 출판되는 모든 출판물에 대해 다음의 책임을 져야 한다.

1. 편집위원은 학술지 업무 담당자, 저자, 심사자들 간에 이해갈등의 가능성을 알고 이를 조절할 수 있는 시스템을 마련해야 한다.
2. 편집위원은 심사 과정의 진실성을 확인하며 편집과정의 참여자를 관리 감독한다.
3. 편집위원은 출판이 결정된 이후 중요한 실수나 윤리적인 문제점이 밝혀진 것을 제외하고 출판이 결정된 모든 논문을 출판해야 할 의무가 있다.

4. 편집위원은 필요한 경우 논문 심사 과정을 명확하게 공개해야 하며 모든 과정에 대해 정당한 이유를 설명해야 한다.
5. 편집위원은 심사자가 자신의 신원을 공개하는 것을 허가한 경우가 아니라면 모든 심사자를 익명으로 한다.
6. 편집위원은 심사 받을 논문의 출판이 결정되기 전까지 논문의 저자들을 익명으로 한다.
7. 명백한 오류, 왜곡된 결과가 출판되었을 때에는 즉시 수정하고 저자의 소속기관에 이를 알린다.
8. 논문에서 거짓 보고나 중요한 실수가 발견되었다면 학술지 출판 이후라도 해당 논문은 철회되어야 한다.

제 3 절 심사위원의 윤리규정

제 14 조 심사절차 준수

심사위원은 학술지의 편집위원(회)이 의뢰하는 논문을 심사규정에서 정한 기간 내에 성실하게 평가하고 평가 결과를 편집위원(회)에게 통보해야 한다. 만약 자신이 논문의 내용을 평가하기에 심사 적임자가 아니라고 판단 될 경우에는 편집위원(회)에게 지체 없이 그 사실을 통보한다.

제 15 조 공정한 심사 평가

심사위원은 논문을 개인적인 학술 신념이나 연구자의 사적인 친분관계를 떠나 객관적인 기준에 의해 공정하게 평가하여야 한다. 충분한 근거를 명시하지 않은 채 논문을 탈락시키거나, 심사자 본인의 관점이나 해석과 상충되는 이유로 논문을 탈락시켜서는 안 되며, 심사 대상 논문을 충분하게 읽지 않고 평가해서도 안 된다.

제 16 조 연구자의 인격 존중

심사자는 전문 지식인으로서의 연구자의 인격과 독립성을 존중하여야 한다. 평가 의견서에는 논문에 대한 자신의 판단을 밝히되, 보완이 필요하다고 생각되는 부분에 대해서는 그 이유도 함께 상세히 설명해야 한다. 가급적 정중하고 부드러운 표현을 사용하고, 저자를 비하거나 모욕적인 표현을 하지 않는다.

제 17 조 심사과정의 비밀유지

심사위원은 심사 과정을 비공개로 하고 대상 논문에 대한 비밀을 지켜야 하며 제출자의 정보 소유권을 존중한다. 논문 평가를 위해 특별히 조언을 구하는 경우가 아니라면 다른 사람에게 보여주거나 논문 내용에 대해 다른 사람과 논의 하지 않는다. 또한 논문에 게재된 학술지가 출판되기 전에 저자의 동의 없이 논문의 내용을 인용해서는 안 된다.

제 18 조 심사위원의 책임

심사위원은 심사의 전 과정에서 다음의 책임을 져야 한다.

1. 심사자는 논문투고자와 이해 갈등 관계가 있으면 이를 편집자나 기관에 밝힌다.
2. 심사자는 의뢰 받은 후 정해진 기간 내에 심사를 완료하고 뚜렷한 이유 없이 심사를 지연시키지 않는다.
3. 심사자는 심사과정이 공정하지 못하거나 과정의 진실성이 의심될 때에는 심사를 거부할 수 있다.
4. 요청 받은 심사물이 이미 다른 학술지에 출판되었거나 중복 심사 중이거나 혹은 기타 결과에 이상한 점을 발견했을 때에는 편집위원회에 알린다.

제 2 장 윤리규정 시행 지침

제 19 조 윤리규정 서약

한국상담학회의 신규회원은 본 윤리규정을 준수하기로 서약해야 한다. 기존 회원은 윤리규정의 발효 시 윤리규정을 준수하기로 서약한 것으로 간주한다.

제 20 조 윤리규정 위반보고

회원은 다른 회원이 윤리규정을 위반한 것을 인지 할 경우 그 회원에게 윤리규정을 환기시켜 문제를 바로잡도록 노력해야 한다. 그러나 문제가 바로잡히지 않거나 명백한 윤리규정 위반 사례가 드러날 경우에는 학회 윤리위원회에 보고 할 수 있다. 윤리위원회는 문제를 학회에 보고한 회원의 신원을 외부에 공개해서는 안 된다.

제 21 조 연구윤리위원회 구성

본 학회 윤리위원회 산하에 연구윤리위원회를 구성한다. 연구윤리위원회는 회원 5인 이상으로 구성하고, 위원은 이사회의 추천을 받아 회장이 임명하며 위원장은 위원 중에서 선출한다.

제 22 조 연구윤리위원회의 권한

연구윤리위원회는 윤리규정 위반으로 보고된 시안에 대하여 제보자, 피조사자, 증인, 참고인 및 증거자료 등을 폭넓게 조사를 실시한 후, 윤리규정 위반이 사실로 판정된 경우에는 회장에게 적절한 제재 조치를 건의할 수 있다.

제 23 조 연구윤리위원회의 조사

연구윤리규정 위반으로 보고된 회원은 연구윤리위원회의 소명 요청이 있을 경우 연구윤리 위원회에서 행하는 조사에 협조해야 한다. 이 조사에 협조하지 않는 것은 그 자체로 윤리규정 위반이 된다.

제 24 조 소명기회 보장

연구윤리규정 위반으로 보고된 회원에게는 충분한 소명 기회를 주어야 한다.

제 25 조 조사대상자의 신원보호

윤리규정 위반에 대해 학회의 최종적인 징계 결정이 내려질 때까지 연구윤리위원은 해당 회원의 신원을 외부에 공개해서는 안 된다.

제 26 조 징계의 절차 및 내용

연구윤리위원회의 징계 건의가 있을 경우, 회장은 연구윤리위원회를 소집하여 징계 여부 및 징계 내용을 최종적으로 결정한다. 연구윤리규정을 위반하였다고 판정된 회원에 대해서는 경고, 회원자격 정지 내지 박탈 등의 징계를 할 수 있으며, 이 조처를 다른 기관이나 개인에게 알릴 수 있다.

제 27 조 연구윤리규정의 수정

연구윤리규정의 수정 절차는 본 학회 회칙 개정 절차에 준한다. 연구윤리규정이 수정될 경우, 기존의 규정을 준수하기로 서약한 회원은 추가적인 서약 없이 새로운 규정을 준수하기로 서약한 것으로 간주한다.

사단법인 한국상담학회 전문상담사 자격규정

제 1 장 총 칙

제 1 조 (목적) 본 규정은 사단법인 한국상담학회(이하 '본 학회' 라 칭한다) 정관 제4조 4항에 명시된 회원을 대상으로 한 전문상담사자격검정에 필요한 자격 관리에 관한 사항을 규정함을 목적으로 한다.

제 2 조 (정의) 전문상담사라 함은 본 학회의 정회원 혹은 준회원으로서 본 학회가 요구하는 소정의 수련과정을 이수하고 자격시험에 합격한 후 자격심사를 거쳐 본 학회가 발급하는 자격증을 부여받은 자를 말한다.

제 2 장 자격등급 및 역할

제 3 조 (자격등급) 전문상담사는 다음과 같이 구분한다.

1. 수련감독 전문상담사
2. 1급 전문상담사
3. 2급 전문상담사
4. 3급 전문상담사

제 4 조 (수련감독 전문상담사) 수련감독 전문상담사는 만 35세 이상인 자로서 다음 각 항에 해당하는 자를 말한다.

1. 다음 각 호에 해당하는 자로서 본 학회가 인정하는 상담전문기관의 수련감독 전문상담사 밑에서 해당 전문 분과학회가 요구하는 내용의 수련을 마치고, 소정의 자격시험에 합격한 후, 본 학회가 주관하는 수련감독 전문상담사 집단연수과정을 이수하고, 해당 분과학회 자격관리위원회의 자격심사를 거쳐 본 학회가 발급하는 자격증을 부여받은 자
   (1) 해당 분과의 1급 전문상담사 자격을 취득한 후 4년 이상 경과한 자
   (2) 타 분과학회의 수련감독 전문상담사 자격을 취득한 자
2. 다음 각 호에 해당하는 자로서 해당 분과학회의 자격심사에 통과하고, 본 학회가 주관하는 수련감독 전문상담사 집단연수과정을 이수한 후 전문상담사 자격관리위원회의 인준을 거쳐 본 학회가 발급하는 자격증을 부여받은 자
   (1) 본 학회가 인정하는 있는 외국의 상담전문기관에서 관련 분야의 동급 전문가 자격증을 취득한 자
   (2) 1급 전문상담사 자격 취득 후 대학의 전임교수가 된 후 5년 이상 해당 자격관련 과목을 강의한 자

제 5 조 (1급 전문상담사) 1급 전문상담사는 다음 각 항에 해당하는 자를 말한다.

1. 다음 각 호에 해당하는 자로서 본 학회가 인정하는 상담전문기관의 수련감독자(시행세칙 3항) 밑에서 해당 분과학회가 요구하는 내용의 수련을 마치고, 소정의 자격시험에 합격한 후, 본 학회가 주관하는 1급 전문상담사 집단연수과정을 이수하고, 해당 분과학회 자격관리위원회의 자격심사를 거쳐 본 학회가 발급하는 자격증을 부여받은 자
   (1) 2급 전문상담사 자격을 취득한 후 3년 이상 경과한 자
   (2) 타 분과학회의 1급 전문상담사 자격을 취득한 자
   (3) 상담학 또는 상담관련 전공으로 박사학위 과정을 수료한 자(단, 석·박사 과정에서 상담윤리를 제외한 공통과목 또는 해당 분과학회가 요구하는 시

험관련 과목을 3학점 이상 이수한 경우 사전 심사를 거쳐 해당과목의 필기 시험을 면제받을 수 있다.)

2. 상담관련학과에서 박사학위 과정을 수료한 자 이상으로 석박사 과정에서 해당 분과학회에서 요구하는 과목(3학점이상)을 이수한 경우 해당과목의 1급 전문상담사 필기시험을 면제하고 해당 전문 분과학회의 자격심사에 통과하고, 본 학회가 주관하는 1급 전문상담사 집단 연수과정을 이수한 후 전문상담사 자격관리위원회의 인준을 거친 후, 자격증을 부여받은 자
3. 다음 각 호에 해당하는 자로서 해당 전문 분과학회의 자격심사에 통과하고, 본 학회가 주관하는 1급 전문상담사 집단 연수과정을 이수한 후 전문상담사 자격관리위원회의 인준을 거쳐 본 학회가 발급하는 자격증을 부여받은 자
   (1) 학회가 인정하는 외국의 상담전문 기관에서 관련 분야의 동급 전문가 자격증을 취득한 자
   (2) 타 전공 및 상담 관련 분야 심리전문가의 동급 자격취득 후 3년 이상 경과한 자로서, 본 학회가 인정하는 수련감독자(시행세칙 3항) 밑에서 해당 전문 분과학회가 요구하는 내용의 수련을 마친 자

제 6 조 (2급 전문상담사) 2급 전문상담사는 정회원 혹은 준회원으로 다음 각 항에 해당하는자를 말한다.

1. 다음 각 호에 해당하는 자로서 본 학회가 인정하는 상담전문기관의 수련감독자 밑에서 학회가 요구하는 수련과정을 마치고, 소정의 자격시험에 합격한 후, 본 학회가 주관하는 2급 전문상담사 집단연수과정을 이수하고, 자격관리위원회의 자격심사를 거쳐 본 학회가 발급하는 자격증을 부여받은 자
   (1) 3급 전문상담사 필기시험 면제심사에 합격했거나 3급 전문상담사 자격을 취득한 자
   (2) 상담학 또는 상담관련 전공으로 석사학위를 취득했거나 학부 및 대학원 과

정에서 필수영역인 상담 및 지도, 심리검사 및 진단, 집단상담을 포함하여 학습과 발달, 성격과 정신건강, 가족상담, 진로상담 등 7개 영역 중 5개 영역 이상에서 각 1과목씩(총 5과목 이상) 12학점 이상을 수강한 자
(단, 두 가지 조건을 모두 충족하는 경우 사전 심사를 거쳐 필기시험을 면제받을 수 있다.)

2. 전문학사 이상의 학력을 소지한 자로서, 본 학회가 인정하는 교육연수기관에서 450시간 이상 교육연수를 받고, 소정의 자격시험에 합격한 후, 본 학회가 주관 하는 2급 전문상담사 집단연수과정을 이수하고, 자격관리위원회의 자격심사를 거쳐 본 학회가 발급하는 자격증을 부여받은 자
3. 다음 각 호에 해당하는 자로서 본 학회가 인정하는 상담전문기관의 수련감독자 밑에서 학회가 요구하는 수련과정을 마친 후, 자격관리위원회의 자격심사에 통과하고, 본 학회가 주관하는 전문상담사 집단연수과정을 이수한 후, 본 학회 전문상담 자격관리위원회의 인준을 거쳐 본 학회가 발급하는 자격증을 부여받은 자
   (1) 상담심리사 2급(한국상담학회)
   (2) 청소년상담사 2급(보건복지부)
   (3) 전문상담교사 1급(교육과학부)
   (4) 본 학회가 인정하는 상담관련 자격증을 소지한 자

제 6조의 1 (3급 전문상담사) 3급 전문상담사는 준회원 이상인 자로서 다음 각 항에 해당하는 자를 말한다.

1. 본 학회가 인정하는 소정의 자격시험에 합격한 후, 본 학회가 주관하는 3급 전문상담사 집단연수과정을 이수하고, 자격관리 위원회의 자격심사를 거쳐 본 학회가 발급하는 자격증을 부여받은 자
2. 전문학사 이상의 학력을 소지한 자로서, 본 학회가 인정하는 교육연수기관에

서 300시간 이상 교육연수를 받고, 소정의 자격시험에 합격한 후, 본 학회가 주관하는 3급 전문상담사 집단연수과정을 이수하고, 자격관리위원회의 자격심사를 거쳐 본 학회가 발급하는 자격증을 부여받은 자

3. 본 학회가 인정하는 상담전문기관의 수련감독자 밑에서 학회가 요구하는 수련과정을 마친 후, 자격관리위원회의 자격심사에 통과하고, 본 학회가 주관하는 전문상담사 집단연수과정을 이수한 후, 본 학회 전문상담 자격관리위원회의 인준을 거쳐 본 학회가 발급하는 자격증을 부여받은 자

제 7 조 (역할) 전문상담사는 다음의 역할을 수행할 수 있다.

1. 수련감독 전문상담사

수련감독 전문상담사는 상담의 최고 전문가(지도인력)로 전문적 능력과 상담자 교육 및 훈련능력을 보유한 자로서 그 역할은 다음과 같다.

(1) 다양한 전문영역에서 개인 혹은 집단의 자아실현, 적응강화에 대한 조력 및 지도

(2) 다양한 전문영역에서 심리적 부적응 및 장애를 겪는 개인 혹은 집단에 대한 진단, 평가 및 상담

(3) 해당 전문영역에서 전문상담사의 교육, 사례지도 및 추천

(4) 해당 전문영역에서 전문상담사의 수련 내용 평가, 인준 및 추천

(5) 상담 및 심리치료에 대한 연구

(6) 상담기관의 설립 및 운영

2. 1급 전문상담사

1급 전문상담사는 상담의 전문가(기간인력)로 독자적 상담을 수행할 수 있는 능력을 보유한 자로서 그 역할은 다음과 같다.

(1) 해당 전문영역에서 개인 혹은 집단의 자아실현, 적응강화에 대한 조력 및 지도

(2) 해당 전문영역에서 심리적 부적응 및 장애를 겪는 개인 혹은 집단에 대한 진단, 평가 및 상담

(3) 해당 전문영역에서 2급 또는 3급 전문상담사 및 학회 전공인 상담자원봉사자의 교육

(4) 상담 및 심리치료에 대한 연구

(5) 상담기관의 설립 및 운영

3. 2급 전문상담사

2급 전문상담사는 상담의 기본과정과 이론적 배경을 바탕으로 수련감독자의 지도하에 상담업무를 수행할 수 있는 능력을 보유한 자로서 그 역할은 다음과 같다.

(1) 개인 및 집단의 자아실현, 적응 강화에 대한 진단, 평가, 조력 및 지도

(2) 심리적 부적응 및 장애를 겪는 개인 및 집단에 대한 진단, 평가 및 심리 상담을 통한 지도

(3) 상담 행정 업무

4. 3급 전문상담사

3급 전문상담사는 상담의 기본 개념 및 원리에 대한 이해를 바탕으로 수련감독자의 지도하에 상담 활동에 참여할 수 있는 능력을 보유한 자로서 그 역할은 다음과 같다.

(1) 구조화된 집단상담 프로그램의 운영 및 조력

(2) 표준화된 절차가 구비된 심리평가 실시 업무

(3) 수련감독자의 수퍼비전을 받으면서 진행하는 매체상담 업무

(4) 상담 행정업무

(5) 기타 개인 및 집단상담 보조업무

제 3 장 자격검정 및 전문영역 표기

제 8 조 (자격검정과목) 전문상담사 자격검정은 필기시험과 면접시험으로 구분하며, 자격등급에 따른 필기시험의 과목은 다음과 같이 정한다.

1. 수련감독 전문상담사 : 공통과목으로 상담철학 1과목과 해당 전문 분과학회에서 부과하는 1과목으로 총 2과목. 단 상담철학의 합격인정은 5년으로 한다.
2. 1급 전문상담사 : 공통과목으로 상담연구 방법론, 상담윤리 등 2과목과 해당 전문분과학회에서 부과하는 2과목으로 총 4과목. 단 공통과목의 합격인정은 5년으로한다.
3. 2급 전문상담사 : 필수과목으로 상담이론(개론)과 집단상담, 심리검사 등 3과목과 선택과목으로 가족상담, 진로상담, 학습과 발달, 성격과 정신건강 등을 포함한 총 4과목 중 2개 선택, 총 5과목.
4. 3급 전문상담사 : 공통과목으로 상담학 개론 1과목
5. 위 1, 2항에서 분과학회에서 부과하는 시험과목은 해당 분과학회에서 주관한다.

제 9 조 (전문가 수련)

1. 전문상담사 자격을 취득하기 위해서는 세칙의 전문상담사 수련과정을 이수하여야한다.
2. 수련감독 및 1급 전문상담사 자격취득에 필요한 수련과정은 해당 분과학회에서 규정한다.

제 10 조 (자격증 청구 및 심사) 본 학회의 전문상담사 자격을 취득하고자 하는 자는 본 학회가 인정하는 수련감독자 밑에서 학회가 요구하는 수련과정을 마치고, 자격시험에 합격한 자로서, 본 학회에서 주관하는 집단연수과정

을 이수한 후, 자격관리위원회의 자격심사 및 인준을 거쳐 자격증을 취득한다. (단, 4조 2항, 5조 2항 1, 6조 3항, 6조의 1, 3항에 해당하는 자는 시험을 면한다).

제 11 조 (전문영역 표기) 수련감독 및 1급 전문상담사는 전문가 자격증에 해당 전문영역을 표기한다.

제 4 장 전문가 자격의 유지

제 12 조 (자격의 갱신) 전문상담사는 자격 취득 후 매 5년마다 전문상담사 자격을 갱신하여야 한다.

제 13 조 (자격의 유지) 전문상담사는 자격 취득 후 아래의 각 항을 이행하여야 한다.

1. 수련감독 전문상담사
   (1) 학 회비 및 전문가 회비 납부
   (2) 상담사례 참여 및 지도, 감독활동과 상담교육 활동 실시
   (3) 5년 내에 본 학회 개최하는 연차대회 2회 이상, 해당 분과학회별 행사 1회 이상 참여
   (4) 5년 단위로 1회 이상 전문상담사 자격 갱신을 위한 연수회 참여.
2. 2급 전문상담사
   (1) 학 회비 및 전문가 회비 납부
   (2) 상담사례 지도, 감독활동과 상담교육 활동 실시
   (3) 5년 내에 본 학회 개최하는 연차대회 2회 이상, 해당 분과학회별 행사 1회 이상 참여

(4) 5년 단위로 1회 이상 전문상담사 자격유지를 위한 집단연수회 참여

3. 2급 전문상담사

(1) 학 회비 및 전문가 회비 납부

(2) 자격취득 후 5년 내에 2회 이상 연차대회, 학회가 주관하는 학술발표, 수련회 또는 사례발표회 참여

4. 3급 전문상담사

(1) 학 회비 및 전문가 회비 납부

(2) 5년 내에 본 학회가 개최하는 연차대회 2회 이상 참가

(3) 연 1회 이상 지역학회나 분과학회 사례발표 또는 세미나 참가

5. 1~4항을 충족하지 못했을 시는 해당 전문상담사의 자격이 정지되며 정지된 기간의 수련내용은 상위급 전문상담사 수련과정에 포함되지 않는다. 단 위 요건을 충족하면 자격이 회복된다.

제 14 조 (윤리강령 준수의 의무) 전문상담사 자격증을 수여 받은 자는 본 학회가 정한 윤리강령을 준수해야 하며 이를 위반할 시에는 전문상담사 자격관리위원회에서 자격 유지 여부를 심의한다.

제 5 장 자격관리위원회

제 15 조 (자격관리위원회) 전문상담사 자격관리에 필요한 제반 절차를 관리?운영하고 전문상담사 자격과 관련된 다양한 문제들을 다루기 위하여 자격관리위원회를 두고 자격심사분과 및 자격 시험관리분과 전반을 관장한다. 시험관리위원장은 자격관리위원장이 추천하여 본 학회장이 선출하며, 시험관리를 위하여 별도로 설치?운영한다.

1. 자격심사분과 : 자격심사와 관련된 업무 전반을 관장한다. 자격심사분과 위원장은 자격관리위원장을 겸한다.
2. 자격시험관리분과 : 시험 관리와 관련된 업무 전반을 관장한다.

제 16 조 (자격검정위원) 자격관리위원장은 전문상담사 자격시험 및 자격심사가 있을 시 매년 출제위원, 검토위원, 선정검토위원, 시험위원 및 면접위원 등 필요한 자격 검정위원을 추천하고 본 학회장은 이들에 대하여 위원으로 위촉한다.

부 칙

1. 본 자격규정은 본 학회가 공표한 날 (2000.6.3)부터 발효한다.
2. 본 자격규정의 개정은 본 학회 운영위원회에서 행한다.
3. 본 자격규정의 개정안은 2007 년 1월 1일부터 시행한다.
4. 본 자격규정의 개정안은 2008 년 1월 1일부터 시행한다.
5. 본 자격규정의 개정안은 2009 년 1월 1일부터 시행한다.

사단법인 한국상담학회
전문상담사 자격검정 시행세칙

제 1 조 (목적) 본 시행세칙은 전문상담사 자격규정 제9조에 명시한 전문상담사 자격시험 및 자격심사 시행세칙을 규정함을 목적으로 한다.

제 2 조 (응시자격) 본 자격시험에 응시할 수 있는 자격은 전문상담사 자격규정에 따른다. 모든 수련내용은 회원 자격을 갖춘 기간 동안의 것만 인정한다.

제 3 조 (시험시기) 본 자격시험은 연 1회, 5월 중에 실시함을 원칙으로 한다. 시험 일자, 장소 및 기타사항은 시행 2개월 전에 본 학회장이 공고한다.

제 4 조 (출제위원)

1. 수련감독 및 1급 전문상담사 시험과목 중 분과학회에서 부과하는 과목의 출제위원은 해당 분과학회장이 추천하고, 본 학회 시험관리분과위원장과 자격관리위원장이 선정하여 본 학회장이 위촉한다.
2. 수련감독 및 1급 전문상담사 시험과목 중 공통과목과 2급 및 3급 전문상담사 시험과목의 출제위원은 본 학회 시험관리분과위원장이 추천하고, 자격관리위원장이 선정하여 본 학회장이 위촉한다.

제 5 조 (출제 및 시험 관리) 출제 및 시험 관리 절차는 별도의 관리지침에 의거한다.

제 6 조 (필기시험)

1. 필기시험은 같은 날, 같은 장소에서 치르는 것을 원칙으로 한다. 필기시험면제

는 아래와 같다.

(1) 자격규정 4조의 2, 5조의 2, 6조의 3, 7조의 3에 해당하는 자는 필기시험을 면하고 자격심사를 신청할 수 있다.

(2) 자격규정 4조 1의 (2), 5조 1의 (2)에 해당하는 자는 사전 면제심사를 거쳐 해당과목의 필기시험을 면할 수 있다.

(3) 자격규정 6조의 1의 (2), 6조의 1, 1의 (2)의 해당하는 자는 사전 면제심사를 거쳐 필기시험을 면하고 자격심사를 신청할 수 있다.

2. 필기시험의 검정과목은 전문상담사 자격규정에 따른다.
3. 필기시험의 합격은 각 과목별 60점 이상, 전체평균 60점 이상을 원칙으로 하며, 최종 사정은 시험관리분과위원장이 자격관리위원장과 협의하여 결정한다.

   단, 불합격자라 하더라도 60점 이상을 얻은 과목에 대해서는 차기시험 5회(5년)까지 합격한 과목의 시험을 면제받을 수 있다.

제 6조의 1 (필기시험 면제)

1. 자격규정 4조의 2, 5조의 2, 6조의 3, 7조의 3에 해당하는 자는 필기시험을 면하고 자격심사를 신청할 수 있다.
2. 자격규정 4조 1의 (2), 5조 1의 (2)에 해당하는 자는 사전 면제심사를 거쳐 해당과목의 필기시험을 면할 수 있다.
3. 자격규정 6조의 1의 (2), 6조의 1 1의 (2)의 해당하는 자는 사전 면제심사를 거쳐 필기시험을 면하고 자격심사를 신청할 수 있다.

제 7 조 (면접시험)

1. 필기시험에 합격한 자에 한하여 면접시험을 치른다.
2. 면접시험은 면접채점 기준에 따라 일정 수준 이하인 경우에는 불합격처리할 수 있다.

3. 2급 및 3급 전문상담사에 대한 면접시험은 본 학회 자격관리위원장이 주관하여 실시한다.
4. 수련감독 및 1급 전문상담사에 대한 면접시험은 각 전문분과 자격관리위원장이 주관하여 실시하고 그 결과를 본 학회 자격관리위원장에게 신속하게 전달한다.

제 8 조 (응시서류) 본 자격시험에 응시하고자 하는 자는 다음의 서류를 소정의 응시 료와 함께 제출하여야 한다.

1. 수련감독 및 1급 전문상담사
   (1) 당해 연도까지의 학 회비 및 분과 학 회비 납부 영수증
   (2) 전문상담사 자격시험 응시원서(본 학회 소정 양식) 1부
   (3) 이력서 1부
   (4) 최종학교 졸업 및 성적증명서 각 1부 (전공영역이 표기되어야 함)
   (5) 재직 및 경력증명서 각 1부
   (6) 한국상담학회 전문상담사 자격증 사본 (해당자에 한함) 각 1부
   (최초 자격취득일과 자격갱신일이 표기되어야 함)
   (7) 한국상담학회 전문상담사 시험응시과목 이수 확인서 (해당자에 한함) 1부
   (8) 시험응시과목 면제 또는 부분합격증 사본 (해당자에 한함)
   (9) 원서에 부착한 사진 이외의 사진(3×4㎝) 1매
2. 2급 및 3급 전문상담사
   (1) 당해 연도까지의 학 회비 납부 영수증
   (2) 전문상담사 자격시험 응시원서(본 학회 소정 양식) 1부
   (3) 이력서 1부
   (4) 최종학교 졸업 및 성적증명서 각 1부
   (5) 교육연수기관 이수증명서 (해당자에 한함) 각 1부

(6) 한국상담학회 전문상담사 자격증 사본 (해당자에 한함) 각 1부
(최초 자격취득일과 자격갱신일이 표기되어야 함)

(7) 한국상담학회 전문상담사 시험응시과목 이수 확인서 (해당자에 한함) 1부

(8) 원서에 부착한 사진 이외의 사진(3×4㎝) 1매

제 9 조 (자격심사청구) 본 학회에서 규정한 소정의 자격시험에 합격하거나 면제받은 자로서 소정의 수련과정을 완료한 자는 다음의 서류를 자격심사료와 함께 제출하여 자격심사를 청구할 수 있다.

1. 수련감독 전문상담사

(1) 자격심사 신청서 (학회 소정 양식) 1부

(2) 수련기록부

(3) 자격시험 (1차) 합격통지서 사본 1부

(4) 대표논문 또는 대표저서 1권

(5) 해당 전문 분과학회가 요구하는 양의 지도감독 사례 및 공개발표 사례

(6) 자기소개서 1부

(7) 외국 전문가 자격증 사본 (해당자에 한함) 단, 전문가 자격규정 제4조 2항에 해당하는 자는 자격심사 신청서와 기타심사에 필요한 서류만을 제출할 수 있다.

2. 1급 전문상담사

(1) 자격심사 신청서 (학회 소정 양식) 1부

(2) 수련기록부

(3) 자격시험 (1차) 합격통지서 사본 1부

(4) 대표논문 또는 대표저서 1권

(5) 해당 전문 분과학회가 요구하는 양의 지도감독 사례 및 공개발표 사례

(6) 자기소개서 1부

(7) 외국 전문가 자격증 사본 1부(해당자에 한함) 단, 전문가 자격규정 제5조 2항에 해당하는 자는 자격심사 신청서와 기타심사에 필요한 서류만을 제출할 수 있다.

3. 2급 전문상담사

(1) 자격심사 신청서 (학회 소정 양식) 1부

(2) 수련기록부

(3) 자격시험 (1차) 합격통지서 사본 1부

(4) 학회가 요구하는 양의 공개발표 사례 (해당자에 한함)

(5) 자기소개서 1부

(6) 대학 또는 대학원 성적증명서

4. 3급 전문상담사

(1) 자격심사 신청서 (학회 소정 양식) 1부

(2) 수련수첩

(3) 자격시험 (1차) 합격증 사본 1부

(4) 자기소개서 1부

부 칙

1. 이상에서 명시되지 않았거나 모호한 사항은 관행에 따른다.
2. 문제출제 및 시험 관리 절차는 별도의 관리지침에 의거한다.
3. 본 시행세칙의 변경은 본 학회 운영위원회에서 행한다.
4. 본 시행세칙의 변경은 2007년 1월 1일부터 시행한다.
5. 본 시행세칙의 변경은 2009년 1월 1일부터 시행한다.

사단법인 한국상담학회 전문상담사 수련과정 시행세칙

제 1 조 (목적) 본 시행세칙은 전문상담사 자격규정 제9조에 명시된 전문상담사 자격 취득을 위한 수련과정과 내용을 규정함을 목적으로 한다.

제 2 조 (수련과정) 수련과정은 상위급 수련감독자의 지도하에 수련기관에서 해당 전문분야 상담관련 지도?감독을 받는 것을 말한다.

제 3 조 (수련감독자) 수련감독자는 본 학회의 수련감독 전문상담사 또는 자격을 취득한 후 2년이 경과한 1급 전문상담사를 말한다.

제 4 조 (수련기관) 수련기관은 상담, 교육 영역의 관련기관으로서 본 학회에서 수련기관으로 적합하다고 인정한 기관을 말한다.

제 5 조 (수련기간 및 내용)

1. 수련기간은 상담전문가 자격규정 제4조, 제5조, 제6조, 제6조의 1에 정한 바를 따른다. 단, 수련과정 및 내용(시행세칙 제7조)은 수련자의 수련 내용에 대한 본 학회 자격관리위원회의 평가에 따라 조정될 수 있다.
2. 본 학회에서 주관하는 수련과정에 참여하는 것으로 2급 및 3급 전문상담사의 수련과정과 내용 일부를 대체할 수 있다.

제 6 조 (수련감독) 수련과정에 있는 자는 본 시행세칙 제3조에 규정된 수련감독자의 지도하에서 수련과정을 이수해야 한다.

제 7 조 (수련과정 및 내용) 수련과정 및 내용은 전문가 등급에 따라 다음 기준에 의하여 시행한다.

1. 수련감독 전문상담사 전문영역에 따라 해당 전문 분과학회가 규정하는 기준에 따른다. 연수평점의 산정 등 유의사항은 아래와 같다.
   (1) 1CEU는 15시간을 기본 시수로 한다.
   (2) 연수평점 및 연수시간의 산정 방법은 다음과 같다.
      (ㄱ) 개인상담의 경우 4회기 이상 상담면접 1사례는 연수평점 0.5CEU로 인정한다.
      (ㄴ) 심리검사의 경우 1사례는 3시간으로 인정한다.
      (ㄷ) 지역학회 및 분과학회 사례발표회 1회 참석은 3시간으로 인정한다.
   (3) 해당 수련과정의 연수평점을 반드시 취득해야 한다.
   (4) 전문상담사 자격심사 신청 시 아래의 수련과정은 포함 될 수 없다.
      (ㄱ) 수련감독 전문상담사의 경우, 1급 전문상담사 수련과정
      (ㄴ) 1급 전문상담사의 경우, 2급 전문상담사 수련과정
2. 1급 전문상담사 전문영역에 따라 해당 전문 분과학회가 규정하는 기준에 따른다.
3. 2급 전문상담사
   (1) 상담현장 수습 : 총 200시간 이상
   - 수습시간은 6개월 이상이면서 아래 각 항을 모두 충족해야 함. (단 단순수습의 경우 본 학회 교육연수위원회에 등록된 교육연수기관의 것만 인정함)
4. 3급 전문상담사
   (1) 상담현장 실습 : 총 100시간 이상
   - 아래의 각 항(개인상담, 집단상담, 상담 및 사례 연구)을 포함하여 총 100시간 이상 수련해야 함
   (2) 개인상담 및 심리검사 : 상담면접 1사례, 또는 1CEU 이상
   - 수련감독자의 지도 · 감독 하에서 4회기 이상의 상담면접 1사례, 또는

개인상담 및 심리검사와 관련된 연수회 참석 1CEU 이상

(3) 집단상담 경험 : 총 15시간, 또는 1CEU 이상

- 수련감독자의 지도 · 감독 하에서 집단참여 경험

(4) 상담 및 사례 연구 활동 : 총 15시간, 또는 1CEU 이상

- 상담기관모임 또는 협의회(수련감독자 2인 이상 참여) 참석

(5) 상담현장 실습 : 총 30시간, 또는 2CEU 이상(단, 학부에서 상담실습 과목 수강자는 성적증명서 또는 이수확인서류 제출 시 학점 수에 따라 45 시간 한도 내에서 수련시간 인정)

(6) 수련자는 수련감독자로부터 5회기 이상 개인상담을 받는다.

(ㄱ) 개인상담 : 4회기 이상 상담면접 2사례, 또는 1CEU 이상

- 수련감독자의 지도 · 감독 하에서 4회기 이상의 상담면접 2사례, 또는 개인상담과 관련된 연수회 참석 1CEU 이상

(ㄴ) 집단상담 경험 : 총 30시간 이상, 또는 2CEU 이상

- 수련감독자의 지도 · 감독 하에서 집단상담 경험

(ㄷ) 상담 및 사례 연구 활동 : 총 2CEU 이상

- 상담사례 토의를 위한 상담기관모임, 또는 협의회(수련감독자 2인 이상 참여) 5회(1회 3시간 인정) 이상 참석 - 1CEU(15시간 이상 참석)

- 전국 연차대회 1회 또는 분과 및 지역학회 연수회 2회 이상 참석 - 1CEU

(ㄹ) 심리검사 : 총 5사례 이상, 또는 1CEU 이상

- 수련감독자 또는 한국상담학회가 인정하는 전문가의 지도?감독 하에서 1사례 이상을 포함한 각종 심리검사의 종합 실시 및 해석 5사례 이상, 또는 심리검사 실시 및 해석과 관련된 연수회 참석 1CEU 이상

(ㅁ) 연수회 참석 : 1CEU 이상

- 본 학회가 인정하는 각종 연수회 참석 15시간 이상

(단, 이 절의 연수회는 2, 3, 4, 5항의 연수회와 중복될 수 없음)

(ㅂ) 수련자는 수련감독자로부터 5회기 이상 개인상담을 받는다.

부　　　칙

1. 본 시행세칙에 명시되지 않은 사항은 관례에 따른다.
2. 본 시행세칙은 한국상담학회가 공표한 날(2000.6.3)부터 발효한다.
3. 본 시행세칙의 변경은 본 학회 운영위원회에서 행한다.
4. 본 시행세칙의 변경은 2007년 1월 1일부터 행한다.
5. 본 시행세칙의 변경은 2008년 1월 1일부터 행한다.
5. 본 시행세칙의 변경은 2009년 1월 1일부터 행한다.

§ 참 고 문 헌 §

강봉규(1999). 상담이론과 실제. 서울: 교육출판사.

김계현(1997). 상담심리학. 서울: 학지사.

김성회(1992). 의사교류분석적 상담. 이형득 편, 상담이론, 서울: 교육과학사, 343~412.

김영순(2000). 현실요법 부모교육프로그램의 개발과 그 효과. 원광대학교 박사학위논문.

김인자(1995). 우리가 좋아하는 세상 만들기. 서울: 한국심리상담연구소.

김인자(1997). 현실요법과 선택이론 -나의 삶 나의 선택-. 서울: 한국심리상담연구소.

김정희 역(2004). 현대 심리치료. 서울: 학지사.

김춘경 · 이수연, 최우용, 홍종관 공역(2006). 상담 및 심리치료의 이해. 서울: 학지사.

김충기 · 김현옥 역(1991). 상담과 심리치료의 원리와 실제. 서울: 성원사.

김충기 · 이재창(1985). 상담과 심리치료. 서울: 교육과학사.

김충기 · 강봉규(2001). 현대상담 이론과 실제. 서울: 교육과학사

김헌수 · 김태호(2006). 상담의 이론과 실제. 서울: 태영출판사.

노안영(2006). 상담심리학의 이론과 실제. 서울: 학지사.

노안영(2007). 상담심리학의 이론과 실제. 서울: 학지사.

박경애(1984). 인지 · 정서 · 행동 치료. 서울: 학지사.

오미향 · 김성희(1987). 합리적 정서적 상담 프로그램: 중 · 고등학생용, 학생지도연구: 경북대학교 학생생활연구소, 20(1), 89~122.

우재현(1995). 임상교류분석(TA) 프로그램. 대구: 정암서원.

원호택(1994). 대학상담에서의 절충적 인지치료. 서울대학교 학생생활 연구소, 대학상담과 인지치료 세미나. 7~26.

윤순임 외(1995). 현대상담 · 심리치료의 이론과 실제. 서울: 중앙적성출판사.

이성태(1991). 이해중심 TA와 재경험중심 TA프로그램이 자율성과 생활자세에 미치는 효과. 박사학위논문, 계명대학교 대학원.

이장호 · 정남운 · 조성호(2005). 상담심리학의 기초. 서울: 학지사.

이형득 외(1984). 상담의 이론적 접근. 서울: 형설출판사.

이형득 외(1977). 상담의 이론적 접근. 대구: 형설출판사.

이형득 · 이상로 · 설기문 · 김성회 · 김영환 (1997). 상담 이론. 서울: 형설출판사.

이형득 편저(1997). 상담이론. 서울: 교육과학사,

이형득 · 이상로 · 설기문 · 김성회 · 김영환 (2001). 상담 이론. 서울: 형설출판사.

이형득 · 이상로 · 김영환 · 김성회 · 설기문(1997). 상담이론. 서울: 교육과학사.

이형득 외(1984). 상담의 이론적 접근. 서울: 형설출판사.

이형득 외(1993). 상담의 이론적 접근. 서울: 중앙적성출판사.

임용자(2000). 발달 및 치료 도구로서의 유리드미(Eurythmy), 한국심리학회지: 상담 및 심리치료 12, 2.

임용자(2003). 동작 명상이 아동의 신체자아개념 및 불안에 미치는 효과에 관한 연구, 한국 예술치료학회지. Vol. 1~3.

임용자(2004). 표현예술치료의 이론과 실제. 서울: 문음사.

임용자(2006). 할프린 표현예술치료. 한국 표현예술치료 · 상담협회. 미간행.

임용자 · 김용량 역(2002). 치유예술로서의 춤. 서울: 물병자리.

장선철 · 문승태(2003). 상담심리학. 서울: 동문사

장혁표외 공저(1995). 현대상담 · 심리치료의 이론과 실제. 서울: 중앙적성출판사.

조현춘 · 조현재 공역(2004). 심리상담과 치료의 이론과 실제. 서울: 시그마프레스.

최정훈(1979). 지각심리학. 서울: 을유문화사.

한숙자(2008). 전문상담학개론. 서울: 창지사.

한재희(2004). 상담패러다임의 이론과 실제. 서울: 교육아카데미.

홍경자 (1988). 실존주의적 상담사례보고. 전남대학교 학생생활연구.

공마리아 외(2004). 미술치료개론. 동아문화사.

이근매(2008). 미술치료의 이해와 실제. 양서원.

이근매 · 정광조(2005). 미술치료개론. 학지사.

이근매 · 최인혁(2008). 매체경험을 통한 미술치료의 실제. 시그마프레스.

정연희(2004). 동그라미 중심 부모 - 자녀묘화법의 부모 - 자녀관계 타당화 연구. 미술치료 연구총서, 110-115.

정현희(2006). 실제적용중심의 미술치료. 학지사.

최외선 · 이근매 · 김갑숙 · 이미옥(2006). 마음을 나누는 미술치료. 학지사.

고향자(1992). 한국대학생의 의사결정유형과 진로결정수준의 분석 및 진로결정 상담의 효과. 숙명여자대학교 대학원 박사학위 논문.

김병숙(1999). 직업상담심리학. 서울: 박문각.

김봉환 · 김병석 · 정철영(2003). 학교진로상담. 서울: 학지사.
노안영(2005). 상담심리학의 이론과 실제. 서울: 학지사.
양종국 · 지용근(2003). 진로발달검사. 서울: 한국행동심리연구소.
지용근 · 김옥희 · 양종국(2005). 진로상담의 이해. 동문사.
이현림 · 김봉환 · 송재홍 · 천성문(2000). 진로지도와 상담. 영남대학교 출판부.
이갑동(1981). 의사결정에 관한 일 연구. 계명대학교 교육대학원 석사학위논문.
정철영 · 나승일 · 서우석 · 송병국 · 이종성(1998). 직업기초능력에 관한 국민공통 기본교육과정분석. 서울: 한국직업능력개발원.
김정규(1995). 게슈탈트 심리치료. 학지사
김정규, 김영주, 심영아 공역(2008). 알아차림, 대화, 그리고 과정. 학지사
강봉규(1999). 상담이론과 실제. 서울:교육출판사
한미연합사령부 지휘서신 17호(2008). 상담, 코칭과 멘토링에 대한 안
Fenell, D. L., & Fenell, R, A. (2003). Counseling and Human Development. FindArticles.com 09 May, 2009에서 재인용
www.armycounselingonline.com 탑재 양식 6-220부록 b 자료 기록
Baker, S. B. (1981). School counselor's handbook : A guide for professional growth and development. Boston : Allyn and Bacon.
Beck, A. T. (1967). Depression : Clinical, experimental, and theoretical aspects. New York : Harper & Row.
Beck, A. T. (1976). Cognitive therapy and emotional disorders. New York : International Universities Press.
Beck, A. T. (1976). Cognitive therapy and emotional disorders. New York : International University Press.
Beck, A. T., & Freeman, A. (1990). Cognitive Therapy of Personality Disorders. New York, London : The Guilford Press.
Berne, E. (1966). Principles of Group Treatment. N. Y. : Oxford Univ. Press.
Berne, E. (1966). Principles of group treatment. New York : Oxford University Press.
Berne. E. (1964). Games people play. New York. : Journal of Grove.
Bernstin, D. A. and Carlson, C. R. (1993). Progressive relaxation : Abbreviated methods. In P. M. Lehrer and R. L. Woolfolk, Eds. Principles and Practice of Stress

Management. N.Y : Guilford.

Bruno, F. J. (1983). Adjustment and Personal Growth : Seven Pathways(2nd ed.). NY : John Wiley & Sons.

Corey, G. (1991). Treory and practice of counseling and psychotherapy (4th ed.). Pacific Grove, CA : Brooks/Cole.

Carrie H.Kennedy & Eric A. Zillmer(2006). Military Psychology Clinical and Operational Applications. New York : Guilford Press.

Corey, G. (1977). Theory and Practice of Counseling and Psychotherapy(2nd Ed.). Pacific Grove. CA : Brooks / Cole.

Corey, G. (1986). Theory and practice of counseling and psychotherapy(3rd ed.). Pacific Grove, Cal. : Brooks/Cole.

Corey, G. (1991). Treory and practice of counseling and psychotherapy (4th ed.). Pacific Grove, CA : Brooks/Cole.

Corey, G. (2003). Theory and Practice of counseling and psychotherapy. (조현춘, 조현재 역, 2001). 심리상담의 이론과 실제. 서울 : 시그마프레스.

Corey, G.(1985). Theory and practice of group counseling (2nd). Monterey, Calif. : Brooks/Cole.

Corey, G.(1986). Case approach to counseling and psychotherapy (2nd). Monterey, Calif. : Brooks/Cole.

Corey, G.(1986). Theory and practice of counseling and psychotherapy (3nd). Pacific Grove, CA : Brooks/Cole.

Corey, Gerald(2001). Theory and practice of counseling and psychotherapy. California State University, Fullerton.

Cormier, S. and Cormier, W. H. (1998). Interviewing Strategies for Helpers : Fundamental Skills and Cognitive Behavioral Interventions, 4th ed. Pacific Grove, CA : Brooks/Cole.

Dryden, W., & DiGiuseppe, R. (1990). A primer on Rational - Emotive Therapy. Champaign, IL : Research Press.

Dusay, J. (1975). Transactional analysis in counseling. In Ben N.Ard, Tr.(Eds.), Counseling & Psychotherapy : Classics of theories & issues. Palo Alto, California : Science and Behavior Books.

Dusay, J. M. & Dusay, K. M. (1984). Transactional analysis. In R.J.Corsini(Ed.), Current psychotherapies(3rd ed.). Itasca, I 11. : F.E.Peacock.

Ellis, A. (1967). Rational - emotive psychotherapy. In D. Arbuckle(Ed.), Counseling and psychotherapy. New York : McGraw - Hill.

Ellis, A. (1974a). Rational - emotive theory. In A Burton(Ed.), Operational theories of personality. New York : Brunner/Mazel.

Ellis, A. (1974a). Techniques of Disputing Irrational Beliefs. New York : Institute for Rational - Emotive Therapy.

Ellis, A. (1977c). RET as a personality theory, therapy approach, and philosophy of life. In E. Brand & J. L. Wolfe(Eds.), Twenty years of rational therapy New York : Institute for Rational Living.

Ellis, A. (1979b). Rational - emotive therapy. In R. J. Corsini(Ed.), Current psychotherapies(2nd ed.). Itasca, Ill. : F. E. Peacock..

Ellis, A. (1988). How to stubbornly refuse to make yourself miserable about anything. Yes, anything!. New York : Lyle Stuart.

Ellis, A., & Yeager, R. J. (1989). Why Some Therapies Don't Work. New York : Prometheus.

Evans, J. M. G., Hollon, S. D., DeRubeis, R. J., Piasecki, J. M., Grove, W. M., Garvey, M.J., & TUASON, V.B. (1992). Differential relapse following cognitive therapy and pharmacology for depression. Archives of General Psychiatry, 49, 802~808.

Gilliland, B. E, James, R. K., Roberts, G. T., & Bowman, J. T. (1985). Theories and Strategies in Counseling and Psychotherapy. (장혁표. 신경일 역, 1993). 상담과 심리치료의 이론 및 실제. 서울: 교육과학사.

Goulding, M., & Goulding, R. (1979). Changing lives through redecision therapy. New York : Brunner/Mazel.

Glasser, William(1965). Reality Therapy, A new Approach to Psychiatry. O. Hobart Mowrer Research Professor of Psychology University of Illinois.

Glasser, William(1981). Stations of Mind, New York : Haper & Row.

Glasser, William(1985). Control Theory, New Explanation of How We Control Our Life. New York : Haper & Row.

Glasser, William(1998). Choice Theory, New York : Haper & Row.

Glasser, William(2000). 결혼의 비밀[Getting Together and Staying Together]. 우애령 역. 서울: 하늘재.

Halprin, A(1979). Movement Ritual. Kentifield, CA : Tamalpa Institute.

_________(1987). Circle the earth. Kentifield, CA : Tamalpa Institute.

_________(1995). Moving toward life : five decades of transformational dance. Hanover, NH : Wesleyan University Press.

_________(2000). Dance as a healing art. Mendocino CA : LifeRhythm.

Halprin, D(1989). Coming alive the creative express method. Kentifield, CA : Tamalpa Institute.

Halprin, D(1999). Living artfully : movement as an integrative process. S. K. Levine & E.G.Levine(eds.) Foundations of expressive arts therapy(133~149). London and Philadelphia : Jessica Kingsley Publishers.

Halprin, D(2003). The expressive body in life, art and therapy - working with movement, metaphore and meaning. Philadephia : Jessica Kingsley Publishers.

Hansen, J. C., Stevic, R. R., & Warner, R. W., Jr. (1977). Counseling : Theory and process(2nd ed.). Boston : Allyn & Bacon.

Harris, T. A. (1969). I'm OK - You're OK : A Practical Guide to Transactional Analysis. N. Y. : Harper & Row.

Harris. T. A. (1967). I'm OK - You're OK. New York : Harper & Row Pub.

Hollon, S. D., DeRubeis, R. J., & Seligman, M. E. P. (1992). Cognitive therapy and the prevention of depression. Applied and Preventive Psychiatry, 1, 89~95.

Ivey, A. E. & Simek - Downing, L. (1980). Counseling and Psychotherapy : Skills, Theories, and Practice. Englewood Cliffs, N. J. : Prentice - Hall.

Kyoko Sugiura(1994). Collage Therapy. 日本 東京 : 川島書店.

Nelson - Jones, R. (1982). The Theory and Practice of Counseling Psychology. London : Holt, Rinehart and Winston.

Patterson, C. H. (1980). Theories of counseling and psychotherapy(3rd ed.). New York : Harper & Row.

Rubin, K. H., Coplan, R. J., Fox, N. A., & Calkins, S. D.(1995). Emotionality, emotion regulation, and preschoolers' social adaptation. Development and Psychopathology, 7, 49-62.

Rubin, J. A.(2001). Appriacges to art therapy ; theory & technique(2nd ed.). New York : Brunner-Routledge.

Shilling, L. E. (1984). Perspectives on Counseling Theories. Englewood Sliffs, N. J. : Prentice - Hall.

Steiner, C. (1971). Game alcoholic play : Transactional analysis of life Scripts. New York : Grove Press.

Steohen Palmer(2000). Instruction to counselling and psychotherapy. Sage Publications of London.

Stewart, I., & Joines, V. (1987). TA today : A new introduction to transaction analysis. Nottingham : Lifespace Publishing.

Woolams, S., & Brown, M. (1979). TA : The total handbook of transactional analysis. Englewood Cliffs, NJ : Prentice - Hall. www.armycounselingonline.com)/fm6 - 22appendix-b/types - of - developmental - counseling.html

Buck, J. N., Daniels, M. G(1985). Assessment of Career Decision Making(ACDM)manual. LA : Weston Psychology Service.

Crites, J. O.(1969). Vocational Psychology. NY : McGraw-Hill.

__________(1981). Career counseling : Models, methods, and materials. NY : McGraw- Hill.

Harren, V.A.(1979). A model of career decision making for college students. Journal of Vocational Behavior, 14. 119-133.

Krumboltz, J. D. & Thoresen, C. E.(1969). Behavioral counseling : Case and techniques. NY : Holt, Rinehart & Winston.

Williamson, E, G.(1939). How to counsel students. NY : McGRAW - Hill.

Muriel James (1993). Breaking Free - Self Reparenting For A New Life. 자유로의 돌파 (우재현 역). 대구: 정암서원.

Muriel James, Dorthy Jongeward (1993). Born To Win. 자아실현의 열쇠(우재현 역). 대구: 정암서원.

Wubbolding, R. E.(1988). 현실요법의 적용[Using Reality Therapy] 김인자 역. 서울: 한국심리상담연구소.

Wubbolding, R. E.(1990). Understanding Reality Therapy. Harper Collins Publishers.

Wadeson, H. S.(1980). Art psychotherapy. New York : John Wiley and Sons.

軍 상담의 이론과 실제

초판 1쇄 2009년 3월 25일
증보 2쇄 2013년 9월 25일
발행일 2009년 7월 5일

지은이 한국 軍 상담학회
펴낸이 장사경
편집디자인 김은혜, 김수지

펴낸곳 Grace Publisher(은혜출판사)

주소 서울 종로구 숭인 2동 178-94
전화 (02) 744-4029 팩스 744-6578
출판등록 제 1-618호(1988. 1. 7)

ISBN 978-89-7917-857-9 03230